新文科·数字经济系列教材

Python 经济大数据分析

姚加权　洪永淼　编著

中国教育出版传媒集团
高等教育出版社·北京

内容简介

本书旨在为读者提供全面且通俗易懂的Python经济大数据分析的相关知识，包含了21个经济领域数据分析的案例。书中内容分为6个模块：模块一介绍了Python在经济大数据分析领域的应用场景和作用，以及Python编程环境的部署和相关的学习资源；模块二介绍了Python的基础语法以及文本分析相关的基础知识；模块三介绍了Python数据分析的重要工具库（Numpy、Pandas、Matplotlib）及相关内容；模块四介绍了常用的机器学习和深度学习算法的原理，并结合实际案例介绍Python程序实现算法的应用；模块五介绍了网络数据采集的相关知识；模块六为文本分析，内容涉及经济文本数据挖掘的方法和最新进展，展示了中文文本数据处理流程以及相关技术在实际场景中的应用。

本书可作为高校经济学相关专业的高年级本科生和研究生的教材，也可作为准备从事数字经济领域研究和工作的高校老师及相关业界人员的Python快捷入门书籍。

图书在版编目（CIP）数据

Python经济大数据分析 / 姚加权，洪永淼编著. 北京：高等教育出版社，2024. 10（2026. 1重印）.

ISBN 978-7-04-062798-5

Ⅰ. TP311. 561

中国国家版本馆CIP数据核字第2024PN0970号

Python Jingji Dashuju Fenxi

策划编辑 荆雯旭　责任编辑 荆雯旭　封面设计 裴一丹　版式设计 马 云
责任绘图 尹文军　责任校对 高 歌　责任印制 赵 佳

出版发行 高等教育出版社
社　址 北京市西城区德外大街4号
邮政编码 100120
印　刷 天津市银博印刷集团有限公司
开　本 787mm×1092mm 1/16
印　张 23.75
字　数 550千字
购书热线 010-58581118
咨询电话 400-810-0598
网　址 http://www.hep.edu.cn
http://www.hep.com.cn
网上订购 http://www.hepmall.com.cn
http://www.hepmall.com
http://www.hepmall.cn
版　次 2024年10月第1版
印　次 2026年1月第3次印刷
定　价 59.00元

物 料 号 62798-00

新文科·数字经济系列教材编写委员会

总 序

新一轮科技革命和产业变革方兴未艾，以大数据、人工智能、量子信息、移动通信、物联网、区块链为代表的新一代信息技术加速突破应用，使人类认识世界、改造世界的能力得到极大延展，引发了深远的生产力和生产关系变革。数字经济发展日新月异，正在成为重组全球要素资源、重塑全球经济结构、改变全球竞争格局的关键力量。我国经济进入新常态，改革开放向纵深推进，产业发展韧性不断提升。与此同时，西方国家“逆全球化”思潮不断涌现、贸易保护主义抬头，国际环境日趋严峻复杂，不确定性、不稳定性、不平衡性特点突出。为此，高等院校应该布局具有前瞻性和战略性的新兴交叉学科，加快建设高水平的教材与教学体系，主动应对科技革命和产业变革的人才需求。

数字经济事关国家发展大局，是推动构建双循环新发展格局、建设现代化经济体系、构筑国家竞争新优势的着力点。自 20 世纪 90 年代以来，中国以互联网行业发展为开端，逐步成为世界公认的数字化大国。三十余年间，中国数字经济不仅在信息基础设施建设、应用市场规模上实现飞跃式发展，创新模式也由模仿创新逐步转变为自主创新，从信息传播到数字商务，从网络服务到智能决策，新产业、新业态、新模式不断涌现，在诸多数字化实践领域出现了“领跑”局面。

技术和产业的发展加快了知识创新速度，但是与数字时代相适应的经济学、管理学理论架构尚未系统更新。数字经济背景下，消费者决策体系、企业经营模式、价值创造方式、产业组织形态、市场竞争结构、劳动就业形式、资源配置模式等均呈现出与工业经济不同的特点。站在国家发展新征程的起点，如何立足我国数字经济实践，提炼和总结数字经济与数字管理的基础理论、知识体系、研究方法论，培养新时代有理想、有知识、有能力的创新人才，促进数字中国建设和数字经济高质量发展，是当代中国经济学界和管理学界面临的新命题。

在这样的背景下，我们和高等教育出版社联合建设新文科·数字经济与新文科·数字管理两套教材，组织该领域具有丰富教学经验和卓越研究基础的专家学者，成立编写委员会，将国内外相关研究成果总结提炼、系统归纳、融入教材，力争讲好数字经济发展中的道理、学理、哲理，助力形成中国特色、风格、气派的理论体系，为全球数字经济与数字管理的研究和教学贡献中国智慧。这两套教材力求体现如下特点：

第一，鲜明的时代特色。系列教材要求紧跟时代步伐，反映中国数字经济、数字管理的特色实践，建立数字技术与经济管理专业知识之间深层内在关联，梳理总结数字技术对经济管理知识结构和研究范式的影响，全面揭示历史发展过程和最新发展动态，以适应新技术革命所带来的新经济业态、新生活方式、新运营模式的挑战。

第二，系统的知识体系。系列教材要求传承经典、体现前沿，构建完整的学科知识体系，内容条块清晰、知识衔接流畅，使学生系统、准确地掌握基础理论、知识要点和分析方法，引入前沿成果培养创新思维和学科思维能力，提高科学素养。

第三，理论与应用的结合。系列教材不仅要体现理论知识和分析方法，更重要的是突出这些理论和方法的实际应用。通过交叉创新融合、典型案例分析、方法应用实践等环节，培养学生独立判断和思考，提升分析问题和解决问题能力。

第四，注重价值塑造与协同发展。系列教材除了传递专业知识，还需要让学生更加清晰地理解科学技术背后的使命与价值。因此，在编写过程中也更加注重学生科学知识与人文素养的协同发展。通过挖掘对学生长远发展的积极因素，培养学生正确的人生观、价值观和世界观，使学生拥有更健全、更完善的人格，提升自身道德品质。

第五，多样化的形式。系列教材采用数字化等多样化形式，每本教材均设置了二维码关联数字资源，配备教学课件、习题解答和实验指导等，便于学生课外阅读、拓展知识面，提高教学和学习的效率。

第六，适用的广泛性。系列教材的选题规划、内容设定进行了充分的科学论证，采纳同行学者的意见和建议。教材编写采用主编负责制，同时强调编委成员的广泛性，鼓励更多院校参与，使教材内容在同行中达成共识，提高教材的适用性。

新文科·数字经济与新文科·数字管理两套教材的编写是一项具有挑战性的复杂工程，在教育部新文科建设工作组的指导下，在高等教育出版社的高度重视和精心策划下，在全国高校、科研院所、业界的专家学者的同心协力下，我们有信心这两套教材能够成为精品教材，为我国数字经济与数字管理人才培养做出有益探索。我们在此由衷地感谢为本系列教材写作和出版做出贡献的每一位专家！尽管本系列教材的编写者为教材编写付出了很多汗水和智慧，但难免存在不足之处，我们也真诚地希望得到广大读者的批评和建议，以便在日后的修订中不断改进和完善。

总主编：

前 言

大数据革命正在深刻改变人类的生产方式、生活方式、思维方式以及社会治理方式。在这个数据驱动的时代，经济分析不再仅仅依赖传统的经验和理论，而是越来越依赖数据的采集、处理、分析和应用，即所谓的数据驱动。作为数据分析与定量研究的通用工具，Python 在经济学、金融学研究中发挥着重要的作用。Python 是一种高级、通用的多用途编程语言，具有解释性、动态语义和多范式的特点，其强大的生态系统不仅提供了各种功能和算法的实现，还提供了学习和实践的资源，能够在不同领域中灵活应用，并适应不断变化的技术冲击。随着数据科学、人工智能等领域的快速发展与技术的广泛应用，各方对 Python 的需求不断增加，掌握 Python 编程语言对解决现实问题、增强创新思维具有愈发重要的意义。此外，Python 为平台用户免费提供丰富的科学计算和数据分析库，能够帮助读者更好地进行跨学科研究和合作。作为热门的通用编程语言，掌握 Python 还能够提升个人的定量分析能力，从而增加就业机会，拓展职业发展前景。

本书的撰写目的有三：一是帮助经济类非计算机背景的读者深入理解数字经济领域中所涉及的主流算法和知识，培养读者 Python 编程思维能力和动手能力，力求缩短初学者从 0 到 1 的过程。二是帮助读者通过全方位掌握大数据分析的基础知识和技能，更好地与大语言模型（如 ChatGPT）互动，并获得编程和数据分析方面的指导。同时，云计算平台的使用也提高了机器学习和自然语言处理模型的构建和部署效率。在大语言模型和云计算的加持下，读者可以更自信地应对数字时代的挑战，并在快速变化的环境中保持竞争力。三是从经济学视角为 Python 重要算法提供经典案例，帮助读者在经济学研究和实践中更好地应用 Python，提高解决现实经济问题的能力。

本书围绕 Python 语言丰富的生态系统展开，帮助读者掌握基础语法，了解和应用 Python 数据分析的重要工具库，如 Numpy、Pandas 和 Matplotlib。全面讲解经济大数据分析领域所需的数据科学理论，通俗易懂、图文并茂地以难点知识补充等方式介绍常用的机器学习、深度学习算法的原理以及网络数据采集技术和文本分析，同时辅以经典案例进行阐述，使读者能够在经济领域中解决实际问题。例如，利用 Python 可以方便地处理和分析大量宏观经济数据，从而为政策制定者和企业提供有关宏观经济预测、金融市场分析等的关键信息。在微观经济数据分析领域中，利用 Python 进行消费者行为、风险管理和投资分析等，可以帮助企业和个人作出更准确和有针对性的决策。Python 的易学性、清晰的代码结构以及丰富的生态系统使其在经济数据挖掘、经济统计分析和金融建模等多个方面都发挥着重要的作用。

本书有若干显著特点。第一，知识体系完善。各个章节的安排采用循序渐进的方法，由浅入深，从易到难，注重理论与实践相结合，确保读者逐步掌握知识和技能。第二，注重对读者编程能力和学以致用能力的基本训练。书中包含经济领域的 21 个经典案例，并提供了 Python 源代码及数据文件，通过实际运行和调试代码，读者可以更好地理解案例的实现思路和运行逻辑，从而提高解决实际问题的能力。第三，所选案例紧跟数字经济时代发展潮流。书中案例涉及 P2P 平台个人信用评估、区块链技术、数字化人才需求等热门话题，以及中文文本大数据 Python 程序处理全流程、深度学习算法分析 K 线图以评估股票价格趋势、调用 ChatGPT 的 API 对财经要闻进行情感分析等学术研究前沿话题，读者可以切身体会到数字经济的快速发展对当今社会的深刻影响。此外，通过分析消费者行为、房价预测、金融风险等案例，读者可以更好地把握经济运行规律，优化稀缺资源配置。这些案例展示了如何运用大数据、机器学习和人工智能等数字技术解决人类现实生活中的经济问题，对推动经济学研究和应用的发展具有积极的作用。

本书的顺利问世离不开各方的辛勤付出和支持。首先，感谢陈茜玲、戴林丽、巩光乾、李莉欣、李玉婷、罗聪、钱其正、王子涵和周珂宇出色的研究助理和校对工作。其次，感谢高等教育出版社经管法事业部施春花编辑、荆雯旭编辑的辛勤工作，她们的专业意见和不懈努力使本书得以顺利出版。

由于作者学识有限，书中可能还存在一些不足之处，恳请读者批评指正。

作　者

2024 年 8 月

目 录

第1章

导论

当今时代，大数据技术已经成为国家、企业乃至个人决策的重要支撑。而Python语言以其简洁性、灵活性和强大的数据分析能力，成为越来越多企业和数据分析师的首选工具。

本书旨在为读者提供全面的Python经济大数据分析知识。在内容结构上，本书首先介绍了Python语言的基础知识，包括数据类型、变量、运算符、控制语句等，与此同时，还加入了Python处理文本数据的基础知识。紧接着，本书详细介绍了Python中的数据分析相关库，包括NumPy、Pandas、Matplotlib等。这些库提供了强大的数据处理、分析和可视化能力，是Python进行数据分析的核心工具。

在读者掌握了Python的基础和数据分析相关库的知识后，本书将介绍目前经济数据分析领域常用的机器学习和文本分析算法。针对机器学习算法，本书不仅有底层的数学原理推导过程，还介绍了对应算法的优缺点、使用场景和具体应用案例，读者在了解底层原理的基础之上，能够更好地掌握算法的实际应用和实现方式。针对文本分析算法，本书介绍了学术界和业界对于经济文本数据挖掘的最新思路和相关技术，兼顾实用性和新颖性。

通过学习本书，读者将能够掌握Python语言极其丰富的生态和工具，了解主流的机器学习和文本分析算法，以及常用的网络数据采集方法和问题应对思路，并能够将所学知识应用到实际案例当中。

1.1 Python与经济大数据分析

1.1.1 经济大数据分析的应用领域

大数据分析在经济和金融领域有着广泛且重要的应用。经济和金融领域中的各个环节都会产生海量的数据，通过人力在海量的数据中寻找规律具有很大的局限性。相比之下，大数据分析的相关方法能高效且快速地对数据进行处理并提炼规律。

掌握大数据分析的方法固然很重要，但更重要的是如何快速地将这些方法应用到真实的经济领域大数据场景当中，去解决实际的问题。本书不仅提供了大量大数据分析算法的原理讲解，更提供了大量的经济领域实际案例，一方面使读者能够在实际案例中更好地理解算法，另一方面也使读者能够直观地看到相关的方法是如何解决现实问题的。

下面将本书的案例按教学模块进行分类和展示，如表 1-1 所示。

表 1-1 本书案例

教学模块	具体案例
数据分析	股票 K 线图绘制（第 6 章）
机器学习	波士顿房价预测（第 8 章） 美国爱荷华州埃姆斯地区房价预测（第 8 章） 客户流失预警（第 8 章） 社交网络平台汽车广告精准营销（第 9 章） 成年人群体收入预测（第 9 章） P2P 平台个人信用评估（第 9 章） 中文商品评论情感判定（第 9 章） 某产品召回预测（第 10 章） 信用卡欺诈分类（第 10 章） 汽车款式聚类（第 11 章） 沪深 300 指数成分股收益率的主成分分析（第 12 章） MLP 实现银行单据手写数字识别（第 13 章） 分析 K 线图来评估股票价格趋势（第 13 章） LSTM 对股票收盘价走势的预测（第 13 章）
网络数据采集	数据清洗及数据入库到 MongoDB（第 14 章） Selenium 库的使用（第 14 章） ChatGPT 的 API 调用（第 14 章） 云服务器的部署（第 14 章）
文本分析	中文文本大数据 Python 程序处理全流程——以年报为例（第 15 章） 数字化人才需求分析——来自招聘广告的证据（第 15 章）

大数据分析在经济学和多个科学领域中被广泛使用，用于研究和解决实际的经济问题，本书中的案例仅是经济大数据分析中较为典型的一些应用。本书将带领读者学习 Python 基础知识和数据分析常用工具库的使用，机器学习模型的训练和评估，以及网络数据采集和文本分析的内容。待学习完后面的章节，相信读者会对这些案例有更加清晰的认知，对大数据分析在经济领域的应用也会有更为直观和深刻的理解。

1.1.2 Python 在经济数据分析中的作用

如果有人问你作为数据分析师最重要的硬技能，你会说出哪些？在管理咨询、投资银行和许多其他分析工作中，它通常是（或者至少传统上是）Excel 和 PowerPoint。这两个软件对于数据分析和可视化来说无疑是方便且通常高效的，这是其被广泛认可的原因。数据分析和可视化使我们能够从收集的数据中提取有用的见解、作出明智的决策并设计出符合市场趋势的产品。然而，近年来数据量和数据复杂性的指数级增长使得 Excel 和 PowerPoint 无能为力的情境越来越多，这就需要更复杂的数据处理工具，例如

Python、Matlab、R 等编程语言。在本书中，我们将重点关注 Python，其丰富的库资源简化了数据处理过程的每个环节。Python 能成为如今最主流的数据分析工具，主要原因有：

（1）强大的第三方库：Python 语言拥有简洁易读的特性，它是一个生态完善且开源软件包很丰富的高级动态编程语言。在数据分析过程中，可以通过调用不同的库来完成相应的工作。例如，使用 NumPy、Pandas 库进行基本数据处理，以聚合、清理和处理本地文件、数据库等来源的数据；使用 Matplotlib、Pandas.plot 和 Seaborn 创建可视化；使用 Scikit-learn 创建机器学习模型。

（2）分析过程可复用性强：当我们使用 Python 进行数据分析时，可以将代码以脚本的形式保存下来，从而实现对分析过程的追溯；在未来面临相似的场景时，可以再次调出该段脚本重复利用，提升工作效率。

（3）Python 语言功能完善：Python 不仅在数据分析方面有很突出的表现能力，还在网络爬虫、Web 站点开发、游戏开发、自动化运维等众多领域都有很广泛的应用。例如，我们可以用 Python 的爬虫框架 Scrapy 来爬取数据，然后交给 Pandas 做数据清洗处理，最后使用 Python 的 Django 框架搭建 Web 站点将结果展示出来，这一过程仅用 Python 就可实现全部需求。

了解了 Python 的强大之处后，下面来讲解 Python 的安装方法及相关代码编辑器的基本使用方法。

1.2 Python 编程环境部署

本节主要讲解如何安装 Python 和编辑器 PyCharm，并着重介绍编辑器 Jupyter Notebook 的使用（书中的后续代码均在 Jupyter Notebook 中运行）。

1.2.1 Anaconda 环境安装

Anaconda 是一种 Python 发行版，集成了一些数据分析常用的包（Numpy、Pandas 等），并提供了工具 conda 来对环境和包进行管理。

首先，到 Anaconda 的官方网站上下载其安装包，官网网址：https://www.anaconda.com/products/distribution。这里选择 Windows 系统的 Python3.8 版本，默认为 64 位的版本。点击图 1-1 中的位置下载即可。①

接着，双击打开下载的安装包，开始只需点击“Next”即可。图 1-2 展示了 Anaconda 的安装过程。在显示图 1-2（a）的页面时，选择“Just Me（recommended）”。然后，选择软件安装的目录。Anaconda 会安装到所选的目录当中，这里将其安装到“C:\Environment\Anaconda”中。如图 1-2（b）所示。

① 本书中的代码和案例基于 Python 3.8 版本编写，这是一个经过广泛测试较为稳定的版本。由于本书所选软件版本不断更新，本书截取的软件具体运行图片跟现实运行得到的结果会有细微差异。

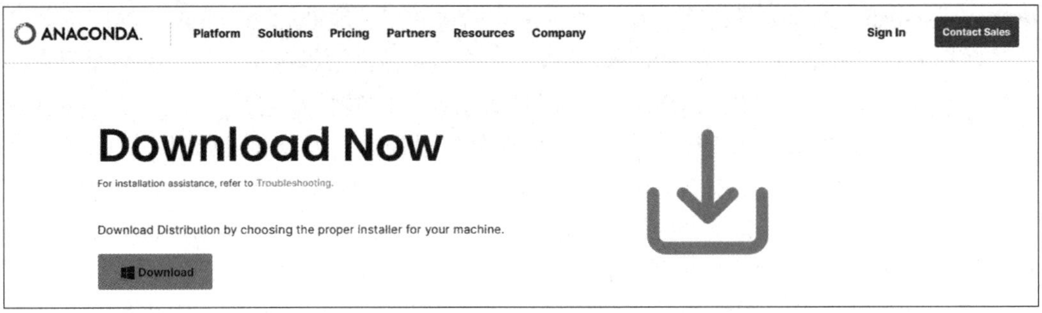

图 1-1 Anaconda 官网

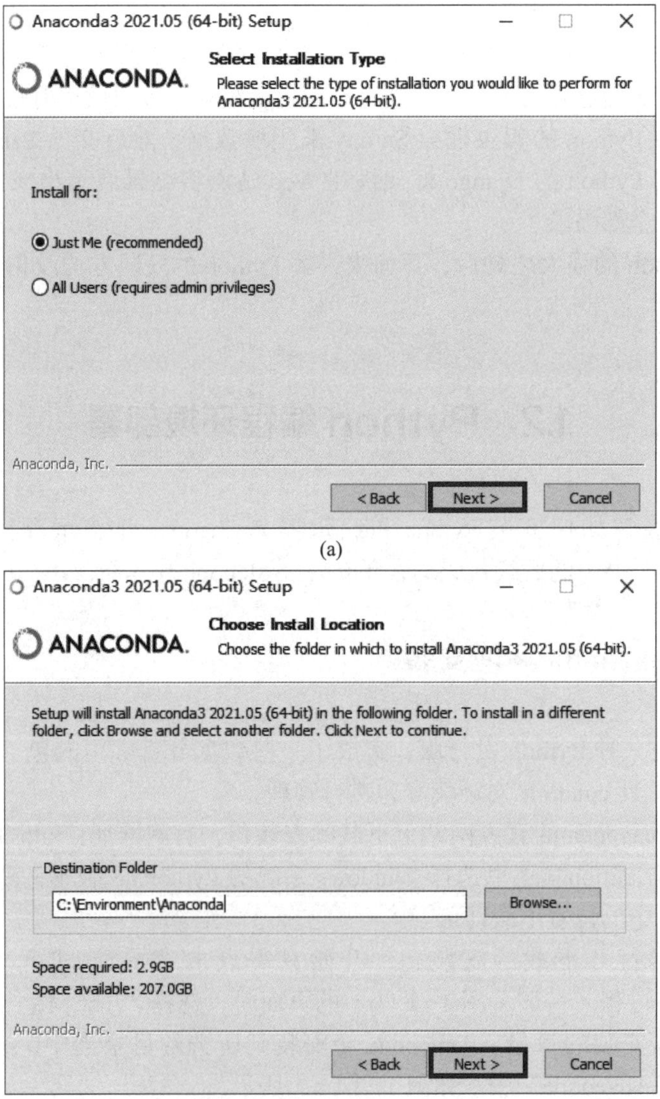

(b)

图 1-2 Anaconda 安装过程

最后一步，如图 1-3 所示，将两个选项取消勾选，单击“Finish”即可完成安装。

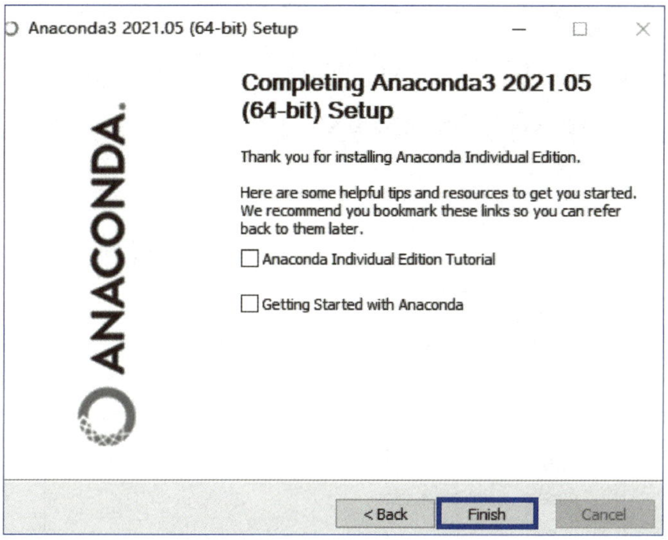

图 1-3 Anaconda 安装结果

完成 Anaconda 安装之后，需要将 Anaconda 的目录添加到环境变量当中，这个步骤可以理解为告诉系统：在我们想要使用程序时，去哪里找对应的可执行程序。

前述 Anaconda 安装的目录为“C:\Environment\Anaconda”，此处以 Win10 系统为例，演示环境变量的添加方法。

步骤 1：键盘输入“win+s”打开搜索框 --> 输入“环境变量” --> 回车，即可看到图 1-4（a）所示的界面。

步骤 2：点击右下角的环境变量按钮，找到图 1-4（b）中标注的位置，选中变量为“Path”的一行，然后点击“编辑”。

步骤 3：点击界面中的浏览按钮，在弹出的框中找到 Anaconda 安装的目录，点击“确定”即可将指定路径添加到界面中。据此方法，依次添加三个环境变量：

（1）C:\Environment\Anaconda；

（2）C:\Environment\Anaconda\Scripts；

（3）C:\Environment\Anaconda\Library\bin。

添加完成后，使用上移按钮将这三个环境变量移到最顶部，如图 1-5 所示。

至此，环境变量的添加已完成，我们对所有环境变量相关的对话框点击“确定”后退出。可以通过如下方法来验证环境变量添加是否成功：键盘输入“Win+R” --> 输入“cmd” --> 回车，在弹出的 CMD 窗口的命令行中输入“conda”，回车后若输出结果如图 1-6 所示，则说明环境变量添加成功。

1.2.2 conda 和 pip 的使用

conda 是 Anaconda 中的工具，用于管理 Python 环境以及库；而 pip 是 Python 中的工具，只能用来管理库。

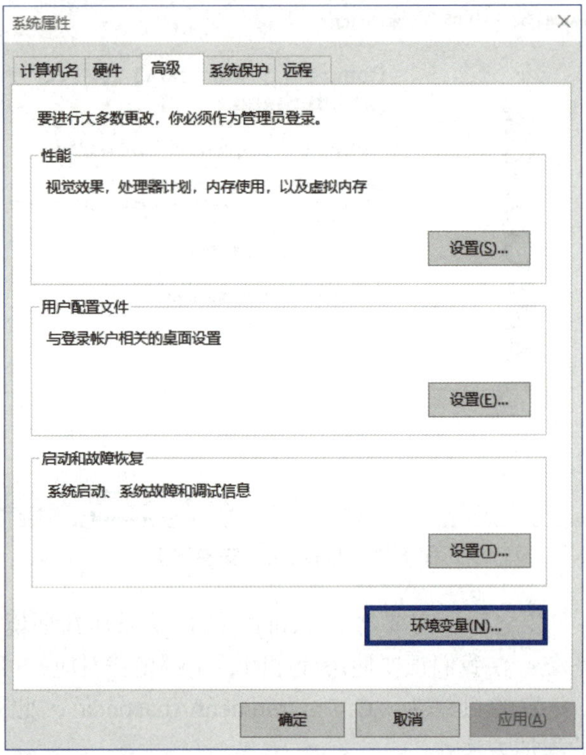

(a)

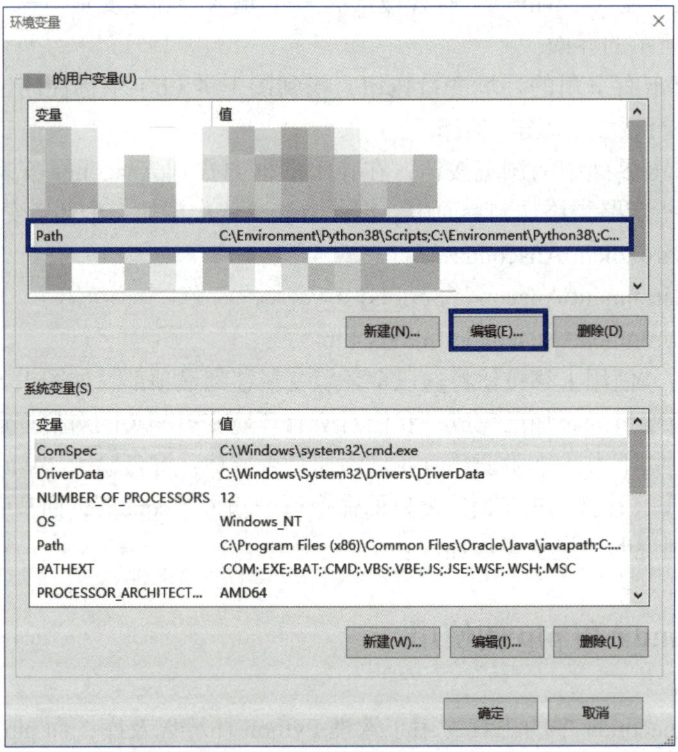

(b)

图 1-4 修改环境变量

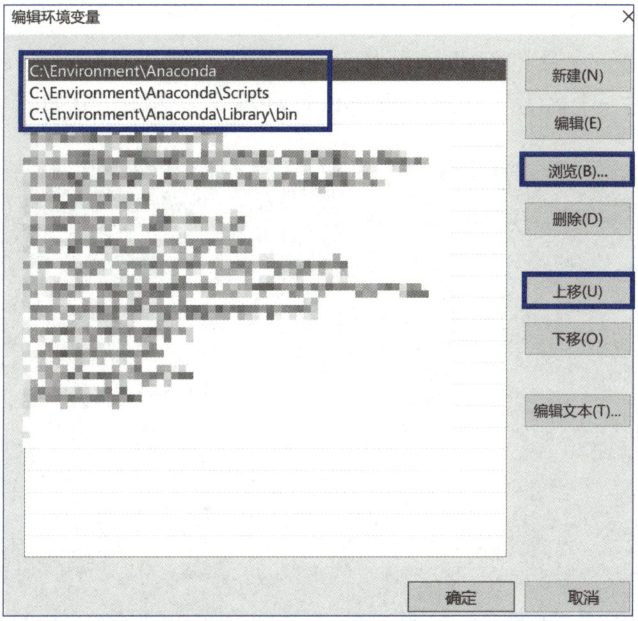

图 1-5 修改环境变量顺序

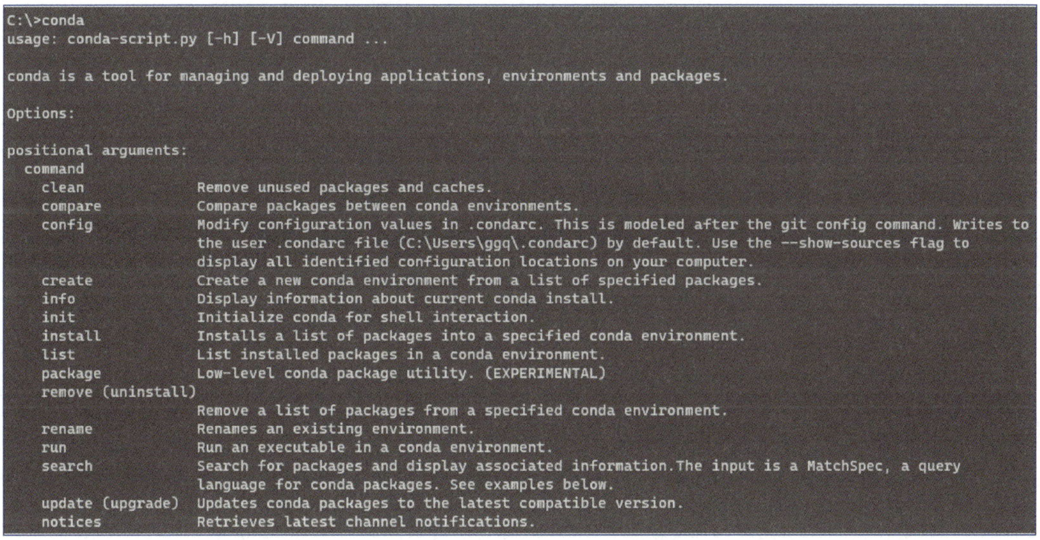

图 1-6 conda 命令结果

我们可以使用 conda 来管理 Python 的环境，这样当我们有许多项目而各个项目使用的 Python 版本不同时，可以方便地进行切换和创建。pip 和 conda 的比较如表 1-2 所示。

表 1-2 pip 和 conda 对比

工具名	来源	库	Python 环境
pip	Python 中的工具	可以管理	不能
conda	Anaconda 中的工具	可以管理	可以管理

conda 主要有如下使用方法。

方法 1：创建一个新的 Python 环境。在 CMD 中使用“conda create --name py38 python=3.8”创建一个名为“py38”的 Python 环境，创建成功后如图 1-7 所示。

```
The following packages will be downloaded:

    package                    |            build
    ---------------------------|-----------------
    ca-certificates-2021.7.5   |       haa95532_1         113 KB
    certifi-2021.5.30          |   py38haa95532_0         140 KB
    openssl-1.1.1l             |       h2bbff1b_0         4.8 MB
    python-3.8.11              |       h6244533_1        16.0 MB
    sqlite-3.36.0              |       h2bbff1b_0         780 KB
    wheel-0.37.0               |     pyhd3eb1b0_0          32 KB
    ------------------------------------------------------------
done
#
# To activate this environment, use
#
#     $ conda activate py38
#
# To deactivate an active environment, use
#
#     $ conda deactivate
```

图 1-7 创建虚拟环境

方法 2：查看当前系统中所有的 Python 环境。使用“conda info -e”，结果如图 1-8 所示。

```
C:\>conda info -e
# conda environments:
#
base                     C:\Environment\Anaconda
py38                     C:\Environment\Anaconda\envs\py38
```

图 1-8 “conda info -e”的运行结果

方法 3：激活指定环境。使用“conda activate py38”，结果如图 1-9 所示。命令行前会显示环境名。在激活了指定环境后，后续所有的库的安装以及卸载等操作都会发生在这个环境内，不会影响其他环境。

方法 4：退出环境。在已激活“py38”环境的前提下，使用“conda deactivate”，结果如图 1-10 所示。

```
C:\>conda activate py38

(py38) C:\>
```

图 1-9 激活环境的效果

```
(py38) C:\>conda deactivate

C:\>
```

图 1-10 退出环境

方法 5：管理库。以 Requests 库（一个 HTTP 客户端）为例，使用“conda install requests”命令安装 Requests 库。安装完成后，使用“conda list”命令查看当前环境已有的库，结果如图 1-11 所示。

在 Anaconda 下也可以使用 pip 来安装库，但是在 Anaconda 环境下更推荐 conda。在没有安装 Anaconda 的前提下，如果只安装了 Python，pip 则是更常用的库管理工具，同样可以使用“pip install requests”来安装 Requests 库，结果如图 1-12 所示。

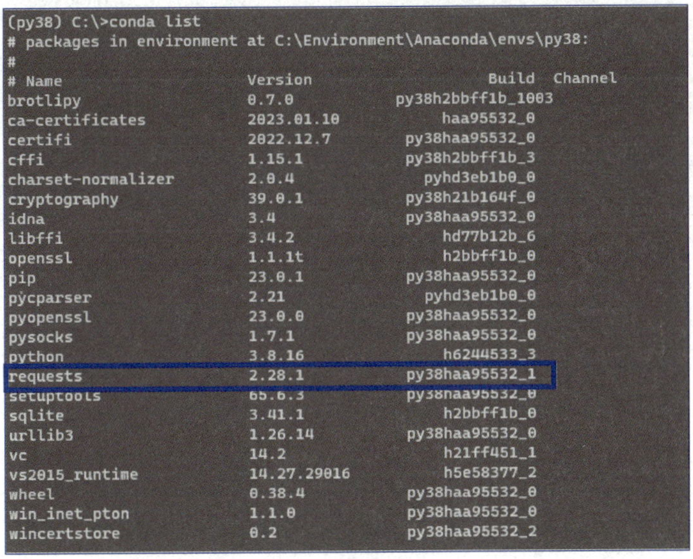

图 1-11 查看库的版本

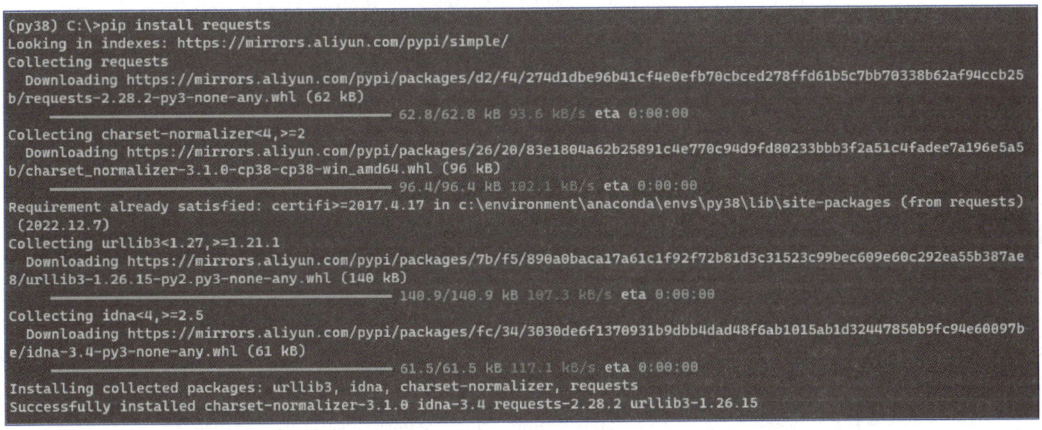

图 1-12 安装库

对于不需要的库，也可以使用“pip uninstall 库名”的指令来将其卸载。接上例，使用“pip uninstall requests”卸载 Requests 库，再使用“pip list”查看已安装的库，可以发现 Requests 库已经被移除了，结果如图 1-13 所示。

1.2.3 Pycharm 的安装和使用

Anaconda 是我们运行程序所需要的环境，接下来安装编写程序所使用的工具。首先对 Pycharm 的安装和使用进行介绍。

Pycharm 是 Jetbrains 公司开发的 IDE，功能较为强大，配置相对简单，比较适合新手入门。官网地址：https://www.jetbrains.com/pycharm/。

```
(py38) C:\>pip uninstall requests
Found existing installation: requests 2.28.2
Uninstalling requests-2.28.2:
  Would remove:
    c:\environment\anaconda\envs\py38\lib\site-packages\requests-2.28.2.dist-info\*
    c:\environment\anaconda\envs\py38\lib\site-packages\requests\*
Proceed (Y/n)? y
  Successfully uninstalled requests-2.28.2

(py38) C:\>pip list
Package            Version
------------------ ---------
certifi            2022.12.7
charset-normalizer 3.1.0
idna               3.4
pip                23.0.1
setuptools         65.6.3
urllib3            1.26.15
wheel              0.38.4
wincertstore       0.2
```

图 1-13 删除库

1.2.3.1 Pycharm 的下载和安装

首先打开下载地址：https://www.jetbrains.com/pycharm/download/#section=windows，点击图 1-14 中标记位置即可下载。

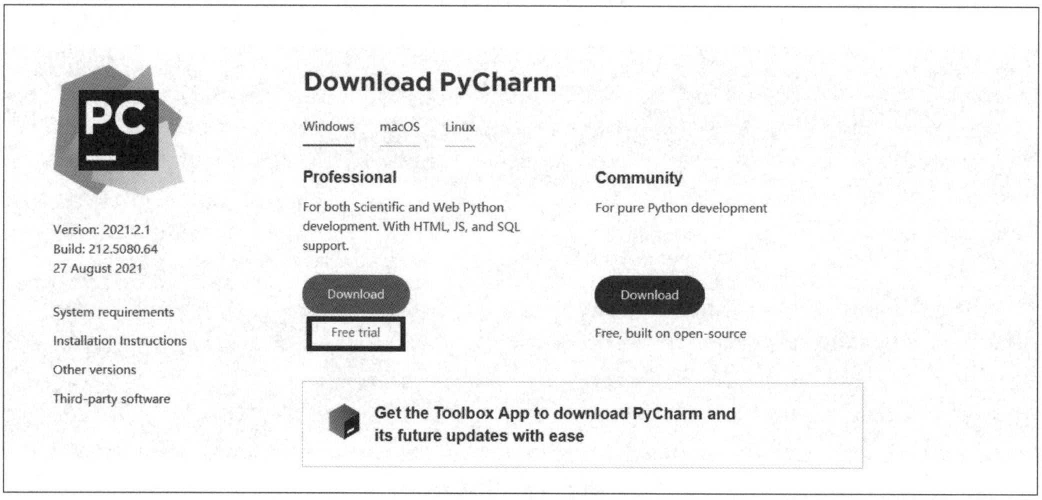

图 1-14 Pycharm 下载页

安装过程相对简单，只需双击安装程序，一直点击“下一步”即可，无特殊需要注意的地方。

1.2.3.2 Pycharm 的使用

安装完 Pycharm 后，下面讲解 Pycharm 的简单使用。

步骤一：打开 Pycharm，出现如图 1-15 所示的页面，点击“New Project”。

步骤二：选择“Pure Python”，然后在“Location”处填写项目的地址，这里假设为“D:\PythonNote”文件夹。对于新建项目的 Python Interpreter，这里选择使用 conda 新建一个环境。将“Python version”选为 3.8，然后将“Conda executable”选择为 Anaconda 安装目录下的“condabin”文件夹中的“conda.bat”。本书将 Anaconda 安装到

了“C:\Environment\Anaconda”中，因此这个完整路径为“C:\Environment\Anaconda\condabin\conda.bat”。其他选项不需要特别设置，点击“Create”即可，如图 1-16 所示。

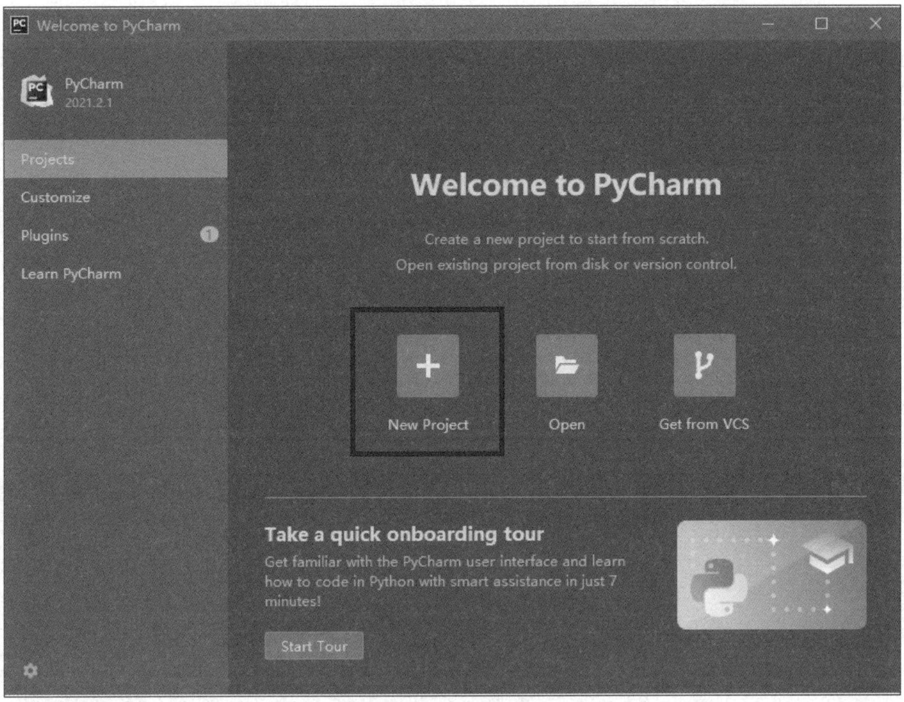

图 1-15　创建新项目

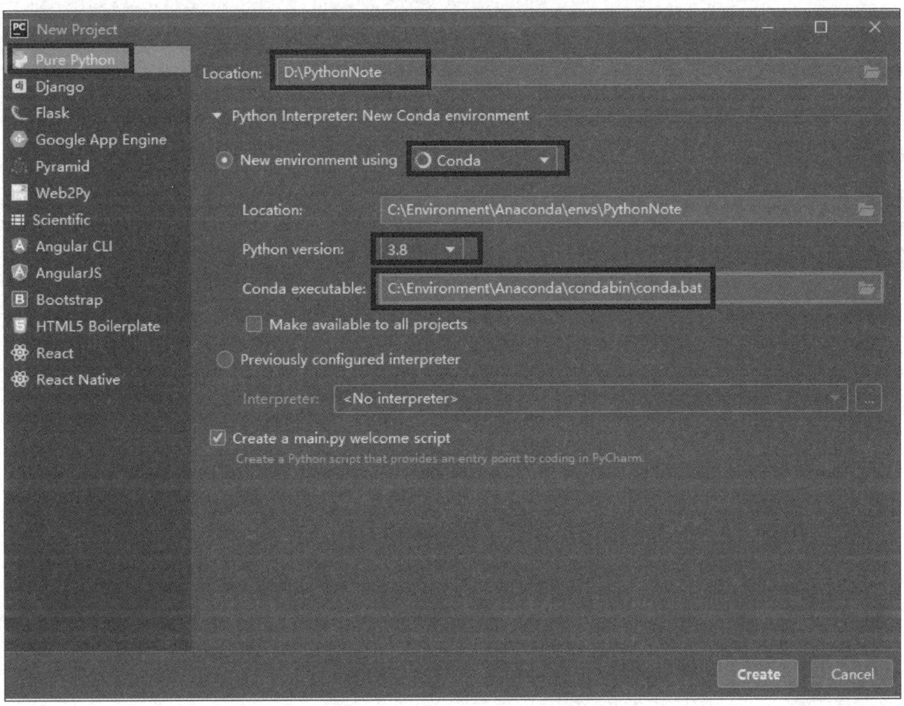

图 1-16　创建 Pure Python

步骤三：等待 Pycharm 初始化完成，就能看到 Pycharm 为我们创建的“main.py”文件，点击图 1-17 中的运行按钮即可运行程序。若一切正常，即可看到程序运行输出的结果，如图 1-17 所示。

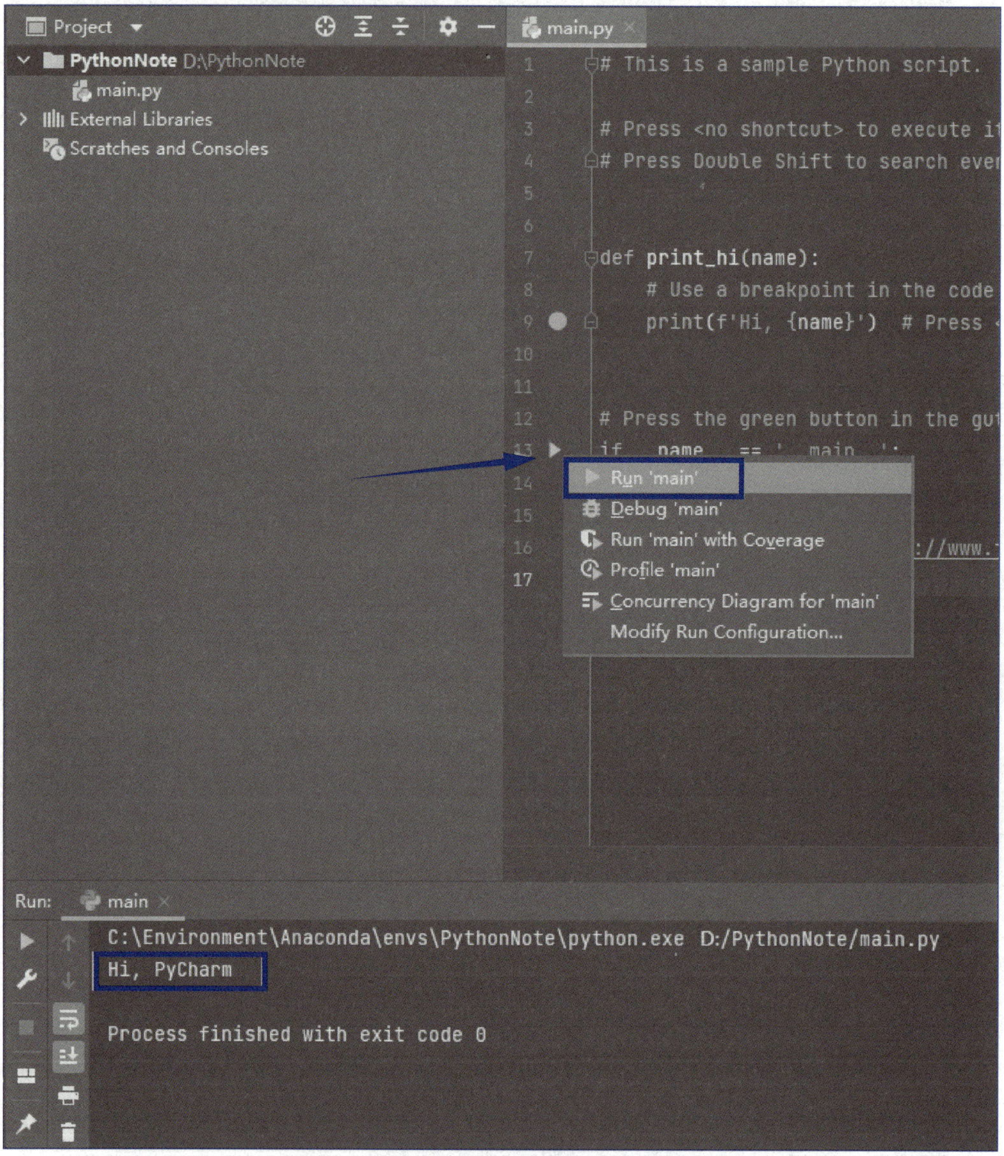

图 1-17 运行结果

1.2.4 Jupyter Notebook 的安装和使用

相比于 Pycharm，Jupyter Notebook 更加轻量级，支持以代码块的形式进行分步调试。其本身是一个网页应用程序，可以被应用于开发的各个过程，包括调试、编写文档以及执行代码，且支持丰富的结果导出方式，方便分享。

Jupyter Notebook 由两个组件组成，分别是 Web 应用以及 Notebook 文档。Web 应用是用来实现编写文档、代码以及运行等各种功能的工具；Notebook 文档则是上述功能内容的载体。

1.2.4.1 Jupyter Notebook 安装及修改默认保存目录

Jupyter Notebook 的安装有两种方式。如果安装了 Anaconda，那么其本身就已经集成了 Jupyter Notebook；如果只安装了 Python，也可以通过 pip 工具来方便地安装 Jupyter Notebook。

在 Anaconda 中，可以使用 conda 工具来安装 Jupyter Notebook，输入“conda install jupyter notebook”命令即可。在 Python 中，同样可以使用 pip 工具来安装 Jupyter Notebook，即输入“pip install jupyter”命令。

安装完成后，可以使用“jupyter --version”来查看安装的结果。如果出现了如图 1-18 所示的结果，那么表明 Jupyter Notebook 已经安装成功了。

```
C:\>jupyter --version
jupyter core     : 4.7.1
jupyter-notebook : 6.4.7
qtconsole        : 5.1.1
ipython          : 8.5.0
ipykernel        : 6.4.1
jupyter client   : 7.0.2
jupyter lab      : not installed
nbconvert        : 6.5.3
ipywidgets       : 7.6.5
nbformat         : 5.4.0
traitlets        : 5.1.0
```

图 1-18 查看 Jupyter 版本

安装完成后，可以简单地试用一下 Jupyter Notebook。在命令行中输入“jupyter notebook”命令，如果一切正常，可以看到如图 1-19 所示的输出。

```
C:\>jupyter notebook
[I 13:29:43.800 NotebookApp] [jupyter_nbextensions_configurator] enabled 0.4.1
[I 13:29:44.098 NotebookApp] Serving notebooks from local directory: C:\
[I 13:29:44.098 NotebookApp] Jupyter Notebook 6.4.7 is running at:
[I 13:29:44.098 NotebookApp] http://localhost:8888/?token=49169cf93e102b0294bc08809d3355bb73229c347356b738
[I 13:29:44.098 NotebookApp]  or http://127.0.0.1:8888/?token=49169cf93e102b0294bc08809d3355bb73229c347356b738
[I 13:29:44.098 NotebookApp] Use Control-C to stop this server and shut down all kernels (twice to skip confirmation).
[C 13:29:44.125 NotebookApp]

    To access the notebook, open this file in a browser:
        file:///C:/Users/    /AppData/Roaming/jupyter/runtime/nbserver-5468-open.html
    Or copy and paste one of these URLs:
        http://localhost:8888/?token=49169cf93e102b0294bc08809d3355bb73229c347356b738
     or http://127.0.0.1:8888/?token=49169cf93e102b0294bc08809d3355bb73229c347356b738
```

图 1-19 运行 Jupyter

并且，电脑的默认浏览器会自动弹出一个窗口，打开 Jupyter Notebook 的页面，如图 1-20 所示。

图 1-20 Jupyter 页面

在控制台打开 Jupyter Notebook 后，Jupyter Notebook 会以控制台所在的目录位置为根目录来运行，所以在浏览器上弹出的 Web 页面中我们可以看到目录中对应的文件。如果不想使用这样的设置，而是让 Jupyter Notebook 每次运行都在特定的目录，比如在

D盘下的“PythonNote”文件夹中，那么就需要修改Jupyter Notebook的配置文件。修改Jupyter Notebook运行目录的步骤如下所示。

步骤一：在命令行输入“jupyter notebook --generate-config”命令来生成Jupyter的配置文件模板。在控制台可以看到命令的输出，将配置文件输出到当前用户的“.jupyter”文件夹中，如图1-21所示。

```
C:\>jupyter notebook --generate-config
Writing default config to: C:\Users\    \.jupyter\jupyter_notebook_config.py
```

图1-21 生成Jupyter配置

步骤二：进入上图所示的文件夹，找到对应的配置文件，如图1-22所示。

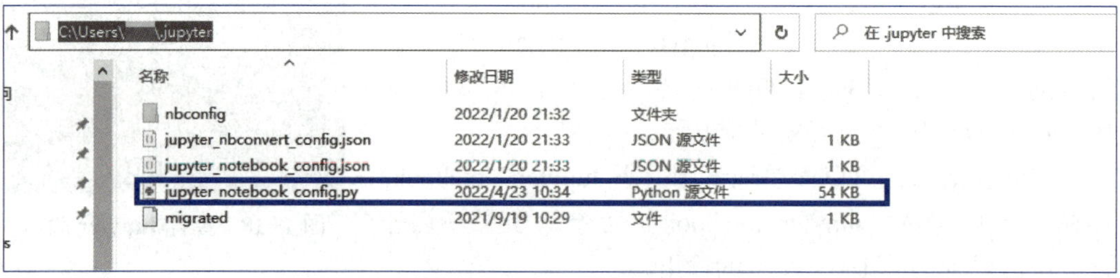

图1-22 配置文件

步骤三：任意选择一个文本编辑器打开“jupyter_notebook_config.py”文件，在其中搜索关键字“NotebookApp.notebook_dir”，然后将其更改为我们想要的目录并保存。以D盘的“PythonNote”文件夹为例，修改后的内容如图1-23所示。

到此，运行目录的修改就完成了。需注意，步骤三中需要保证设置的目录存在，如果D盘没有“PythonNote”文件夹，需要我们手动创建；如果目录不存在，我们使用“jupyter notebook”命令启动时会提示如图1-24所示的内容。

```
## The directory to use for notebooks and kernels.
#  Default: ''
c.NotebookApp.notebook_dir = 'D:/PythonNote'
```

图1-23 修改内容

```
C:\>jupyter notebook
[C 21:35:41.357 NotebookApp] Bad config encountered during initialization: No such notebook dir: ''D:/PythonNote''
```

图1-24 错误提示

1.2.4.2 Jupyter Notebook使用

修改完Jupyter Notebook默认存放的路径后，使用“jupyter notebook”命令启动，然后在浏览器弹出的页面（图1-25）中点击右上角所示位置，新建一个Notebook文档。

在弹出的网页中，我们可以看到一个空的Notebook文档，如图1-26所示。

在Jupyter Notebook中，cell（单元格）可以理解为一个可编辑的最小单位，图1-27展示了一个空的cell。

假如想要修改Notebook文件的名字，可以点击图1-28中方框的位置，输入想要重命名的名字即可。

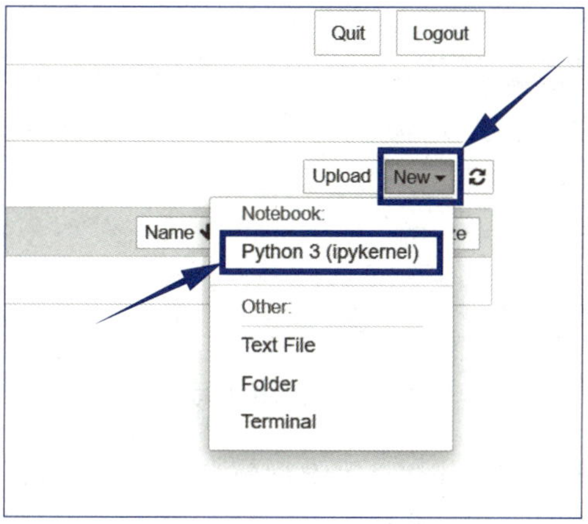

图 1-25 创建新的 Jupyter Notebook

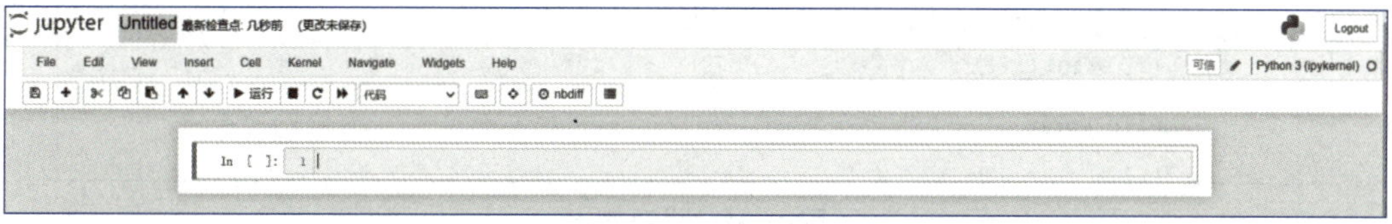

图 1-26 Notebook 界面

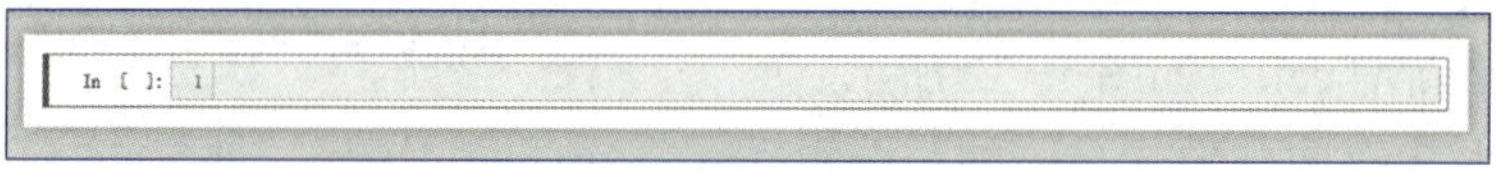

图 1-27 cell

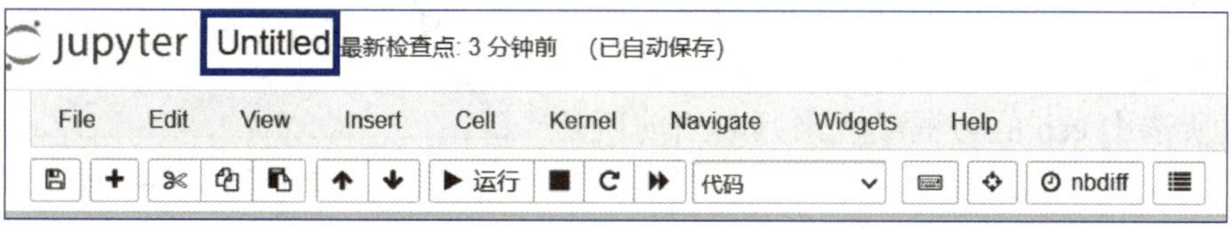

图 1-28 重命名按钮

假设我们将 Notebook 文件重命名为“test_jupyter”，返回主页，就可以看到文件的名字已经更新，如图 1-29 所示。

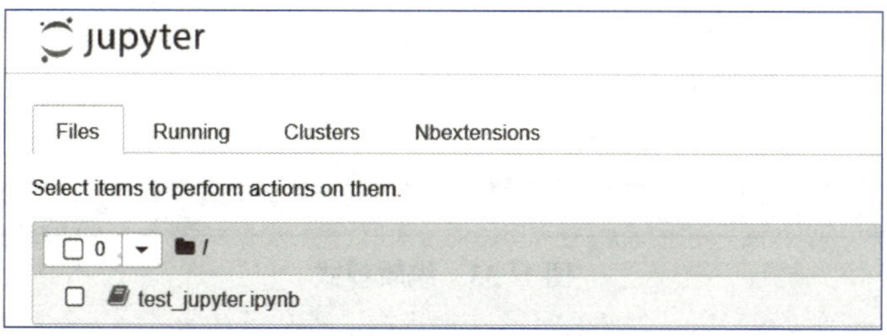

图 1-29 修改名字结果

再次返回 Jupyter Notebook 文档编辑的页面，尝试在空的 cell 中编写一个非常简单的程序，如图 1-30 所示。

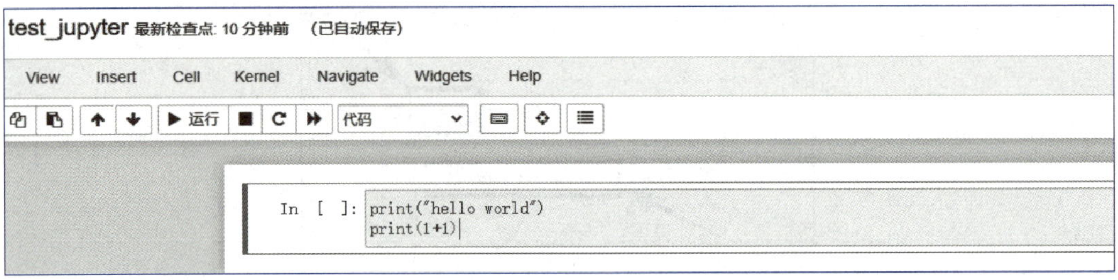

图 1-30 在 cell 编写代码

接着，我们用鼠标选中这个 cell，用键盘敲击“Ctrl+Enter”，就可以运行 cell 中的内容，并且得到输出，如图 1-31 所示。

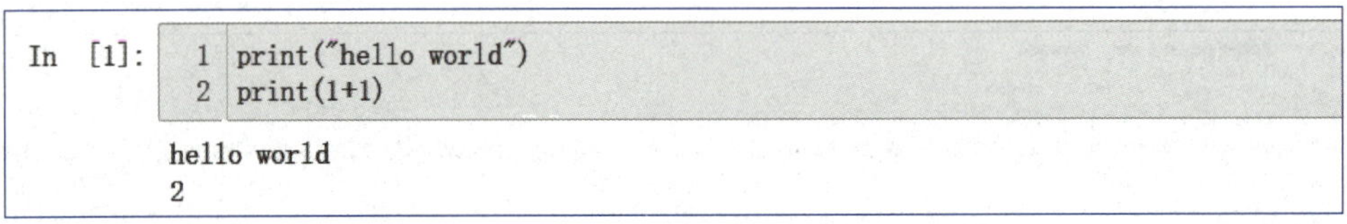

图 1-31 代码输出

在 Notebook 页面中，可以通过点击页面上的如下位置来新增 cell，如图 1-32 所示。

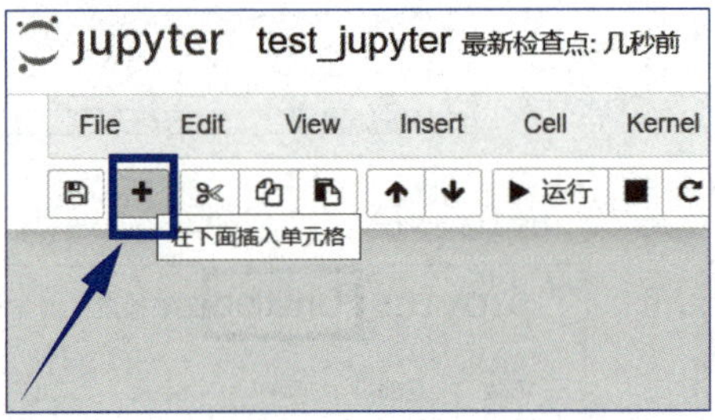

图 1-32 新增 cell

Notebook 中有两种模式，一种是编辑模式，另一种是命令模式，两种模式的主要用途不同。编辑模式可以对 cell 中的内容进行编辑，而命令模式可以操作（新增、删除等）cell。我们可以通过所选中 cell 的边框颜色来判断当前所处的模式。

绿色①表示处于编辑模式，可以对 cell 内的内容进行编辑，如图 1-33 所示。

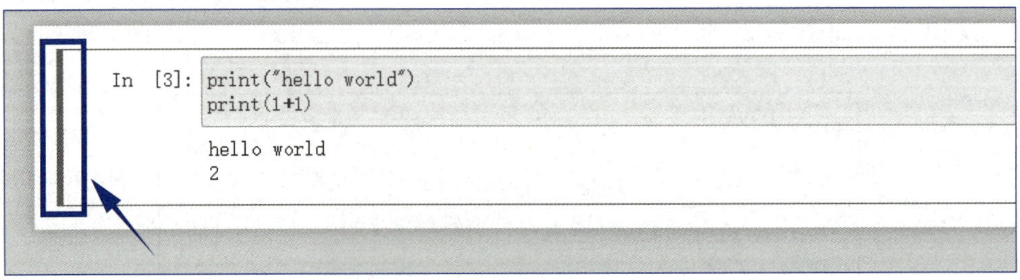

图 1-33 编辑模式

① 因本书仅双色印刷，截屏图展示的颜色与描述有出入，读者对照软件展示的界面操作即可。

蓝色表示处于命令模式，这时候可以通过输入指令来操作 cell，如图 1-34 所示。

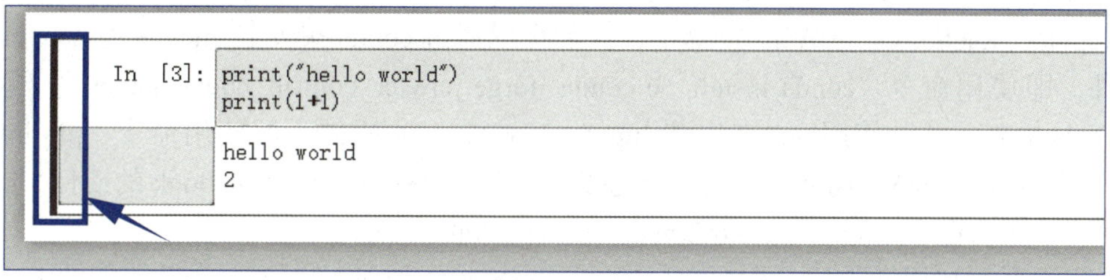

图 1-34　命令模式

在命令模式中，可以通过输入命令来操作 cell，常见操作如表 1-3 所示。

表 1-3　命令模式中的常见操作

输入	操作
a	在当前 cell 上方新增一个 cell
b	在当前 cell 下方新增一个 cell
dd	删除选中的 cell
z	恢复被删除或被剪切的 cell
c	复制对应的 cell
x	剪切对应的 cell
v	粘贴复制或者剪切的 cell
y	将 cell 切换到 code 类型，用于编写代码，运行 cell 可以得到 cell 中代码的输出
m	将 cell 切换到 Markdown 类型，用于编写文档，运行 cell 可以得到 cell 中对应内容按照 Markdown 渲染后的结果

Jupyter Notebook 支持以 Markdown 的格式来编写文档，下面我们来新增一个 cell 并将其 type 改为 Markdown，然后编写一些简单的文档。

新增一个 cell，点击对应位置将其转换为 Markdown 类型（也可在命令模式下键盘输入“m”），最后按“Ctrl+Enter”，就能看到按照 Markdown 格式渲染后的效果。同时，Jupyter Notebook 中也支持按照 Latex 语法编写一些数学公式，如图 1-35 所示。

运行后，即可看到公式被渲染成对应的样子，如图 1-36 所示。

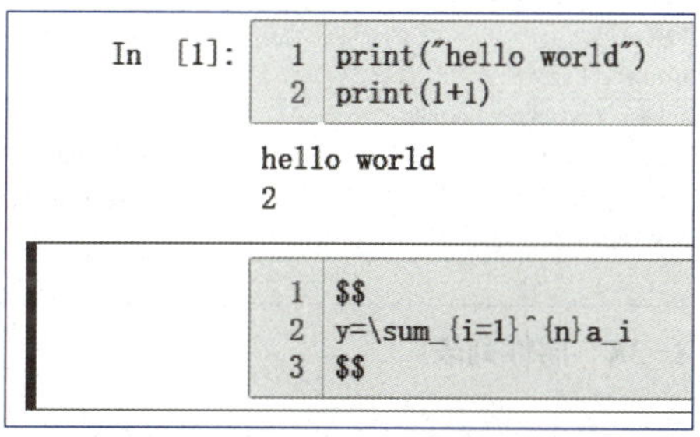

图 1-35　Latex 内容

$$y=\sum_{i=1}^{n}a_i$$

图 1-36　公式渲染结果

1.2.4.3 Jupyter 插件

我们可以通过安装 Jupyter Notebook 的插件来实现更多功能，从而更加顺畅地使用 Jupyter Notebook。在 Anaconda 中，我们可以通过 conda 来安装 Jupyter Notebook 的插件，即使用命令“conda install -c conda-forge jupyter_contrib_nbextensions”。同样，在 Python 中，可以使用 pip 来安装 Jupyter Notebook 的插件，即使用命令“pip install jupyter_contrib_nbextensions”。在安装完成后，需要启用 Jupyter Notebook 的插件，即在命令行中运行命令“jupyter contrib nbextension install –user”。

安装并且启用插件后，在命令行输入“jupyter notebook”，再次启动我们的 Jupyter Notebook。可以看到浏览器弹出的 Jupyter Notebook 页面上方多了一个 Tab，如图 1-37 所示，这个 Tab 能用来可视化管理各个插件的启用和关闭以及配置。

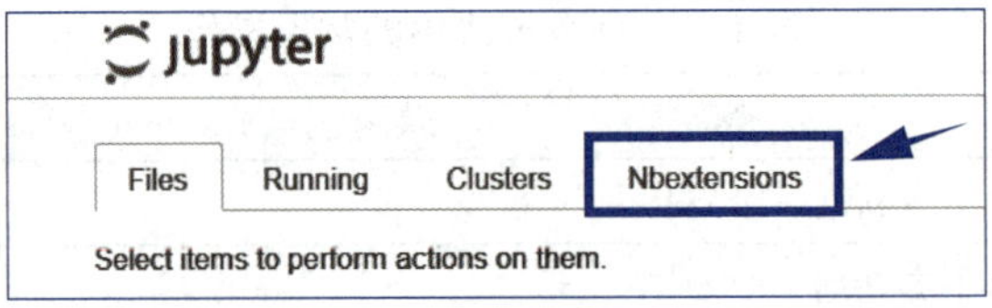

图 1-37 插件 Tab 位置

这就表明我们的插件已经安装并且启用成功了，接下来点击该 Tab 即可进入插件管理页面。以 Table of Content 插件为例，我们可以勾选前面的选择框来启用插件，如图 1-38 所示。

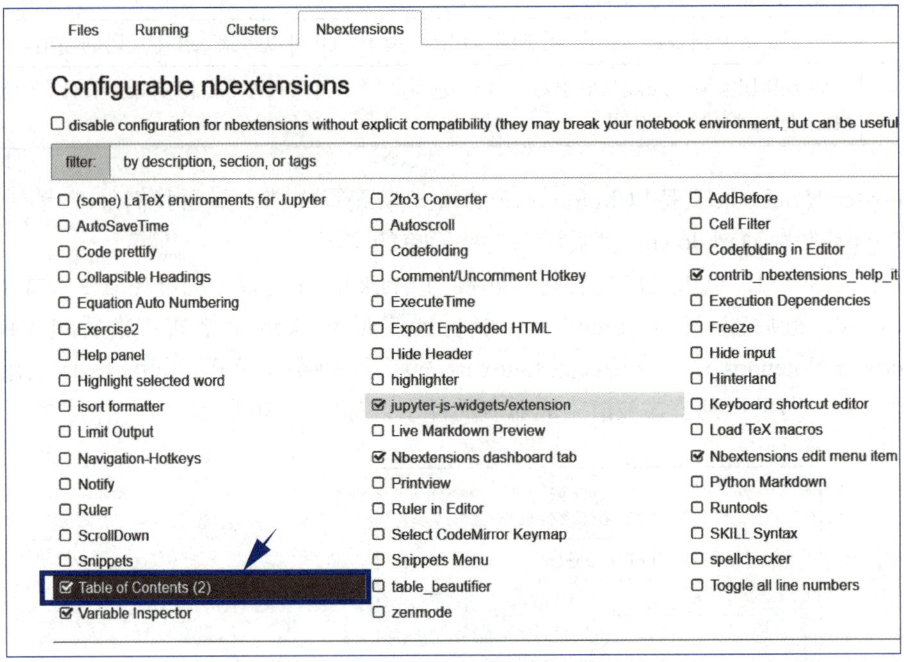

图 1-38 插件列表

这个插件的功能是展示对应 Notebook 文件的大纲。我们在使用 Markdown 语法声明不同级别的标题时，这个插件会自动获取我们声明的标题内容，并且以大纲的形式将其进行展示，这样可以更加清晰地看到整体 Notebook 文件的架构，效果如图 1-39 所示。

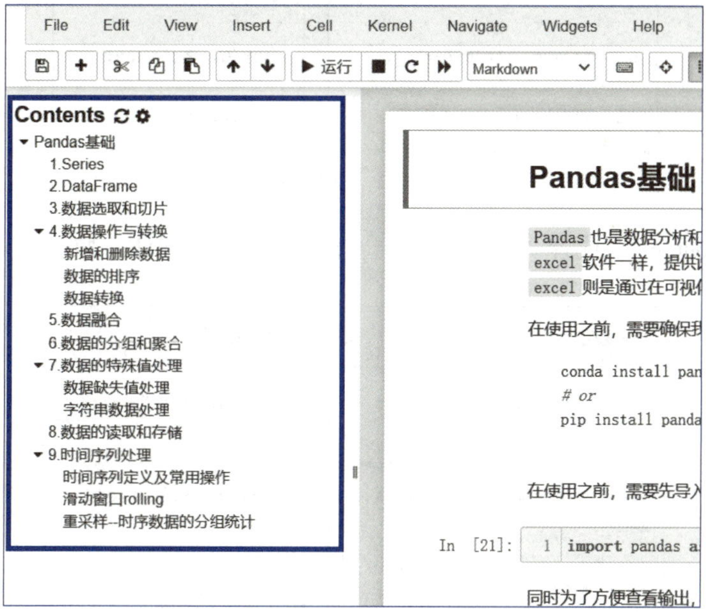

图 1-39 插件效果

其他的插件功能以及使用方法可以参考官方的文档：https://jupyter-contrib-nbextensions.readthedocs.io/en/latest/。

1.2.4.4 Markdown 基础

Markdown 是一种轻量级的标记语言，可用于在纯文本文档中添加格式化元素。Markdown 由 John Gruber 于 2004 年创建，如今已成为世界上最受欢迎的标记语言之一。

下面是一些简单的语法，在 Markdown 中 “# title” 表示标题，而 “#” 的数量表示标题的等级，如图 1-40 所示。

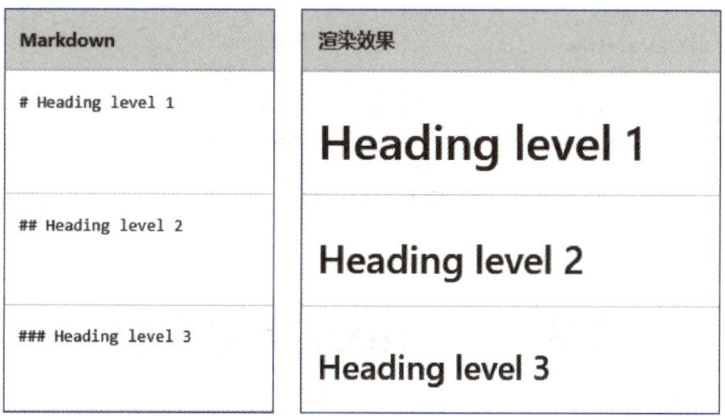

图 1-40 标题等级

在 Markdown 语法中，使用 “**content**” 或者 “__content__” 表示强调，会将 “**” 中的内容加粗显示，如图 1-41 所示。

Markdown	渲染效果
I just love **bold text**.	I just love **bold text**.
I just love __bold text__.	I just love **bold text**.
Love**is**bold	Love**is**bold

图 1-41 加粗显示

使用“_content_”或者“*content*”会将 content 变成斜体，如图 1-42 所示。

Markdown	渲染效果
Italicized text is the *cat's meow*.	Italicized text is the *cat's meow*.
Italicized text is the _cat's meow_.	Italicized text is the *cat's meow*.
A*cat*meow	A*cat*meow

图 1-42 斜体显示

使用“- content”或者“* content”表示无序列表，如图 1-43 所示。

Markdown	渲染效果
- First item - Second item - Third item - Fourth item	• First item • Second item • Third item • Fourth item
* First item * Second item * Third item * Fourth item	• First item • Second item • Third item • Fourth item

图 1-43 列表

1.3 Python 学习资源

1.3.1 Github 介绍

GitHub 是一个面向开源以及私有软件项目的托管平台，只支持 Git 作为唯一的版本库格式进行托管，故名 GitHub。目前 Github 网站是世界上最大的代码存放网站和开源社区，Github 社区中有许多著名的开源项目。对于我们而言，开源意味着源代码开放，我们可以轻易地在 Github 上看到各个著名项目的源代码；如果我们想要深入了解某个项目，可以直接阅读其源码。

另外，我们想要寻找一些现成的项目时，也可以使用 Github，上面有非常丰富的代码。这里就如何使用 Github 来搜索和下载项目进行简单的讲解。

Github 社区网址为：https://github.com/，打开后页面如图 1-44 所示。

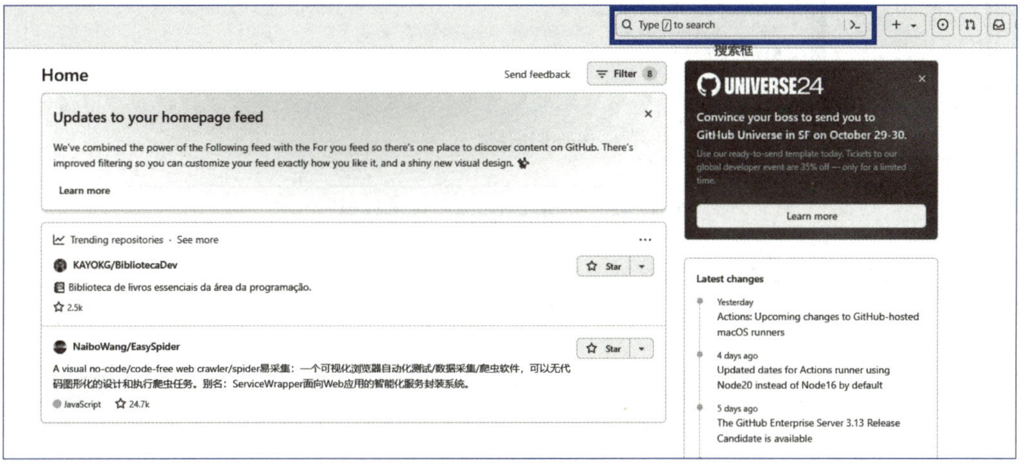

图 1-44　Github 网页

以搜索“scikit-learn”为例，相关的结果如图 1-45 所示。在图中左下角所示位置，我们可以切换对应的编程语言，比如我们希望项目是由 Python 编写的，那么我们只查看对应语言的搜索结果；而图中右边的方框中是 Scikit-learn 库的详情页链接。点击进入项目的详情页，就可以看到 Scikit-learn 项目的所有源代码。如果我们想要下载项目的源代码到本地，最简单的方式就是点击页面中的“Code”然后选择“DownLoad ZIP”，这样浏览器就会开始下载一个压缩包，其中就是对应项目的所有代码。如图 1-46 所示。

1.3.2　Kaggle 介绍

Kaggle 是一个全球知名的数据科学竞赛在线平台。其由 Anthony Goldbloom 和 Ben Hamner 创立于 2010 年，是一个进行数据发掘和预测竞赛的在线平台，也是全球最大的数据科学社区和数据科学竞赛平台，于 2017 年被 Google 收购。

Kaggle 平台具有很大的学习价值。从公司的角度来讲，它们可以通过提供一些数据，进而提出一个实际需要解决的问题；从参赛者的角度来讲，他们将组队参与项目，针对其中一个问题提出解决方案，最终由公司选出的最佳方案可以获得 5 000～15 000 美金的奖金。

Kaggle 网址为：https://www.kaggle.com/。打开后页面如图 1-47 所示。

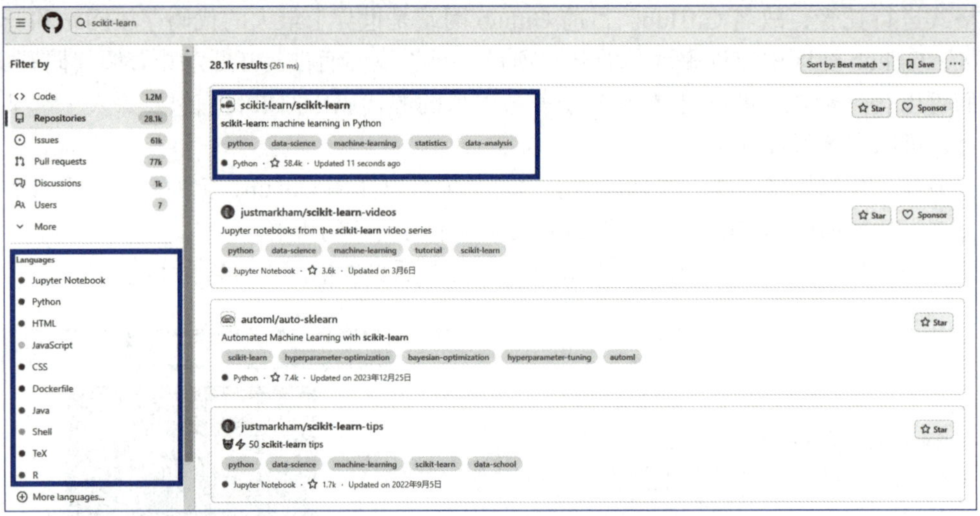

图 1-45 “scikit-learn”搜索结果

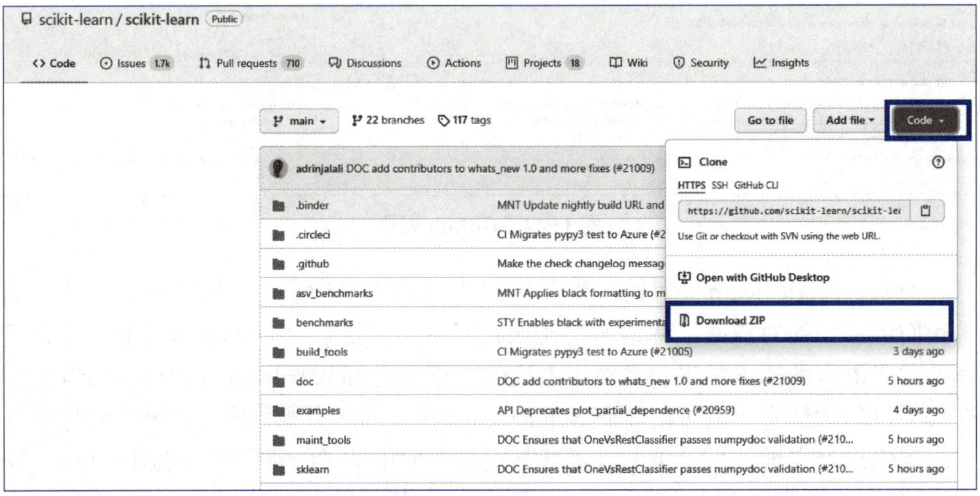

图 1-46 “Code”按钮

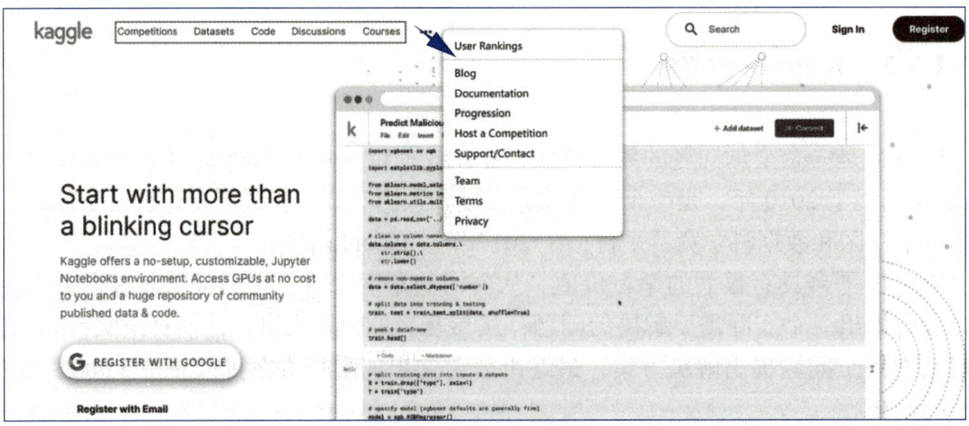

图 1-47 Kaggle 网页

从导航栏可以看出，Kaggle 提供了竞赛区（Competitions）、数据集（Datasets）、代码分享区（Code）、社群讨论区（Discussions）、相关课程（Courses）板块。点击旁边三个小点，里面有用户排名（User Rankings），就是按照奖牌（Medals）和点数（Points）对 Kaggle 用户们进行的一个排名。

Datasets 板块和 Code 板块是较为常用的板块。

Datasets 板块可以下载 Kaggle 平台的所有数据集。Kaggle 的数据以 CSV 格式最常见，提交的结果也要求是 CSV 格式。以查询股票相关数据为例，输入“stock”，再在“dataset file types”部分选中“CSV”，即可查询相关的数据集。

Code 板块中可看到其他参赛者自愿公开的模型代码，是学习和交流的最佳所在。其支持线上调试和运行代码，对那些暂时缺少硬件资源的参赛者来说，相当于 Kaggle 为其提供了一个“云计算”平台，可以作为一个备选的计算资源。

思考题

1. Python 能够成为如今主流的数据分析工具，主要原因有哪些？
2. Jupyter Notebook 是什么？
3. Github 和 Kaggle 平台的主要作用分别是什么？

参考答案

第 2 章

Python 语法基础

Python 的语法基础是进行任何 Python 开发工作的前提。本章旨在以清晰、简洁的方式，帮助读者建立对 Python 语言的基本理解。

2.1 变量、缩进和注释

2.1.1 变量

变量是一个存放数据值的容器，包含了两部分：变量名和变量值。形象地来讲，变量好比一个盒子，变量名就是这个盒子的名字，而变量值则是放置在这个盒子中的具体数据。在调用变量时，实际使用的其实是放在盒子中的数据。具体使用过程中，只需使用事先指定的变量名，就可以找到对应的变量值数据，并将变量值数据用于实际的计算。使用等号“=”可以对变量赋值，即把数据放进盒子的过程，赋值过程按照这样的语法：“变量名=变量值”。以下是变量赋值的示例代码：

```
# 将 1 赋值给变量 a
a = 1
# 打印变量 a 的值
print(a)
# 将 2 赋值给变量 b
b = 2
# 打印变量 b 的值
print(b)
```

运行结果如下。

```
1
2
```

在 Python 中，变量的命名必须以字母或下划线开头，后面可以跟着任意数量的字母、数字、下划线的组合，但是不能以数字开头，也不能包含空格。以下是正确的变量名示例：mess、message_1、message_1_2_3、greet_message、_message；以下是错误的变量名示例：1_message、123_message、greet message。

2.1.2 缩进

缩进是 Python 中非常重要的一部分。不同于其他语言，Python 不使用大括号“{}”或者小括号“()”等符号来分隔代码块，而是使用缩进来分隔代码块。相同缩进的相邻一部分代码往往是同一代码块的代码。在实现代码的缩进时，通常情况下都是 4 个空格长度作为一个缩进量（Tab 键默认情况下表示 4 个空格，但是不同操作系统上可能会有不同的表现）。

```
1 for i in range(5):
2     i = i + 1
3     print(i)
4 print("Hello")
```

可以看到，从第二行开始，“i=i+1”和“print(i)”语句之前都有缩进，并且缩进长度是相同的，说明这两个语句属于同一代码块。缩进开始代表代码块的开始，而缩进结束代表代码块的结束。这里的代码块从“i=i+1”语句开始，“print(i)”是该代码块的最后一个语句。

2.1.3 注释

在 Python 中以井号“#”开始或者被三引号“"""”包裹的部分就是代码的注释，注释的部分不会被作为代码运行，可以用于为代码添加说明性文字。

以“#”开始的是单行注释，其含义是这一行中后面的剩余部分不作为代码运行。以下是示例代码：

```
# 将 1 赋值给变量 a
a = 1
# 将 2 赋值给变量 b
b = 2
print(a)
print(b)
```

运行结果如下。自由修改“#”之后的内容，可以看到注释部分不影响代码的运行。

```
1
2
```

被“"""”包裹的部分是多行注释，其含义是两个“"""”之间，不论包含多少行的内容，都不作为代码运行。以下是示例代码：

```
a = 1 # 将 1 赋值给变量 a
b = 2 # 将 2 赋值给变量 b
def add(a,b):
    """
        输出 a+b 的结果
    """
```

```
    print(a + b)
add(a, b)
```

运行结果如下。自由修改两个“"""”之间的内容，可以看到注释部分不影响代码的运行。值得注意的是，在 Python 中单引号和双引号基本是等效的，没有实质区别，所以也可以用两个“'''”来注释内容。

```
3
```

2.2 数据类型

在 Python 中常用的数据类型有数字和字符串，下面对这两种数据类型进行介绍。

2.2.1 数字

数字包含许多不同的类型，比如整数、浮点数等，主要用于计算等场景。在 Python 中共有三种数字类型：

（1）int：有符号整型；

（2）float：浮点型；

（3）complex：复数。

可以通过一些函数使数字在各个类型之间互相转换，也可以将字符串转为对应类型的数字。Python 中可以对变量使用“type”函数来查看当前变量的类型。

下面的例子进行不同数字类型之间的转换，并用“type”函数查看类型：

```
a = 1
# 打印 a 的数据类型
print(type(a))
# 将 a 转换成 float 类型，并赋值给 b
b = float(a)
# 打印 b 的数据类型
print(type(b))
```

运行结果如下。

```
<class 'int'>
<class 'float'>
```

下面的例子进行字符串与 int 类型数据之间的转换，并用“type”函数查看类型：

```
a = "1"
# 打印 a 的数据类型
print(type(a))
# 将 a 转换成 int 类型，并赋值给 b
b = int(a)
```

```
# 打印 b 的数据类型
print(type(b))
```

运行结果如下。

```
<class 'str'>
<class 'int'>
```

下面的例子进行字符串与 float 数据类型之间的转换，并用“type”函数查看类型：

```
a = "3.1415926"
# 打印 a 的数据类型
print(type(a))
# 将 a 转换成 float 类型，并赋值给 b
b = float(a)
# 打印 b 的数据类型
print(type(b))
```

运行结果如下。

```
<class 'str'>
<class 'float'>
```

此外，数字类型之间可以进行运算等操作。运算过程中遵守隐式转换的规则，也就是低精度的数据类型（整型）与高精度的数据类型（浮点型）进行运算时，结果会转换成高精度类型。下面例子的运算中进行了隐式转换：

```
a = 1
b = 2
print(a + b)
print(type(a + b))
c = 3.1415926
print(a + b + c)
print(type(a + b + c))
```

运行结果如下。变量 a 和 b 的值都是整型数，但与变量 c 的值相加后结果变成了浮点数。

```
3
<class 'int'>
6.1415926
<class 'float'>
```

2.2.2 字符串

字符串是以单引号“ ' ”或双引号“ " ”或三引号“ ''' ”括起来的任意文本，这里所有的引号都是英文引号。下面的例子使用三种引号来创建字符串：

```
a = 'this is a'
b = "this is b"
```

```
c = '''this is c'''
print(a)
print(b)
print(c)
print(type(a))
print(type(b))
print(type(c))
```

运行结果如下。三种引号都能创建字符串。

```
this is a
this is b
this is c
<class 'str'>
<class 'str'>
<class 'str'>
```

在声明字符串时，单引号和双引号是等价的，三引号则更多地用于书写注释而不是创建字符串。下面的例子分别使用单引号和双引号创建字符串，然后对比创建的两个字符串：

```
a = "this is a"
b = 'this is a'
print("a 等于 b 为 ",a==b)
```

其中，“==”代表比较，如果两个变量值相同则返回“True”，反之返回“False”。运行结果如下，说明两种引号创建字符串的结果是相同的。

```
a 等于 b 为 True
```

Python有许多常见函数用于处理字符串，例如转换大小写、批量替换字符串中的指定字符等。下面的例子演示了一些字符串处理函数：

```
a = "UPPER"
print(a.lower())
b = "lower"
print(b.upper())
c = "this is a"
print(c.replace("a","b"))
```

运行结果如下。此处先创建字符串a，然后将其字母转换成小写；再创建字符串b，然后将其字母转换成大写；最后创建字符串c，然后将其中的字母a替换成字母b。

```
upper
LOWER
this is b
```

字符串可以先指定一定的格式，然后再使用“format”函数以指定的值按照格式填充字符串。下面的例子演示了在“{}”中使用格式化的字符串填充：

```
f = "this is {}"
```

```
print(f.format("apple"))
```

运行结果如下。字符串“apple”填充了字符串 f 中的空位。

```
this is apple
```

2.3 数据结构

Python 中基础的数据结构有列表、元组、集合和字典。

2.3.1 列表

列表（List）是一种有序的序列，可以存储数字、字符串等各种不同的元素，并且可以动态添加和删除其中的元素。在列表中，每个元素都有一个数字来唯一确定它的位置，称为索引。注意，列表的索引是从 0 而不是 1 开始的。下面的例子演示了列表的创建：

```
a = [1,2,3]
```

以上列表中共有三个元素，元素 1 对应的索引为 0，2 对应的索引为 1，3 对应的索引为 2。

Python 中有许多函数用于处理列表，例如删除指定元素、在指定位置插入元素、替换指定元素等。下面的例子演示了一些列表处理函数：

```
a = [1,2,3]  # 声明列表
print(a)
print(len(a)) # 输出列表长度
```

运行结果如下。先创建了一个包含三个元素的列表［1，2，3］，再用“len”函数获取列表的长度，结果为 3。

```
[1, 2, 3]
3
```

在上一段代码下再添加如下代码，通过“append”函数在列表的末尾添加元素：

```
a.append(4) # 在列表末尾增加元素 4
print(a)
print(len(a))
```

运行结果如下。在列表末尾添加元素 4，此时列表变为［1，2，3，4］；再用“len”函数获取列表的长度，结果为 4。

```
[1, 2, 3, 4]
4
```

在上一段代码下再添加如下代码，使用“pop”函数删除末尾的元素：

```
a.pop()  # 删除末尾的元素
print(a)
print(len(a))
```

运行结果如下。删去列表末尾元素，此时列表变为［1，2，3］；再用“len”函数获取列表的长度，结果为3。

```
[1, 2, 3]
3
```

接下来继续添加代码。使用“remove”函数删除指定的元素：

```
a.remove(1) # 删除指定的元素
print(a)
print(len(a))
```

运行结果如下。删除列表中的元素1，此时列表变为［2，3］；再用“len”函数获取列表的长度，结果为2。

```
[2, 3]
2
```

接着，使用“insert”函数在列表的指定位置插入元素：

```
a.insert(1,10) # 在列表索引为1的位置插入元素10
print(a)
print(len(a))
```

运行结果如下。在列表中插入元素10，使得插入之后元素10的索引为1，也就是第二个元素，此时列表变为［2，10，3］；再用“len”函数获取列表的长度，结果为3。

```
[2, 10, 3]
3
```

除了使用“insert”在指定位置添加元素以外，还可以直接使用下标来覆盖对应索引位置的值：

```
a[0] = 100 # 用100覆盖列表索引位置为0的元素
print(a)
print(len(a))
```

运行结果如下。将列表中索引为0的元素修改为100，此时列表变为［100，10，3］；再用“len”函数获取列表的长度，结果为3。

```
[100, 10, 3]
3
```

列表可以根据索引获取特定位置元素的值。索引的取值范围为零到某个数字，取决于列表的长度。如果用超出列表长度的索引获取元素，会出现“IndexError”异常。下面的例子演示了“IndexError”异常：

```
b = [1, 2, 3]
```

```
print(b[0])
print(b[3])
```

运行结果如下。列表 b 的长度为 3，索引只能为 0、1、2。当使用索引 0 时，得到了第一个元素 1；而不能使用 3 作为索引，所以第二个“print”语句出错，出错具体信息如图 2-1 所示。

```
1
```

```
IndexError                                Traceback (most recent call last)
~\AppData\Local\Temp/ipykernel_14980/2653695143.py in <module>
      1 b = [1, 2, 3]
      2 print(b[0])
----> 3 print(b[3])

IndexError: list index out of range
```

图 2-1　列表索引越界引发异常

索引也可以取负值，负值索引的含义是从列表的末尾向前计数，例如索引 -1 的含义是取列表的最后一个元素。使用负值索引的代码如下：

```
c = [1, 2, 3]
print(c[-1])
print(c[-3])
```

运行结果如下。

```
3
1
```

从列表中获取元素的值，除了用索引还可以用切片。切片的语法为“list[start:end]”，该操作是左闭右开的，也就是获取列表中索引从“start”开始（包括“start”）到“end”结束（不包括“end”）的元素，产生一个新列表。下面的例子演示了列表切片：

```
a = [1, 2, 3, 4, 5]
print(a[2:4]) # 取第三个值和第四个值，采取左闭右开的策略
```

运行结果如下。

```
[3, 4]
```

有时需要切片的内容并不是连续的，例如在一定范围内，每隔两个元素取一个元素的情况。此时可以指定切片的步长来实现这种功能：

```
a = [1, 2, 3, 4, 5, 6, 7, 8, 9, 10]
print(a[2:9]) # a 的第 3 到第 9 个元素
print(a[2:9:2]) # a 的第 3 到第 9 个元素，但每两个元素仅保留第一个
print(a[2:9:3]) # a 的第 3 到第 9 个元素，但每三个元素仅保留第一个
```

运行结果如下。

```
[3, 4, 5, 6, 7, 8, 9]
[3, 5, 7, 9]
[3, 6, 9]
```

2.3.2 元组

元组（Tuple）和列表一样都是有序的序列，可以存储各种不同的元素。但是，列表可以动态添加和删除其中的元素，而元组创建之后就不能修改其中的元素，只能读取其中的元素。对比列表，元组的声明用圆括号“( )”，而不是方括号“[ ]”。下面的例子演示了元组的创建：

```
a = (1, 2, 3)
print(a)
print(type(a))
```

运行结果如下。创建了元组。

```
(1, 2, 3)
<class 'tuple'>
```

元组中获取元素的值同样可以用索引和切片，并且语法与列表相同。下面的例子演示了元组使用索引和切片取元素：

```
a = (1,2,3)
print(a[0]) # 同样可以通过下标来访问指定位置的值
print(a[0:2])
```

运行结果如下。

```
1
(1, 2)
```

如果尝试修改元组中元素的值，会出现“TypeError”异常，这是因为元组类型的序列在创建后不能被修改。下面的例子演示了试图修改元组的元素值出现的“TypeError”异常：

```
a = (1,2,3)
a[0] = 1
```

运行结果如图 2-2 所示。

```
TypeError                                 Traceback (most recent call last)
Input In [3], in <cell line: 1>()
----> 1 a[0] = 1

TypeError: 'tuple' object does not support item assignment
```

图 2-2 修改元组元素引发异常

需要注意的是，在创建元组时如果只有一个元素，应在元素后面加上逗号“,”，以“(元素,)”形式书写，否则 Python 不会将其识别为元组类型。以下例子演示了创建只有一个元素的元组：

```
b = (1) # 声明只有一个元素的元组，但是未加逗号
print(b)
print(type(b)) # 为 int 类型，而不是 tuple

c = (1,) # 当只有一个元素声明元组时，加上逗号
print(c)
print(type(c)) # 此时类型为 tuple
```

运行结果如下。当未加逗号时，Python 将其作为单个数据，当加上逗号之后，Python 将其作为元组。

```
1
<class 'int'>
(1,)
<class 'tuple'>
```

2.3.3 集合

集合（Set）是一种新的序列。列表和元组中都允许重复的元素存在，而集合中的所有元素都是唯一的，不存在重复值。因此，可以通过“set”函数将列表或元组转为集合类型，以去除其中重复的元素。以下例子演示了通过列表和元组创建集合：

```
a = [1, 2, 2]
print(a)
b = (1, 2, 2)
print(b)
print(set(a))
print(set(b))
```

运行结果如下。列表 a 和元组 b 中多余的元素 2 被去掉。

```
[1, 2, 2]
(1, 2, 2)
{1, 2}
{1, 2}
```

Python 中有许多函数用于处理集合，例如删除指定元素、添加元素等。下面的例子演示了一些集合处理函数：

```
s = {1, 2, 2, 3}
print(s)
print(len(s))
```

运行结果如下。先用四个元素创建集合，由于元素 2 是重复元素，最终得到集合

{1,2,3}，再用“len”函数获取集合的长度。

```
{1, 2, 3}
3
```

可以使用“add”函数来向集合中添加元素：

```
s.add(5)
s.add(1) # 添加集合中已有的值会直接过滤掉
print(s)
print(len(s))
```

运行结果如下。

```
{1, 2, 3, 5}
4
```

集合可以动态地添加和删除值。元素 5 不是重复元素，可以添加到集合中，而元素 1 是重复元素，无法重复添加到集合中。再用“len”函数获取集合的长度，结果为 4。

此外，可以使用“remove”函数从集合中删除指定值的元素：

```
s.remove(5)   # 删除指定元素
print(s)
print(len(s))
```

运行结果如下。

```
{1, 2, 3}
3
```

删除集合中的元素 5，此时集合变为 {1,2,3}，再用“len”函数获取集合的长度，结果为 3。

而对于集合类型，是无法通过下标来取值的：

```
print(s[0])
```

运行结果如图 2-3 所示。

```
TypeError                          Traceback (most recent call last)
Input In [4], in <cell line: 14>()
     11 print(s)
     12 print(len(s))
---> 14 print(s[0])

TypeError: 'set' object is not subscriptable
```

图 2-3　集合通过下标取值引发异常

出现“TypeError”异常是因为集合中的元素是无序的，不存在索引的概念，自然无法通过索引来取值。

对于多个集合，还可以取交集、并集和差集，可以使用逻辑运算符“&”“|”和“-”进行运算。下面的例子演示了对两个集合计算交集、并集和差集：

```
s1 = {1, 2, 3}
s2 = {3, 4, 5}
print(s1 & s2) # 取交集
print(s1 | s2) # 取并集
print(s1 - s2) # 差集
```

运行结果如下。符合数学上集合逻辑运算的规则。

```
{3}
{1, 2, 3, 4, 5}
{1, 2}
```

2.3.4 字典

字典（Dictionary）是 Python 中唯一内置的映射类型，以键值对（Key-Value）的形式来储存数据，而非像列表和元组那样按顺序排列元素。这样的结构使得字典在处理大量数据时会非常高效，因为在查找特定元素时，相比于列表和元组需要从头到尾进行遍历，字典能够快速通过该元素的键直接找到对应的值。因此，字典一般用来存储一些对应关系，并实现快速查找。下面的例子演示了字典的创建：

```
d1 = {"a":1, "b":2} # 创建一个映射关系，其中 a 对应 1，b 对应 2
```

以上字典中共有两个键值对，键 a 对应的值为 1，键 b 对应的值为 2。

字典可以根据键来获取和修改对应键值对的值，下面的例子演示了使用键来获取和修改字典中的值：

```
d1 = {"a":1, "b":2}
print(d1["a"]) # 取 key 为 a 对应的 value
print(d1["b"]) # 取 key 为 b 对应的 value

d1["a"] = 100 # 更改 key 为 a 的 value 为 100
print(d1)
```

运行结果如下。先通过键 a 和 b 得到字典中的值 1 和 2，接着通过键 a 将对应的值修改为 100。

```
1
2
{'a': 100, 'b': 2}
```

由于字典映射的特点，只有预先知道字典中有哪些键和哪些值，才能实现通过对应的键快速访问到所需要的值。Python 提供了获取字典中所有的键和所有的值的方法。下面的例子演示了查看字典中所有的键和值。

```
d1 = {"a":100, "b":2}
print(d1.keys()) #  输出字典所有的 key
print(d1.values()) #  输出字典所有的 value

```

```
for k,v in d1.items(): #  遍历整个字典，输出所有的 key-value 对
    print(k,v)
```

运行结果如下。可以通过“keys”函数获取字典所有的键，通过“values”函数获取字典所有的值，也可以遍历字典的项来获取键和值。

```
dict_keys(['a', 'b'])
dict_values([100, 2])
a  100
b  2
```

通过对字典中不存在的键赋值，可以添加键值对到字典中。使用关键字“del”从字典中删除对应键值对：

```
1  d1 = {}
2  print(d1)
3  d1["a"] = 1
4  print(d1)
5  del d1["a"]
6  print(d1)
```

代码的第1行创建了一个空的字典，第3行直接对不存在的键进行赋值，第5行使用“del”删除了字典中的键值对。运行结果如下。

```
{}
{'a': 1}
{}
```

此外，Python 提供了一些处理字典的函数。

可以使用“fromkeys”方法创建一个包含特定键但值为“None”的字典：

```
d1 = dict.fromkeys(["a", "b", "c"]) # 创建指定了键但值为 "None" 的字典
print(d1)
```

运行结果如下。

```
{'a': None, 'b': None, 'c': None}
```

同时，字典提供了一些函数来方便操作键值对。可以使用“pop”来删除键值对（和“del”效果一致），使用“update”来更新字典中的键值对，以及使用“clear”来清空字典中所有的键值对：

```
d1 = {"a":1, "B":9, "C":8, "D":7, "e":5, "f":6}
d2 = {"A":1, "B":2, "C":3, "D":4}

d2.pop("A")
print(d2)

d2.update(d1)
print(d2)

```

```
10 d2.clear()
11 print(d2)
```

代码的第 1—2 行创建了两个字典。第 4 行使用“pop”函数删除字典中的对应键值对。第 7 行用“update”函数使用字典 d1 的键值对来更新字典 d2 中的键值对。在更新时，字典 d2 中不存在而 d1 中存在的键值对会被直接添加到 d2 中；对于 d2 和 d1 中都存在的键，会使用 d1 中的键值对进行更新。第 10 行使用“clear”函数删除字典中所有的键值对。运行结果如下。

```
{'B': 2, 'C': 3, 'D': 4}
{'B': 9, 'C': 8, 'D': 7, 'a': 1, 'e': 5, 'f': 6}
{}
```

2.4 运 算 符

Python 中的运算符主要有算术运算符、赋值运算符、比较运算符、逻辑运算符和成员运算符，下面介绍这些主要的运算符。

2.4.1 算术运算符

算术运算符包含了加减乘除、幂运算以及整除和取余的运算符，在 Python 中分别对应符号“+”“-”“*”“/”“**”“//”和“%”。

加号“+”可以用于数字的相加、字符串的拼接和列表的连接。下面的例子演示了这几种功能：

```
a = 1
b = 2
c = 'hello'
d = 'Python'
l1 = [0,1]
l2 = [3,4]
print(a+b) # 计算 a+b 的值
print(c + " " + d) # 也可以用来连接字符串
print(l1 + l2) # 可以用来连接列表
```

运行结果如下。“a+b”实现了数字相加的功能，“c+d”实现了字符串拼接的功能，“l1+l2”实现了列表拼接的功能。

```
3
hello Python
[0, 1, 3, 4]
```

减号“-”可以用于数字的相减。下面的例子演示了减号的功能：

```
a = 1
b = 2
print(a - b) # 计算 a-b 的值
```

运行结果如下。

```
-1
```

乘号“*”可以用于数字的相乘、重复对应的字符串和重复列表。下面的例子演示了这几种功能：

```
a = 1
b = 2
print(a * b) # 计算 a 乘 b 的值

c = 'hello'
print(c * 5)# 可以用来重复对应的字符串

l1 = [0,1]
print(l1 * 3) # 可以用来重复列表，在初始化指定长度的列表时很有用
```

运行结果如下。“a*b”实现了数字相乘的功能，“c*5”实现了重复字符串的功能，“l1*3”实现了重复列表的功能。

```
2
hellohellohellohellohello
[0, 1, 0, 1, 0, 1]
```

除号“/”可以用于一个数除以另一个数。下面的例子演示了除号的功能：

```
a = 1
b = 2
print(a / b) # 计算 a 除以 b 的值
```

运行结果如下。

```
0.5
```

双乘号“**”可以用于乘方。下面的例子演示了双乘号的功能：

```
a = 2
print(a**3)
```

运行结果如下。

```
8
```

“//”符号代表整除，会将除法运算的结果略去余数。下面的例子演示了整除符号的使用：

```
a = 7
b = 3
print(a//b)
```

运行结果如下。

```
2
```

“%”符号代表取余数。下面的例子演示了取余符号的使用：

```
a = 7
b = 3
print(a%b)
```

运行的结果如下。

```
1
```

2.4.2 赋值运算符

赋值运算符的作用就是先对变量做相应的运算，然后再将其赋值给变量。在 Python 中，赋值运算符如表 2-1 所示。

表 2-1 赋值运算符

赋值运算符	用法
+=	对变量做加法运算，然后赋值给变量
-=	对变量做减法运算，然后赋值给变量
*=	对变量做乘法运算，然后赋值给变量
/=	对变量做除法运算，然后赋值给变量，类型会隐式改变成浮点型
**=	对变量做幂运算，然后赋值给变量

下面的例子演示了赋值运算符的功能：

```
a = 10
a += 1 # 等价于 a = a + 1
print(a)
```

运行结果如下。a+1 的结果重新赋值给 a。

```
11
```

在上一段代码下再添加如下代码：

```
a -= 5 # 等价于 a = a - 5
print(a)
```

运行结果如下。a-5 的结果重新赋值给 a。

```
6
```

在上一段代码下再添加如下代码：

```
a *= 5 # 等价于 a = a * 5
```

```
print(a)
```

运行结果如下。a*5 的结果重新赋值给 a。

```
30
```

在上一段代码下再添加如下代码：

```
a /= 5 # 等价于 a = a / 5
print(a)
```

运行结果如下。a/5 的结果重新赋值给 a。

```
6.0
```

在上一段代码下再添加如下代码：

```
a **= 2 # 等价于 a = a ** 2
print(a)
```

运行结果如下。a**2 的结果重新赋值给 a。

```
36.0
```

2.4.3 比较运算符

数学中常用的比较运算有大于、小于、大于等于、小于等于以及等于。在 Python 中对应的运算符分别为“>”“<”“>=”“<=”“==”和“!=”，比较结果为布尔值“True”和“False”。特别需要注意的是，在 Python 中，一个等号“=”代表给变量赋值，两个等号“==”才代表比较两个变量的值是否相等，且感叹号加上等号“!=”表示不等于，表达与相等相反的逻辑。

下面的例子演示了比较运算符“>”的功能：

```
a = 1
b = 2
print(a > b) # 判断 a 是否大于 b
```

运行结果如下。因为 a 比 b 小，所以比较的结果为“False”。

```
False
```

下面的例子演示了比较运算符“<=”的功能：

```
b = 2
print(b <= 10) # 判断 b 是否小于等于 10
```

运行结果如下。因为 b 小于 10，所以比较的结果为“True”。

```
True
```

下面的例子演示了比较运算符“==”的功能：

```
a = 1
```

```
print(a == 1) # 判断 a 的值是否为 1
```

运行结果如下。因为变量 a 的值为 1，所以比较的结果为“True”。

```
True
```

下面的例子演示了比较运算符“!=”的功能：

```
c = 3
print(c != 3) # 判断 c 的值是否不等于 3
```

运行结果如下。因为变量 c 的值为 3，所以比较的结果为“False”。

```
False
```

2.4.4 逻辑运算符

常见的逻辑运算包括了与、或和非，在 Python 中对应的运算符分别为“and”“or”和“not”。逻辑运算符多用在 Python 中的条件语句中，用逻辑运算结果的布尔值提供条件判断的依据。

下面的例子演示了逻辑运算符的功能：

```
a = 1
b = 5
if a > 1 and b > 2:
    print("满足条件与")
if a > 1 or b > 2:
    print("满足条件或")
if not a > 1:
    print("满足条件非")
```

运行结果如下。a 不大于 1 而 b 大于 2，所以两个判断条件 a>1 和 b>2 的逻辑“与”不成立而逻辑“或”成立，同时 a>1 的逻辑“非”也成立。

```
满足条件或
满足条件非
```

2.4.5 成员运算符

成员运算符表达的含义是判断对应的变量是否存在于另一个变量当中，在 Python 中的运算符分别为“in”和“not in”。

下面的例子演示了成员运算符的功能：

```
a = '1'
b = ["1","2","3"]
c = "123"
d = ["2","3"]
print(a in b) # 判断 a 是否存在于列表 b 中，结果应该为 True，也即存在
```

```
print(a not in c)
print(a in d) # 判断 a 是否存在于列表 d 中，结果应该为 False，也即不存在
```

运行结果如下。a 存在于列表 b 中和字符串 c 中，所以“a in b”的结果为“True”，“a not in c”的结果为“False”；a 不存在于列表 d 中，所以“a in d”的结果为“False”。

```
True
False
False
```

2.5 Python 语句

在 Python 中的基础语句有条件语句、循环语句和异常处理语句。

2.5.1 条件语句

Python 中的条件语句使用关键字“if”，根据条件的满足与否来控制代码是否执行，如果条件满足就会执行对应部分的代码。

```
if condition:
    code_1
else:
    code_2
```

在上面的伪代码中，如果“condition”满足，即“condition”中表达式的结果为“True”，就会执行代码块“code_1”，否则执行代码块“code_2”。

下面的例子演示了条件语句的功能：

```
target = 100
guess = int(input("input guess"))
if target == guess :
    print("equal")
else:
    print("not equal")
```

此处实现的是一个简单的猜数功能。读者需要在命令行输入一个数字然后按回车，只有当输入的数字为 100 时将打印出“equal”，否则将打印出“not equal”。

条件语句也可以使用不止一个条件，此时需要用到语句“elif”。下面的例子演示了多个条件的条件语句：

```
# 根据不同的字符串输出不同的结果
s = "apple"
if s == "apple":
    print("this is apple")
elif s == "banana":
```

```
    print("this is banana")
else:
    print("other")
```

运行结果如下。s 的变量值为“apple”，满足第一个条件，所以只有第一个代码块被执行了；假如 s 的变量值为“banana”，那么被执行的就是第二个代码块了。

```
this is apple
```

2.5.2 循环语句

循环语句可以进行迭代和重复操作，多次执行相同的代码块。需要多次重复的任务，比如计算从 1 到 10 000 的和，就可以使用循环语句来进行操作。Python 中常用的循环语句有“for”循环和“while”循环。

2.5.2.1 “for”语句

“for”语句可以用于逐一遍历集合或者列表中的对象，并对每个对象进行一些重复的操作。下面的例子演示了用“for”语句访问一个列表中的每个元素：

```
l = [1, 2, 3, 4, 5]
for v in l: # 依次取出 l 中的每个元素
    print("value is ",v)
```

运行结果如下。打印出了列表中的每个元素。

```
value  is  1
value  is  2
value  is  3
value  is  4
value  is  5
```

“range”是一个经常与“for”语句一起使用的函数，用于产生一个包含一定范围内的整数的集合，使用的语法为“range（a，b）”。“range”函数遵守左闭右开的原则，即“range（a，b）”得到的是 a 与 b 之间的整数，包括 a 而不包括 b。下面的例子演示了“for”语句与“range”语句的结合使用：

```
for i in range(0,5):
    print(i)
```

运行结果如下。打印了从 0 到 4 的 5 个数字。

```
0
1
2
3
4
```

可以注意到，“for”循环能够依次取出可迭代对象中的每个项的值，而非取得每个项的索引。在某些场景下需要遍历索引时，可以通过 Python 的“enumerate”方法获取对象中每个项的索引和值。下面的例子演示了遍历列表的索引和值：

```
e = [100, 200, 300]
for index,value in enumerate(e):
    print(index,value)
```

运行结果如下。每个项的索引和值都被打印。

```
0  100
1  200
2  300
```

另外一个场景是，当需要同时遍历多个列表进行操作时，可以通 Python 的“zip”函数将多个列表合并为一个遍历的对象。

```
e = [100, 200, 300]
t = [1, 2, 3]
for v1,v2 in zip(e,t):
    print(v1,v2)
```

运行结果如下。遍历过程每次都访问两个列表的其中一个元素。

```
100  1
200  2
300  3
```

2.5.2.2 “while”语句

“while”语句会在每次循环开始之前检验循环条件是否满足，来判断是否执行对应的循环语句：当条件满足时循环语句一直执行，直到不再满足条件时退出循环。下面的例子演示了用“while”语句进行循环：

```
count = 5
while count > 0:
    print(count)
    count = count - 1
```

运行结果如下。初始时“count”为 5，之后不断减 1，执行 5 次循环后条件不再满足并退出循环。

```
5
4
3
2
1
```

如果循环条件设置不当，“while”语句可能陷入无法停止的循环，称为死循环。死循环影响程序的正常进行，应该想办法避免。

下面的例子演示了一个错误的，无法停止的死循环：

```
a = 1
while (a == 1):
```

```
    print("循环进行中")
```

运行结果如下。该程序会不断地输出“循环进行中”，直到我们手工将其停止。当出现死循环时，以 Jupyter Notebook 为例，可以通过点击运行按钮右边的方块图标的中断按钮，来停止程序的执行。

```
循环进行中
循环进行中
循环进行中
循环进行中
循环进行中
循环进行中
循环进行中
循环进行中
循环进行中
……
```

2.5.2.3 循环控制语句

循环控制语句的作用是控制循环的进行，例如退出循环、开始下一次循环等。在 Python 中，循环控制语句有以下几个：

（1）break：终止当前循环，跳出整个循环；

（2）continue：终止当次循环操作，直接执行下一次循环操作；

（3）pass：不执行任何操作，常用于占位。

下面的例子演示了使用“break”语句退出循环：

```
for i in range(5):
    print(i)
    break
```

运行结果如下。循环原本应该执行 5 次，每次打印一个数字，这里用“break”语句在第一次循环过程中就退出了循环，所以只打印了一个数字。

```
0
```

下面的例子演示了使用“continue”语句进入下一次循环：

```
for i in range(5):
    continue
    print(i)
```

运行结果没有打印任何东西。循环原本应该执行 5 次，每次打印一个数字，这里用“continue”在每次打印数字之前就进入了下一次循环，所以没有打印结果。

下面的例子演示了使用“pass”语句占位：

```
for i in range(5):
    if i % 2 == 0:
        print(i)
    else:
```

```
        pass
```

运行结果如下。只有被 2 整除的数字会执行打印，其余数字均跳过。“pass”的意义在于假如不希望在某次循环过程中执行操作，可以使用“pass”来占位，“pass”本身不执行操作，只是用来保持程序结构的完整性。

```
0
2
4
```

2.5.3 条件语句和循环语句结合

将条件语句和循环语句组合起来可以灵活实现更多控制程序执行的功能。下面的例子演示了将“for”循环语句与“if”条件语句结合：

```
# 计算 1 到 10 中偶数的累积和
sum_value = 0
for i in range(1,11):
    if (i % 2) != 0: # 判断是否为奇数
        continue # 如果是奇数则跳过一次循环
    sum_value += i
print(sum_value)
```

运行结果如下。循环过程中，当 i 为奇数时，使用“continue”控制语句直接进入下一次循环，跳过了后续求和步骤；当 i 为偶数时，则求和。这里实现了对 1 到 10 的偶数求和。

```
30
```

2.5.4 异常处理语句

经过上面的学习，我们已经能够初步掌握 Python 的相关语法。但是，即使我们已经熟悉相关语法，代码执行时仍然可能出现错误。这种代码执行过程中检测到的错误称为异常（exception）。异常有多种类型，分别表示不同的错误，例如类型使用的错误、索引使用的错误等。程序执行过程遇到异常时，就会中断并退出，同时 Python 会报出一段包含错误类型和详情的信息，帮助我们进行代码的修改和调试。下面的例子演示前面已经见过的数组越界异常：

```
a = list([1,2])
print(a[2])
print("end")
```

运行结果如图 2-4 所示。报错原因是列表 a 的长度为 2，最大索引为 1，因此无法访问索引为 2 的元素，出现了数组越界异常“IndexError”。

```
IndexError                                Traceback (most recent call last)
Input In [13], in <cell line: 2>()
      1 a = list([1,2])
----> 2 print(a[2])
      3 print("end")

IndexError: list index out of range
```

图 2-4 数组索引越界引发异常

正常情况下，遇到异常时程序会停止运行、退出并报告所遇到的错误。但有些时候，我们不希望程序在异常后退出而是继续运行。这时，就需要我们使用“try”和“except”关键字对异常进行处理。下面的例子演示了如何对异常进行处理：

```
temp_list = [1,2] # 声明一个只有两个元素的数组

try: # 异常处理关键字
    print(">>>>>>>>>try<<<<<<<<<")
    print(temp_list[2]) # 尝试打印超出数组长度的元素，会报 IndexError 异常
except IndexError as e: # 捕捉 IndexError 异常，并进行处理
    print(">>>>>>>>> 处理异常 <<<<<<<<<")
    print("catch IndexError,processing...")
    print(e)
    print(" 数组的长度为 %s, 数组中的数据为 %s" % (len(temp_list),temp_list))
```

运行结果如下。程序首先执行“try”关键字下的代码块，第一句“print”语句顺利执行，第二句“print”语句引发了“IndexError”异常。但由于这里“except”关键字处理了“IndexError”的情况，所以 Python 转而执行“except”语句下的代码块，并顺利执行了代码块中的内容。

```
>>>>>>>>>try<<<<<<<<<
>>>>>>>>> 处理异常 <<<<<<<<<
catch IndexError,processing...
list index out of range
数组的长度为 2, 数组中的数据为 [1, 2]
```

另外，有时候代码中可能出现我们无法预料的异常，不能够通过“except”关键字准确处理，这时就需要使用“finally”关键字。对于无论代码是否出现了异常，我们都想要执行的一部分代码，将其放在“finally”关键字的代码块中。下面的例子演示了“finally”关键字的使用：

```
temp_list = [1,2] # 声明一个只有两个元素的数组

print("example1")
try: # 异常处理关键字
    print(">>>>>>>>>try<<<<<<<<<")
    print(temp_list[2]) # 尝试打印超出数组长度的元素，会报 IndexError 异常
except IndexError as e: # 捕捉 IndexError 异常，并进行处理
```

```
    print(">>>>>>>>> 处理异常 <<<<<<<<<")
    print("catch IndexError,processing...")
    print(" 数组的长度为 %s, 数组中的数据为 %s" % (len(temp_list),temp_
list))
finally:
    print(">>>>>>>>>finally<<<<<<<<<") # try 后的代码出现了异常, 进行了异常
处理, 然后执行了 finally 字段

print("\n\nexample2")
try: # 异常处理关键字
    print(">>>>>>>>>try<<<<<<<<<")
    print(temp_list[0]) # 不会出现异常的代码
except IndexError as e: # 捕捉 IndexError 异常, 并进行处理
    print(">>>>>>>>> 处理异常 <<<<<<<<<")
    print("catch IndexError,processing...")
    print(" 数组的长度为 %s, 数组中的数据为 %s" % (len(temp_list),temp_
list))
finally:
    print(">>>>>>>>>finally<<<<<<<<<") # try 后的代码没有异常, 直接执行了
finally 字段
```

运行结果如下。第一个例子中，访问列表中不存在的元素引发了“IndexError”异常，“try”关键字、“except”关键字和“finally”关键字中的语句都被执行。第二个例子中，代码不引发异常，只有“try”关键字和“finally”关键字下的语句被执行。

```
example1
>>>>>>>>>try<<<<<<<<<
>>>>>>>>> 处理异常 <<<<<<<<<
catch IndexError,processing...
数组的长度为 2, 数组中的数据为 [1, 2]
>>>>>>>>>finally<<<<<<<<<

example2
>>>>>>>>>try<<<<<<<<<
1
>>>>>>>>>finally<<<<<<<<<
```

2.6 函数与库

在 Python 中，函数和库是用来减少代码复杂性和重复性的手段。定义函数就是将一些具有独立功能，或者会被频繁重复使用的代码块封装起来，并且进行命名的过程。函数被定义之后，可以通过使用函数名来调用其中的代码块，方便后续使用这部分代码。库是对函数进一步的集成。将一些包含相似或者特定功能且被频繁使用的函数和其他内容进行封装，得到的结果就是库。使用预先定义好的函数需要导入相应的库。在

Python 中用户可以自定义函数和库，同时系统也提供了大量的内置函数和标准库。常见的内置函数如“len()”“print()”，这些内置函数不需要导入任何库就可以使用；标准库则是在安装好 Python 或者 Anaconda 后，不需要安装第三方库就可以导入使用的一些库，比如 Datetime 和 OS 等库。

2.6.1 函数

在 Python 中，定义函数的方法有两种，一种是通过“def”关键字来定义完整的函数，另一种是通过“lambda”关键字来定义简短的、无函数名的函数。

使用“def”关键字定义函数的结构如下：

```
def 函数名 ( 参数 ..):
    """ 函数说明文档 """
    函数主体
    return 返回内容
```

参数是程序中使用函数时需要向函数提供的数据，这些数据经过函数主体计算后就得到返回内容，并通过返回内容将结果反馈给程序。下面的例子演示了创建并使用函数的过程：

```
def add(a,b): # 定义一个 add 函数
    """
        add 计算 a+b 的值并返回 c
    """
    return a + b

a = 1
b = 2
res = add(a,b) # 调用 add 函数，并且将其返回值赋给 res
print(res)
```

运行结果如下。首先定义了一个实现加法功能的函数，将输入的两个数字相加，接着在程序中向该函数传入两个数字 a 和 b，并通过变量“res”获取函数计算的结果。

```
3
```

“def”关键字之后的代码块，也就是函数定义的内容中，使用的变量与代码块外部的变量是不同的，这涉及变量作用域的问题。假设在函数定义的代码块和代码块外部的内容中出现了同名的变量，这两个变量也不会互相影响。这是因为函数定义部分和外部的代码属于不同的作用域，每一个变量只能在自己的作用域之内起作用，无法影响作用域之外的内容。关于作用域验证的相关代码如下：

```
a = " 我在外部作用域 "
print(a)

def add(n1, n2):
```

```
5      a = "我在内部作用域"
6      print(a)
7      return n1 + n2
8
9  b = 2
10 c = 3
11 add(b, c)
12
13 print(a)
```

代码的第1行中定义了一个变量a；第4—7行定义了一个“add”函数，并在函数内部也定义了一个a变量；第9—11行定义变量，调用了“add”函数。运行结果如下。

```
我在外部作用域
我在内部作用域
我在外部作用域
```

从输出的结果可以看到，函数内部的变量a的值并不影响外部变量a的值。

除了“def”关键字，还可以用“lambda”关键字来定义函数。“lambda”关键字常用于定义匿名函数，这是一种没有名字且只允许包含一个表达式的函数。使用“lambda”关键字定义函数的语法如下：

```
lambda 参数 : 表达式
```

使用“lambda”关键字定义匿名函数的代码如下，以加法函数为例：

```
add_func = lambda x,y:x+y
print(add_func(1,2))
```

运行结果如下。

```
3
```

“sorted”函数是Python中用来对列表或者其他自定义类型进行排序的一种方法，通过“sorted”函数可以将无序的列表变为有序：

```
1 unorder_list = [2,3,1,5]
2 print(sorted(unorder_list))
3 print(sorted(unorder_list,reverse=True))
```

代码的第1行表示定义一个乱序的列表；第2行表示调用“sorted”函数对其进行排序，默认是升序；第3行表示可以通过“reverse”参数使排序变为降序。

运行结果如下。

```
[1, 2, 3, 5]
[5, 3, 2, 1]
```

通过结合“sorted”和“lambda”定义的匿名函数，可以实现自定义排序的效果：

```
tuple_list = [(2, 4),(1, 5), (3, 2)]
print(sorted(tuple_list))
```

```
3 print(sorted(tuple_list,key=lambda x:x[1]))
```

代码的第 2 行表示默认按照元组的第一个元素进行比较并排序；第 3 行表示按照每个元组第二个元素对元组进行排序。

运行结果如下。

```
[(1, 5), (2, 4), (3, 2)]
[(3, 2), (2, 4), (1, 5)]
```

2.6.2 库

Python 中的库生态非常丰富，比如常用的标准库 Datetime，可以用来格式化时间和计算时间之间的差值。除了 Python 中自带的标准库外，还有大量的第三方库，可以实现各种功能。本书后续的文本处理和数据分析内容中，也大量使用了一些第三方库，比如常用于中文分词的 Jieba 库，或者常用于数据处理的 Pandas 库等。

在 Python 中导入一个库需要使用“import”关键字。下面的例子演示了导入 OS 库，然后使用 OS 库中的函数得到计算机中 CPU 的核数的过程：

```
import os # 导入 os 库
os.cpu_count() # 输出当前电脑 cpu 的核数
```

运行结果根据每个人电脑所用的 CPU 不同而不同。

如果仅仅需要从一个库中导入特定函数或者特定的功能模块，可以使用“from”和“import”关键字。下面的例子演示了导入 Datetime 库中的“datetime”模块：

```
from datetime import datetime # 从 datetime 库导入 datetime 功能模块
datetime.now() # 输出现在的时间
```

运行结果输出了运行代码时电脑的时间。

有时候导入的库或者库中的功能模块的名称难以记忆，可以使用“import xxx as xxx”和“from xxx import xxx as xxx”的语句临时将其修改为更容易记忆和使用的名称。如下代码导入 Datetime 库，并且将其临时修改为“mytime”：

```
import datetime as mytime
mytime.datetime.now()
```

同时，也可以使用“from xxx import xxx as xxx”的形式。如下代码从 Datetime 库中导入“datetime”模块，并且将其命名“mydatetime”：

```
from datetime import datetime as mydatetime
mydatetime.now()
```

有时候导入的库功能范围比较广、体积比较大，因此内部会进一步细分为多个子库。库中的子库通过“xxx.xxx”的形式来描述，使用“import xxx.xxx”可以导入子库：

```
import os.path
```

```
filepath = "./data/example.txt"
print(os.path.basename(filepath))
print(os.path.dirname(filepath))
```

运行结果如下。

```
example.txt
./data
```

同样，可以使用“from xxx.xxx import xxx”导入子库中的特定功能模块，更加简便且容易输入：

```
from os.path import basename
from os.path import dirname

filepath = "./data/example.txt"
print(basename(filepath))
print(dirname(filepath))
```

运行结果如下。

```
example.txt
./data
```

使用“import xxx.xxx as xxx”可在导入子库时临时修改名称，方便记忆和使用：

```
import os.path as mypath

filepath = "./data/example.txt"
print(mypath.basename(filepath))
print(mypath.dirname(filepath))
```

同样，运行也会得到和上面相同的结果。

```
example.txt
./data
```

在导入库时需要注意库是否已经安装，只有已经安装的库才可以成功导入。如果导入没有安装的库，则会出现异常。对于没有安装的库，可以通过“pip install”或者“conda install”来安装和使用。下面的例子演示了导入一个不存在的库，会出现“ModuleNotFoundError”异常：

```
import not_exists
```

运行结果如图 2-5 所示。

```
ModuleNotFoundError                       Traceback (most recent call last)
Input In [14], in <cell line: 1>()
----> 1 import not_exists

ModuleNotFoundError: No module named 'not_exists'
```

图 2-5　导入不存在的库引发异常

2.7 类

Python 是一种面向对象的语言，这里就涉及编程中的重要概念——类和对象。简单来讲，类是抽象的集合，而对象是具体的实例；类是对象的集合，定义了对象所具有的属性和方法，而对象是根据某一类定义所产生的具体实例。以汽车为例，汽车的特征有颜色、尺寸、品牌等等，能实现启动、加速、转弯和刹车等功能。这里的“汽车”就是一个类，颜色、品牌等就是它的属性，能实现的基本功能就是它的方法；具体的某一辆汽车则是一个对象。通过定义类，可以将性质相同或者相近的对象组织起来，一方面可以实现部分代码的复用，另一方面可以方便程序的组织和设计。

类的定义使用Python中的“class”关键字。下面的例子演示了定义一个简单的类：

```
class People: # 声明类的名字

    # 构造方法，用来将类实例化
    def __init__(self,name):
        self.name = name # 初始化一个 name 属性

    # 定义一个方法，用来输出 hello 信息
    def say_name(self):
        hello_str = "hello my name is {}!".format(self.name)
        print(hello_str)

    def say(self):
        print("people")

obj = People(name="Bob") # 创建一个类的实例，并传入 name
obj.say_name()
obj.say()
```

运行结果如下。首先定义了一个名为“People”的类，并实现了构造函数和两个打印字符串的函数；实例化一个“People”类的对象“obj”后，可以通过“obj”使用类中的方法，打印出相应的字符串。

```
hello my name is Bob!
people
```

可以看到，上面案例中类定义的内容中，定义了一个名为“__init__”的函数，这就是类的构造函数。构造函数在创建类的实例时会被调用，例如上面执行“obj=People(name="Bob")”时，实际上调用了构造函数，执行构造函数的内容将字符串“Bob”赋值给了类的属性 name。也可以为类的构造函数设置默认值，这样当不特意指定构造函数的参数值时，构造函数会用默认的参数值来创建实例。下面的例子设置了构造函数的默认值，创建实例时不指定参数，而是使用默认的参数：

```
class People: # 声明类的名字

    # 构造方法，用来将类实例化
    def __init__(self,name="Peter"):
        self.name = name # 初始化一个 name 属性

    # 定义一个方法，用来输出 hello 信息
    def say_name(self):
        hello_str = "hello my name is {}!".format(self.name)
        print(hello_str)

    def say(self):
        print("people")

obj = People() # 创建一个类的实例，并传入 name
obj.say_name()
obj.say()
```

运行结果如下。可以看到在构造函数有默认值时，如果创建类的实例不传入任何参数，就会使用构造函数中参数的默认值。

```
hello my name is Peter!
people
```

通过类的继承，可以用新的类扩展旧的类。一方面，子类可以继承父类所有的方法和属性，实现代码的复用而无须重复定义属性和方法；另一方面，子类也可以对父类的方法进行重写，实现多态性，也就是父子类同一名称的方法有不同的含义。下面的例子演示了类的继承功能：

```
class Student(People): # 继承 People 类
    def __init__(self,name): # 同样需要构造函数
        super(Student,self).__init__(name) # 调用父类的构造函数来初始化类

    def say_more(self): # 声明方法
        self.say_name() # 调用继承得到的方法
        print("i'm student")

    def say(self): # 重写父类的方法，实现多态
        print("student")

student_obj = Student("Bob")
student_obj.say_more() # 调用方法
student_obj.say() # 调用重写后的方法
```

运行结果如下。首先定义了一个名为“Student”的类，继承了前面创建的“People”类；然后在“say_more”函数中使用了“People”类中的方法，在“say”函数中重写了“People”类中的方法，打印出相应的字符串。

```
hello my name is Bob!
i'm student
student
```

思考题

1. Python 中有哪些常用的数据结构？其主要特征分别是什么？

2. Python 循环控制语句中，“break”“continue”和“pass”的作用是什么？

3. 什么是 Python 中的内置函数和标准库？常用的内置函数和标准库有哪些（各举两例）？

参考答案

第 3 章

Python 文本分析基础

本章将介绍 Python 在文本分析中的基础应用，重点涵盖文件操作、正则表达式、分词和词云图的生成。在实际的文本分析工作中，文件操作是读取和保存数据的基本步骤，正则表达式则是处理和提取文本信息的有力工具。分词技术能够将文本分解为有意义的词汇单元，而词云图则是一种直观的文本数据可视化方法，帮助识别文本中的关键词和主题。

3.1 文件的操作

Python 可以对文件进行读写操作。在读写文件之前，需要先让程序能够找到要读写文件的地址，也即文件的路径。路径分为两种，一种是绝对路径，另一种是相对路径。

绝对路径：文件在硬盘上的真正路径。从文件系统的根目录为起点，到相应文件的路径，能够在计算机上唯一地确定其位置。在 Windows 系统上，绝对路径通常以盘符开始，比如“D:\PythonNote\Python 文本分析基础 .ipynb”；在 linux 系统当中，绝对路径以“/”开头，比如“/home/ PythonNote /Python 文本分析基础 .ipynb”。

相对路径：文件相对于当前程序文件所在的路径。相对路径里常使用“./”表示与当前文件同一目录，“../”表示上一级目录；如果有多个上一级目录，可以使用多个“../”表示为上级。比如，当前文件目录为“PythonNote”，则“./data”表示和当前程序文件相同目录（PythonNote）下的“data”文件夹。

在明确了文件的路径之后，需要确定对文件所执行的操作。对应不同的操作，Python 打开文件时有不同的模式，一些常用模式如表 3-1 所示。

表 3-1 常用模式

模式	含义
r	只读模式：只能读取不能写入
w	写入模式：会清空文件从头开始写入，不能读取，如果文件不存在则创建
a	追加写入：不清空文件，不能读取，如果文件不存在则创建

续表

模式	含义
rb	二进制读取
wb	二进制写入

在 Python 中，使用“open”函数来打开一个文件，传入对应的模式标识，即可对文件进行操作。在使用“open”函数打开文件后，同样也需要使用调用文件对象的“close”方法关闭文件，因为每打开一个文件都会占用操作系统的资源。

下面将演示以写入模式打开“data.txt”文件，对文件进行写入操作后关闭文件。以写入字符串“hello,world”为例：

```
s = "hello,world"
f = open("data/data.txt","w") # 以写入模式打开文件
f.write(s) # 写入字符串
f.close() # 关闭文件
```

以只读模式打开已经写入字符串的“data.txt”文件，对文件进行读取操作，然后关闭：

```
f = open("data/data.txt","r")
t = f.read()
f.close()
print(t)
```

运行结果如下。

```
hello,world
```

在关闭文件时，除了上面展示的调用“close”方法关闭文件，还有一种“with”的写法，可以在读取后自动调用“close”方法，实现文件关闭：

```
with open("data/data.txt","r") as f:
    content =f.read()
    print(content)
```

运行结果如下。使用“with”关键字不需要手动地显式关闭文件。

```
hello,world
```

下面演示追加写入和普通写入模式的区别。首先使用写入模式向文件中写入“hello world\n”字符串（“\n”表示换行），然后使用只读模式读取文件的内容：

```
s = "hello world\n"
with open("data/data1.txt","w") as f: # 普通写入
    f.write(s)

with open("data/data1.txt","r") as f: # 读取
    t = f.read()
```

```
7       print("first reading")
8       print(t)
```

代码的第 2 行以写入模式打开“data/data1.txt”文件，第 3 行向其中写入“hello world\n”字符串，第 5 行使用只读模式打开文件，第 6—8 行读取文件内容并打印。

运行结果如下。

```
first reading
hello world
```

使用追加写入的模式打开文件，向其中继续写入内容，并再次读取其中的内容：

```
with open("data/data1.txt","a") as f:
    f.write(s)

with open("data/data1.txt","r") as f: # 再次读取
    t1 = f.read()
    print("second reading")
    print(t1)
```

运行结果如下。可以看到使用追加模式没有清空文件原本的内容，并且在原本的内容后追加写入了“hello world”。

```
second reading
hello world
hello world
```

使用普通写入模式打开文件，写入“hello world”字符串，然后读取文件内容：

```
with open("data/data1.txt","w") as f: # 普通写入，w 模式会清空文件内容
    f.write(s)

with open("data/data1.txt","r") as f: # 第三次读取
    t2 = f.read()
    print("third reading")
    print(t2)
```

运行结果如下。可以看到使用 w 模式会清空文件之前的内容，然后再进行写入，因此只有一个“hello world”。

```
third reading
hello world
```

当读取的文件中包含中文时，会遇到文件编码不同导致读取出的中文内容出现错误的问题。为了解决这个问题，可以在使用“open”函数打开文件时显式地指定以何种编码来读取文件。只有写文件和读文件的编码相同时，才能够正确读取文件的内容。我们以 utf-8 编码打开文件并写入中文内容，然后分别以 gbk 编码和 utf-8 编码读取文件内容：

```
with open("data/data.txt","w",encoding="utf-8") as f:
```

```
    f.write(" 你好 Python")
with open("data/data.txt","r",encoding="gbk") as f:
    print(f.read())
with open("data/data.txt","r",encoding="utf-8") as f:
    print(f.read())
```

以 gbk 编码读取文件的结果如下所示。

```
浣犲ソ Python
```

以 utf-8 编码读取文件的结果如下所示。

```
你好 Python
```

比较常用的编码格式有 utf-8、gbk 以及 gb2312，当读取文件遇到中文乱码或者内容错乱时，可以分别尝试几种编码。

3.2 正则表达式

正则表达式（Regular Expression，regex，RE）是表达一组字符串特征的表达式。其最主要应用在字符串匹配中，可以通过正则表达式来表达复杂的逻辑，从字符串中提取特定的内容。进行正则匹配时，主要使用 Python 内置的“re”包，其安装方法为输入命令“pip install re”。

下面介绍一些较为简单常用的正则语法和符号，如表 3-2 所示。

表 3-2 常用正则语法和符号表

字符	描述
.	匹配除换行符外的所有字符。如果要匹配“.”，需要使用“\.”
*	匹配前面的表达式 0 次或多次
+	匹配前面的表达式 1 次或多次
?	匹配前面的表达式 0 次或一次
a-zA-Z	匹配全部英文字母
\	转义字符
\d	匹配单个数字
0-9	匹配全部数字
\s	匹配空格和换行符
(p)	标记一个子表达式 p 的开始和结束位置
[abc]	表示或的关系，只需要匹配 abc 其中任意一个表达式即可

假设我们需要匹配“b”前面有“a”，或者“b”为开头的模式，就可以使用正则表达式“a*b”。在 re 包中我们可以使用“match”函数来测试字符串是否匹配特定模式。

下面我们以模式“a*b”为例，来看字符串是否匹配：

```
import re
pattern = "a*b"
target = "aaab"
target1 = "b"
target2 = "cb"
if re.match(pattern,target)is not None:
    print("target match a*b")
if re.match(pattern,target1)is not None:
    print("target1 match a*b")
if re.match(pattern,target2)is not None:
    print("target2 match a*b")
```

可以看到下面的执行结果中，只有字符串“aaab”和“b”匹配了我们的模式。

```
target match a*b
target1 match a*b
```

同时，我们也可以使用正则表达式来从文本中提取复杂的信息。例如，“小明买了新的 iPhone X 手机，一共花了 5 000 元”，我们想要提取出其中的“iPhoneX”和其价格“5 000”，可以构造两个简单的正则表达式。在 re 模块中，可以使用“search”函数来寻找第一个匹配模式的字符串：

```
1 target = "小明买了新的 iPhoneX 手机，一共花了 5000 元"
2 phone_pattern = "[a-zA-Z]+"
3 price_pattern = "\d+"
4 print(re.search(phone_pattern,target).group())
5 print(re.search(price_pattern,target).group())
```

代码的第 2 行“"[a-zA-Z]+"”表示含字母的任意一个表达式；第 3 行“"\d+"”表示含数字的任意一个表达式；第 4—5 行分别表示提取“iPhoneX”和“5 000”的结果，其中“group”函数就是取出正则表达式匹配的部分。

提取出的结果如下。

```
iPhoneX
5000
```

除了使用“search”寻找第一个匹配的字符串外，re 还提供了“findall”和“finditer”函数，两个函数都可以搜索字符串中符合特定模式的所有子串，但在使用上略有不同。以“昨北上资金净流出 33 亿，其中沪市净流出 9 亿，深市净流出 24 亿”这个句子为例，使用“findall”函数可以提取出句子中的所有数字：

```
target = "昨北上资金净流出 33 亿，其中沪市净流出 9 亿，深市净流出 24 亿"
pattern = "\d+"
all_number = re.findall(pattern,target)
print(all_number)
```

运行结果如下。

```
['33', '9', '24']
```

使用“finditer”返回的是一个迭代器（Iterator），迭代器中的每个元素同“match”和“search”函数返回的结果：

```
all_number_iter = re.finditer(pattern,target)
print(type(all_number_iter))
for i in all_number_iter:
    print(i.group())
```

运行结果如下。

```
<class 'callable_iterator'>
33
9
24
```

同时，re模块还提供了基于正则的字符串替换。同样以上述例子，将“昨北上资金净流出33亿，其中沪市净流出9亿，深市净流出24亿”中的数字全部替换成“xx”，可以使用“sub”函数将字符串中符合特定模式的子串批量进行替换：

```
sub_res = re.sub(pattern,"xx",target)
print(sub_res)
```

替换结果如下。

```
昨北上资金净流出xx亿，其中沪市净流出xx亿，深市净流出xx亿
```

3.3 分　词

在文本处理的过程当中，分词是非常基础且必需的步骤。通过分词可以将文本中的词语分离出来，方便我们进一步处理和分析。

3.3.1 英文分词

在开始之前，我们需要安装TextBlob。TextBlob是一个用Python编写的开源的文本处理库。它可以用来执行很多自然语言处理的任务，比如词性标注、名词性成分提取、情感分析、文本翻译等。官方文档地址为：https://textblob.readthedocs.io/en/dev/。本例使用Word进行词形还原（Words Lemmatization）。可以使用“conda install textblob”或者“pip install textblob”来安装TextBlob，安装之后执行命令“!python -m textblob.download_corpora”来下载TextBlob所必需的语料库数据。

安装完成后，我们以一段英文为例，统计词语出现的次数，演示分词的基本操作。所使用的文本从“https://docs.python.org/3.8/tutorial/index.html”中拷贝，分词相关的代码如下：

```
1 from textblob import Word
2 text = '''
3 Python is an easy to learn, powerful programming language.
4 It has efficient high-level data structures and a simple but effective approach to object-oriented programming.
5 Python's elegant syntax and dynamic typing, together with its interpreted nature,
6 make it an ideal language for scripting and rapid application development in many areas on most platforms.
7 '''
8 processed_text = text.replace(".","").replace(",","").replace("\n","")
9 processed_text = processed_text.lower()
10 words=[Word(word).lemmatize() for word in processed_text.split()]
11 count_dict = dict()
12 for word in words:
13     if word not in count_dict:
14         count_dict[word] = 0
15     count_dict[word] += 1
16 sort_dict_items = sorted(count_dict.items(),key=lambda x:x[1],reverse=True)
17 sort_dict = dict(sort_dict_items)
18 for index,(k,v) in enumerate(sort_dict.items()):
19     if index > 20:
20         break
21     print(k,v)
```

代码的第 8 行删除文本中出现的标点符号和回车。第 9 行将文本中出现的所有字母转换为小写。第 10 行分词后根据词性将单词还原为字典中原型词汇，即词形还原。比如，单词“cars”词形还原后的单词为“car”，单词“ate”词形还原后的单词为“eat”。第 11 行使用字典来统计词语出现的次数。第 12—15 行循环遍历列表，统计词语出现的次数并存入字典。第 16 行对字典的“键”按照“值”进行排序。第 18—21 行输出出现次数最多的前 20 个单词。

运行结果如下。

```
it 3
and 3
an 2
to 2
programming 2
language 2
python 1
is 1
easy 1
learn 1
powerful 1
ha 1
```

```
efficient 1
high-level 1
data 1
structure 1
a 1
simple 1
but 1
effective 1
approach 1
```

3.3.2 中文分词

对于英文的分词是较为简单的，因为词语之间都有空格分隔；而对于中文的分词则比较复杂，因为在中文当中，相同的一段话可能会根据不同的语境被切分为不同的词语集合，因此对于中文的分词就需要更加复杂的处理来完成。

在处理中文时，我们通常使用 Jieba 这个第三方库来完成中文分词，其也提供了关键词抽取等其他功能。Jieba 库的项目地址为：https://github.com/fxsjy/jieba。可以使用“conda install jieba”或者“pip install jieba”命令来安装 jieba。

下面以一段中文为例，演示分词的基本操作。文本从 https://docs.python.org/zh-cn/3.8/tutorial/index.html 中拷贝。

```
1  import jieba
2  import re
3  text = '''
4  Python 是一种易于学习又功能强大的编程语言。它提供了高效的高级数据结构，还能简单有效
5  地面向对象编程。Python 优雅的语法和动态类型，以及解释型语言的本质，使它成为多数平台
6  上写脚本和快速开发应用的理想语言。
7  '''
8  process_text = re.sub("[\s\n\t,。]","",text)
9  words = jieba.lcut(process_text)
10 print(words[:10])
```

代码的第 8 行使用正则去除标点符号、空格和换行符；第 9 行使用 Jieba 切分词语；第 10 行打印切分后的前 10 个单词。

运行结果如下。

```
['Python', '是', '一种', '易于', '学习', '又', '功能强大', '的', '
编程语言', '它']
```

在分词结束之后，需要再对得到的词语进行过滤，因为中文中有一些词语是没有任何含义的，比如“的”“是”等。这类词语可提供的信息有限，且通常会高频出现，往往对后续任务存在负作用，因此在完成中文的分词后，通常还需要对停用词进行过滤。中文的常用停用词库可以参考该网址：https://github.com/goto456/stopwords，其总结了

目前常用的停用词库。本例使用哈工大的停用词库，这里已经提前将其下载到了本地，放置在“input”文件夹内，命名为“hit_stopwords.txt”。

读取停用词文件，并打印出前 5 个停用词：

```
1 stopword_file = open("input/hit_stopwords.txt","r",encoding="utf-8")
2 content = stopword_file.read()
3 stopword_file.close()
4 stop_words = content.split("\n")
5 print(stop_words[:5]) # 输出前 5 个
```

代码的第 4 行将停用词文件内容按照换行符切分，每行即是一个停用词。

打印前 5 个停用词的结果如下所示。

```
['———', '》),', ')÷(1—', '",', ')、']
```

接下来在之前分词结果的基础上，过滤掉停用词；如果文本中的词在停用词词库中就跳过，用“filter_words”将不是停用词的词语存成列表：

```
filter_words = []
for word in words:
    if word in stop_words:
        continue
    filter_words.append(word)
print(filter_words)
```

运行结果如下。

```
['Python', '一种', '易于', '学习', '功能强大', '编程语言', '提供', '高效', '高级', '数据结构', '还', '简单', '有效', '面向对象编程', 'Python', '优雅', '语法', '动态', '类型', '解释', '型', '语言', '本质', '使', '成为', '多数', '平台', '上', '写', '脚本', '快速', '开发', '应用', '理想', '语言']
```

3.4 词云图——文本数据可视化

词云图是一种对文本数据进行可视化的方式，能够对文本中出现频率较高的关键词予以视觉上的突出，使浏览者能够更加容易地领略文本的主旨，图 3-1 就是一张英文词云图。

利用 Python 我们可以轻易制作如图 3-1 所示一样漂亮的词云图，主要使用的是一个第三方的库——WordCloud。WordCloud 是优秀的词云展示第三方库，以词语为基本单位，通过图形可视化的方式，更加直观和艺术地展示文本。WordCloud 库的 github 地址为：https://github.com/amueller/word_cloud。也可以通过“conda install wordcloud”或者“pip install wordcloud”命令来安装这个库。

仍以 3.3.1 的英文片段为例，使用很简单的代码就可以将其文本通过词云图可视化：

```
1  import wordcloud
2  from matplotlib import colors
3  from PIL import Image
4  import numpy as np
5  text = '''
6  Python is an easy to learn, powerful programming language.
7  It has efficient high-level data structures and a simple but effective
   approach to object-oriented programming.
8  Python's elegant syntax and dynamic typing, together with its interpreted
   nature,
9  make it an ideal language for scripting and rapid application
   development in many areas on most platforms.
10 '''
11 mask = np.array(Image.open("./input/figs/mask.png"))
12 w = wordcloud.WordCloud(background_color="#d3d3d3",mask=mask)
13 w.generate(text)
14 w.to_image()
```

图 3-1　英文文本词云

代码的第 2 行导入了 Matplotlib 库中的“color”模块，这里需要使用其实现自定义字体颜色的效果。第 4 行导入了 Numpy 库，用来将读入的图片转换为矩阵。第 11 行自定义绘制字体的词云形状。PIL 是一个专门用来处理图像的模块，可以对图像进行各种各样的变换。PIL 中的“Image.open”函数用以实现打开文件。第 12 行指定自定义的背景颜色和词云形状。WordCloud 库把词云当作一个 WordCloud 对象，以 WordCloud 对象为基础，进行参数配置操作。第 13 行向 WordCloud 对象中加载文本“text”。第 14 行将词云输出为图像文件。

英文词云图的结果如图 3-2 所示。

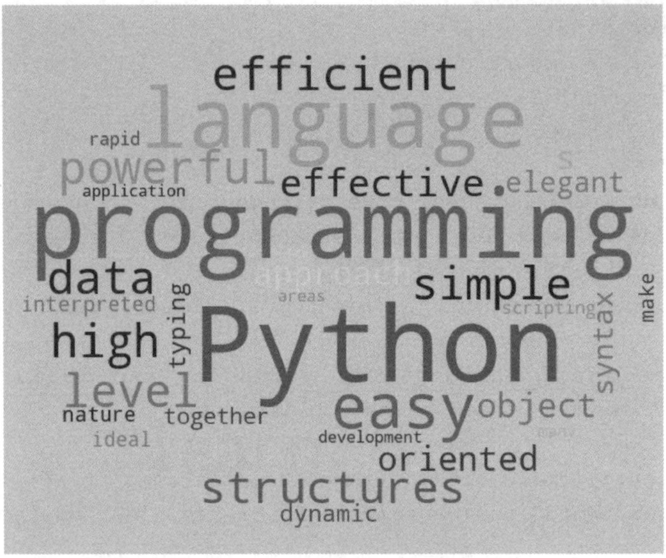

图 3-2 英文分词的代码输出结果

同样，我们也可以绘制中文的词云图，但是中文是不能直接调用 WordCloud 对象的，需要先对中文进行分词，且在生成词云图时需要设置中文的字体。

接 3.3.2 的中文分词示例代码：

```
1 from collections import Counter
2 word_counter = Counter(filter_words)
3 w = wordcloud.WordCloud(stopwords=stop_words,font_path="./input/fonts/
4 font.ttf")
5 w.generate_from_frequencies(word_counter)
  w.to_image()
```

代码的第 2 行统计各个词语及其出现的次数；第 3 行通过“font_path”设置中文字体的路径，且通过“stopwords”设置停用词。

中文示例词云图如图 3-3 所示。

图 3-3 中文分词的代码输出结果

思考题

1. 什么是绝对路径和相对路径？

2. 什么是正则表达式？其主要用途有哪些？

3. 相比于英文分词，中文分词为什么复杂？请指出一个常用的中文分词工具。

参考答案

第 4 章

Numpy

Python 本身已经提供了基本的计算能力，能够对整数、浮点数以及复数进行计算，但是并未提供数组计算的能力。而数组计算的能力是很多科学计算例如机器学习的底层实现所必需的，因此 Numpy 库出现了。Numpy 库提供了丰富的数值计算方法，许多机器学习乃至深度学习的底层都是基于 Numpy 实现的。

本章对 Numpy 所提供的计算能力和一些简单常用的方法做基本的介绍，至于 Numpy 中更复杂深入的内容，读者可以在后续需要使用时再进行了解。

在使用之前，首先需要确保当前使用的环境中正确安装了 Numpy。同其他库一样，Numpy 可以通过使用 conda 或 pip 来安装：

```
conda install numpy
pip install numpy
```

在代码中使用 Numpy 之前，需要先进行导入。常用以下代码导入 Numpy，并使用“np”作为其简称，以方便在代码中调用 Numpy 库：

```
import numpy as np # 导入Numpy并将其重命名为np，数据分析常见操作
```

4.1 数　　组

数组（Array）是 Numpy 中的一个基础数据结构。数组和前面讲到的列表有相似之处，都是一些元素的序列，但数组可以定义维度，可以是一维、二维甚至 n 维，因此在 Numpy 中其命名为“ndarray”，也就是 N 维数组（N-Dimensional Array）的简称。在经济领域最常见也最经常使用的是一维数组和二维数组。

4.1.1 创建数组

在 Numpy 中有两种方式用于创建一个一维或多维的数组：

（1）通过列表的数据来创建一个数组；

（2）通过 Numpy 提供的方法来创建一个数组。

首先演示使用列表创建 Numpy 数组。先创建一维数组，并用“shape”函数查看数

组的形状，用“ndim”函数查看数组的维度：

```
list1 = [1,2,3,4] # Python 列表
a1 = np.array(list1) # 通过 Numpy 的 array 方法将其转换为数组
print(a1)
print(type(a1)) # 其类型为 ndarray
print(a1.shape) # 查看形状
print(a1.ndim) # 查看维度信息
```

运行结果如下。成功创建了一维数组。

```
[1 2 3 4]
<class 'numpy.ndarray'>
(4,)
1
```

之后，使用嵌套的列表创建 Numpy 的二维数组：

```
list2 = [[1,2,3],[4,5,6],[7,8,9]] # 已有 Python 列表
a = np.array(list2) # 通过 Numpy 的 array 方法将其转换为数组
print(a)
print(type(a))# 其类型为 ndarray
print(a.shape) # 查看形状
print(a.ndim) # 查看维度信息
```

运行结果如下。这次创建的是二维数组。

```
[[1 2 3]
 [4 5 6]
 [7 8 9]]
<class 'numpy.ndarray'>
(3, 3)
2
```

创建数组时，可以同时指定数组元素的类型，如浮点数（Float）、字符串（Object）等。对数组使用“dtype”函数可以方便地查看数组元素的类型：

```
a = [1,2,3,4,5]
b = np.array(a).astype('float') # 创建数组时指定元素类型为浮点数 float
print(b)
print(b.dtype) # 查看数组元素的类型
c = np.array(a).astype('object') # 创建数组时指定元素类型为字符串 object
print(c)
print(c.dtype) # 查看数组元素的类型
```

运行结果如下。分别创建了元素类型为 float64 和 object 的数组。

```
[1. 2. 3. 4. 5.]
float64
[1 2 3 4 5]
object
```

Numpy 数组和 Python 列表是有区别的。最直观的是打印的效果不同，数组输出中各个元素之间以空格间隔开，而列表输出中各个元素之间以逗号“,”间隔开。代码如下：

```
list3 = [1,2,3,4]
a1 = np.array(list3)
print(a1)
print(list3)
```

运行结果如下。可以看到数组和列表打印结果的不同。

```
[1 2 3 4]
[1, 2, 3, 4]
```

同时，数组和列表进行运算的方式不同。同样形式的运算例如乘以一个数字，作用在数组上和在列表上的结果完全不同：

```
list4 = [1,2,3,4]
a1 = np.array(list4)
print(list4 * 2)
print(a1 * 2)
```

运行结果如下。可以看到列表乘以 2 的结果是将列表中的元素全部复制之后插入列表尾部；数组乘以 2 的结果是数组中的每一个元素的值都乘以 2，这种机制称为对运算做了广播（broadcast）。在进行数组运算时，我们更希望结果符合矩阵运算原本的规律，即按照广播的方式进行计算。

```
[1, 2, 3, 4, 1, 2, 3, 4]
[2 4 6 8]
```

除了通过列表来创建数组之外，还可以使用 Numpy 提供的方法来创建一维或多维数组。下面演示了几种创建 Numpy 数组的方法。

首先是创建一维数组。Numpy 提供了“arange”“linspace”等方法来生成有序数组，以及“zeros”“ones”等方法来生成单一元素数组，还有其他各类数组生成方法。使用“ones”方法创建数组的代码如下：

```
ones = np.ones(4) # 通过 Numpy 提供的方法，声明一个全是 1 的数组
print(ones)
print(type(ones))
print(ones.shape)
print(ones.ndim)
```

运行结果如下。

```
[1. 1. 1. 1.]
<class 'numpy.ndarray'>
(4,)
1
```

使用“zeros”“arange”和“linspace”方法创建数组的代码如下：

```
1 zeros = np.zeros(4) # 声明一个全是 0 的数组
2 print(zeros, end="\n\n")
3 arange = np.arange(0,4,1) # 声明一个递增的数组，规则参考 range
4 print(arange, end="\n\n")
5 line = np.linspace(0,20,5) # 声明一个由（0,20）五等分的结果组成的数组
6 print(line)
```

代码的第 2、4、6 行中的“end="\n\n"”使得“print”多输出一个空行，因此不同结果之间的间隔更大，显示效果更好。运行结果如下。

```
[0. 0. 0. 0.]

[0 1 2 3]

[ 0.  5. 10. 15. 20.]
```

同时，Numpy 也提供创建多维数组的方法：

```
ones = np.ones((3,3)) # 声明一个 3x3 全是 1 的数组
print(ones,end="\n\n")
zeros = np.zeros((2,3,2)) # 声明一个 2x3x2 全是 0 的数组
print(zeros,end="\n\n")
rand = np.random.randn(2,3) # 声明一个 2x3 的数组，元素全部随机填充
print(rand,end="\n\n")
eye = np.eye(4) # 声明一个 4x4 的单位数组
print(eye)
```

运行结果如下。

```
[[1. 1. 1.]
 [1. 1. 1.]
 [1. 1. 1.]]

[[[0. 0.]
  [0. 0.]
  [0. 0.]]

 [[0. 0.]
  [0. 0.]
  [0. 0.]]]

[[-1.05646992  1.34083819  1.48236259]
 [ 0.13592482 -0.59845752  2.46097319]]

[[1. 0. 0. 0.]
 [0. 1. 0. 0.]
 [0. 0. 1. 0.]
 [0. 0. 0. 1.]]
```

此外，还有一些特殊的数组创建函数，可以实现特定的功能，如通过已有数组创建一个形状相同但内容无关的数组等：

```
empty = np.empty((2,3)) # 声明一个大小为 6 的空数组
empty.fill(1) # 向数组中填充元素
print(empty,end="\n\n")

zeros = np.zeros_like(empty) # 声明一个和 empty 形状相同，元素为 0 的数组
print(zeros.shape) # 查看形状
print(zeros,end="\n\n")

ones = np.ones_like(empty) # 声明一个和 empty 形状相同，元素为 1 的数组
print(ones.shape) # 查看形状
print(ones)
```

运行结果如下。

```
[[1. 1. 1.]
 [1. 1. 1.]]

(2,3)
[[0. 0. 0.]
 [0. 0. 0.]]

(2, 3)
[[1. 1. 1.]
 [1. 1. 1.]]
```

4.1.2 随机数生成

在经济领域中，我们需要大量运用模拟，而模拟需要生成各类随机数。Numpy 提供了大量的随机数生成的模块，能够快速地按照不同的分布来生成随机数。生成的随机数数组除了能满足设定的维数，还可以满足一定的上下限或者概率分布。下面演示几种类型的随机数的生成：

```
a = np.random.rand(2,3) # 产生 (0,1) 之间均匀分布的随机数
print(a,end="\n\n")
# 随机生成（0,100）之间的随机数，并填充到形状为 3x3 的数组中
b = np.random.randint(0,100,size=(3,3))
print(b,end="\n\n")
# 生成符合 N(0,1) 正态分布的随机数，并填充到形状为 4x4 的数组中
norm = np.random.normal(0,1,size=(4,4))
print(norm)
```

运行结果如下。

```
[[0.32848657 0.61791202 0.03078826]
```

```
 [0.39702001 0.99476122 0.70352076]]

[[35 76  4]
 [27 58 13]
 [45 78 99]]

[[ 0.57851572 -1.21023964  1.26654432  0.41768817]
 [-0.36792687 -1.21559686  0.37138339 -0.01222144]
 [-0.57187035  0.99402457  1.71246855 -0.62438222]
 [ 1.09199754  0.46371177 -1.56038754 -0.06904139]]
```

除了生成指定范围内的随机数，还可以通过“shuffle”等 Numpy 函数对已有数组进行元素顺序的打乱：

```
a = np.arange(10) # 声明一个从 0 到 9 的有序数组
print(a)
np.random.shuffle(a) # 打乱数组，每次运行都得到不同结果
print(a)
```

运行结果如下。

```
[0 1 2 3 4 5 6 7 8 9]
[0 1 5 9 2 4 8 7 3 6]
```

对于特定的场景，如果希望每次进行随机操作得到的结果都是相同的，则可以指定随机种子。Numpy 可以基于随机种子生成随机数，通过相同的随机种子生成的随机数是相同的。

```
np.random.seed(100) # 指定随机种子
np.random.normal(0, 1, 10) # 不论执行多少次，得到的随机数都是相同的
```

运行结果如下。区别于原本的取随机数操作，由于指定了随机种子，该结果不论运行几次都是相同的。

```
array([-1.74976547,  0.3426804 ,  1.1530358 , -0.25243604,  0.98132079,
        0.51421884,  0.22117967, -1.07004333, -0.18949583,  0.25500144])
```

4.1.3 文件读写

Numpy 提供了文件读写能力，能够方便地将数据写入 TXT 文件并从中读取，或者使用特殊的数据格式，将数据保存成 NPY 格式的文件来获得更快的读写速度。

首先创建一个数组，作为读写演示内容的数据：

```
a = np.random.randint(0,100,size=(2,5)) # 创建 2x5 的数组，用 0 到 100 的随机数填充
print(a)
```

运行结果如下。

```
[[16  9 93 86  2]
 [27  4 31  1 13]]
```

接着，使用“savetxt”函数将数据保存为 TXT 文件：

```
np.savetxt("data/text_data.txt",a) # 将 a 的内容保存到 data 文件夹下的 text_data.txt 中，并且各个数据之间以空格分隔
```

读取文件内容则使用对应的“loadtxt”函数：

```
b = np.loadtxt("data/text_data.txt") # 从 data/text_data.txt 中读取数据
print(b)
```

运行结果如下。

```
[[16.  9. 93. 86.  2.]
 [27.  4. 31.  1. 13.]]
```

除了可以读写 TXT 文件之外，Numpy 还提供了 NPY 文件格式及相应的操作函数来保存和读取数据。这种格式具有更好的读写性能，但缺点是无法人工阅读其中的内容。

```
np.save("data/npy_data.npy",a)  # 将数组 a 存储成 npy 格式
b = np.load("data/npy_data.npy")  # 读取 npy 格式的数据
print(b)
```

运行结果如下。如果读写大量数据，使用 NPY 文件格式会更快。

```
[[16  9 93 86  2]
 [27  4 31  1 13]]
```

如果数据中本身带有分隔符，读取文件的时候可以指定分隔符，Numpy 会按照分隔符将数据划分开。

首先，将以逗号“,”作为分隔符的数据写入 TXT 文件中。这里使用 Jupyter Notebook 提供的“%%writefile”命令向文件中写入特定内容：

```
%%writefile data/comma.txt
1, 2, 3, 4, 5, 6
7, 8, 9, 10, 11, 12
```

之后，仍然使用“loadtxt”函数，并指定分隔符为逗号“,”：

```
data = np.loadtxt('data/comma.txt', delimiter=',')  # 指定读取文件的分隔符为逗号
print(data)
```

运行结果如下。

```
[[ 1.  2.  3.  4.  5.  6.]
 [ 7.  8.  9. 10. 11. 12.]]
```

4.2 数组的索引与切片

Numpy 中的数组同样支持进行索引和切片操作，且规则与 Python 中的列表基本相同。使用索引可以直接获取相应位置的元素，同样在切片时按照左闭右开的原则。但相比于 Python 中列表只能单一地按照索引位置进行切片，Numpy 数组中增加了条件切片的功能，可以按照逻辑条件从 array 数组中批量选取数据。

对于 Numpy 中一维的 array 数组，首先可以使用和 Python 中列表相同的方式，用数字进行索引和切片：

```
a = np.arange(0,10)
print(a)
print(a[3]) # 取下标为 3 的元素
print(a[5:8]) # 取下标 5 到 7 的元素
print(a[-3]) # 取倒数第三个元素
print(a[::2]) # 设置步长为 2
print(a[::-1],end="\n\n") # 倒序
```

运行结果如下。操作规则和 Python 中的列表相同。

```
[0 1 2 3 4 5 6 7 8 9]
3
[5 6 7]
7
[0 2 4 6 8]
[9 8 7 6 5 4 3 2 1 0]
```

也可以使用逻辑条件进行索引和切片。除了直接得到数组元素，Numpy 库还提供了“where”函数，其功能是根据逻辑条件在 array 数组中进行搜索，得到符合逻辑条件的元素位置：

```
a = np.arange(0,10)
print(a[a > 3]) # 取大于 3 的元素
print(a[a % 2 == 1]) # 取奇数

print(np.where(a > 3)) # 查找大于 3 的元素的位置
print(np.where(a % 2 == 1)) # 查找奇数元素的位置
```

运行结果如下。

```
[4 5 6 7 8 9]
[1 3 5 7 9]
(array([4, 5, 6, 7, 8, 9], dtype=int64),)
(array([1, 3, 5, 7, 9], dtype=int64),)
```

对于 Numpy 中的高维数组，同样可以进行基于数字的索引，但相比于一维的数组，

高维的数组在索引时可以分别指定不同维度的索引值：

```
data = np.arange(12).reshape((2,3,2))
print(data)
print(data[0,1],end="\n\n") # 取第 0 层第 1 行的数据
print(data[:,0],end="\n\n") # 取所有层第 0 行的数据
print(data[1,0,0],end="\n\n") # 取第 1 层第 0 行第 0 列的数据
print(data[:,:,1],end="\n\n") # 取所有层所有行的第 1 列的数据
print(data[-1,0,0],end="\n\n") # 取倒数第 1 层第 0 行第 0 列的数据
print(data[:,:,-1],end="\n\n") # 取所有层所有行的倒数第 1 列的数据
```

运行结果如下。

```
[[[ 0  1]
  [ 2  3]
  [ 4  5]]

 [[ 6  7]
  [ 8  9]
  [10 11]]]
[2 3]

[[0 1]
 [6 7]]

6

[[ 1  3  5]
 [ 7  9 11]]

6

[[ 1  3  5]
 [ 7  9 11]]
```

同样，可以对高维数组进行逻辑索引：

```
print(data[data > 4],end="\n\n") # 取所有大于 4 的元素
print(data[data % 2 == 0],end="\n\n") # 取所有的偶数
print(np.where(data > 4),end="\n\n") # 查找大于 4 的元素的位置
print(np.where(data % 2 == 0)) # 查找偶数元素的位置
```

运行结果如下。

```
[ 5  6  7  8  9 10 11]

[ 0  2  4  6  8 10]

(array([0, 1, 1, 1, 1, 1, 1], dtype=int64), array([2, 0, 0, 1, 1, 2,
2], dtype=int64), array([1, 0, 1, 0, 1, 0, 1], dtype=int64))
```

```
(array([0, 0, 0, 1, 1, 1], dtype=int64), array([0, 1, 2, 0, 1, 2],
dtype=int64), array([0, 0, 0, 0, 0, 0], dtype=int64))
```

Numpy 中还可以对 bool 类型的数组进行索引，其规则是 bool 数组中与元素 “True” 位置对应的元素将被选取，而与元素 “False” 位置对应的元素将不被选取。

```
indexs = [True, True, False, False, True] # 用 bool 数组作为索引
data = np.arange(5)
print(data)
print(data[indexs]) # true 位置的元素将被选取
```

运行结果如下。

```
[0 1 2 3 4]
[0 1 4]
```

4.3 数组的操作

4.3.1 数组的排序

Numpy 提供了对数组进行排序的能力，可以使用 “np.sort” 函数对数组进行排序。同时，在排序时 “np.sort” 函数提供了一个名为 “axis” 的参数，通过这个参数可以指定排序的方向。而对 axis 参数进行理解时，我们可以认为当 axis = i 时，Numpy 就会沿着第 i 个下标变化的方向进行操作。

当数组只有一维时，直接使用 “np.sort” 函数进行排序而无须指定 axis，数组将被直接排序。也可以使用 “argsort” 函数来得到排序后新的元素索引位置：

```
a = np.random.randint(100,size=10) # 10 个元素的数组，用小于 100 的随机数进行填充
print(a)
print(np.sort(a)) # 默认是递增排序
print(np.argsort(a)) # 也可以获取排序之后的索引位置
```

运行结果如下。

```
[83  4 91 59 67  7 49 47 65 61]
[ 4  7 47 49 59 61 65 67 83 91]
[1 5 7 6 3 9 8 4 0 2]
```

当数组形状不止一维时，通过 axis 可以指定排序依据的维数。这里以 3 × 3 的二维数组为例，对二维数组排序时 axis 的取值可以是 0 或 1。如果指定 axis = 0，则将数组按照第 0 个下标的方向进行排序，也就是第一列按照 a [0][0]、a [1][0]、a [2][0] 的方向进行排序，二三列则按照 a [0][1]、a [1][1]、a [2][1] 和 a [0][2]、a [1][2]、a [2][2] 的方向进行排序。最终运行结果是将每一列都进行了排序操作。

我们来举个例子具体看看排序的操作。首先创建一个随机数组，之后从不同维度对其进行排序：

```
a = np.random.randint(100,size=(3,3)) # 声明一个二维 3x3 的数组，用小于 100 的随机数进行填充
a
```

运行结果如下。

```
array([[14, 55, 71],
       [80,  2, 94],
       [19, 98, 63]])
```

接着，按照 axis = 0 进行排序：

```
np.sort(a,axis=0)
```

运行结果如下。

```
array([[14,  2, 63],
       [19, 55, 71],
       [80, 98, 94]])
```

同理，如果指定 axis = 1，则将数组按照第 1 个下标的方向进行排序，也就是第一行按照 a [0][0]、a [0][1]、a [0][2] 的方向进行排序，第二、三行则按照 a [1][0]、a [1][1]、a [1][2] 和 a [2][0]、a [2][1]、a [2][2] 的方向进行排序。最终，每一行都进行了排序操作：

```
np.sort(a,axis=1)
```

运行结果如下。

```
array([[14, 55, 71],
       [ 2, 80, 94],
       [19, 63, 98]])
```

排序的标准也可以通过自定义的函数进行指定，此时使用“np.lexsort”函数。例如，可以以第 0 列的降序为排序规则，对所有行进行排序：

```
a = np.random.randint(100, size=(3,3)) # 声明一个二维 3x3 的数组，用小于 100 的随机数进行填充

print(a, end="\n\n")

index = np.lexsort([-1 * a[:,0]]) # 按照第 0 列的降序，对所有的行进行排序
print(a[index],"\n\n")
```

运行结果如下。

```
[[53 27 56]
 [30 48 47]
 [39 38 44]]
```

```
[[53 27 56]
 [39 38 44]
 [30 48 47]]
```

4.3.2 数组形状操作

Numpy 提供了对数组形状进行变换的能力，可以方便地转换数组的形状。下面演示使用相同的数据，进行一维、二维和三维数组之间的转换：

```
d = np.arange(12) # 声明一个有 12 个元素的数组
print(d)
print(d.shape)
print(d.ndim,end="\n\n")
d1 = d.reshape((4,3)) # 将其 reshape 为 4x3 的数组
print(d1)
print(d1.shape)
print(d1.ndim,end="\n\n")
d2 = d.reshape((2,3,-1)) # 将其转换为 2x3x2 形状的数组，(2,3,-1) 中最后的 -1 指的是让 numpy 自己推断剩下的维度是多少
print(d2)
print(d2.shape)
print(d2.ndim)
```

运行结果如下。在原本“arange”生成的有序数组上做了形状变化，转换为不同的数组：

```
[ 0  1  2  3  4  5  6  7  8  9 10 11]
(12,)
1

[[ 0  1  2]
 [ 3  4  5]
 [ 6  7  8]
 [ 9 10 11]]
(4, 3)
2

[[[ 0  1]
  [ 2  3]
  [ 4  5]]

 [[ 6  7]
  [ 8  9]
  [10 11]]]
(2, 3, 2)
```

```
3
```

除了进行数组形状的变换，还可以直接展平数组。即不论数组原本的形状和维数如何，直接将其展平为一维数组：

```
a = np.arange(9).reshape((3,3))
print(a)
print(a.shape,end="\n\n")
f = a.flatten() # 使用flatten将其展平为一维数组
print(f)
print(f.shape,end="\n\n")
f1 = a.reshape(9) # 或者使用 reshape
print(f1)
print(f1.shape)
```

运行结果如下。原本 3×3 的数组被展平为一维。

```
[[0 1 2]
 [3 4 5]
 [6 7 8]]
(3, 3)

[0 1 2 3 4 5 6 7 8]
(9,)

[0 1 2 3 4 5 6 7 8]
(9,)
```

还可以在不提供新数据的情况下，直接为数组增加维度：

```
a = np.arange(10)
print(a)
print(a.shape)
a = a[np.newaxis, :] # 为数组增加额外的维度
print(a)
print(a.shape)
```

运行结果如下。

```
[0 1 2 3 4 5 6 7 8 9]
(10,)
[[0 1 2 3 4 5 6 7 8 9]]
(1, 10)
```

与增加维数相对应，也可以使用“squeeze”函数压缩数组除去多余的维数：

```
a = a.squeeze() # 压缩数组，去掉多余的维度
print(a)
print(a.shape)
```

运行结果如下。

```
[0 1 2 3 4 5 6 7 8 9]
(10,)
```

4.3.3 数组的拼接

Numpy 提供了对数组进行合并和拼接的能力，可以方便地将一个数组的内容合并或拼接到另一个数组上。

首先演示数组的合并，将两个一维数组的内容合并到同一个数组中：

```
a = np.ones((3))
b = np.zeros((4))
c = np.concatenate((a,b)) # 将两个数组连接
print(c)
print(c.shape)
```

运行结果如下。

```
[1. 1. 1. 0. 0. 0. 0.]
(7,)
```

数组也可以进行拼接，例如二维数组可以从水平方向进行拼接，也可以从垂直方向进行拼接。下面演示这两种拼接方式：

```
print("垂直(vertical)堆叠两个数组")
a1 = np.ones((2,2))
b1 = np.zeros((2,2))
print(np.vstack((a1,b1)))
print("水平堆叠两个数组")
print(np.hstack((a1,b1)))
```

运行结果如下。

```
垂直(vertical)堆叠两个数组
[[1. 1.]
 [1. 1.]
 [0. 0.]
 [0. 0.]]
水平堆叠两个数组
[[1. 1. 0. 0.]
 [1. 1. 0. 0.]]
```

4.4 数组的相关运算

4.4.1 数组内的运算

Numpy 提供了各类常用计算函数，可以实现计算数组内元素的最大值、最小值以及开方等常用运算。下面演示这些函数的用法：

```
a = np.arange(1,10).reshape((3,3))
print(a,end="\n")
print(np.min(a)) # 输出 a 中的最小值
print(np.max(a)) # 输出 a 中的最大值
print(np.sum(a)) # 计算 a 中所有元素的和
print(np.mean(a)) # 计算 a 中元素的均值
print(np.var(a)) # 计算 a 中元素的方差
print(np.std(a)) # 计算 a 中元素的标准差
print(np.abs(a)) # 计算 a 中的所有元素的绝对值
print(np.sqrt(a)) # 计算 a 中所有元素的正平方根
print(np.log2(a)) # 计算 a 中所有元素以 2 为底的对数
```

运行结果如下。

```
[[1 2 3]
 [4 5 6]
 [7 8 9]]
1
9
45
5.0
6.666666666666667
2.581988897471611
[[1 2 3]
 [4 5 6]
 [7 8 9]]
[[1.         1.41421356 1.73205081]
 [2.         2.23606798 2.44948974]
 [2.64575131 2.82842712 3.        ]]
[[0.         1.         1.5849625 ]
 [2.         2.32192809 2.5849625 ]
 [2.80735492 3.         3.169925  ]]
```

Numpy 还提供了两种数组复制方式。其中，第一种方式是直接用等号将一个数组的变量赋值给另一个数组。这种情况下，两个数组互相关联，若修改其中一个数组，另一个数组也会随之改变。下面演示了修改被赋值变量，原变量也会随之变化的现象：

```
a = np.arange(10)
print(a)
b = a # 使用等号为数组赋值
b[0] = 99 # 修改数组 b，数组 a 也会发生变化
print(b)
print(a)
```

运行结果如下。

```
[0 1 2 3 4 5 6 7 8 9]
[99  1  2  3  4  5  6  7  8  9]
[99  1  2  3  4  5  6  7  8  9]
```

如果需要让复制前后的数组不相关联，能够独立进行操作和修改，则需要用到“copy”函数。数组 copy 之后再进行赋值，两个数组的操作就不会再相互影响。

```
a = np.arange(10)
print(a)
b = a.copy() # 使用 copy 函数为数组赋值
b[0] = 99 # 修改数组 b，数组 a 不会发生变化
print(b)
print(a)
```

运行结果如下。

```
[0 1 2 3 4 5 6 7 8 9]
[99  1  2  3  4  5  6  7  8  9]
[0 1 2 3 4 5 6 7 8 9]
```

Numpy 还提供了数组内各个元素的累乘函数“prod”：

```
a = np.arange(1, 10)
print(a)
print(a.prod()) # 计算 a 中所有元素的累乘
```

运行结果如下。

```
[1 2 3 4 5 6 7 8 9]
362880
```

Numpy 还提供了数组内各个元素的四舍五入函数“round”，以及限制各个元素数值范围的函数“clip”，实现对数据进行近似的功能：

```
a = np.array([1.2, 3.4, 5.6, 7.8])
print(a)
print(a.round()) # 计算 a 中所有元素四舍五入的结果
a = np.arange(10)
print(a)
print(a.clip(3,7)) # 数组中比 3 小的元素全部变为 3，比 7 大的元素全部变为 7
```

运行结果如下。

```
[1.2 3.4 5.6 7.8]
[1. 3. 6. 8.]
[0 1 2 3 4 5 6 7 8 9]
[3 3 3 3 4 5 6 7 7 7]
```

除了直接得到数组元素的最大值和最小值，还可以获取最大值和最小值的索引：

```
a = np.array([2, 3, 1, 4, 5, 9, 6, 7])
print(a.argmin()) # 获取 a 中最小元素的索引
print(a.argmax()) # 获取 a 中最大元素的索引
```

运行结果如下。

```
2
5
```

4.4.2 数组间的运算

数组之间可以进行加、减、乘、除等基本运算，数组对应位置的元素能够进行相应的基本运算：

```
a = np.ones((3,3))
b = np.zeros((3,3))
c = np.eye(3)
print(" 数乘数组 ")
print(3 * a)
print(" 数组加法 ")
print(a + a)
print(" 数组减法 ")
print(b-a)
print(" 数组乘法 ")
print(a * c)
print(" 数组除法 ")
print(c / a)
print(" 数组幂 ")
m1 = np.array([0, 1, 2, 3])
m2 = np.array([1, 2, 3, 4])
print(np.power(m1, m2))
```

运行结果如下。

```
数乘数组
[[3. 3. 3.]
 [3. 3. 3.]
 [3. 3. 3.]]
数组加法
[[2. 2. 2.]
 [2. 2. 2.]
```

```
 [2. 2. 2.]]
数组减法
[[-1. -1. -1.]
 [-1. -1. -1.]
 [-1. -1. -1.]]
数组乘法
[[1. 0. 0.]
 [0. 1. 0.]
 [0. 0. 1.]]
数组除法
[[1. 0. 0.]
 [0. 1. 0.]
 [0. 0. 1.]]
数组幂
[ 0  1  8 81]
```

4.4.3 矩阵的操作

Numpy 中除了提供上述针对单个元素的运算，也提供了针对线性代数中矩阵特有的运算，能够对整个数组进行处理，例如转置、求逆矩阵和奇异值分解等。下面演示矩阵内部相关运算：

```
a = np.ones((3,3))
b = np.zeros((3,3))
c = np.eye(3)
d = np.arange(0,9).reshape((3,3))
e = np.array([[1, 2], [3, 4]])
print(d)
print(" 矩阵的转置 ")
print(np.transpose(d))
print(" 矩阵的行列式 ")
print(np.linalg.det(c))
print(" 矩阵的逆 ")
print(np.linalg.inv(e))
print(" 特征值分解 ")
e_vals,e_vecs = np.linalg.eig(e)
print(" 特征值 ", e_vals)
print(" 特征向量 \n", e_vecs)
print(" 奇异值分解 ")
u,s,vh= np.linalg.svd(e)
print(" 奇异值 ", s)
```

运行结果如下。

```
[[0 1 2]
 [3 4 5]
```

```
 [6 7 8]]
矩阵的转置
[[0 3 6]
 [1 4 7]
 [2 5 8]]
矩阵的行列式
1.0
矩阵的逆
[[-2.   1. ]
 [ 1.5 -0.5]]
特征值分解
特征值 [-0.37228132  5.37228132]
特征向量
 [[-0.82456484 -0.41597356]
 [ 0.56576746 -0.90937671]]
奇异值分解
奇异值 [5.4649857  0.36596619]
```

Numpy 中也可以进行矩阵之间的运算，例如内积：

```
a = np.ones((3,3))
b = np.random.rand(3,2)
print("矩阵内积")
print(np.dot(a,b)) # 可以使用 np.dot 来计算两个矩阵的内积
print(a @ b) # 也可以使用 @ 符号来计算两个矩阵的内积
```

运行结果如下。

```
矩阵内积
[[1.15004662 1.86386184]
 [1.15004662 1.86386184]
 [1.15004662 1.86386184]]
[[1.15004662 1.86386184]
 [1.15004662 1.86386184]
 [1.15004662 1.86386184]]
```

思考题

1. Numpy 的主要功能是什么？
2. Numpy 的基础数据结构是什么？
3. Numpy 中创建数组的方式有哪些？分别举例。

参考答案

第5章

Pandas

Pandas 是一个数据分析和处理流程中常用的库，其命名来源于计量经济学中的面板数据（panel data）。Pandas 提供了对结构化数据进行读取、处理、分析、创建的能力。举一个具体生动的例子：Pandas 就像 Excel 软件一样，提供许多与处理数据有关的功能，能帮助我们分析和查看结构化的数据（可以理解为表格）；而与 Excel 不同的是，Pandas 中的功能更多地通过编程来实现，而 Excel 则是通过在可视化的软件界面中的操作实现。

在使用 Pandas 之前，需要确保我们已经正确安装了 Pandas 库。同其他库一样，Pandas 可以通过使用 conda 或者 pip 来安装：

```
conda install pandas
# 或者
pip install pandas
```

在代码中使用 Pandas 之前，需要先进行导入。常用以下代码导入 Pandas，并使用“pd”作为其简称，以方便在代码中调用 Pandas 库集成的函数：

```
import pandas as pd
```

同时，为了方便查看输出，这里需要设置一些 Jupyter 特有的参数，从而能够输出 cell 中的所有单独一行的变量，而不是只显示最后一行的变量：

```
from IPython.core.interactiveshell import InteractiveShell
InteractiveShell.ast_node_interactivity = "all" # 输出cell所有变量，而不是只输出最后的变量
```

5.1 Pandas 数据结构

我们可以这样认为：一份结构化数据（表格）由多列数据组成，每列所代表的含义不同，并且各个列可能有不同的数据类型，多列数据通过某种关系联系起来就构成了结构化数据（表格）。表 5-1 的数据就是一份结构化的数据，我们可以将其解读为一个表格。表格中有两列，分别表示物品的名称和价格。名称这一列的数据类型为字符串，价格这一列的数据类型为数字，两列数据的每一行之间有一一对应的关系。

表 5-1 示例数据

Name	Price
Phone	3 000
PC	5 000
Laptop	4 500

在 Pandas 中，与上述结构化数据中的每个列对应的数据类型，可以认为是一个“Series”，类似于 Numpy 中的一维数组。而整个结构化数据（表格）叫作“DataFrame”，也就是每个 DataFrame 由多个 Series 组成，类似于 Numpy 中的二维数组。

5.1.1 序列 Series

从上面的描述中可知，Series 是 DataFrame 的组成部分，只能存储一列数据，而非像 DataFrame 那样可以存储二维表格形式的数据。并且，Series 往往由一列索引和一列值组成。参考上面的数据，可以针对“name”列创建一个 Series：

```
name_column = pd.Series(
    data = ["Phone","PC","Laptop"], # Series 中的数据
    name = "name" # Series 的名字，可以理解为列名
)
name_column
```

运行结果如下。可以看到创建的 Series 是一个一维的数据结构，左边的 0、1、2 是对应行的索引，而右边的便是表格中的数据，最后一行还有 Series 的名字和其对应的数据类型：

```
0    Phone
1    PC
2    Laptop
Name: name, dtype: object
```

同样，针对“price”列也可以创建一个 Series：

```
price_column = pd.Series(
    data = [3000,5000,4500],
    name = 'price'
)
price_column
```

运行结果如下。可以创建出“price”列对应的 Series。

```
0    3000
1    5000
2    4500
Name: price, dtype: int64
```

Pandas 内置了多种对 Series 进行操作的函数，这里对几种常用的操作和方法作简单

介绍，其他复杂的操作读者可在使用时进一步了解。

Series 可以像 Numpy 中的 array 数组一样，进行索引取值、切片和按照逻辑条件取值：

```
print("按照索引取值")
name_column[0] # 按照索引取值

print("按照索引切片")
name_column[:2] # 按照索引切片

print("按照特定条件取值")
price_column[price_column < 4500] # 取出 price Series 中小于 4500 的数据
```

对 Series 进行索引相关操作的结果如下。

```
按照索引取值
'Phone'
按照索引切片
0     Phone
1        PC
Name: name, dtype: object
按照特定条件取值
0     3000
Name: price, dtype: int64
```

同时，Series 也同样具有广播机制，能够自动将对数值进行的计算广播到所有数据上。下面演示 Series 的广播机制。首先，将所有元素乘以 2：

```
temp = price_column * 2 # 将所有的价格翻倍
temp
```

运行结果如下。每一行数据都执行了运算。

```
0      6000
1     10000
2      9000
Name: price, dtype: int64
```

同样，Series 对加法运算也能够进行广播，比如将所有的价格加上 100：

```
temp1 = price_column + 100 # 为所有的价格增加 100
temp1
```

运行结果如下。自动对加法进行了广播。

```
0     3100
1     5100
2     4600
Name: price, dtype: int64
```

5.1.2 数据框 DataFrame

正如结构化的数据表由多个列组成，创建了 Series 后，我们可以将多个 Series 组合成一个 DataFrame。下面演示将“name”和“price”两个 Series 合并成一个 DataFrame：

```
data = pd.DataFrame(
    {
        "name":name_column,
        "price":price_column
    }
)
data
```

合并结果为如图 5-1 所示的 DataFrame。

	name	price
0	Phone	3000
1	PC	5000
2	Laptop	4500

图 5-1 合并 Series 得到 DataFrame

也可以通过 Python 的列表来创建 DataFrame，并自定义索引和列名：

```
list_data = [[1,2,3],[4,5,6]] # 用列表作为 DataFrame 的数据内容
data = pd.DataFrame(list_data, index = ['A', 'B'], columns=["a", "b",
"c"])
data
```

运行结果如图 5-2 所示。

	a	b	c
A	1	2	3
B	4	5	6

图 5-2 通过列表创建 DataFrame

也可以通过 Python 的字典来创建 DataFrame，默认情况下字典的键为列名：

```
data = pd.DataFrame(
    {
        "name":["Phone","PC","Laptop"],
        "price":[3000,5000,4500]
    }
)
data
```

运行结果如图 5-3 所示。

	name	price
0	Phone	3000
1	PC	5000
2	Laptop	4500

图 5-3 通过字典创建 DataFrame

上面创建的“data”就是一个 DataFrame，而它的每一列都是一个 Series。可以通过“type”函数来查看“data”及其中每一列的数据类型：

```
print(type(data))
print(type(data['name']))
```

运行结果如下。

```
<class 'pandas.core.frame.DataFrame'>
<class 'pandas.core.series.Series'>
```

对于 DataFrame 格式的数据，可以通过列名来选择其中的列：

```
data['name'] # 输出 name 列
```

运行结果如下。

```
0     Phone
1        PC
2    Laptop
Name: name, dtype: object
```

对 Series 的操作更多只需要从一维数组形式的列的角度考虑，而对 DataFrame 的处理需要从结构化数据整体的角度进行考虑，例如选取和操作某一列或者某几列的数据。Pandas 中也提供了丰富的功能来处理 DataFrame。下面演示 Pandas 中处理 DataFrame 的几种常用的操作和方法：

```
data.head(2) # head 函数用于输出数据的前 n 行，此处为 2 行

data.tail(2) # tail 函数用于输出数据的最后 n 行，此处为 2 行
```

运行结果如图 5-4 所示。

	name	price
0	Phone	3000
1	PC	5000

	name	price
1	PC	5000
2	Laptop	4500

图 5-4 查看 DataFrame 前后几行

也可以用函数方便地对 DataFrame 中所有列的列名进行查看和更改：

```
print(data.columns) # 输出 data 中的所有列
```

运行结果如下。

```
Index(['name', 'price'], dtype='object')
```

将“name”列重命名为“item_name”后再次查看：

```
temp = data.rename(columns={"name":"item_name"}) # 将 name 列重命名为 item_name
temp
```

运行结果如图 5-5 所示。可以看到“name”列已经被重命名为“item_name”列。

	item_name	price
0	Phone	3000
1	PC	5000
2	Laptop	4500

图 5-5 修改 DataFrame 列名

可以查看 DataFrame 中各列数据的类型和大小等信息，以及其他统计信息：

```
data.info() # 输出当前数据的类型、数据量以及所占用内存大小
```

运行结果如下。可以看到当前 data 已经占用了 176+bytes 的内存。

```
<class 'pandas.core.frame.DataFrame'>
RangeIndex: 3 entries, 0 to 2
Data columns (total 2 columns):
 #   Column  Non-Null Count  Dtype
---  ------  --------------  -----
 0   name    3 non-null      object
 1   price   3 non-null      int64
dtypes: int64(1), object(1)
memory usage: 176.0+ bytes
```

用“describe()”方法可以查看更多统计信息，包括总数、均值、标准差、最大最小值以及各个分位数：

```
data.describe()
```

运行结果如图 5-6 所示。“describe”函数只能输出数值列的统计信息，因此输出的结果中只有“price”列的信息。

Pandas 也提供了对 DataFrame 的索引进行查看的方法：

```
data.index # 输出 data 的索引
```

运行结果如下。得到 data 索引对应的输出。

```
RangeIndex(start=0, stop=3, step=1)
```

	price
count	3.000000
mean	4166.666667
std	1040.833000
min	3000.000000
25%	3750.000000
50%	4500.000000
75%	4750.000000
max	5000.000000

图 5-6　查看 DataFrame 描述

Pandas 可以用“.values”方法以数值矩阵的形式输出 DataFrame 的数据：

```
data.values # 输出 data 的数值矩阵
```

运行结果如下。

```
array([['Phone', 3000],
       ['PC', 5000],
       ['Laptop', 4500]], dtype=object)
```

同样，在计算时 DataFrame 也是具有广播机制的，能够将相应的操作应用于 DataFrame 中所有数据：

```
import numpy as np
data = pd.DataFrame(
    data = {
        "column_one": np.random.rand(5),
        'column_two':np.random.rand(5)
    }
)
data # 原始数据
```

运行结果如图 5-7 所示。原始数据如下。

	column_one	column_two
0	0.696837	0.959305
1	0.406058	0.599009
2	0.358602	0.907115
3	0.938764	0.323744
4	0.826986	0.240983

图 5-7　原始数据

通过广播机制对所有数据进行运算：

```
data * 2 # 将所有的数据都乘 2
```

运行结果如图 5-8 所示。

	column_one	column_two
0	1.393674	1.918610
1	0.812116	1.198019
2	0.717203	1.814230
3	1.877529	0.647489
4	1.653971	0.481967

图 5-8 所有的数据乘 2

对所有的数据都加上 100：

```
data + 100 # 对所有的数据加 100
```

运行结果如图 5-9 所示。

	column_one	column_two
0	100.696837	100.959305
1	100.406058	100.599009
2	100.358602	100.907115
3	100.938764	100.323744
4	100.826986	100.240983

图 5-9 所有数据加 100

5.1.3 文件读写

Pandas 提供了读写数据文件的能力，我们可以方便地将处理好的数据写入文件中保存，或者从文件中读取数据。

通过 Pandas 的“to_csv”函数，可以将上文中的数据写入 CSV 文件：

```
data.to_csv("data/csv_data.csv",index=False)
```

运行代码即可将“data”中的数据写入“data”目录下的“csv_data.csv”中，而“index=False”告诉 Pandas 在写出 CSV 时忽略 DataFrame 的 index。运行完毕后，在 Jupyter Notebook 中可以直接使用“%pycat”命令查看保存文件的内容，运行代码得到的输出便是“csv_data.csv”文件的内容：

```
%pycat data\csv_data.csv
```

与“to_csv”相对应的“read_csv”函数，可以将 CSV 文件中的数据读入 DataFrame 中：

```
test = pd.read_csv("data/csv_data.csv") # 再将 csv_data.csv 读入
test
```

运行结果如图 5-10 所示。

	column_one	column_two
0	0.427900	0.519010
1	0.353011	0.628681
2	0.613709	0.613729
3	0.591827	0.569718
4	0.765434	0.457066

图 5-10 读取 CSV 文件

除了可以用 CSV 格式保存数据之外，也可以将数据保存为 Excel 对应的 XLS 格式，之后可以更加方便地使用 Excel 来查看和完成后续的步骤。想要用 Pandas 导出 XLS 格式文件，还需要安装 Openpyxl 依赖库。可以使用 conda 或者 pip 进行安装：

```
conda install openpyxl
# 或者
pip install openpyxl
```

通过 Pandas 中的“to_excel”函数，可以将上述数据写入 XLS 文件中：

```
test.to_excel("data/xls_data.xls",index=False)
```

与“to_csv”和“read_csv”相同，使用“to_excel”保存的文件，可以使用“read_excel”函数，将 XLS 文件中的数据读入 DataFrame 中：

```
pd.read_excel("data/xls_data.xls") # 对应可以使用 read_excel 来读取 xls 文件
```

运行结果如图 5-11 所示。

	column_one	column_two
0	0.427900	0.519010
1	0.353011	0.628681
2	0.613709	0.613729
3	0.591827	0.569718
4	0.765434	0.457066

图 5-11 读取 Excel 文件

使用“to_csv”和“to_excel”两个函数保存的数据可以使用 Excel 或者 WPS 进行阅读，而如果只是想将数据保存到磁盘上，并不使用其他软件对其进行后续的处理，则可以使用“to_pickle”将其以二进制的形式进行保存。二进制的存储方式可以提升文件的读取和保存速度，但是保存后无法通过文本的方式直接阅读数据。

```
test.to_pickle("data/pth_data.pth") # 以 pickle 的二进制形式进行保存
```

同样，可以使用“read_pickle”来读取文件内容：

```
pd.read_pickle("data/pth_data.pth") # 对应 read_pickle 来读入二进制数据
```

运行结果如图 5-12 所示。

	column_one	column_two
0	0.427900	0.519010
1	0.353011	0.628681
2	0.613709	0.613729
3	0.591827	0.569718
4	0.765434	0.457066

图 5-12 读取以“pth”为后缀的文件

5.2 数据框内部的操作

5.2.1 新增和删除数据

Pandas 库中包含了很多对 DataFrame 数据框进行操作的功能。我们从最基础的功能——向 DataFrame 中新增数据和删除数据开始，逐步介绍数据框内部的操作。首先创建一个 DataFrame，并在此 DataFrame 上进行处理函数的演示：

```
data = pd.DataFrame(
    {
        "name":["Phone","PC","Laptop"],
        "price":[3000,5000,4500]
    }
)
data
```

创建了如图 5-13 所示的演示数据。

	name	price
0	Phone	3000
1	PC	5000
2	Laptop	4500

图 5-13 演示数据

假如需要向 DataFrame 中新增一行数据，可以用这行数据先创建一个 DataFrame，再调用“append”函数将这个新的 DataFrame 插入原 DataFrame 的末尾：

```
other_data = pd.DataFrame(
    data = {
        "name":["TV"],
        "price":[3000]
    }
)
other_data
```

新创建的 DataFrame 如图 5-14 所示。

	name	price
0	TV	3000

图 5-14 新创建的 DataFrame

使用“append”函数将新创建的 DataFrame 插入 data 中：

```
new_data = data.append(other_data) # 新增一行
new_data
```

运行结果如图 5-15 所示。

	name	price
0	Phone	3000
1	PC	5000
2	Laptop	4500
0	TV	3000

图 5-15 新增数据

如果新增数据之后，想要删除某一列的重复值，可以通过调用“drop_duplicate”函数来实现这一功能。下面的代码根据“price”列删除重复值，保留最后一个重复的值：

```
new_data.drop_duplicates("price",keep='last')
```

运行结果如图 5-16 所示。

	name	price
1	PC	5000
2	Laptop	4500
0	TV	3000

图 5-16 删除重复值

假如需要向 DataFrame 中新增一列数据，第一种方法是调用“insert”函数，并指定插入列的位置、列名和列数据内容：

```
data.insert(2,"comment",["Good","Bad","Good"])
data
```

运行结果如图 5-17 所示。

	name	price	comment
0	Phone	3000	Good
1	PC	5000	Bad
2	Laptop	4500	Good

图 5-17 insert 方式插入数据

新增一列数据的第二种方法，是直接对不存在的列进行赋值，Pandas 会自动创建一个新的列来存储数据并合并到 DataFrame 中：

```
data['selected'] = [True, False, True] # 对原本不存在的 selected 列赋值
data
```

运行结果如图 5-18 所示。

	name	price	comment	selected
0	Phone	3000	Good	True
1	PC	5000	Bad	False
2	Laptop	4500	Good	True

图 5-18　赋值方式插入数据

假如需要删除 DataFrame 中的某一列数据，则可以调用“drop”函数，并指定列名删除对应列：

```
data.drop(columns="price") # 删除 price 列
```

运行结果如图 5-19 所示。

	name	comment	selected
0	Phone	Good	True
1	PC	Bad	False
2	Laptop	Good	True

图 5-19　删除列数据

不同列之间可以直接进行加减运算：

```
data["value"] = [2000, 6000, 1000] # 添加一个 value 列
print(data, end="\n\n")
print(data['price'] - data['value']) # 用 price 列减去 value 列
```

运行结果如下。

```
     name  price comment  selected  value
0   Phone   3000    Good      True   2000
1      PC   5000     Bad     False   6000
2  Laptop   4500    Good      True   1000

0    1000
1   -1000
2    3500
dtype: int64
```

5.2.2　数据索引与切片

Pandas 支持对 DataFrame 数据框通过多种方式来选取数据，可以使用索引、切片，也可以指定某一列的列名，或者使用逻辑条件。下面演示这几种选取数据的方式。首先

创建一个 DataFrame，并在此 DataFrame 上进行索引与切片的演示：

```
data = pd.DataFrame(
    {
        "name":["Phone","PC","Laptop"],
        "price":[3000,5000,4500]
    }
)
print(data, end="\n\n")
```

创建了如图 5-20 所示的 DataFrame。

	name	price
0	Phone	3000
1	PC	5000
2	Laptop	4500

图 5-20 创建的 DataFrame

接着演示索引和切片，首先可以直接以列名选取一列数据：

```
data['name'] # 选取一列数据
```

运行结果如下。

```
0     Phone
1        PC
2    Laptop
Name: name, dtype: object
```

除了能对列进行选取，也可以对行进行选取：

```
data[0:1] # 选取第 0 行

data[:2] # 选取前两行
```

运行结果如图 5-21 所示。

	name	price
0	Phone	3000

	name	price
0	Phone	3000
1	PC	5000

图 5-21 按行选取

同样，可以按照特定的条件进行选取。以选择价格大于 4 500 的数据为例：

```
data[data['price'] > 4500] # 按照条件选取

data.query("price > 4500") # 也可以使用 query
```

运行结果如图5-22所示。

	name	price
1	PC	5000

	name	price
1	PC	5000

图 5-22 按条件选取

选取数据的逻辑条件可以不止一个。可以设置为判断某一列的数值是否在某一范围内，还可以组合多个条件来选取数据：

```
data[data['price'].isin([4500,5000])] # 按照条件选取，使用 isin

data[ (data['price'] > 2500) & (data['name'] != "PC") ] # 多个条件组合
```

运行结果如图5-23所示。

	name	price
1	PC	5000
2	Laptop	4500

	name	price
0	Phone	3000
2	Laptop	4500

图 5-23 DataFrame 复杂索引

除了直接得到所选数据，还可以使用“iloc”函数，得到所选取数据的索引，以进行后续操作。“iloc”就是 index location 的意思，即按照索引选择数据：

```
data.iloc[0] # 选取第 0 行

data.iloc[0,0] # 选取第 0 行的第 0 列

data.iloc[:,0] # 选取所有行的第 0 列
```

运行结果如下。

```
name      Phone
price      3000
Name: 0, dtype: object

'Phone'

0      Phone
1         PC
```

```
2    Laptop
Name: name, dtype: object
```

DataFrame 中每列数据都带有列名 label，可以使用“loc”函数根据列名选取数据：

```
data.loc[0,"name"] # 第 0 行 name 列

data.loc[:,"price"] # 所有行的 price 列
```

运行结果如下。

```
'Phone'
0    3000
1    5000
2    4500
Name: price, dtype: int64
```

在有些场景下，需要选取数据中的某一块区域，此时可以通过选择多行和多列来得到 DataFrame 的一块区域中的数据。行通过索引进行选取，列通过列名进行选取：

```
data.loc[0:1][["name", "price"]] # 前两行的 name 和 price 列
```

运行结果如图 5-24 所示。

	name	price
0	Phone	3000
1	PC	5000

图 5-24　选取数据块

除了使用默认的数字作为 DataFrame 的索引之外，还可以自行设置 DataFrame 以某一列数据作为索引，下面代码的第 2 行就是设置“name”列作为索引：

```
1 print(data.index, end="\n\n") # 查看 DataFrame 原来的索引
2 new_data = data.set_index('name')
3 print(new_data.index)
4 print(new_data)
```

运行结果如下。

```
RangeIndex(start=0, stop=3, step=1)

Index(['Phone', 'PC', 'Laptop'], dtype='object', name='name')
        price
name
Phone    3000
PC       5000
Laptop   4500
```

5.2.3 数据的排序

如果需要对DataFrame进行排序，Pandas同样内置了丰富的数据排序功能。首先创建一个DataFrame，并在此DataFrame上进行排序函数的演示：

```
data = pd.DataFrame(
    {
        "公司":["A","B","C","D"],
        "开盘价":[2000,4500,1200,8900],
        "收盘价":[2100,4300,980,8950]
    }
)
data
```

运行结果如图5-25所示。

	公司	开盘价	收盘价
0	A	2000	2100
1	B	4500	4300
2	C	1200	980
3	D	8900	8950

图5-25 演示数据

简单的排序操作可以调用“sort_values”函数，指定按某一列进行排序。默认顺序为升序，如果要求降序则可以添加条件“ascending=False”来实现。下面的代码按照开盘价列排序，不指定任何参数时默认按升序排序：

```
data.sort_values(by="开盘价")
```

运行结果如图5-26所示。

	公司	开盘价	收盘价
2	C	1200	980
0	A	2000	2100
1	B	4500	4300
3	D	8900	8950

图5-26 简单排序

如果想要按降序排序，可以添加“ascending=False”参数，使用“sort_values”按收盘价列降序排序：

```
data.sort_values(by="收盘价",ascending=False)
```

运行结果如图5-27所示。

当需要按照行索引进行排序时，可以调用“sort_index”函数，同样默认按升序排序：

```
data.sort_index()
```

运行结果如图 5-28 所示。

	公司	开盘价	收盘价
3	D	8900	8950
1	B	4500	4300
0	A	2000	2100
2	C	1200	980

图 5-27 简单排序（降序）

	公司	开盘价	收盘价
0	A	2000	2100
1	B	4500	4300
2	C	1200	980
3	D	8900	8950

图 5-28 按索引排序

5.2.4 统计分析

Pandas 中还内置了对数据进行统计分析的功能函数。从比较简单的求最大值、最小值以及求和等，到比较复杂的计算相关系数等，在 Pandas 中都有相应实现方法。下面演示 Pandas 内置的统计功能。用一份数据创建 DataFrame，并在该数据上进行演示：

```
data = pd.DataFrame(
    data = {
        "价格":[500,200,3000,4000,100],
        "月销量":[401,628,205,99,768]
    }
)
data
```

运行结果如图 5-29 所示。

	价格	月销量
0	500	401
1	200	628
2	3000	205
3	4000	99
4	100	768

图 5-29 演示数据

下面演示几种基本的统计功能，包括求最大值、最小值等。

使用“min”函数求各个列的最小值：

```
data.min()
```

运行结果如下。

```
价格      100
月销量     99
dtype: int64
```

使用“median”函数求各个列的中位数：

```
data.median()
```

运行结果如下。

```
价格        500.0
月销量       401.0
dtype: float64
```

使用“mean”函数求各个列的平均值：

```
data.mean()
```

运行结果如下。

```
价格        1560.0
月销量        420.2
dtype: float64
```

使用“max”函数求各个列的最大值：

```
data.max()
```

运行结果如下。

```
价格        4000
月销量        768
dtype: int64
```

使用“std”函数求各个列的标准差：

```
data.std()
```

运行结果如下。

```
价格        1811.905075
月销量        280.176195
dtype: float64
```

使用“sum”函数对各个列进行求和：

```
data.sum()
```

运行结果如下。

```
价格        7800
月销量       2101
dtype: int64
```

使用“cumsum”函数求各个列的累加和：

```
data.cumsum()
```

运行结果如图 5-30 所示。

同时，可以使用“corr”函数求各个列之间的相关系数：

```
data.corr()
```

运行结果如图 5-31 所示。

	价格	月销量
0	500	401
1	700	1029
2	3700	1234
3	7700	1333
4	7800	2101

图 5-30 列求累加和

	价格	月销量
价格	1.000000	-0.917783
月销量	-0.917783	1.000000

图 5-31 列相关系数

在 Pandas 还可以对数据进行统计，得到相同数据值出现的频数：

```
1  data = pd.DataFrame(
2      data = {
3          "价格":[500,200,100,100,200,100],
4          "名称":['A','B','C','D','E','F']
5      }
6  )
7
8  data.value_counts()
9
10 data["价格"].value_counts()
```

代码的第 8 行统计了各个价格中不同名称的频数，第 10 行统计了价格列中不同价格的出现次数。运行结果如下。

```
价格   名称
100  C     1
     D     1
     F     1
200  B     1
     E     1
500  A     1
dtype: int64

100    3
200    2
500    1
Name: 价格, dtype: int64
```

同时，Pandas 也提供了划分区间的函数，可按照元素所属区间对每个元素进行归类，方便进行一些场景下的统计：

```
ages = np.array([1,5,10,40,36,12,58,62,77,89,100,18,20,25,30,32])
new_ages = pd.cut(ages, 5) # 将数据划分为等距的 5 个区间
new_ages
```

运行结果如下。可以看到输出了每个数据对应的区间。

```
[(0.901, 20.8], (0.901, 20.8], (0.901, 20.8], (20.8, 40.6], (20.8,
40.6], ..., (0.901, 20.8], (0.901, 20.8], (20.8, 40.6], (20.8, 40.6],
(20.8, 40.6]]
Length: 16
Categories (5, interval[float64, right]): [(0.901, 20.8] < (20.8,
40.6] < (40.6, 60.4] < (60.4, 80.2] < (80.2, 100.0]]
```

同样，可以给划分后的数据区间打上标签：

```
# 划分数据之后打上标签
stages = pd.cut(ages, 5, labels=['幼儿','少年','青年','中年','老年'])
stages
```

运行结果如下。可以看到打上标签后，输出的结果直接是各个数据对应的标签值，同时还有各个标签之间的大小关系。

```
['幼儿', '幼儿', '幼儿', '少年', '少年', ..., '幼儿', '幼儿', '少
年', '少年', '少年']
Length: 16
Categories (5, object): ['幼儿' < '少年' < '青年' < '中年' < '老年']
```

5.2.5 数据透视表

Pandas 还提供了类似 Excel 数据透视表的功能，使用透视表相关的函数“pivot_table”可以方便地对数据的行或者列进行聚合统计。下面首先创建一个 DataFrame，并在此 DataFrame 上进行数据透视表的演示：

```
data = pd.DataFrame(
    data={
        "company":["A","A","B","C","C","B"],
        "salary":[8000,5000,4500,3200,7800,9200],
        "experience":[5,3,3,1,3,5]
    }
)
data
```

运行结果如图 5-32 所示。

	company	salary	experience
0	A	8000	5
1	A	5000	3
2	B	4500	3
3	C	3200	1
4	C	7800	3
5	B	9200	5

图 5-32 演示数据

Pandas 中的“pivot_table”函数可以创建数据透视表。该函数有四个比较重要的参数，分别是 index、values、aggfunc 和 columns。具体的参数含义下面通过实例来讲解。

假设当前目标是统计每个公司的平均薪水，即通过统计要得到的结果是各个公司的数据，统计的指标是公司薪水，则实现方式如下：

```
data.pivot_table(index="company",values="salary")
```

运行结果如图 5-33 所示。

从该结果可以看出，“pivot_index”函数中的 index 参数指定统计结果中以哪一列数据作为索引，而 values 参数指定统计时使用的实际评价指标是哪一列。上面的例子中，index 参数指定为“company”，表示统计得到的结果是各个公司的名称；values 参数指定为“salary”，表示实际统计的指标是“salary”列。Pandas 中对统计指标进行何种计算是通过 aggfunc 参数来指定的，默认值是 aggfunc=“mean”，也就是按照 values 指定的指标的平均值进行统计。当需要按照其他方式进行统计时，可以修改 aggfunc 参数，例如将统计目标变为统计每个公司的薪水总和：

	salary
company	
A	6500
B	6850
C	5500

图 5-33 统计结果

```
data.pivot_table(index="company",values="salary",aggfunc="sum")
```

运行结果如图 5-34 所示。

	salary
company	
A	13000
B	13700
C	11000

图 5-34 统计结果

统计的对象可以不止一列，而可以同时统计多列。此时需要在 index 参数中通过列表指定多个列。例如，将上面的统计目标按照工作年限进行分类，则目标变为统计每个公司不同工作年限的平均薪水：

```
data.pivot_table(index=["company","experience"],values="salary")
```

运行结果如图 5-35 所示。

		salary
company	experience	
A	3	5000
	5	8000
B	3	4500
	5	9200
C	1	3200
	3	7800

图 5-35 统计结果

上面的代码运行产生了多重索引，公司名和工作年限同时成为索引，取值时会比较麻烦。如果为了操作方便，在得到统计结果之后想要取出每个公司工作年限为三年的平均薪水的统计结果，可以使用 columns 参数：

```
res = data.pivot_table(index="company",columns="experience",values="s
```

```
alary")
res
```

运行结果如图 5-36 所示。

experience	1	3	5
company			
A	NaN	5000.0	8000.0
B	NaN	4500.0	9200.0
C	3200.0	7800.0	NaN

图 5-36 去除多重索引

```
res[3] # 取出所有公司工作三年的平均薪水
```

运行结果如下。

```
company
A     5000.0
B     4500.0
C     7800.0
Name: 3, dtype: float64
```

从结果可以看出，columns 参数的作用是指定以某一列的数据来填充结果中各个列的标题。同时可以发现，上面得到的结果中，有一些位置的数据是“NaN”，例如 A 公司工作一年的平均薪水。这是由于 A 公司中没有工作一年的薪水数据，因此默认使用“NaN”进行填充。如果想要对无法通过统计得到结果的数据使用默认值进行填充，可以修改“pivot_table”函数的“fill_value”参数，使用指定的值来填充无法得到的结果：

```
data.pivot_table(index="company",columns="experience",values="salary"
,fill_value=0) # 将空缺的数据全部填为 0
```

运行结果如图 5-37 所示。

experience	1	3	5
company			
A	0	5000	8000
B	0	4500	9200
C	3200	7800	0

图 5-37 统一填充空缺值

5.2.6 数据分组和聚合

Pandas 提供了对数据进行分组统计的功能，可以将数据按照某一指标进行划分以方便统计。例如，假设已有以下多组职员的公司、薪水和工作年限信息（如表 5-2 所示），需要统计各个公司的平均薪水，则需要首先将同一公司的职员分到同一组，再计算每一组的平均薪水。

表 5-2　职 员 数 据

Company	Salary	Experience
A	8000	5
A	5000	3
B	4500	3
C	3200	1
C	7800	3
B	9200	5

首先定义职员数据：

```
data = pd.DataFrame(
    data={
        "company":["A","A","B","C","C","B"],
        "salary":[8000,5000,4500,3200,7800,9200],
        "experience":[5,3,3,1,3,5]
    }
)
data
```

运行结果如图 5-38 所示。

	company	salary	experience
0	A	8000	5
1	A	5000	3
2	B	4500	3
3	C	3200	1
4	C	7800	3
5	B	9200	5

图 5-38　演示数据

使用“groupby”函数，并指定分组依据的是哪一列数据，就可以进行分组。这里先按公司进行分组，再选取薪水一列的数据并求平均值，从而得到每个公司的平均薪水：

```
data.groupby(by="company")['salary'].mean()
```

运行结果如下。

```
company
A    6500.0
B    6850.0
C    5500.0
Name: salary, dtype: float64
```

同理，可以统计已有的职员数据中，每个公司工作人员的工作年限最大值：

```
data.groupby(by="company")['experience'].max()
```

运行结果如下。

```
company
A    5
B    5
C    3
Name: experience, dtype: int64
```

分组的依据也可以是多列数据，比如统计各个公司不同工作年限的平均薪水。可以先同时对公司和工作年限两个字段进行分组，再计算平均薪水：

```
data.groupby(by=["company","experience"])['salary'].mean()
```

运行结果如下。

```
company  experience
A        3             5000.0
         5             8000.0
B        3             4500.0
         5             9200.0
C        1             3200.0
         3             7800.0
Name: salary, dtype: float64
```

在 Pandas 完成分组之后，可以方便地查看其中某一组数据内容：

```
grouped = data.groupby(by="company")  # 获得分组结果对象
grouped.get_group("A")  # 输出分组结果中公司 A 对应的组
```

得到结果如图 5-39 所示。

	company	salary	experience
0	A	8000	5
1	A	5000	3

图 5-39 分组结果

如果需要逐个输出分组的结果，可以直接遍历。这里演示对所有的分组结果遍历输出。在遍历时，第一个参数是分组的名字，第二个参数是分组内的数据：

```
for group_name,group_data in grouped:
    print(group_name)
    print(group_data)
    print()
```

运行结果如下。

```
A
  company  salary  experience
```

```
0        A    8000           5
1        A    5000           3

B
  company  salary  experience
2       B    4500           3
5       B    9200           5

C
  company  salary  experience
3       C    3200           1
4       C    7800           3
```

上面的例子演示了对分组结果进行统计的情况，而有些场合需要一次性得到多个统计数据，此时可以使用“agg”函数。在“agg”函数中指定多个统计数据，可以一次性得到多个统计指标，例如同时对各个公司的薪水求最小值、最大值、平均值和总和：

```
data.groupby(by="company")['salary'].agg(['min','max','mean','sum'])
```

运行结果如图 5-40 所示。

	min	max	mean	sum
company				
A	5000	8000	6500.0	13000
B	4500	9200	6850.0	13700
C	3200	7800	5500.0	11000

图 5-40　分组统计多个指标

此外，“agg”函数不仅可以实现对同一列统计多个指标，还可以对多个列统计多个不同指标。例如，如果需要按照公司分组，统计薪水的最大值和平均值，以及工作年限的最大值和最小值，则可以这样处理：

```
data.groupby(by="company").agg(
    {
        "salary":["max","mean"],
        "experience":["max","min"]
    }
)
```

运行结果如图 5-41 所示。

	salary		experience	
	max	mean	max	min
company				
A	8000	6500.0	5	3
B	9200	6850.0	5	3
C	7800	5500.0	3	1

图 5-41　多列分组统计多个指标

5.2.7 数据转换

这里的数据转换指的是按照自己设计的逻辑或者实现的函数来批量修改 DataFrame 中的数据。Pandas 中提供了函数对包括 DataFrame 和 Series 在内的数据类型进行数据转换的功能。在处理 Series 时可以通过“map”函数实现，在处理 DataFrame 时则可以通过“apply”函数实现。首先创建一个 DataFrame，并在此 DataFrame 上进行数据转换的演示：

```
data = pd.DataFrame(
    data = {
        "company":["A","B","C","D"], # 公司名
        "score":[90,50,70,30] # 公司信用评分
    }
)
data
```

运行结果如图 5-42 所示。

	company	score
0	A	90
1	B	50
2	C	70
3	D	30

图 5-42 演示数据

假设目前想要对 DataFrame 中的“score”列，也就是一个 Series 对象进行转换，将“score”中大于 80 的数据评级为 A，大于 60 而小于 80 的数据评级为 B，小于 60 的数据评级为 C。可以先定义一个评级的函数，然后使用“map”函数对该 Series 对象进行处理：

```
# 首先定义转换的逻辑
def get_level(x):
    if x > 80:
        return "A"
    elif 60 < x < 80:
        return "B"
    elif x < 60:
        return "C"

data['score'].map(get_level)
```

运行结果如下。

```
0    A
1    C
2    B
```

```
3    C
Name: score, dtype: object
```

“map”函数只能作用于 Series 对象，也就是只能处理单列的数据；如果想要处理二维的 DataFrame 数据，则需要使用“apply”函数。假设想要对当前 DataFrame 中的“company”列和“score”列进行分析，为每一行数据生成一个包含“company”“score”和评级“level”的描述，则可以先自定义实现函数，再通过“apply”函数来处理整个 DataFrame：

```
def process_func(line): # 每次传入的参数是 DataFrame 的一行
    level = get_level(line['score']) # 首先获得 score 对应的 level
    line['desc'] = "company{}, score:{}, level:{}".format(line['company'],line['score'],level)
    return line
data.apply(process_func,axis=1) # axis=1 表明按照横向遍历
```

运行结果如图 5-43 所示。

	company	score	desc
0	A	90	companyA, score:90, level:A
1	B	50	companyB, score:50, level:C
2	C	70	companyC, score:70, level:B
3	D	30	companyD, score:30, level:C

图 5-43 DataFrame 数据转换

5.2.8 数据的特殊值处理

在数据处理过程中，待处理的数据往往不是理想的，可能存在缺失值，或者在数字类型中混杂了字符类型等。Pandas 库提供了针对缺失值以及字符串数据等的处理功能，帮助快速地处理和操作这些特殊数据。

5.2.8.1 数据缺失值处理

有时候在使用 Pandas 读取和处理数据时，会看到 DataFrame 中有一些数据显示为“NaN”字样。“NaN”就是“Not a Number”的缩写，说明数据中包含了部分缺失值。Pandas 提供了处理缺失值的各种方法，可以方便地查看数据缺失的情况，并且能够快速地操作和处理缺失值。首先创建一个有缺失值的 DataFrame：

```
import numpy as np
np.random.seed(1)
data = pd.DataFrame(
    data = {
            "column_one":pd.Series(np.random.random(4),index=['a','b','c','d']),
        "column_two":pd.Series(np.random.random(3),index=['a','b','c']),
        "column_three":pd.Series(np.random.random(3),index=['a','b','d']),
```

```
    }
)
data
```

运行结果如图 5-44 所示。

	column_one	column_two	column_three
a	0.417022	0.146756	0.345561
b	0.720324	0.092339	0.396767
c	0.000114	0.186260	NaN
d	0.302333	NaN	0.538817

图 5-44 演示数据

可以通过“isna”或者“isnull”函数来查看当前DataFrame或者Series中有哪些数据为“NaN”。这两个函数是等价的，“isnull”只是“isna”的别名。首先，演示在DataFrame上使用这两个函数：

```
data.isna()# 查看哪些数据为NaN

data.isnull() # 等价于isna函数
```

运行结果如图 5-45 所示。

	column_one	column_two	column_three
a	False	False	False
b	False	False	False
c	False	False	True
d	False	True	False

	column_one	column_two	column_three
a	False	False	False
b	False	False	False
c	False	False	True
d	False	True	False

图 5-45 查看缺失值

“isna”和“isnull”这两个函数同样适用于Series对象。这两个函数往往用于筛选和过滤数据，例如仅选取“column_two”这一列中值为“NaN”的数据：

```
data[data['column_two'].isna()]
```

运行结果如图 5-46 所示。

	column_one	column_two	column_three
d	0.302333	NaN	0.538817

图 5-46 查看单列缺失值

如果要具体统计每一列中缺失值的个数，可以使用如下代码。其逻辑是在进行“sum”求和时，“True”会被当作1，而“False”会被当作0，因此“sum”求和得到的结果便是各个列缺失值的个数：

```
data.isna().sum()
```

运行结果如下。

```
column_one        0
column_two        1
column_three      1
dtype: int64
```

在数据处理过程中，不仅需要知道缺失值的个数和位置，如果数据存在缺失值且会对处理过程造成实际影响，还需要对缺失值进行处理。处理方式一般有两种：

（1）如果存在的缺失值数据数量较少，则直接删掉对应数据。

（2）如果存在的缺失值数据数量较多，则考虑对缺失的数据进行填补。

首先演示 Pandas 提供的对存在缺失值的数据进行删除的方法，可以直接使用“dropna”函数删除有缺失值的行：

```
data.dropna() # 删除掉所有存在缺失值的行
```

结果如图 5-47 所示。删除了存在缺失值的 c 和 d 两行。

	column_one	column_two	column_three
a	0.417022	0.146756	0.345561
b	0.720324	0.092339	0.396767

图 5-47 删除存在缺失值的行

如果希望对数据中的缺失值进行填充，可以使用 Pandas 提供的“fillna”函数：

```
data.fillna(value=0) # 使用fillna将所有缺失值填充成0
```

结果如图 5-48 所示。

	column_one	column_two	column_three
a	0.417022	0.146756	0.345561
b	0.720324	0.092339	0.396767
c	0.000114	0.186260	0.000000
d	0.302333	0.000000	0.538817

图 5-48 缺失值填充为 0

在填充时，可以指定对不同列填充不同值：

```
data.fillna(value={"column_two":data['column_two'].mean(),"column_three":50})
```

运行结果如图 5-49 所示。将“column_two”列中的缺失值用该列均值代替，而“column_three”中则以 50 代替。

	column_one	column_two	column_three
a	0.417022	0.146756	0.345561
b	0.720324	0.092339	0.396767
c	0.000114	0.186260	50.000000
d	0.302333	0.141785	0.538817

图 5-49 不同列的缺失值填充不同值

5.2.8.2 字符串处理

Pandas 也对字符串的处理提供了良好的支持。针对包含字符串的列，可以通过“str”函数访问字符串对象，接着使用处理字符串的方法处理数据。首先创建一个包含字符串数据的 Series，在该数据上进行演示：

```
data = pd.Series(
    data = ["Ab","a","BB"],
    name = "info",
)
data
```

运行结果如下。

```
0    Ab
1     a
2    BB
Name: info, dtype: object
```

使用内置函数“lower”和“upper”进行大小写转换：

```
print(data.str.lower()) # 通过 str.lower 将所有的字母变为小写

print(data.str.upper()) # 转换为大写
```

运行结果如下。

```
0    ab
1     a
2    bb
Name: info, dtype: object
0    AB
1     A
2    BB
Name: info, dtype: object
```

使用“split”函数可以根据指定的分隔符切分字符串：

```
data = pd.Series(
    data = ["a_b_c","1_2_3"],
)
print(data)

print(data.str.split("_"))
```

运行结果如下。

```
0    a_b_c
1    1_2_3
dtype: object

0    [a, b, c]
1    [1, 2, 3]
dtype: object
```

在切分后可以取特定位置的元素：

```
data.str.split("_").str.get(1) # 取切分后的第二个元素
```

运行结果如下。

```
0    b
1    2
dtype: object
```

同样，在切分后可以将其扩展成多列：

```
data.str.split("_",expand=True) # 将其扩展成多列
```

运行结果如图 5-50 所示。

	0	1	2
0	a	b	c
1	1	2	3

图 5-50　切分字符串并扩展

判断字符串中是否包含了指定的表达，可以使用“contain”函数，该函数也支持正则表达式。首先创建数据：

```
data = pd.Series(
    data = ["a","b","aasd","1sad","23ds"]
)
data
```

运行结果如下。

```
0       a
1       b
2    aasd
3    1sad
4    23ds
dtype: object
```

使用“contains”函数进行字符串匹配：

```
data.str.contains("1") # 判断是否包含 1
```

```

data[data.str.contains("1")] # 可用作筛选
```

运行结果如下。

```
0    False
1    False
2    False
3     True
4    False
dtype: bool

3    1sad
dtype: object
```

使用“contain”函数时可以使用正则表达式进行匹配：

```
data.str.contains("\d") # 可以使用正则表达式

data[data.str.contains("\d")]
```

运行结果如下。

```
0    False
1    False
2    False
3     True
4     True
dtype: bool

3    1sad
4    23ds
dtype: object
```

可以使用“replace”函数实现对字符串指定内容的替换，该函数同样支持正则表达式。下面的代码使用正则匹配将所有的数字相关部分替换成“###”：

```
data.str.replace("\d+","###",regex=True)
```

运行结果如下。

```
0         a
1         b
2      aasd
3    ###sad
4     ###ds
dtype: object
```

提取字符串中特定模式的子串可使用“extract”函数，同样支持正则表达式。首先创建一个 Series：

```
data = pd.Series(
    data = ["10 years","2 years","about 7 years","1 month","unknown"]
)
data
```

运行结果如下。

```
0         10 years
1          2 years
2    about 7 years
3          1 month
4          unknown
dtype: object
```

使用“extract”函数和正则表达式提取出所有数字：

```
data.str.extract("(\d+)") # 提取出所有的数字
```

运行结果如图 5-51 所示。

	0
0	10
1	2
2	7
3	1
4	NaN

图 5-51 “extract”函数提取子串

5.2.9 可视化数据

在 Pandas 中可以使用“plot”函数来实现对数据进行可视化的功能。这种方式在分析数据时能够完成简单的可视化需求，同时无须增加太多额外的代码，方便使用。下面使用某段时间内 A 公司和 B 公司的股票数据来演示可视化的用法：

```
data = pd.DataFrame(
    data={
        "A":np.random.randint(0,100,10),
        "B":np.random.randint(50,150,10),
    },
    index = pd.date_range("2020-01-01","2020-01-10",freq="D"),
)
data
```

运行结果如图 5-52 所示。

使用“plot”函数绘制默认图像。默认的绘图格式是折线图：

```
data.plot() # 直接调用 plot 方法，默认是折线图
```

运行结果如图 5-53 所示。

“plot”函数可以设置其他参数来调整绘图的细节，这里演示其中两个参数。通过“y="A"”可以只绘制 A 公司的数据，而通过“kind="line"”可以指定可视化的类型为折线图：

```
data.plot(y="A",kind="line")
```

运行结果如图 5-54 所示。

	A	B
2020-01-01	22	85
2020-01-02	21	108
2020-01-03	95	101
2020-01-04	78	139
2020-01-05	21	70
2020-01-06	88	73
2020-01-07	56	79
2020-01-08	84	118
2020-01-09	23	149
2020-01-10	31	62

图 5-52 示例数据

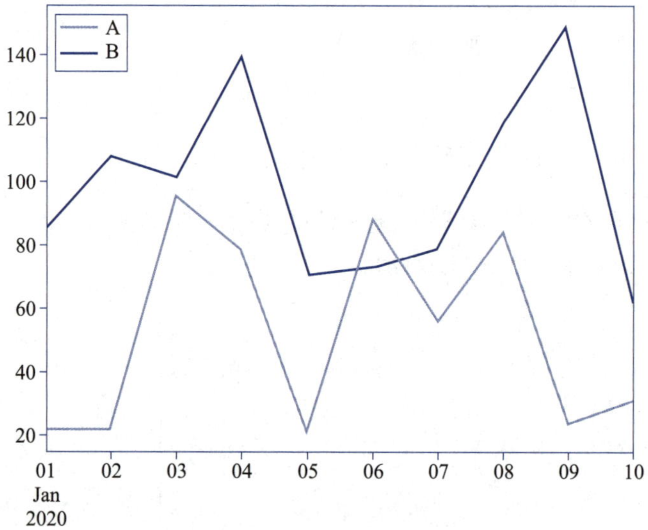

图 5-53 “plot”函数绘图

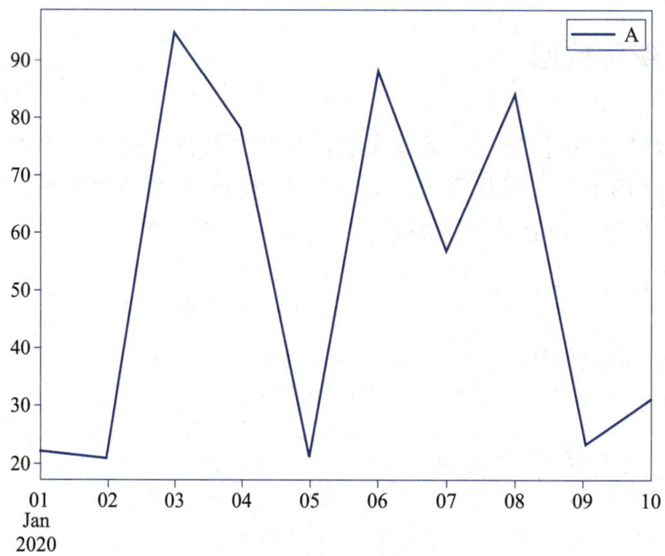

图 5-54 修改绘图参数

5.3 数据框之间的操作

数据处理过程中，经常需要按照某种方式来融合多份数据到同一个 DataFrame 中，再进行后续的处理。Pandas 也为这些使用场景提供了功能丰富的函数，常用的主要是“concat”“merge”和“join”三个函数。

（1）concat：将多个 DataFrame 横向或者纵向连接，更多地用于列标签或者行标签相同时的简单合并。

（2）merge：可以按照列或者索引对多个 DataFrame 进行融合。

（3）join：常用于按照索引进行合并的情况。

5.3.1 “concat”函数

“concat”函数的作用是将多个 DataFrame 连接起来，横向或者纵向连接，更多地用于列标签或者行标签相同时的简单合并，得到一个新的包含所有内容的 DataFrame，并且还可以指定连接的维度。下面演示“concat”函数的使用。创建三个 DataFrame，并用这三个 DataFrame 演示函数使用：

```
df1 = pd.DataFrame(
    data = {
        "name":["Jan","Bob"],
        "company" : ["A","B"]
    }
)
df2 = pd.DataFrame(
    data = {
        "name":["Alice","James"],
        "company" : ["B","C"]
    }
)
df3 = pd.DataFrame(
    data = {
        "salary":[1000,3000],
        "experience" : [1,3]
    }
)
df1
df2
df3
```

运行结果如图 5-55 所示。

	name	company
0	Jan	A
1	Bob	B

	name	company
0	Alice	B
1	James	C

	salary	experience
0	1000	1
1	3000	3

图 5-55 演示数据

演示从不同维度连接 DataFrame。在使用“concat”函数连接 DataFrame 时，可以通过 axis 参数来设置连接的方向。以二维数据为例，如果设置 axis=0，则从第 0 维也就是纵向进行连接；如果设置 axis=1，则从第 1 维也就是横向进行连接：

```
pd.concat(objs=[df1,df2],axis=0) # 纵向连接 df1 和 df2

pd.concat(objs=[df1,df3],axis=1) # 横向连接 df1 和 df3
```

运行结果如图 5-56 所示。

	name	company
0	Jan	A
1	Bob	B
0	Alice	B
1	James	C

	name	company	salary	experience
0	Jan	A	1000	1
1	Bob	B	3000	3

图 5-56 “concat”函数拼接 DataFrame

5.3.2 “merge”函数

“concat”函数只能从 DataFrame 的某一维作简单的连接。如果想要按照某列名或者某索引的值对多个 DataFrame 做合并，就需要用到功能更强大的“merge”函数。下面演示“merge”函数的使用。首先创建两个包含一定数据的 DataFrame：

```
df1 = pd.DataFrame(
    {
        "name" : ["Alice","Bob","James","John"],
        "company" : ["A","A","B","C"]
    }
)
```

```

df2 = pd.DataFrame(
    {
        "name" : ["Alice","Bob","James","Amy"],
        "salary" : [3000,2000,1000,5000]
    }
)
df1
df2
```

运行结果如图 5-57 所示。

通过“merge”函数可以实现类似“concat”函数合并两个 DataFrame 的功能：

```
pd.merge(left=df1,right=df2,on="name")
```

	name	company
0	Alice	A
1	Bob	A
2	James	B
3	John	C

	name	salary
0	Alice	3000
1	Bob	2000
2	James	1000
3	Amy	5000

图 5-57 演示数据

上面的代码通过“merge”函数合并 DataFrame，“on”参数指定了以哪一列数据作为合并的依据。这里将两个 DataFrame 中 name 值相同的行进行合并，运行结果如图 5-58 所示。

	name	company	salary
0	Alice	A	3000
1	Bob	A	2000
2	James	B	1000

图 5-58 name 值相同时“merge”函数拼接 DataFrame

假设现在两个 DataFrame 中的列名不一致，但某一列的数据有对应关系，则可以使用下面的方法来进行合并：

```
1 df2.rename(columns={"name":"employee"},inplace=True)
2 df2
3
4 pd.merge(left=df1,right=df2,left_on="name",right_on="employee")
```

代码的第 1 行首先将 df2 的 name 列改为“employee”，再使用“merge”函数分别指定两个 DataFrame 用来作为合并依据的列，即可完成合并，运行结果如图 5-59 所示。

	employee	salary
0	Alice	3000
1	Bob	2000
2	James	1000
3	Amy	5000

	name	company	employee	salary
0	Alice	A	Alice	3000
1	Bob	A	Bob	2000
2	James	B	James	1000

图 5-59 “merge”函数拼接 DataFrame

在合并过程中，可以通过“merge”函数的“how”参数来指定合并的规则。总共有四种合并规则，如表 5-3 所示，默认的规则是 inner。

表 5-3 合并规则

合并策略	说明	合并策略	说明
inner	保留左右数据的交集	left	只保留左边存在的键
outer	保留左右数据的并集	right	只保留右边存在的键

下面分别演示另外三种规则的合并结果：

```
# outer 合并方式
pd.merge(left=df1,right=df2,left_on="name",right_on="employee",how="outer")
# left 合并方式
pd.merge(left=df1,right=df2,left_on="name",right_on="employee",how="left")
# righ 合并方式
pd.merge(left=df1,right=df2,left_on="name",right_on="employee",how="right")
```

运行结果如图 5-60 所示。

“merge”函数也能够按照索引进行合并，只需要指定“left_index”参数和“right_index”参数即可：

```
df3 = pd.DataFrame(
    data = {
        "company" : ["A","A","B","C"]
    },
    index =  ["Alice","Bob","James","John"],
)
df4 = pd.DataFrame(
    data = {
```

```
        "salary" : [3000,2000,1000,5000]
    },
    index =  ["Alice","Bob","James","Amy"],
)
df3
df4

pd.merge(left=df3,right=df4,left_index=True,right_index=True) # 两边都按照索引来进行合并
```

运行结果如图 5-61 所示。

	name	company	employee	salary
0	Alice	A	Alice	3000.0
1	Bob	A	Bob	2000.0
2	James	B	James	1000.0
3	John	C	NaN	NaN
4	NaN	NaN	Amy	5000.0

	name	company	employee	salary
0	Alice	A	Alice	3000.0
1	Bob	A	Bob	2000.0
2	James	B	James	1000.0
3	John	C	NaN	NaN

	name	company	employee	salary
0	Alice	A	Alice	3000
1	Bob	A	Bob	2000
2	James	B	James	1000
3	NaN	NaN	Amy	5000

图 5-60 “merge”函数拼接 DataFrame 的三种不同合并规则

	company
Alice	A
Bob	A
James	B
John	C

	salary
Alice	3000
Bob	2000
James	1000
Amy	5000

	company	salary
Alice	A	3000
Bob	A	2000
James	B	1000

图 5-61 “merge”函数按照索引合并

5.3.3 “join”函数

“merge”函数可以实现按照多种方式进行 DataFrame 的合并，但如果只需要使用索引进行合并，可以考虑更简单的“join”函数。“join”函数默认按照索引进行合并：

```
df1 = pd.DataFrame(
    data = {
        "company" : ["A","A","B","C"]
    },
    index =  ["Alice","Bob","James","John"],
)
df2 = pd.DataFrame(
    data = {
        "salary" : [3000,2000,1000,5000]
```

```
    },
    index =  ["Alice","Bob","James","Amy"],
)
df1.join(df2) # 使用索引合并

df3 = pd.DataFrame(
    {
        "name" : ["Alice","Bob","James","John"],
        "company" : ["A","A","B","C"]
    }
)
df3.join(df2,on="name") # join 同样支持按列进行合并，可以通过 on 参数指定列
```

合并结果如图 5-62 所示。

	company	salary
Alice	A	3000.0
Bob	A	2000.0
James	B	1000.0
John	C	NaN

	name	company	salary
0	Alice	A	3000.0
1	Bob	A	2000.0
2	James	B	1000.0
3	John	C	NaN

图 5-62 “join”函数合并 DataFrame

5.4 时间序列处理

5.4.1 时间序列的基本概念及常用函数

时序数据指的是本身具有先后关系，反映了某一事物、现象等随时间的变化状态或程度的数据。使用 Pandas 可以很方便地处理时间序列相关的数据。假设用表 5-4 中的数据描述不同日期某商品价格的变化。

表 5-4 商品价格时间序列数据

Time	Prices	Time	Prices
2021-01-01	1 000	2021-01-04	2 500
2021-01-02	2 000	2021-01-05	500
2021-01-03	1 500	2021-01-06	1 500

续表

Time	Prices	Time	Prices
2021-01-07	2 000	2021-01-08	1 900

在 Pandas 中表示以上数据：

```
1 ts_data = pd.DataFrame(
2     {
3         "time":["2021-01-01","2021-01-02","2021-01-03","2021-01-04",
  "2021-01-05","2021-01-06","2021-01-07","2021-01-08",],
4         "prices":[1000,2000,1500,2500,500,1500,2000,1900]
5     }
6 )
7 ts_data['time'] = pd.to_datetime(ts_data['time']) #   将 time 列 转 为
  datetime 类型方便操作
8 ts_data
```

首先进行数据预处理。原本“time”这一列的数据类型为字符串，代码的第 7 行通过“to_datetime”函数将其转换为 datetime 类型。运行结果如图 5-63 所示。

	time	prices
0	2021-01-01	1000
1	2021-01-02	2000
2	2021-01-03	1500
3	2021-01-04	2500
4	2021-01-05	500
5	2021-01-06	1500
6	2021-01-07	2000
7	2021-01-08	1900

图 5-63　演示数据

在将“time”列转换为 datetime 类型后，我们可以方便地对其进行操作，例如取出“年月日”格式的日期数据中的“日”数据：

```
ts_data['time'].dt.day
```

运行结果如下。

```
0    1
1    2
2    3
3    4
4    5
5    6
6    7
7    8
Name: time, dtype: int64
```

关于日期操作，在 Pandas 中除了使用“to_datetime”函数生成日期数据之外，还可以使用“date_range”函数来生成一段时间范围。在使用“date_range”来生成日期区间的时候，可以自定义“freq”参数，即生成范围的采样频率，常用的频率符号及其含义可以参考图 5-64。

符号	描述
D	Calendar day frequency
H	Hour
T or min	Minute
S	Second
M	MonthEnd
MS	Monthbegin

图 5-64 符号及含义

使用“date_range”创建一定时间范围的数据：

```
pd.date_range(start="2021-01-01",end="2021-01-08",freq="D")
```

上述代码通过“start”和“end”参数指定了时间范围的开始值和结束值，并通过“freq”参数指定了生成数据的频率为天。运行结果如下。

```
DatetimeIndex(['2021-01-01', '2021-01-02', '2021-01-03', '2021-01-04',
               '2021-01-05', '2021-01-06', '2021-01-07', '2021-01-08'],
              dtype='datetime64[ns]', freq='D')
```

Pandas 对 datetime 数据类型有专门的处理函数，下面演示这些函数。

创建数据：

```
ts_data = pd.DataFrame(
    {
        "time":pd.date_range(start="2021-01-27",end="2021-02-03",freq="D"),
        "prices":[1000,2000,1500,2500,500,1500,2000,1900]
    }
)
```

下面演示 Pandas 中处理 datetime 类型的函数：

```
ts_data['time'].dt.date # 输出日期
```

运行结果如下。

```
0    2021-01-27
1    2021-01-28
2    2021-01-29
3    2021-01-30
4    2021-01-31
5    2021-02-01
```

```
6     2021-02-02
7     2021-02-03
Name: time, dtype: object
```

输出星期几：

```
ts_data['time'].dt.day_name() # 输出星期几
```

运行结果如下。

```
0    Wednesday
1     Thursday
2       Friday
3     Saturday
4       Sunday
5       Monday
6      Tuesday
7    Wednesday
Name: time, dtype: object
```

通过将“time”列作为索引，可以实现一些特定的索引操作，例如选取某一月份的数据：

```
ts_data = ts_data.set_index("time") # 首先将 time 列设置为索引
ts_data.loc['2021-01'] # 取出 1 月份数据
ts_data.loc['2021-02'] # 取出 2 月份数据
```

运行结果如图 5-65 所示。

time	prices
2021-01-27	1000
2021-01-28	2000
2021-01-29	1500
2021-01-30	2500
2021-01-31	500

time	prices
2021-02-01	1500
2021-02-02	2000
2021-02-03	1900

图 5-65 选取特定月份

可以只取出每个星期中周末的数据：

```
ts_data.loc[ts_data.index.dayofweek.isin([5,6])] # 只取出每个星期中周末的数据
```

运行结果如图 5-66 所示。

	prices
time	
2021-01-30	2500
2021-01-31	500

图 5-66 选取周末数据

选取特定日期范围的数据：

```
ts_data.loc["2021-01-27":"2021-01-30"]  # 取出 2021-01-27 到 2021-01-30 之间的数据
```

运行结果如图 5-67 所示。

	prices
time	
2021-01-27	1000
2021-01-28	2000
2021-01-29	1500
2021-01-30	2500

图 5-67 选取一定范围数据

Pandas 还提供了“shift”函数，可以方便地实现数据的前后移动，并且在移动过程中同一行数据的索引保持不变：

```
ts_data.shift(1)  # 将所有的数据向后移动一位

ts_data.shift(-2)  # 将所有的数据向前移动两位
```

运行结果如图 5-68 所示。

	prices
time	
2021-01-27	NaN
2021-01-28	1000
2021-01-29	2000
2021-01-30	1500
2021-01-31	2500
2021-02-01	500
2021-02-02	1500
2021-02-03	2000

	prices
time	
2021-01-27	1500
2021-01-28	2500
2021-01-29	500
2021-01-30	1500
2021-01-31	2000
2021-02-01	1900
2021-02-02	NaN
2021-02-03	NaN

图 5-68 数据前后移动

5.4.2 重采样操作

Pandas 也提供了针对时序窗口的分组统计功能，可以实现对数据按月、按年的采样：

```
resample_data = ts_data.resample("1M") # 按月分组

resample_data.mean() # 计算每月的均值，索引为月末
```

运行结果如图 5-69 所示。

	prices
time	
2021-01-31	1500.0
2021-02-28	1800.0

图 5-69 数据按月统计

5.4.3 滑动窗口操作

Pandas 提供的“rolling”函数实现了对时序数据进行滑动窗口统计的相关操作。

滑动窗口是一种数据统计的方式，按照特定的窗口大小统计窗口内的数据，并且按照一定的步长不断向前滑动。图 5-70 展示了一个窗口大小为 3、步长为 1 的滑动窗口。

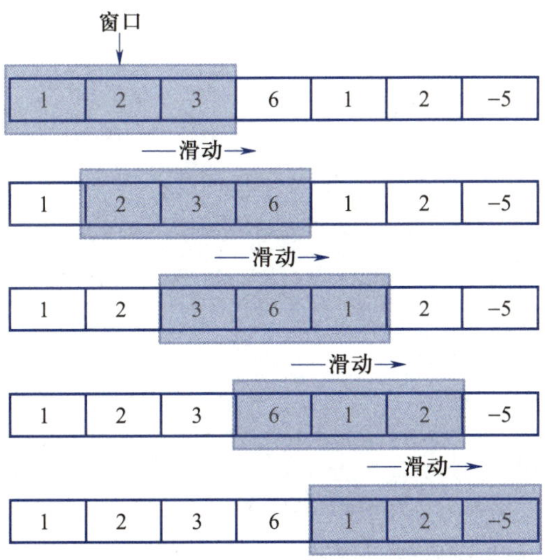

图 5-70 窗口大小为 3、步长为 1 的滑动窗口

下面演示如何在 Pandas 中进行滑动窗口相关的统计。创建数据，并且创建一个 30 天的滑动窗口：

```
# 生成 2021 年一整年的数据
date_index = pd.date_range("2021-01-01","2021-12-31",freq="D")
data = np.random.randint(1,10,len(date_index)) # 随机生成相同长度的数据
ts_data = pd.Series(data,index=date_index)

r_data = ts_data.rolling("30D") # 以 30 天作为窗口大小，进行滑动
```

使用 Pandas 的函数统计滑动窗口的信息：

```
r_data.mean() # 统计每个窗口的均值
```

运行结果如下。

```
2021-01-01    5.000000
2021-01-02    7.000000
2021-01-03    7.000000
2021-01-04    6.500000
2021-01-05    6.800000
                ...
2021-12-27    5.366667
2021-12-28    5.466667
2021-12-29    5.200000
2021-12-30    5.166667
2021-12-31    4.933333
Freq: D, Length: 365, dtype: float64
```

通过“max”函数统计各个窗口的最大值：

```
r_data.max() # 统计每个窗口的最大值
```

运行结果如下。

```
2021-01-01    5.0
2021-01-02    9.0
2021-01-03    9.0
2021-01-04    9.0
2021-01-05    9.0
             ...
2021-12-27    9.0
2021-12-28    9.0
2021-12-29    9.0
2021-12-30    9.0
2021-12-31    9.0
Freq: D, Length: 365, dtype: float64
```

同样，可以使用“std”函数统计各个窗口的标准差：

```
r_data.std() # 统计每个窗口的标准差
```

运行结果如下。

```
2021-01-01         NaN
2021-01-02    2.828427
2021-01-03    2.000000
2021-01-04    1.914854
2021-01-05    1.788854
                ...
2021-12-27    2.428045
```

```
2021-12-28    2.388671
2021-12-29    2.426861
2021-12-30    2.450663
2021-12-31    2.504249
Freq: D, Length: 365, dtype: float64
```

思考题

1. Pandas 中的 Series 和 DataFrame 是什么？ Series 和 DataFrame 是什么关系？

2. Pandas 中索引数据的“loc()”和“iloc()”函数有什么不同？其作用分别是什么？

3. Pandas 中常用的融合数据的函数有哪三个？它们的作用分别是什么？

参考答案

第6章

Matplotlib

在了解了 Numpy 和 Pandas 之后，我们具有了一些基本的数据处理和计算的能力，下一步了解一些数据可视化的方法。

在进行数据可视化时，我们最常使用的库是 Matplotlib。通过 Matplotlib 我们可以将 Numpy 或者 Pandas 中的数据通过画图的方式更加直观地展示出来，方便我们分析。下面讲解 Matplotlib 的基本图形绘制方法。

在使用之前需要确保已经安装了 Matplotlib 库，可以使用 conda 或者 pip 来安装：

```
conda install matplotlib
pip install matplotlib
```

在代码中使用 Matplotlib 绘制图表之前，需要先对该库进行导入。常用以下代码导入 Matplotlib 中的“pyplot”子模块以满足绘制大部分图像的需要，并使用“plt”作为“matplotlib.pyplot”的简称，以方便在代码中调用“matplotlib.pyplot”进行绘图：

```
import numpy as np # 生成数据使用
import matplotlib.pyplot as plt # 导入matplotlib包
```

Matplotlib 具有丰富的功能，能够根据我们的需求绘制各种图表，提供各种可视化的效果，并且可以设置自定义选项和可配置项。以下展示一些简单直观的绘图方法。

6.1 常用图表类型

6.1.1 绘制折线图

金融领域最常见的图像是折线图，可以呈现各类金融市场变量的走势规律。在 Matplotlib 中绘制折线图，也就是在散点图的基础上，将各个点连接起来形成折线。折线图同样需要提供折线图上的各个点的数值信息，并使用 Matplotlib 库中的函数“plt.plot()”将这些点连接起来，得到点之间的连线图像，最终由各个点及其连线形成完整的折线图。以下示例演示了绘制一条经过原点，斜率为 1 的直线：

```
plt.plot([1,2,3,4,5],[1,2,3,4,5]) # 画出一条经过(1,1),(2,2,),(3,3,)....
```

```
  (5,5) 的直线
2 plt.xlabel('xlabel',fontsize = 16)
3 plt.ylabel('ylabel',fontsize = 16)
4 plt.grid(True) # 显示网格
```

代码的第 2—3 行用于设置图坐标轴上的标注字体以及字体大小，运行结果如图 6-1 所示。

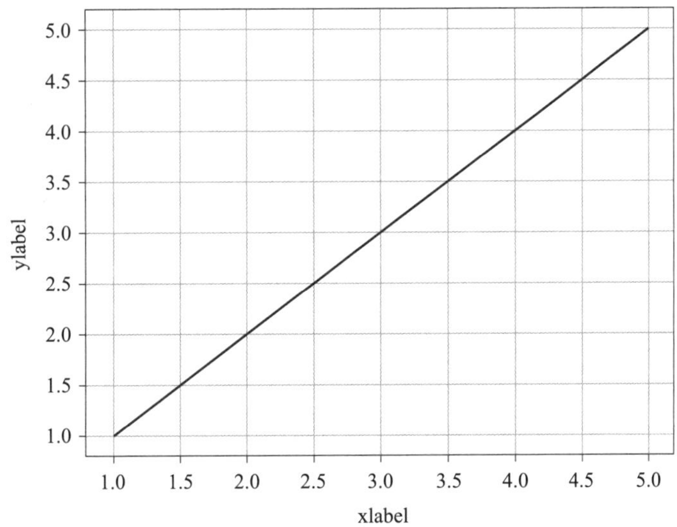

图 6-1 绘制折线图

6.1.2 绘制散点图

散点图常用于在经济研究中分析两个变量之间的关系，通过将两组样本值以点的形式显示出来，观察两者的相关性和变化趋势。在 Matplotlib 中绘制散点图，需要提供散点图上的各个点，并使用库中的函数“plt.scatter()”将这些点显示在一个二维坐标系上以进行可视化。下面演示了将一些数据点显示在二维坐标平面上，形成散点图：

```
plt.scatter([1,2,3,4,5],[1,2,3,4,5]) #  绘制点 (1,1),(2,2,),(3,3,)....(5,5)
plt.xlabel('xlabel')
plt.ylabel('ylabel')
```

运行结果如图 6-2 所示。

6.1.3 绘制柱状图

当面临需要对比不同组或类别在某个变量上的数据大小时，往往使用柱状图。在 Matplotlib 中，使用库中的函数“plt.bar()”可以绘制纵向的柱状图。使用 Numpy 的“linspace”方法创建数组，作为绘图使用的 x 轴和 y 轴数据。以下示例用 10 组随机数据绘制纵向柱状图：

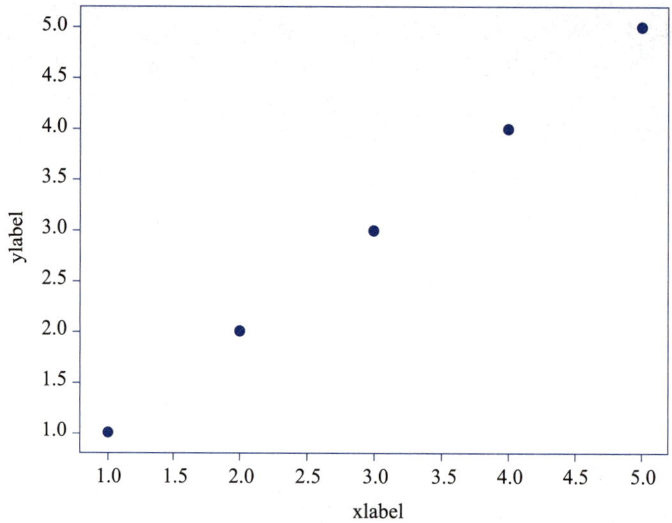

图 6-2　绘制散点图

```
x = np.linspace(1,11,10)
y = np.random.rand(10)
plt.bar(x,y)
```

运行结果如图 6-3 所示。

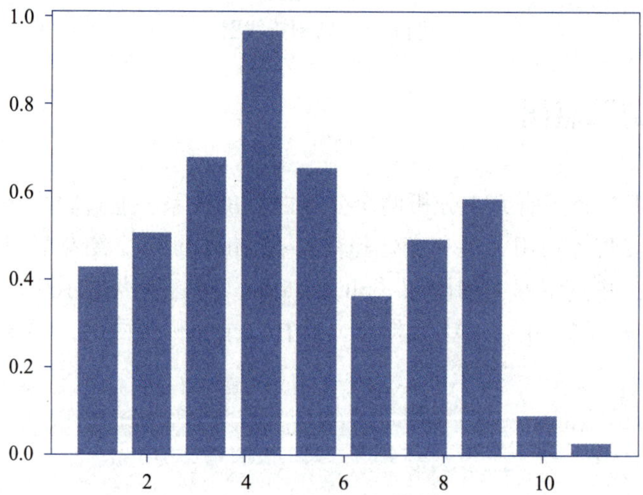

图 6-3　绘制柱状图

柱状图也可以横向绘制，以用于某些场合，例如不同股票的涨跌幅情况对比。此时可以使用库中的函数“plt.barh()”：

```
x = np.linspace(1, 11, 10)
y = np.random.rand(10)
plt.barh(x,y)
```

运行结果如图 6-4 所示。

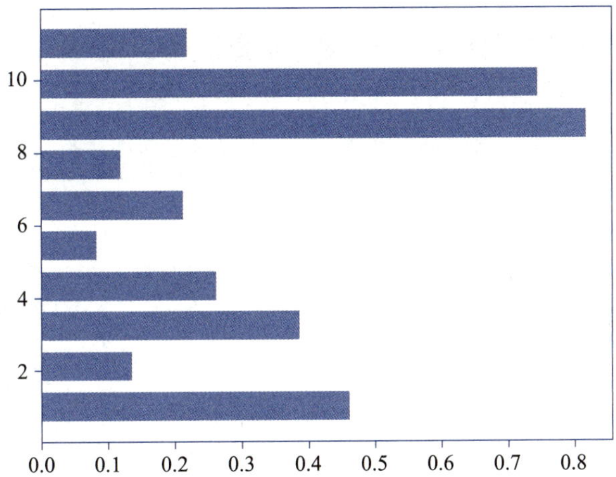

图 6-4 横向柱状图

6.1.4 绘制直方图

直方图往往用于展示变量的数据分布情况。首先将全部样本按照不同区间范围分成若干组，再统计不同组的样本个数作为图像的纵轴高度，绘制成矩形。使用库中的函数“plt.hist()”可以绘制直方图：

```
x = np.random.randn(1000) # 生成 1000 个服从正态分布的数据
plt.hist(x,bins=30) # 画直方图，bin 参数指定分成的组数
plt.show()
```

运行结果如图 6-5 所示。

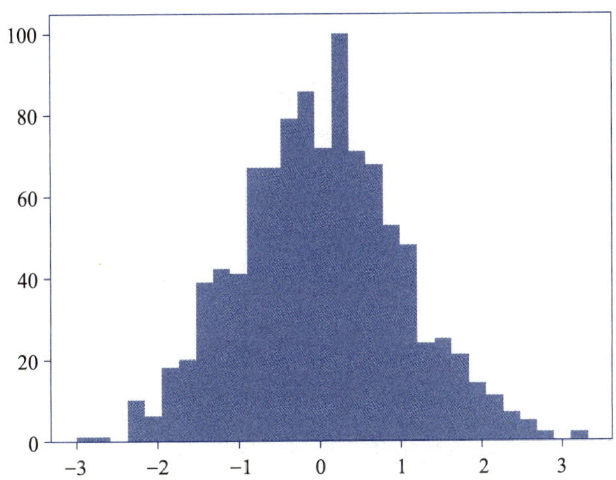

图 6-5 绘制直方图

6.1.5 绘制饼图

经济领域经常使用饼状图来呈现各个样本值数量占总样本数量的比重，以代表不同类型样本的扇形切片来说明其占比。使用库中的函数“plt.pie()”可以绘制饼图：

```
plt.pie([1,1,1],labels=["a","b","c"])
plt.show()
```

运行结果如图 6-6 所示。

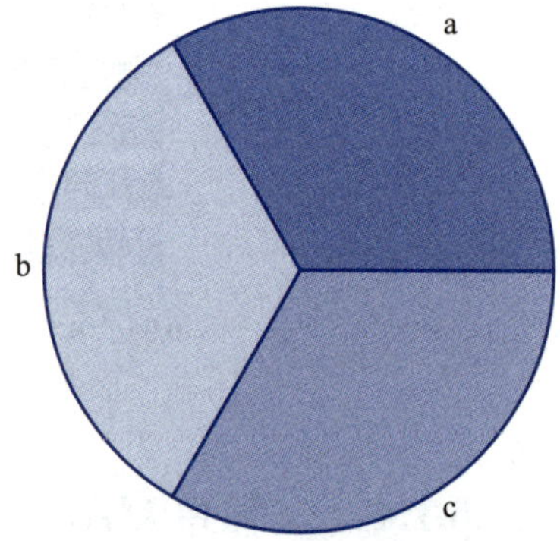

图 6-6 绘制饼图

6.1.6 绘制箱形图

通过绘制箱型图，可以方便地观察数据的分布信息。箱形图提供了一种用五个点来对数据集特征作简单总结的方法，根据最小值、下四分位数、中位数、上四分位数和最大值这五个数字绘制图像，每个数字对应每个小箱形中从下到上出现的横线，也就是箱型图的下限、箱体下边缘、箱体中间线、箱体上边缘和上限。Matplotlib 中使用库函数“plt.boxplot()”绘制箱形图：

```
x = np.random.randint(100,size=20)
print(x)
plt.boxplot(x) # 绘制箱型图
plt.show()
```

运行结果如下。

```
[39 25 55 35 85  7 53 23 32  7 53 63 70 88 93 14 62 68 98 99]
```

得到如图 6-7 所示的箱形图。

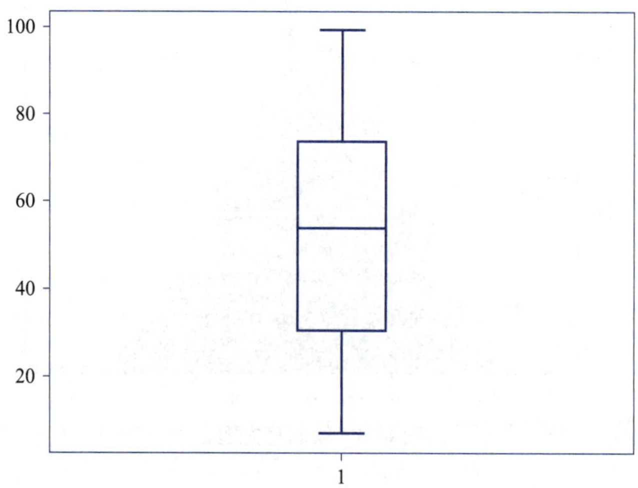

图 6-7 绘制箱形图

6.2 绘图设置

6.2.1 自定义样式

Matplotlib 可以更改所画出的线条和点的颜色以及样式，线条样式对应的参数参考表 6-1。

表 6-1 线条样式

字符	类型	字符	类型
'-'	实线	'--'	虚线
'-.'	虚点线	':'	点线
'.'	点	','	像素点
'o'	圆点	'v'	下三角点
'^'	上三角点	'<'	左三角点
'>'	右三角点	'1'	下三叉点
'2'	上三叉点	'3'	左三叉点
'4'	右三叉点	's'	正方点
'p'	五角点	'*'	星形点
'h'	六边形点 1	'H'	六边形点 2
'+'	加号点	'x'	乘号点
'D'	实心菱形点	'd'	瘦菱形点
'_'	横线点		

下面以虚点折线图为例，演示在 Matplotlib 中更改线条的样式：

```
plt.plot([1,2,3,4,5],[1,2,3,4,5],"-.") # 画出一条经过(1,1),(2,2,),(3,3,)....(5,5)的虚点折线
plt.xlabel('xlabel',fontsize = 16) # 在 x 轴上标注内容
plt.ylabel('ylabel',fontsize = 16) # 在 y 轴上标注内容
plt.title("matplolib") # 在图上显示标题
plt.grid(True) # 显示网格
```

运行结果如图 6-8 所示，可以看到线型已经被设置为虚点折线。

除了可以修改绘图的线型，还可以修改线条的颜色，颜色样式对应的参数参考表 6-2。

下面以青色点线图为例，演示在 Matplotlib 中更改线条的颜色：

```
this_x = np.linspace(-9,9)
```

```
this_y = np.cos(this_x)
plt.plot(this_x,this_y,":",color='c') # 同时更改线条的样式和颜色
```

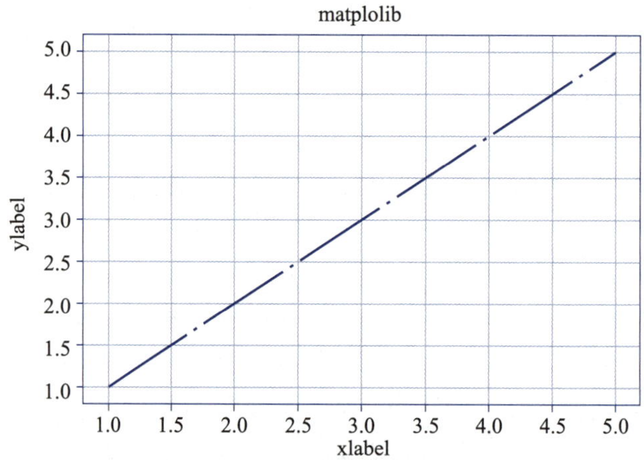

图 6-8 设置线型

表 6-2 颜 色 样 式

字符	颜色	字符	颜色
‘b’	蓝色，blue	‘m’	品红，magenta
‘g’	绿色，green	‘y’	黄色，yellow
‘r’	红色，red	‘k’	黑色，black
‘c’	青色，cyan	‘w’	白色，white

运行结果如图 6-9 所示，可以看到线条颜色被设置为青色。

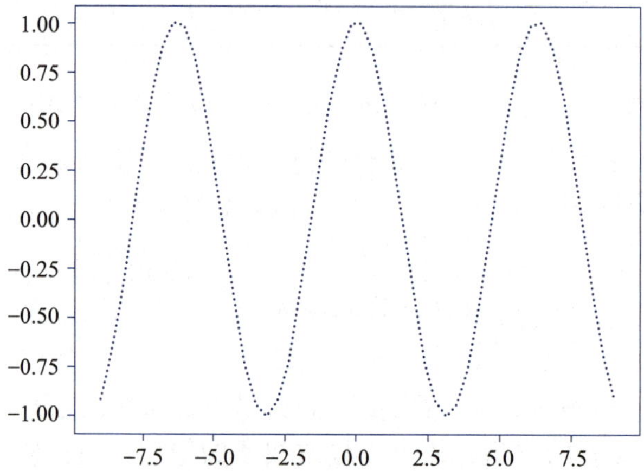

图 6-9 设置线条颜色

另外，线条的宽度和透明度也可以修改。下面演示通过“linewidth”参数设置线条宽度，通过“alpha”参数设置线条透明度：

```
this_x = np.linspace(-9,9)
this_y = np.cos(this_x)
plt.plot(this_x, this_y, linewidth=3.0, alpha=0.4)
```

运行结果如图 6-10 所示，线条的宽度变宽而且变透明。

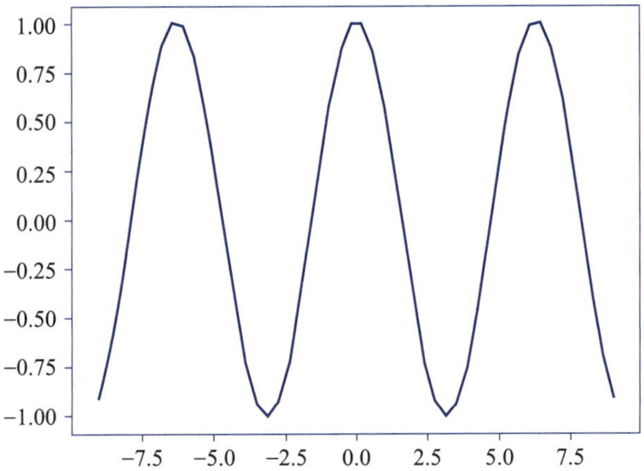

图 6-10 设置线条属性

6.2.2 绘制子图

Matplotlib 除了可以在一个图中绘制单个图像，也可以将多个图像绘制在同一个图中。下面演示绘制两条折线到同一个图中：

```
1 plt.plot([1,2,3,4],label="a") # 绘制第一条折线 a
2 plt.plot([4,3,2,1],label="b") # 绘制第二条折线 b
3 plt.legend(loc='best') # 显示图例
```

代码的第 3 行 “legend” 函数中的 “loc='best'” 表示让 Matplotlib 选择一个最佳的位置绘制图例，运行结果如图 6-11 所示。

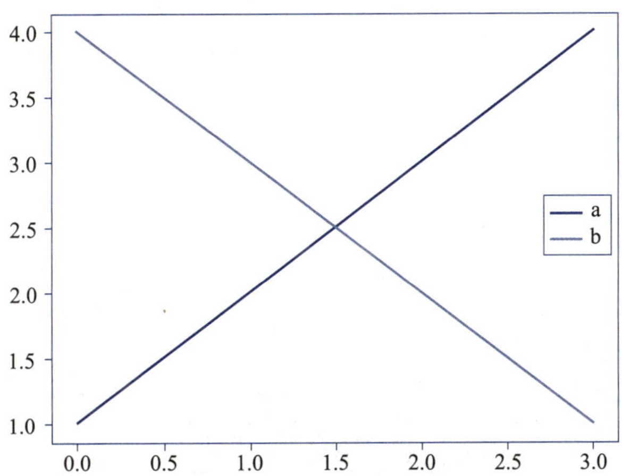

图 6-11 绘制多条线

Matplotlib 除了可以在一个窗口中绘制单幅图像，也可以在同一个窗口中绘制多个子图，方便不同图像之间的对比和分析：

```
plt.subplot(211) # 当前画图是在一个 2 行 1 列的图中，目前画子图中的第一个图
plt.plot([1,2,3,4])
plt.plot([4,3,2,1])

plt.subplot(212) # 当前是在 2 行 1 列的图中，目前画子图中的第二个图
x = np.arange(10)
plt.plot(x,x**3)
```

运行结果如图 6-12 所示。

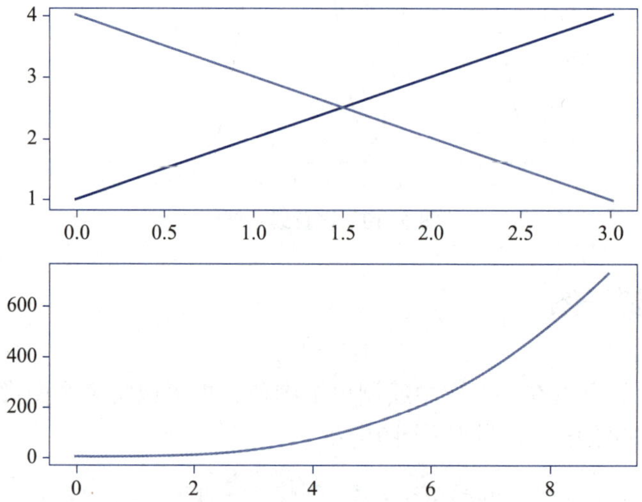

图 6-12 绘制多个子图

6.2.3 坐标轴设置

绘制不同图表时，往往需要使用不同的刻度。图像坐标的一格可能代表一年、一个月，也可能代表 0.1、100 等不同分度值。Matplotlib 绘图时可以设置坐标轴的刻度单位，以适应不同应用场景。

首先演示设置坐标值的刻度单位，在不同图像中用坐标轴上相同大小的一格来代表不同数值大小：

```
plt.subplot(211)
this_x = np.linspace(-9,9)
this_y = np.cos(this_x)
plt.plot(this_x, this_y)
plt.subplot(212)
plt.xticks(np.arange(-9,9,1))
plt.yticks(np.arange(-1,1.1,0.4))
plt.plot(this_x,this_y)
```

代码的第 6—7 行通过“xticks”函数和“yticks”函数分别设置了 x 轴和 y 轴的刻度范围和刻度大小，运行结果如图 6-13 所示。

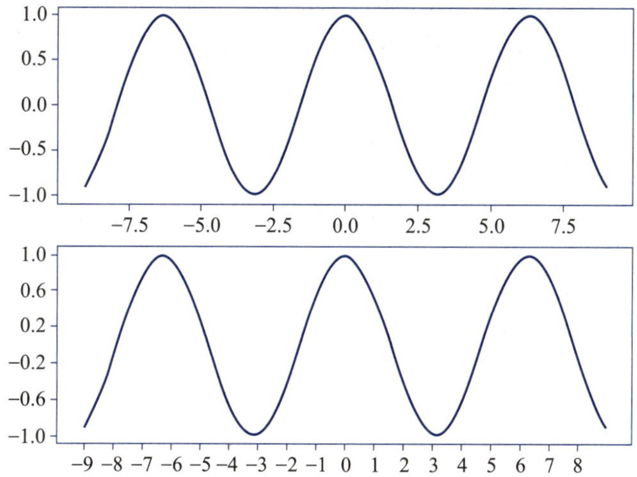

图 6-13 坐标轴设置

其次，设置坐标轴时也可以设置显示范围，来实现显示某一指定区间内的图像：

```
1 plt.subplot(211)
2 this_x = np.linspace(-9,9)
3 this_y = np.cos(this_x)
4 plt.plot(this_x, this_y)
5 plt.subplot(212)
6 plt.xlim((-5, 5))
7 plt.ylim((-1.5, 1.5))
8 plt.plot(this_x,this_y)
```

代码的第 6—7 行通过“xlim”函数和“ylim”函数分别设置了 x 轴和 y 轴的范围，运行结果如图 6-14 所示。

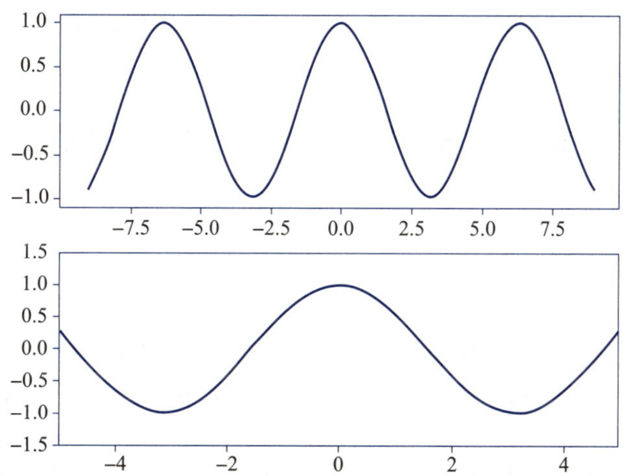

图 6-14 坐标轴指定区间

6.2.4 图像大小

Matplotlib 中也可以设置整个图像的大小，以满足显示的需要。

使用区间（-9，9）上的“cos”函数图像来演示图像大小的设置。首先，将图像大小设置为 3.5 英寸乘以 3.5 英寸：

```
this_x = np.linspace(-9,9)
this_y = np.cos(this_x)
plt.figure(figsize=(3.5, 3.5)) # 设置图像大小为 3.5 英寸乘以 3.5 英寸
plt.plot(this_x, this_y)
```

运行结果如图 6-15 所示。

接着修改图像大小，设置为 7.5 英寸乘以 7.5 英寸：

```
plt.figure(figsize=(7.5, 7.5)) # 设置图像大小为 7.5 英寸乘以 7.5 英寸
plt.plot(this_x,this_y)
```

运行结果如图 6-16 所示。可以看到绘制出的图像更大了，内容展示也更清楚了。

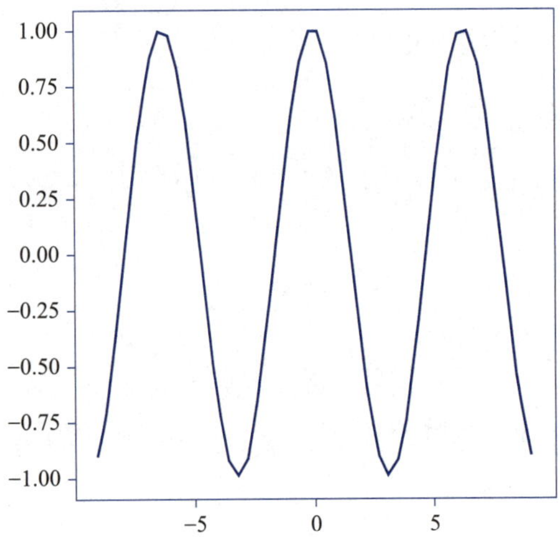

图 6-15 原大小图像

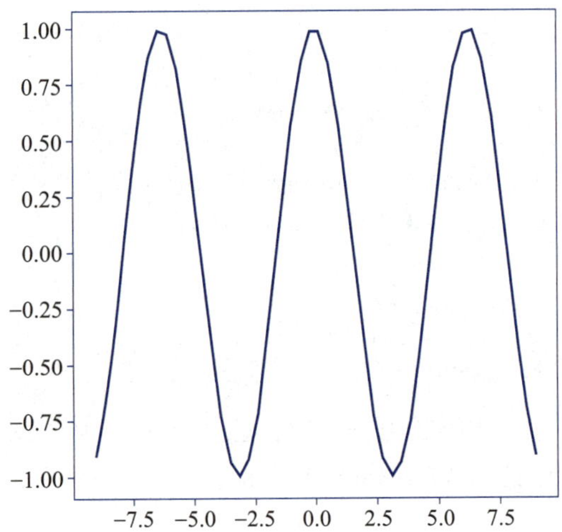

图 6-16 增大后图像

6.3 案例：股票 K 线图绘制

6.3.1 案例背景

本小节将通过实际案例讲解如何使用 Python 绘制股票 K 线图。主要可以分为两个步骤：先使用 Tushare 库获取股票数据，然后使用 Mplfinance 库根据股票数据绘制出 K 线图。

在案例开始之前安装需要 Tushare 库和 Mplfinance 库。在命令行中使用 pip 进行安装：

```
pip install tushare mplfinance
```

如果是在 Jupyter Notebook 编辑器进行安装，则在 Notebook 代码框中输入以下代码并运行（注意感叹号是英文格式）：

```
!pip install tushare mplfinance
```

6.3.2 获取股票数据

本案例使用 Tushare 库获取股票数据，运行以下代码段以来获取招商银行股票数据：

```
1 import tushare as ts
2 data = ts.get_k_data('600036',start="2022-03-01",end="2022-06-01")
3 data.head()
```

代码的第 1 行导入 Tushare 库并定义缩写为“ts”。第 2 行通过“get_k_data”函数获取数据，这里获取招商银行（股票代码为 600036）从 2022 年 3 月 1 日到 2022 年 6 月 1 日的股票每日数据。使用“get_k_data”函数时，第一个参数为字符串格式的股票代码，第二个参数“start”为数据起始日期，第三个参数“end”为数据结束日期。最终获得的对象 data 的数据类型是 DataFrame 格式的二维数组。第 3 行使用“head”函数查看对象 data 前五行的内容。

最终运行结果如图 6-17 所示。

	date	open	close	high	low	volume	code
35	2022-03-01	48.478	48.718	48.978	47.838	406454.0	600036
36	2022-03-02	48.278	47.948	48.708	47.918	397076.0	600036
37	2022-03-03	48.058	48.208	48.448	47.928	311290.0	600036
38	2022-03-04	47.728	47.178	47.868	46.978	577897.0	600036
39	2022-03-07	46.488	45.238	46.738	44.978	1014354.0	600036

图 6-17 “head”函数运行结果

data 二维数组中的每一行表示一天的股票数据，其中“date”列记录交易日期，“open”列记录股票开盘价，“close”列记录股票收盘价，“high”列记录股票当日最高价，“low”列记录股票当日最低价，“volume”列记录股票当日交易量，“code”列记录股票代码。

为了防止因为网络等问题导致以上接口无法使用，可以将数据存储到本地。运行以下代码可以将数据存储为文件“data.csv”，并且设置“index = False”来防止将索引信息写入文件中：

```
data.to_csv("data.csv", index=False)
```

也可以读取本地保存的数据，替代使用 Tushare 获取股票数据的过程。以下代码从“data.csv”读取数据：

```
import pandas as pd
data = pd.read_csv("data.csv")
data.head()
```

6.3.3 K 线图绘制

接下来，我们使用 Mplfinance 绘制 K 线图。

首先介绍 K 线图的基本知识。K 线图是根据股票每日数据的四个价格来绘制的柱状图，这四个价格包括：开盘价，即当天开始交易（9:30，AM）时的股票价格；收盘价，即当天结束交易（3:00，PM）时的股票价格；最高价，即当天股票价格达到最高点时的价格；最低价，即当天股票价格达到最低点时的价格。

基于以上这四个价格即可绘制 K 线图，K 线图由包括阳线和阴线在内的两种不同颜色的柱体组成。当股票某天的收盘价高于开盘价时，股票上涨，当天用红色的阳线绘制；当股票某天的收盘价低于开盘价时，股票下跌，当天用绿色的阴线绘制（值得注意的是，中国和美国使用的颜色相反，美国用绿色代表上涨，红色代表下跌）。

开盘价、收盘价、最高价、最低价在 K 线图绘制过程中所起的作用如图 6-18 所示。最高价（或最低价）与开盘价（或收盘价）之间的细线称为影线。

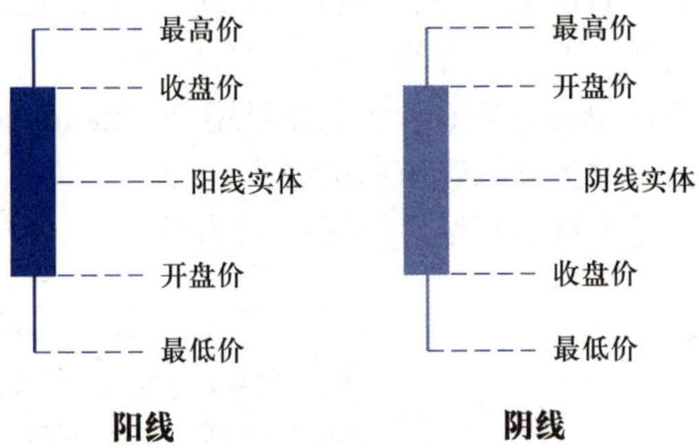

图 6-18 阳线和阴线说明

通常，K 线图下方还会有一个交易量图。每一根 K 线的下方都对应了一根交易量柱，代表了这一天产生的交易量。

首先，将股票数据按照 Mplfinance 库要求的格式进行处理。绘制 K 线图的数据必须是 Pandas 的 DataFrame 格式，这里使用 Tushare 库的“get_k_data”函数获取的数据对象已经是 DataFrame 格式。此外，数据的行索引必须是 DatetimeIndex 格式的日期数据，才能够被 Mplfinance 库中绘制 K 线图的函数识别使用，因此这里先用 Pandas 库修改数据的索引。以下代码设置 data 的行索引为 DatetimeIndex 格式：

```
import pandas as pd
data.index = pd.DatetimeIndex(data['date'])
```

处理数据格式之后，开始使用 Mplfinance 绘图。设置绘图的样式：

```
# 导入 mplfinance 库
import mplfinance as mpf

color = mpf.make_marketcolors(
    # K 线阳线颜色
    up='r',
    # K 线阴线颜色
```

```
8       down='g',
9       # K 线边缘颜色
10      edge='i',
11      # 交易量颜色根据当天和前一天的收盘价变化
12      vcdopcod=True,
13      inherit=True
14  )
15  style = mpf.make_mpf_style(
16      # K 线颜色
17      marketcolors=color,
18      # 显示中文
19      rc={'font.family': 'SimHei'},
20      # 显示网格
21      gridaxis = 'both',
22      gridstyle = '-.'
23  )
24  # 标题内容及位置
25  title = {'title':'招商银行(600036)', 'y':0.93}
```

代码的第 1 行中导入 Mplfinance 库并定义缩写为“mpf”。第 4—14 行通过“make_marketcolors”函数设置 K 线和交易量的颜色。第一个参数“up”为阳线颜色，这里设置为“r”，表示红色；第二个参数“down”为阴线颜色，这里设置为“g”，表示绿色；第三个参数“edge”为 K 线边缘的颜色，这里设置为“i”，表示与 K 线颜色相同；第四个参数“vcdopcod”设置为“True”，表示交易量颜色根据当天和前一天的收盘价来确定，如果当天的收盘价高于前一天的收盘价，则对应的交易量为红色，反之为绿色。第 15—23 行通过“make_mpf_style”函数设置绘图的样式，应用之前的颜色设置，并且设置字体和图片上的网格线。第 25 行设置绘制出的 K 线图的标题。

使用 Mplfinance 的“plot”函数绘制 K 线图：

```
mpf.plot(data, style=style, type='candle', width_adjuster_version='v0', volume=True, title=title, show_nontrading=False)
```

第一个参数为绘制 K 线图的数据；第二个参数“style”为设定的绘图风格；第三个参数“type”为绘图的类型，这里设置为“candle”，表示绘制 K 线图；第四个参数“width_adjuster_version”为交易量柱状图的间距，设置为“v0”，表示成交量柱状图之间有间距而非紧贴；第五个参数“volume”为是否显示柱状图，设置为“True”，表示显示；第六个参数“title”为表格的标题；第七个参数“show_nontrading”为是否显示非交易日，这里设置为“False”，即不显示。

最终运行结果如图 6-19 所示。

K 线图中往往还会绘制上一些折线图，这些折线图称为均线图，是根据每一天前一段时间（数日）内的收盘价平均值来绘制的曲线图。常见的均线图有根据前五日平均收盘价绘制的 5 日均线（MA5），以及类似的 10 日均线（MA10）和 20 日均线（MA20）。以 5 日均线为例，假设当天收盘价为 c_price_1，前一天收盘价为 c_price_2，……，前四天收盘价为 c_price_5，则 5 日均线上当天的值为：

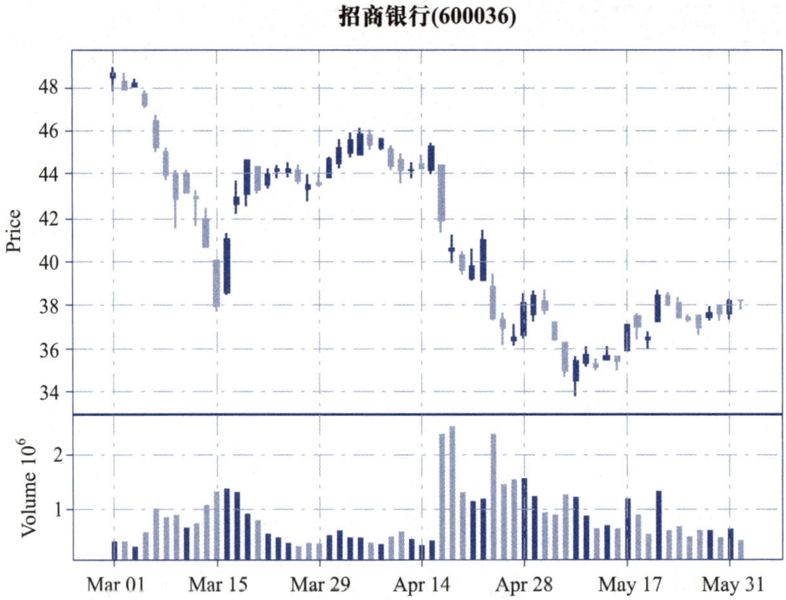

图 6-19 绘制的 K 线图

$$\frac{c\_price_1 + c\_price_2 + c\_price_3 + c\_price_4 + c\_price_5}{5}$$

计算每一日的前 5 日收盘价均值，然后连接成一条平滑的曲线，就是 5 日均线。

通过在绘制 K 线图的“plot”函数中设置“mav”参数的值，可以指定绘制的均线图的数量和均线对应天数，绘制出带均线的 K 线图。均线的颜色没有强制要求，可以根据便于观察的原则自由设置：

```
style = mpf.make_mpf_style(
    # K 线颜色
    marketcolors=color,
    # 显示中文
    rc={'font.family': 'SimHei'},
    # 显示网格
    gridaxis = 'both',
    gridstyle = '-.',
    # 按照均线的绘制顺序，设置颜色分别为蓝色、黄色、紫色
    mavcolors = ['dodgerblue', 'goldenrod', 'm']
)

# 调用 mplfinance 提供的方法绘制 k 线图
title = {'title':'招商银行 (600036)', 'y':0.93}
mpf.plot(data,
         style=style,
         # 绘制 5 天、10 天、20 天的均线，颜色按照设置的顺序
         mav=(5, 10, 20),
         type='candle',
```

```
20          width_adjuster_version='v0',
21          volume=True,
22          title=title,
23          show_nontrading=False,
24          returnfig=True)
```

代码的第 1—11 行在“make_mpf_style”函数中使用参数“mavcolors”设置各个均线图的颜色，最终均线的颜色会与指定的颜色顺序一一对应。这里将颜色设置为按顺序出现的蓝色、黄色和紫色。随后在“plot”函数中，通过参数“mav”设置均线的类型。这些均线类型的顺序与颜色相对应，按顺序设置 5 日均线为蓝色、10 日均线为黄色，20 日均线为紫色。

最终运行结果如图 6-20 所示。

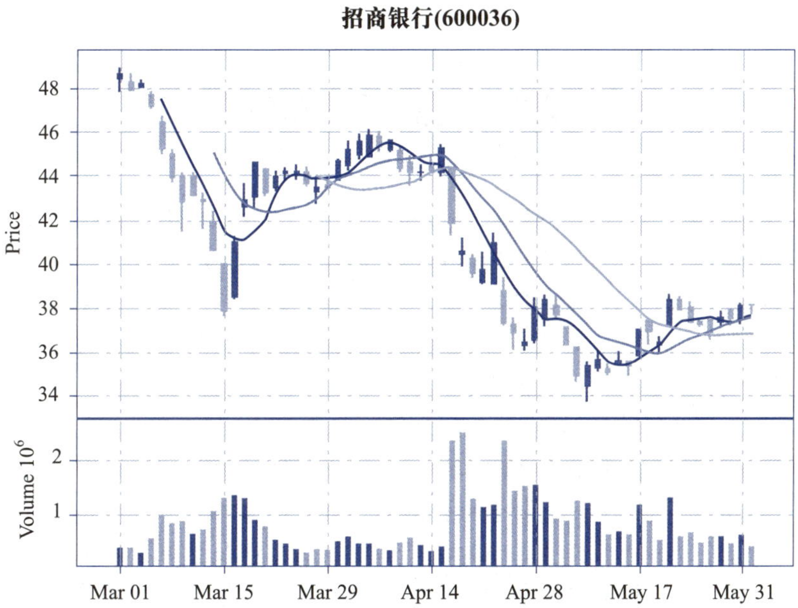

图 6-20　带均线的 K 线图

思考题

1. Matplotlib 中绘制折线图、散点图、柱状图的函数分别是什么？

2. 在箱型图中，通过哪五个点来观察数据的分布信息？

3. Matplotlib 中哪个函数可以设置坐标轴的刻度范围和刻度大小？只设置坐标轴的刻度范围时使用哪个函数？

参考答案

第7章

机器学习导论

机器学习的基础内容包括机器学习的概述、数据预处理、模型训练和模型评估等。这些主题构成了机器学习的核心框架，为进一步的应用和研究奠定了基础。

7.1 机器学习概述

首先，我们需要区分三个概念：人工智能（Artificial Intelligence）、机器学习（Machine Learning）、深度学习（Deep Learning）。人工智能是指为机器赋予人的智能；机器学习既是一种实现人工智能的方式，也是人工智能的一个分支；深度学习则既是机器学习的一个子集，也为人工智能服务，尤其是在数据量非常庞大的时候，深度学习算法的效果会显著优于传统人工智能算法。

机器学习是近 20 多年来兴起的一门多领域交叉学科，涉及概率论、统计学、逼近论、凸分析、算法复杂度理论等多门学科。机器学习理论主要是设计和分析一些让计算机可以自动“学习”的算法。机器学习算法是一类从数据中自动分析获得规律，并利用规律对未知数据进行预测的算法。因为机器学习算法中涉及了大量的统计学理论，所以机器学习与统计推断学联系尤为密切，也被称为统计学习理论。算法设计方面，机器学习理论关注可以实现的、行之有效的学习算法。很多推论问题属于无程序可循难度，所以部分机器学习研究是开发容易处理的近似算法。

有监督学习是一种通过使用带有标签的训练数据来训练模型的方法，模型通过学习输入和输出之间的关系来进行预测；无监督学习则是一种在没有标签的情况下训练模型的方法，其目标是发现数据的内在结构或模式。而按照是否有监督，机器学习算法主要分为有监督学习、无监督学习、半监督学习和其他学习方法（主要是强化学习）。其中，有监督（Supervised）学习主要包括回归、分类、随机条件场等方法；无监督（Unsupervised）学习主要包括聚类、降维、主成分分析、潜在语义分析、潜在迪利克雷分配等方法；半监督（Semi-supervised）学习主要包括 EM（Expectation Maximization）算法、自训练算法、联合训练、半监督支持向量机、基于图论的方法等。

机器学习方法一般都由模型、策略和算法三要素构成，经过设计、训练、评估、选择的一般过程达到最终使用目的。

7.2 数据预处理

7.2.1 数据预处理的概念

我们在实际的场景中执行机器学习任务时，大多数情况下拿到的数据是无法直接输入模型中使用的。这是因为原始的数据可能会包含异常值、缺失值和重复值，或者是包含一些无法直接输入模型的非结构化数据，比如文本。再或者是数据不同特征之间量纲的差异，会对一些基于距离的算法造成影响。

数据预处理是机器学习任务中非常重要的一环，数据的质量会直接决定模型预测和泛化性能的上限。下面简单介绍几种常用的数据预处理的方法：特征编码，缺失值、异常值和重复值处理，数据标准化和数据离散化。

7.2.2 特征编码

特征编码法常应用于输入数据包含非数值非结构化特征的问题数据场景。常用的特征编码方式有标签编码（Label Encoding）和独热编码（One-Hot Encoding）等。其中，标签编码用每个不同的标签代表特征所属的不同种类，一般而言，标签编码种类的大小和特征内包含的种类数目相同；而独热编码则更贴合机器，使用 N 位状态寄存器来对 N 个状态进行编码，每个状态都有它独立的寄存器位，并且在任意时候，其中只有一位有效。

样本编号	方向
1	东
2	西
3	南
4	北

图 7-1 特征编码样本（只含有单个特征）

我们来看一个简单的例子，输入数据中包含方向特征——东西南北，如图 7-1 所示。

经过上述两种编码方式处理后，数据如图 7-2 所示。

样本编号	方向	编码结果
1	东	0
2	西	1
3	南	2
4	北	3

(a)

样本编号	方向	编码结果			
		$f0$	$f1$	$f2$	$f3$
1	东	0	0	0	1
2	西	0	0	1	0
3	南	0	1	0	0
4	北	1	0	0	0

(b)

图 7-2 对于样本的标签编码（a）和独热编码（b）结果

我们不难看出，标签编码非常简单，但是会向数据中引入无意义的次序和数量关系。比如，经过标签编码可以得到 $西(1)=\frac{东(0)+南(2)}{2}$，但是这种关系是毫无现实意义的。

而独热编码不会向数据中引入次序和数量关系，但是当特征的取值增多时，独热编码会产生高维数据。另外一方面，独热编码得到的 $f0$，$f1$，$f2$，$f3$ 会存在 $f0+f1+f2+f3=1$ 的强线性关系，这会影响一些回归算法的结果。

7.2.3 缺失值、异常值和重复值处理

应当指出的是，在面对缺失值、异常值和重复值时，我们尽量具体问题具体分析。本节仅仅对一般状况作简要枚举讨论。数据无价，请谨慎操作。

一般地，数据缺失分为两种：一是行记录的缺失，这种情况也被定义为数据记录丢失；二是数据列值的缺失，指由于各种原因导致的数据记录中某些列的值空缺。不同的数据存储方式和环境对于缺失值有不同的表示方法，例如数据库中是“Null”，Python 返回对象是“None”，Pandas 或 Numpy 中是“NaN”等。因为丢失的数据记录通常无法找回，所以这里重点讨论数据列类型缺失值的处理，通常选择删除存在缺失值的样本，或者对缺失值进行均值或者随机填充。

异常数据是数据分布的常态，处于特定分布区域或范围之外的数据通常会被定义为异常或“噪声”（Noise）。产生数据“噪声”的原因很多，例如业务运营操作不当、数据采集错误、数据同步故障等。对异常数据进行处理前，需要先辨别出到底哪些是真正的数据异常。伪异常是由于业务特定运营动作产生的，正常反映业务状态，而不是数据本身的异常。真异常并不是由特定的业务动作引起的，而是客观地反映了数据本身分布异常的个案，这些也正是我们需要处理的。大多数数据挖掘工作中，异常值都会在数据的预处理过程中被认为是噪声而剔除，以避免其对总体数据评估和挖掘的影响。通常会使用基于统计或者聚类的方法识别异常值，并进行替换或者删除。

数据集中的重复值是指数据值完全相同的多条数据记录。去重是重复值处理的主要方法，主要目的是保留能显示特征的唯一数据记录。通常我们会删除重复的样本，仅保留单个的不同值。

7.2.4 数据标准化

当输入的数据特征之间量纲差异较大时，需要对数据进行标准化。常用的数据标准化方法有 Min-Max 标准化和 Z-Score 标准化等。

Min-Max 标准化也被称为离差标准化，它利用了原始数据特征 f_i 的最大值 $f_{\max}$ 和最小值 $f_{\min}$，通过以下公式将原始数据中特征 f_i 压缩到取值范围为 [0,1] 区间内的 f_i^*：

$$f_i^* = \frac{f_i - f_{\min}}{f_{\max} - f_{\min}}$$

而 Z-Score 标准化也被称为均值归一化，它利用原始数据特征 f_i 的均值 μ 和标准差 σ，按照如下公式对原始数据进行转换，转换得到的 f_i^* 服从正态分布：

$$f_i^* = \frac{(f_i - \mu)}{\sigma}$$

我们来看一个简单的例子，数据集中包含汽车的马力和价格，如图 7-3 所示。

经过上述两种标准化方式处理后，数据如图 7-4 所示。

样本编号	马力	价格
1	111	13495
2	121	16500
3	154	15500
4	102	13950

图 7-3 一个简单的数据标准化案例

样本编号	马力	价格
1	0.173	0
2	0.365	1
3	1	0.667
4	0	0.151

(a)

样本编号	马力	价格
1	−0.56	−1.136
2	−0.051	1.362
3	1.628	0.531
4	−1.017	−0.757

(b)

图 7-4 Min-Max 标准化（a）和 Z-Score 标准化（b）结果

7.2.5 数据离散化

相应地，有些模型只能够处理离散型数据，但输入数据中包含了连续值类型的数据，这时就需要对数据做离散化处理。例如，输入数据中包含年龄这个特征，我们可以按照年龄的大小划分以下几个区间：

$$[0,10),[10,25),[25,45),[45,60),[60,150)$$

这样，我们就可以将年龄落在的区间当作新的特征值，通过这种方式将连续性的特征转换为离散型的特征。

通常在数据离散化时，需要对相应的特征进行排序，然后按照不同的场景和需求选择区间的切分点，常用的方法有等距离散化和等频离散化等。

等距离散化使用对应特征的最大值和最小值，以及要切分的区间数 k，求出每个区间的宽度 $w=(max-min)/k$，这种方法对异常值敏感，极大和极小的异常值会导致切分点偏移，且切分后的样本在各个区间的分布不均衡。

等频离散化使用对应特征的样本数 n，以及要切分的区间数 k，求出每个区间所包含的样本数 $\frac{n}{k}$，各个区间样本的取值范围即为各自区间的范围。这样做虽然对异常值不敏感，但会导致把相近值的样本划分到不同区间的问题。

7.3 模型的训练

7.3.1 模型训练过程

通常，我们使用图 7-5 来描述机器学习方法的步骤。

其中，T 指 Task（任务），E 指 Experience（经验），P 指 Performance（表现）。机器学习的训练过程是将数据输入算法中进行训练构建出模型，然后对训练得到的模型进行评估。如果评估的结果达到我们的要求，就使用该模型来完成我们的任务，否则就不断

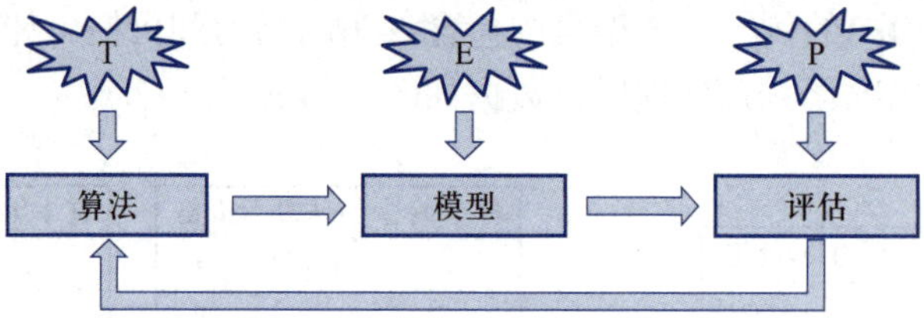

图 7-5 机器学习方法流程图

调整算法来重新建立模型，再次进行评估，如此循环往复，最终获得满意的模型来完成任务。

那么如此看来，模型的训练过程就是不断优化的过程，而从数学角度看，优化理论就是研究如何在状态空间中寻找到全局最优解：

$$\min f(x_1, x_2, \ldots, x_n)$$
$$\text{s.t. } g(x) \geqslant 0$$

其中，$x_1, x_2, \ldots, x_n \in \Omega$（即问题可行域，代表参数的选择范围），$f(x)$ 是决策问题的数学模型（目标函数），$g(x) \geqslant 0$ 是决策问题的约束条件。

7.3.2 模型优化算法及分类

优化算法可分为两大类，一类是梯度类算法，另一类是非梯度类算法。

梯度类算法主要包括梯度下降法、牛顿法、二分法、共轭梯度法、单纯形法等，该类算法也称为局部优化算法，容易落入局部最优陷阱。Matlab 优化工具箱多用该类算法。

非梯度类算法主要包括遍历搜索法和随机搜索法。遍历搜索法在组合优化中称为穷举法，计算量大，适用于小规模计算求解。随机搜索法主要包括遗传算法、模拟退火算法、群类算法、禁忌搜索法等，又称为现代优化算法，是一类全局最优算法，求解的准确性与时间长度、迭代次数直接相关。

下面简单介绍对无约束优化问题的求解。

对于如下问题：

$$\min f(\boldsymbol{x})$$
$$\boldsymbol{x} = (x_1, x_2, \ldots, x_n)^T \in \Re^n$$

若 $f(x)$ 可微，根据古典分析的方法，可利用

$$\nabla f(\boldsymbol{x}) = 0$$

求出驻点，然后再利用海森（Hessian）矩阵来判定这些驻点是否为极小值点，从而求出无约束优化问题的最优解。但使用古典分析法求解无约束优化问题实际上是行不通的，这是由于：

（1）实际应用中相当数量的函数 $f(\boldsymbol{x})$ 不具有解析性，故非线性方程组 $\nabla f(\boldsymbol{x})$ 无法形成。

（2）即使形成了方程组 $\nabla f(\boldsymbol{x}) = 0$，由于它是一个 n 元非线性方程组，求它的解与

解决原问题一样困难。

（3）即使求得了 $\nabla f(\boldsymbol{x})=0$ 的解 x^*，由于最优性条件不被满足或者难于验证，仍无法确定 x^* 是否为原优化问题的解。

因此，对于无约束优化问题的求解通常采用数值解算法。最常用的算法是迭代算法。迭代算法的基本思想为在问题的解空间内，随机从一个点开始，按照算法的规则不断迭代，使得结果越来越靠近问题的最优解，最后达到问题的最优解或者是得到最优解的近似解。

梯度下降法（Gradient Decent）是最小化风险函数、损失函数的一种常用方法，朴素地采取沿着该点的负梯度方向，$f(\boldsymbol{x})$ 的值下降最快的思想进行逼近。在应用机器学习算法时，通常采用梯度下降法来对模型进行训练。

梯度下降法有三种形式，分别为：批量梯度下降法 BGD（Batch Gradient Descent），随机梯度下降法 SGD（Stochastic Gradient Descent）和小批量梯度下降法 MBGD（Mini-Batch Gradient Descent）。

批量梯度下降法（BGD）每次使用全部样本的数据作为输入，然后计算参数梯度来更新参数。由于使用了全部的样本，算法的每一次更新都是朝着损失函数的最小值前进的，但是如果样本较多，算法的执行效率会快速下降。

由于批量梯度下降每更新一个参数的时候，都要用到所有样本，所以训练速度会随着样本数量的增加而变得非常缓慢，随机梯度下降（SGD）正是为了解决这个问题而提出的。它利用单个样本的梯度信息来更新参数。随机梯度下降算法的计算速度快，且在迭代过程中，可能不需要使用全部样本就能达到最优解。该算法容易受到噪声点的影响，并不是每次更新参数都是朝着最优解的方向前进，但总体是朝着最优解的方向前进的。

为综合解决 BGD 的训练速度慢，以及 SGD 的准确性低的问题，人们又提出了小批量梯度下降法（MBGD）。小批量梯度下降法相当于上述两种算法的折中，在更新参数时，既不是使用全部样本的损失函数，也不是每个样本都更新一次参数，而是根据求解问题的不同，选取不同 Batch 大小的样本，利用其损失函数来更新参数。一方面，通过调节 Batch 的大小可以避免数据集过大导致算法效率下降较快；另一方面，也减轻了噪声点对参数更新带来的影响。

7.4 模型的评估

7.4.1 经验误差和过拟合

在对模型进行评估时，通常会将所有数据按照一定比例划分为三个部分：训练集（Training Dataset）、验证集（Validation Dataset）和测试集（Test Dataset）。其中，训练集用来对模型进行训练，更新模型的参数；验证集用来在训练过程中评估模型的表现，对模型的超参数进行调整；测试集用来在训练完成后评估模型的泛化性能。

误差则一般指样本真实输出与预测输出之间的差异，针对不同的算法进行评估时，衡量误差的标准和方法也是不同的，且误差在不同的数据集上有着不同的含义。在训练集上的误差指训练（经验）误差；在测试集上的误差指测试误差；而泛化误差指模型在所有数据上的误差，当训练集和测试集没有重合的数据时，可以近似地将测试误差当作泛化误差。由于我们事先并不知道新样本的特征，只能努力使经验误差最小化。很多时候虽然能在训练集上做到分类错误率为零，但多数情况下这样的学习器并不好。

过拟合（Over-Fitting）一般指学习器把训练样本学习得“太好”，将训练样本本身的特点当作所有样本的一般性质，导致泛化性能下降。与之相对应，欠拟合（Under-Fitting）则指尚未学好训练样本的一般性质。

欠拟合、正常拟合与过拟合的情况如图 7-6 所示。

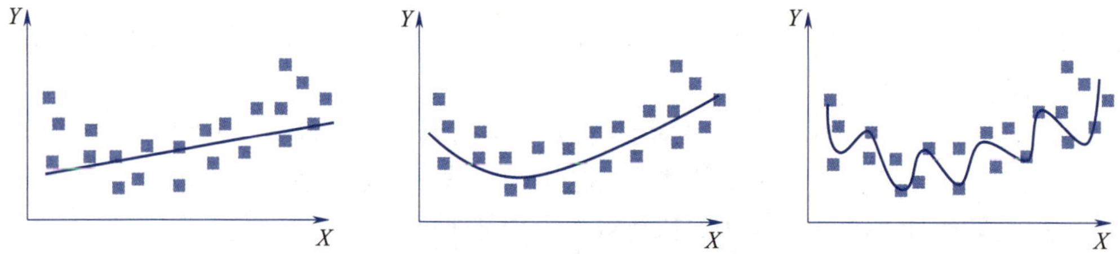

图 7-6 欠拟合、正常拟合与过拟合

通常，过拟合无法彻底避免，只能通过采用正则化等方法缓解。在机器学习领域常用的正则化方法有 L_1 和 L_2 正则化，通过在损失函数中加入惩罚项来缓解过拟合。而对于欠拟合则运用增加模型的复杂度（决策树方法等）或是增加模型的训练轮数（神经网络）等方法。

7.4.2 模型评估指标

在分类问题中，存在两种标签：真实标签和模型预测标签。根据这两种标签可以得到一个混淆矩阵（Confusion Matrix），如图 7-7 所示。该矩阵每一行代表样本的真实类别，每一列代表样本的预测类别：

真实标签	模型预测标签	
	正	负
正	真正例(TP)	假负例(FN)
负	假正例(FP)	真负例(TN)

图 7-7 真实 - 预测混淆矩阵

True Positive（TP）：样本真实类别为正，预测类别也为正。

False Negative（FN）：样本真实类别为正，预测类别为负。

False Positive（FP）：样本真实类别为负，预测类别为正。

True Negative（TN）：样本真实类别为负，预测类别也为负。

一般的分类问题中常用的评价指标包括正确率（Accuracy）、精度（Precision）、召回率（Recall）和 $F1$ 值等。正确率代表模型预测正确的样本比例，计算公式为：

$$A=(TP+TN)/(TP+FN+FP+TN)$$

精度指正确预测的正样本占所有预测为正样本的比例，计算公式为：

$$P = TP / (TP + FP)$$

召回率指正样本被正确预测的比例，计算公式为：

$$R = TP / (TP + FN)$$

一般而言，精度高时召回率会较低，而召回率高时精度较高。$F1$ 值为综合考虑到精度和召回率的指标，它是精度和召回率的调和平均数，计算公式为：

$$F_{\beta} = (1+\beta^{2})\frac{Precision \times Recall}{\beta^{2} \times (Precision + Recall)}$$

当 $\beta=1$ 时，有：

$$F1 = 2PR / (P + R)$$

ROC 曲线（Receiver Operating Characteristic Curve）和 *AUC*（Area Under Curve）是从整体上评价二分类模型优劣的指标，*AUC* 是 *ROC* 曲线与横轴之间的面积。*ROC* 曲线根据真正例率（*TPR*）和假正例率（*FPR*）两个指标进行绘制。*TPR* 指真实标签为正且预测标签也为正的比例，实际上就是召回率。*FPR* 表示真实标签是负向的样本中，模型预测为正向的比例：

$$TPR = \frac{TP}{TP + FN}$$

$$FPR = \frac{FP}{FP + TN}$$

通过调整模型的阈值，可以得到一组 *TPR* 和 *FPR*。以 *FPR* 为横轴，*TPR* 为纵轴，可以绘制 *ROC* 曲线。*ROC* 曲线越靠近（0，1）点，代表模型的效果越好，因为越靠近纵轴表示相同的 *TPR* 下，*FPR* 越小。另外，也可以通过 *ROC* 曲线下的面积（即 *AUC*），以数值的形式来更加直观地评判一个模型的好坏，如图 7-8 所示。

完美的 *ROC* 曲线是经过（0，0），（0，1），（1，1）三个点的折线，此时 *ROC* 曲线下面积为 1。一般而言，*AUC* 的数值范围是［0，1］，值越大说明模型越好。*AUC*>0.75 说明模型比较理想；*AUC*>0.5 说明模型较好；*AUC*=0.5 说明模型与偶然造成的效果差不多；*AUC*<0.5 则说明模型不如偶然造成的效果。

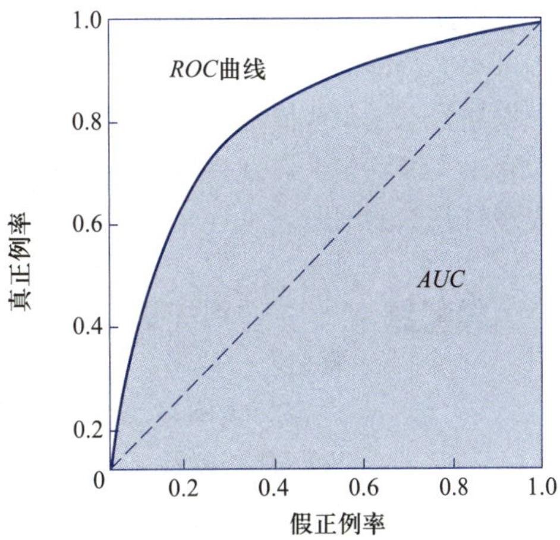

图 7-8 *ROC* 曲线与 *AUC*

7.4.3 交叉验证

交叉验证（Cross-Validation）是一种在机器学习和统计学中常用的模型评估方法，

旨在评估模型的性能并估计其泛化能力。交叉验证通过将数据集分成若干个子集（通常称为折叠或 Fold），然后用其中的一部分作为测试集，其余部分作为训练集，重复这个过程多次，以便对模型在不同数据子集上的表现进行评估。

常见的交叉验证方法包括 K 折交叉验证（K-Fold Cross-Validation）、留一交叉验证（Leave-One-Out Cross-Validation）。

K 折交叉验证是将数据分成 K 个子集，其中 $K-1$ 个子集用于训练，剩余 1 个子集用于测试，循环进行，直到每个子集都被用作测试集。最后，将 K 次的评估结果求平均，得到模型的最终评估结果。K 最常用的取值是 10，也被称为 10 折交叉验证，如图 7-9 所示。

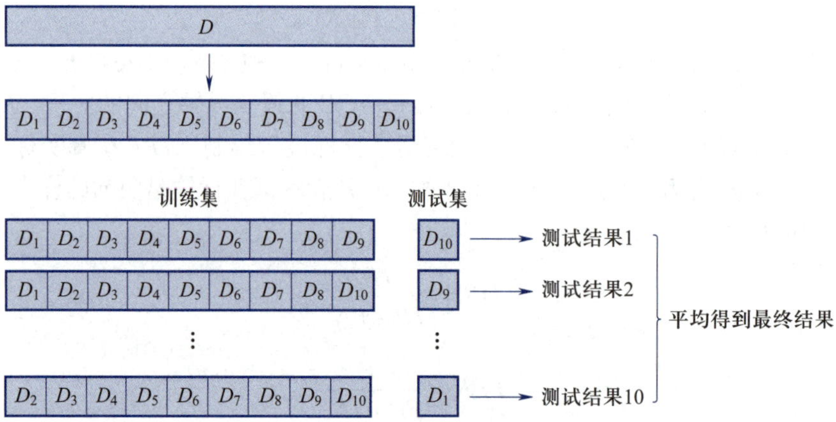

图 7-9 10 折交叉验证

留一交叉验证指每个折叠中只有一个样本作为测试集，其余样本用于训练，这种方法在数据集较小的情况下非常适用，但计算成本较高。

交叉验证的主要优点在于，它能够更好地估计模型在新数据上的表现，降低了由于数据划分不均匀或偶然性引起的评估不稳定性。同时，它也有助于检测模型是否存在过拟合（在训练集上表现良好，在测试集上表现较差）或欠拟合（在训练集和测试集上都表现较差）的问题。

思考题

1. “训练误差”和“泛化误差”的有什么差别？有什么意义？

2. 请阐述二分类问题中，正确率、精度、召回率、$F1$ 值、ROC 曲线以及 AUC 值的定义。

参考答案

3. 我们有一个二分类问题，分类模型对 10 个样本的分类结果如下：

实际类别：[正，负，正，正，负，正，负，负，正，负]

预测类别：[正，负，负，正，负，负，负，负，正，负]

请构建并计算该分类任务的混淆矩阵，并计算正确率、精度、召回率、$F1$ 值。

第 8 章

回归

回归是一种统计分析方法，用于研究一个或多个自变量（特征）与一个或多个因变量之间的关系。它的主要目标是通过已知的自变量值来预测或解释因变量的值。本章将主要介绍线性回归、正则化和逻辑回归，以及对应的三个案例：波士顿房价预测、美国艾奥瓦州埃姆斯地区房价预测和客户流失预警。

8.1 线 性 回 归

8.1.1 线性回归原理

线性回归是一种用于统计建模和机器学习的常见方法，用于建立自变量与因变量之间的线性关系。它的主要目标是通过找到最佳拟合直线（或超平面）来预测或解释因变量的变化，比如探索影响房价的因素，并在房价（因变量）和其影响因素（特征）之间建立模型。最简单的情况是只有一个特征，也称为一元线性回归，多于一个特征的情况叫作多元线性回归。

在一元线性回归模型中，因变量 $y = w_0 + w_1x + \varepsilon$，其中 w_0、w_1 为回归系数，ε 为随机误差项（Noise）。假设 $\varepsilon \sim N(0, \sigma^2)$，则随机变量 $y \sim N(w_0 + w_1x, \sigma^2)$。给定样本集合的观测值是 $(x_1, y_1), \cdots, (x_n, y_n)$，如图 8-1 所示。我们的目标是找到一条直线 $\hat{y} = w_0 + w_1x$ 使得所有样本尽可能落在它的附近。即：

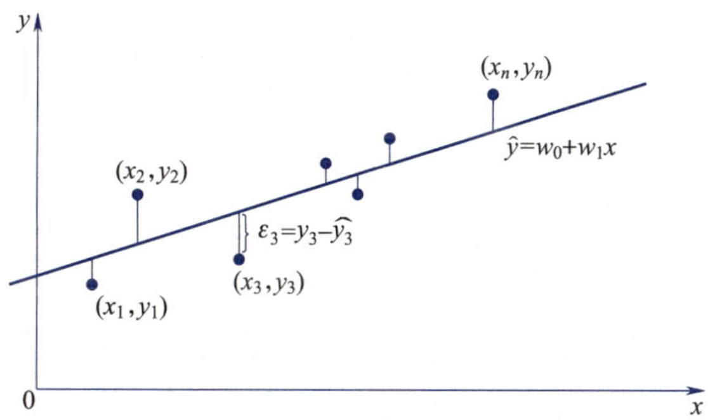

图 8-1 一元线性回归

$$(\hat{w}_0, \hat{w}_1) = \arg \min_{(w_0, w_1)} \sum_{i=1}^{n} (y_i - w_0 - w_1 x_i)^2$$

在多元线性回归模型中，因变量 $y_i = w_1 x_{i1} + w_2 x_{i2} + \cdots + w_d x_{id} + w_0 + \varepsilon (i \in [1, n])$，其中 d 是特征属性的个数，n 为样本的个数，将其转换为向量的形式进行表示。假设因变量向量 $\boldsymbol{y}=(y_1, y_2, \cdots, y_n)^T$，记 $\boldsymbol{w}=(w_1, w_2, \cdots, w_d, w_0)^T$ 为一个（$d+1$）维的向量，$\boldsymbol{X} = \begin{pmatrix} x_{11} & x_{12} & \cdots & x_{1d} & 1 \\ x_{21} & x_{22} & \cdots & x_{2d} & 1 \\ \vdots & \vdots & & \vdots & \vdots \\ x_{n1} & x_{n2} & \cdots & x_{nd} & 1 \end{pmatrix}$ 为一个 $n \times (d+1)$ 的矩阵，$\boldsymbol{\varepsilon} = (\varepsilon_1, \varepsilon_2, \cdots, \varepsilon_d)^T$ 为残差，ε 是独立同分布的随机变量，且服从均值为 0、方差为 σ^2 的正态分布，则有

$$\boldsymbol{y} = \boldsymbol{X}\boldsymbol{w} + \boldsymbol{\varepsilon}$$

专栏　最小二乘估计

参数估计（Parameter Estimation）是统计推断的一种，是从总体中抽取随机样本来估计总体分布中未知参数的过程。从构造估计量的方法讲，有矩估计、最小二乘估计、似然估计、贝叶斯估计等。这里简要地介绍最小二乘估计。

最小二乘估计的优化条件为最小化误差的平方和，即拟合于各数据点的最佳曲线应使各数据点与曲线偏差的平方和为最小。以多元线性回归模型函数 $\boldsymbol{y} = \boldsymbol{X}\boldsymbol{w} + \boldsymbol{\varepsilon}$ 为例，$\boldsymbol{y} = (y_1, \ldots, y_n)^T$ 为 n 维列向量，$\boldsymbol{X}$ 为 $n \times (d+1)$ 矩阵，$\boldsymbol{w} = (w_1, w_2, \ldots, w_d, w_0)^T$ 为（$d+1$）维列向量，则

$$\arg \min_{w \in R^{n+1}} J(\boldsymbol{w}) = \arg \min_{w \in R^{n+1}} (\boldsymbol{y} - \boldsymbol{X}\boldsymbol{w})^T (\boldsymbol{y} - \boldsymbol{X}\boldsymbol{w}) = \arg \min_{w \in R^{n+1}} \|\boldsymbol{y} - \boldsymbol{X}\boldsymbol{w}\|^2$$

当矩阵 $\boldsymbol{X}^T\boldsymbol{X}$ 满秩时，根据二元函数求极值条件，对 $\boldsymbol{w}$ 求偏导数，令 $\frac{\partial J(\boldsymbol{w})}{\partial \boldsymbol{w}} = -2\boldsymbol{X}^T(\boldsymbol{y} - \boldsymbol{X}\boldsymbol{w}) = 0$，可得 $\hat{\boldsymbol{w}} = (\boldsymbol{X}^T\boldsymbol{X})^{-1}\boldsymbol{X}^T\boldsymbol{y}$。

8.1.2 案例：波士顿房价预测

8.1.2.1 案例背景

在本小节中，我们将基于波士顿房价数据集建立线性回归模型，并对模型进行评估。该数据集可以使用 Sklearn 自带的方法加载，我们将使用 Sklearn 附带的一些工具来构建线性回归模型。“sklearn.linear_model” 模块包含了常见的线性模型，即预测目标能够表示成输入变量的线性组合形式的模型。

8.1.2.2 数据读取与划分

首先，我们引入所需要的基本库：

```
%matplotlib inline
import numpy as np
import pandas as pd
```

```python
import scipy.stats as stats
import matplotlib.pyplot as plt
import statsmodels.api as sm
import sklearn
```

然后，载入本案例所需要的数据集，将数据集保存到“bos”变量中，并且打印数据集的信息：

```python
bos = pd.read_csv("./input/data.csv")
bos.info()
```

运行结果如下。

```
<class 'pandas.core.frame.DataFrame'>
RangeIndex: 506 entries, 0 to 505
Data columns (total 14 columns):
 #   Column   Non-Null Count  Dtype
---  ------   --------------  -----
 0   CRIM     506 non-null    float64
 1   ZN       506 non-null    float64
 2   INDUS    506 non-null    float64
 3   CHAS     506 non-null    float64
 4   NOX      506 non-null    float64
 5   RM       506 non-null    float64
 6   AGE      506 non-null    float64
 7   DIS      506 non-null    float64
 8   RAD      506 non-null    float64
 9   TAX      506 non-null    float64
 10  PTRATIO  506 non-null    float64
 11  B        506 non-null    float64
 12  LSTAT    506 non-null    float64
 13  PRICE    506 non-null    float64
dtypes: float64(14)
memory usage: 55.5 KB
```

各个特征的解释如表 8-1 所示。

表 8-1 特 征 解 释

特征	解释
CRIM	per capita crime rate by town
ZN	proportion of residential land zoned for lots over 25,000 sq.ft.
INDUS	proportion of non-retail business acres per town
CHAS	Charles River dummy variable (= 1 if tract bounds river; 0 otherwise)
NOX	nitric oxides concentration (parts per 10 million)
RM	average number of rooms per dwelling
AGE	proportion of owner-occupied units built prior to 1940

续表

特征	解释
DIS	weighted distances to five Boston employment centres
RAD	index of accessibility to radial highways
TAX	full-value property-tax rate per $10,000
PTRATIO	pupil-teacher ratio by town
B	1000(Bk − 0.63)^2 where Bk is the proportion of blacks by town
LSTAT	% lower status of the population

可见，数据集共包含 506 个样本。每个样本包含 13 个特征和一个预测变量 PRICE，接着打印数据的值：

```
bos.head()
```

运行结果如图 8-2 所示。

	CRIM	ZN	INDUS	CHAS	NOX	RM	AGE	DIS	RAD	TAX	PTRATIO	B	LSTAT	PRICE
0	0.00632	18.0	2.31	0.0	0.538	6.575	65.2	4.0900	1.0	296.0	15.3	396.90	4.98	24.0
1	0.02731	0.0	7.07	0.0	0.469	6.421	78.9	4.9671	2.0	242.0	17.8	396.90	9.14	21.6
2	0.02729	0.0	7.07	0.0	0.469	7.185	61.1	4.9671	2.0	242.0	17.8	392.83	4.03	34.7
3	0.03237	0.0	2.18	0.0	0.458	6.998	45.8	6.0622	3.0	222.0	18.7	394.63	2.94	33.4
4	0.06905	0.0	2.18	0.0	0.458	7.147	54.2	6.0622	3.0	222.0	18.7	396.90	5.33	36.2

图 8-2 数据值打印结果

8.1.2.3 线性回归模型搭建及训练

接下来我们通过线性回归构建房价预测模型，回归系数使用最小二乘法来估计。在本案例中 ***y*** 是波士顿房价，***X*** 是其余的输入变量。首先，我们导入 Sklearn 的“linear_model”模块，然后将预测变量删除，最后创建一个线性回归模型对象“lm”：

```
from sklearn.linear_model import LinearRegression
X = bos.drop("PRICE", axis = 1)
lm = LinearRegression()
lm
```

我们可以看到此时“lm”已经成功创建，运行结果如下。

```
LinearRegression()
```

接下来，对“lm”进行训练。使用原有的 13 个特征来预测房价：

```
lm.fit(X, bos['PRICE'])
```

对于训练好的模型，查看其回归系数和截距：

```
print("截距为：", lm.intercept_)
print("回归系数为：", lm.coef_)
```

运行结果如下。

```
截距为： 36.45948838508977
回归系数为： [-1.08011358e-01  4.64204584e-02  2.05586264e-02  2.68673382e+00
-1.77666112e+01  3.80986521e+00  6.92224640e-04 -1.47556685e+00
  3.06049479e-01 -1.23345939e-02 -9.52747232e-01  9.31168327e-03
 -5.24758378e-01]
```

为了便于观察，我们不妨将特征、回归系数以及 P 值对应起来：

```
1 model = sm.OLS( bos['PRICE'], X).fit()
2 p_values = model.summary2().tables[1]['P>|t|']
3 pd.DataFrame(list(zip(X.columns, lm.coef_,p_values)), columns=["特征","回归系数","P值"])
```

代码的第 1—2 行使用 Statsmodels 库中的方法计算各个特征的 P 值。

运行结果如图 8-3 所示。

	特征	回归系数	P值
0	CRIM	-0.108011	7.197130e-03
1	ZN	0.046420	7.762640e-04
2	INDUS	0.020559	9.497886e-01
3	CHAS	2.686734	1.689461e-03
4	NOX	-17.766611	3.935067e-01
5	RM	3.809865	1.179476e-61
6	AGE	0.000692	5.989795e-01
7	DIS	-1.475567	1.016889e-06
8	RAD	0.306049	1.064354e-02
9	TAX	-0.012335	1.698772e-02
10	PTRATIO	-0.952747	3.925055e-04
11	B	0.009312	5.266943e-08
12	LSTAT	-0.524758	2.142519e-15

图 8-3 波士顿房价预测特征 - 回归系数 -P 值对应

从结果中可以看到相关关系较为显著的变量有 CRIM、ZN、CHAS、RM、DIS、RAD、TAX、PTRATIO、B 和 LSTAT，其中CRIM、DIS、TAX、PTRATIO以及 LSTAT 特征与房价呈现负相关关系，其他特征与房价呈现正相关关系。

8.1.2.4 数据可视化与分析

接下来我们对数据信息和得到的线性回归模型做一些可视化分析。

选取特征 RM，观察 RM-PRICE 的对应关系：

```
plt.scatter(bos.RM,bos.PRICE)
plt.xlabel("RM")
plt.ylabel("Housing Price")
plt.show()
```

得到如图 8-4 所示的散点图。

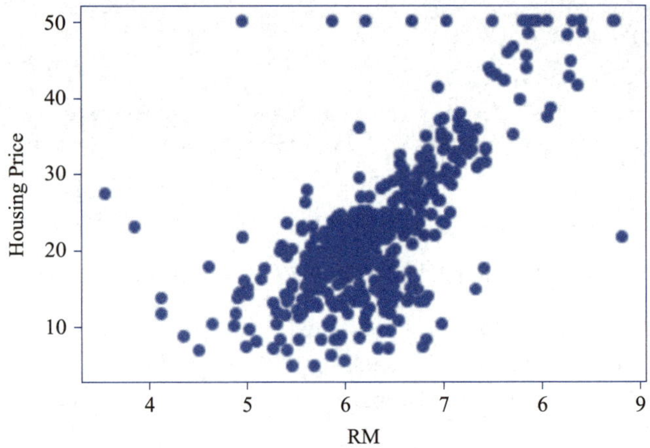

图 8-4 RM-PRICE 散点图

观察后不难发现，与前文结果一致，RM 变量与 PRICE 变量之间呈正相关关系，虽然看上去有些许的线性关系，但并不明显，且数据点分布较为分散。同样地，我们再观察 NOX 变量和 PRICE 之间的关系：

```
plt.scatter(bos.NOX,bos.PRICE)
plt.xlabel("NOX")
plt.ylabel("Housing Price")
plt.show()
```

得到如图 8-5 所示的散点图。

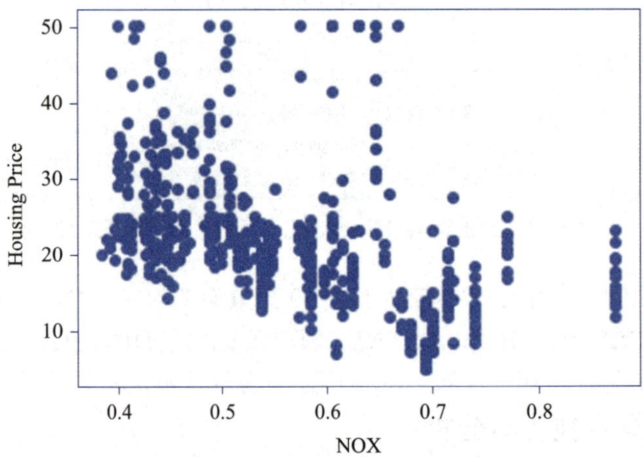

图 8-5 NOX-PRIZE 散点图

中可以看出 NOX 变量和 PRICE 变量之间没有明显的关系。

接下来，运用刚刚训练好的线性回归模型对数据进行简单的预测：

```
lm.predict(X)[0:5]
```

运行结果如下。

```
array([30.00384338, 25.02556238, 30.56759672, 28.60703649,
27.94352423])
```

这里只输出了前 5 个数据。接着我们绘制散点图，观察模型预测的房价与真实房价之间的关系：

```
plt.scatter(bos.PRICE,lm.predict(X))
plt.plot([0,50], [0,50], linewidth=1, color='red')
plt.xlabel("Prices: $y_i$")
plt.ylabel("Predicted prices: $\hat{y}_i$")
plt.show()
```

得到如图 8-6 所示的散点图。

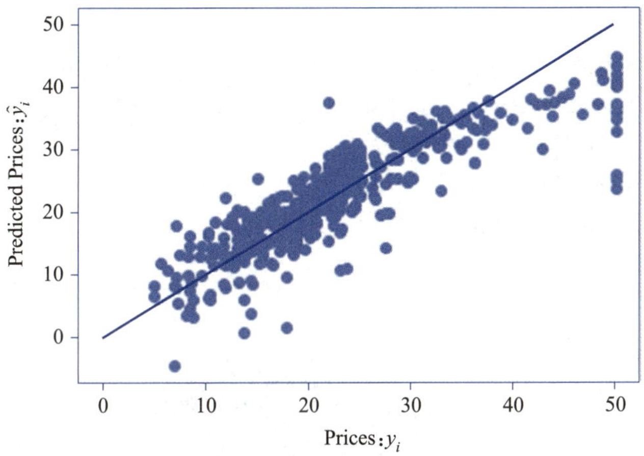

图 8-6 模型预测房价 - 真实房价 散点图

散点分布在 45 度线上，说明预测值正好等于真实值。可见模型并不能 100% 准确预测房价，存在预测误差。特别是在高房价的房子中，模型的预测效果较差。最常见的评估模型误差的指标为均方误差。于是我们关注方差是多少，即这个模型的准确率如何：

```
mseFull = np.mean((bos.PRICE - lm.predict(X))**2)
print("mseFull", mseFull)
```

我们得到结果“mseFull=21.894831181729202”，这是在训练集上计算的。实际项目中我们需要一份单独的测试数据用来测试模型效果。

8.1.2.5 模型评估

在 Sklearn 中我们可以使用“model_selection”模块的“train_test_split”方法进行训练集和测试集划分，这里我们取 1/3 的数据作为测试集：

```
X_train,X_test,Y_train,Y_test=sklearn.model_selection.train_test_
split(X,bos.PRICE,test_size=0.33, random_state=5)
```

与之前相同，我们使用训练集训练线性回归模型：

```
lm = LinearRegression()
lm.fit(X_train, Y_train)
pred_train = lm.predict(X_train)
pred_test = lm.predict(X_test)
```

查看训练后得到的模型的效果如何：

```
print ("训练误差为：", np.mean((Y_train - pred_train) ** 2))
print ("测试误差为：", np.mean((Y_test - pred_test) ** 2))
```

运行结果如下。

```
训练误差为： 19.546758473534663
测试误差为： 28.530458765974604
```

接着我们作出残差图，用来观察每个预测值和实际值的差距：

```
plt.scatter(pred_train, pred_train - Y_train, c="g", alpha=0.5)
plt.scatter(pred_test, pred_test - Y_test, c="r")
plt.hlines(y=0, xmin=0, xmax=50)
plt.ylabel("Residuals")
```

得到如图 8-7 所示的残差图。

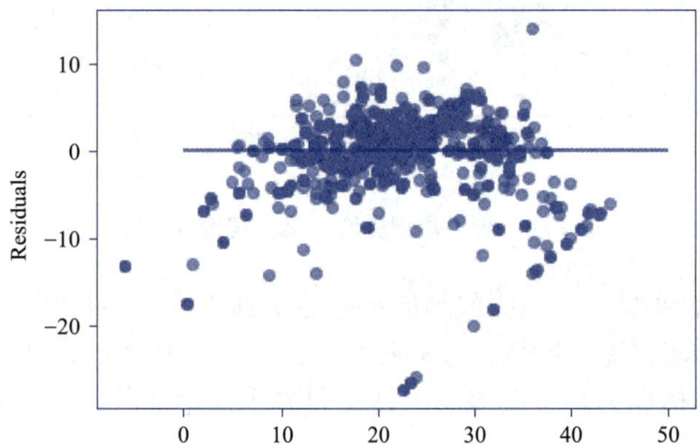

图 8-7 残差图

在残差图中，如果点随机分布在 0 附近，说明回归效果较好。如果在残差图中发现了某种结构，则说明回归效果不佳，需要重新建模。此图中，红点比绿点更集中于 0 线附近，说明模型在测试集上的效果比在训练集上更好。

8.2 正 则 化

8.2.1 正则化原理

首先，我们来介绍为什么需要正则化，即线性回归有什么缺点和需要改进之处。显然，线性回归只能很好地适应线性的数据，对于非线性的数据处理则不合适，也可以认为是欠拟合现象。其次，变量之间存在较强的共线性会导致线性回归的参数估计不准确，从而使得模型效果有所下降。另外，当线性回归模型变量较多时，容易产生过拟合现象。

因此，面对线性回归的种种问题，我们引入正则化方法。正则化方法可以减少泛化误差，解决线性回归的过拟合和多重共线性等问题，同时能够完成变量选择，使得模型可解释性更强。正则化方法主要有 L_1 正则化方法（又称 Lasso Regression）、L_2 正则化方法（又称 Ridge Regression）、数据增强、提前停止（早停，Early Stopping）和 Dropout 等。在此我们主要介绍前两种方法，即 L_1 正则化方法和 L_2 正则化方法。这两种方法都是通过对损失函数添加惩罚项得来的：

$$\sum_{i=1}^{n}\left(y_i-\sum_{j=1}^{d+1}x_{ij}w_j\right)^2+\lambda\|\boldsymbol{w}\|_q$$

然而，两类方法对惩罚项的具体处理有所不同。岭回归（Ridge Regression）方法的思路是共线性会导致参数估计值变得非常大，那么就要在最小二乘法的目标函数基础上加一个对 $\boldsymbol{w}$ 的惩罚函数，最小化新的目标函数时也需要考虑到 $\boldsymbol{w}$ 不能过大，因此选择了常见的 L_2 范数作为惩罚项。修正后的岭回归的最小化目标函数变为：

$$\begin{aligned}\hat{\boldsymbol{w}}^{\text{ridge}}&=\arg\min_{\boldsymbol{w}}\left\{\left(y_i-\sum_{j=1}^{d+1}x_{ij}w_j\right)^2+\lambda\|\boldsymbol{w}\|_2^2\right\}\\&=(\boldsymbol{X}^T\boldsymbol{X}+\lambda\boldsymbol{I})^{-1}\boldsymbol{X}^T\boldsymbol{y}\end{aligned}$$

岭回归方法有助于减小模型的复杂度。但需要注意的是，建模时同时引入 p 个自变量，惩罚约束项可以收缩这些自变量的待估系数至接近 0，但并非恰好是 0，见图 8-8（a）。这个缺点对模型精度影响不大，但给模型的解释造成了困难，不利于特征选择。

相应地，为了解决特征选择的问题，Lasso 方法选择添加 L_1 范数作为惩罚项，如此一来，当 λ 充分大时可以把某些待估系数精确地收缩至 0。在回归系数 $\boldsymbol{w}$ 的绝对值之和小于某个常数的条件下，最小化模型的残差平方和，从而得到严格等于 0 的回归系数，最终得到一个较为精简的模型：

$$\sum_{i=1}^{n}\left(y_i-\sum_{j=1}^{d+1}x_{ij}w_j\right)^2+\lambda\|\boldsymbol{w}\|_1$$

从图 8-8（b）我们不难看出，以最外圈的等高线为例，对同一条原曲线目标等高线来说，曲线上的每个点都可以作一个菱形（$|w_0|+|w_1|=F$），当这个菱形与某条等高线相切（仅有一个交点）时，这个菱形最小。最终加入 L_1 范数得到的解，一定是某个菱形和某条原函数等高线的切点。经过观察我们可以看到，很多原函数等高曲线和某个菱形更容易相交在坐标轴（比如上图），即最终解的某些维度更容易是 0，这也就是 L_1 范数正则化更容易得到稀疏解（解向量中 0 比较多）的原因。

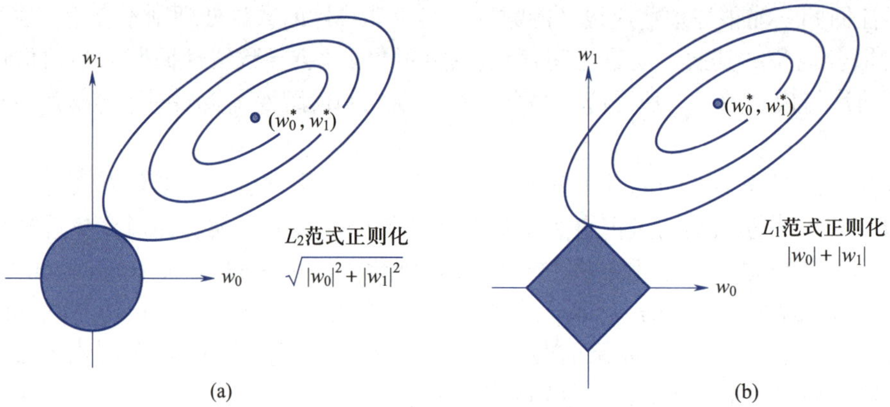

图 8-8 岭回归（a）和 Lasso 回归（b）

专栏 向量范数

向量范数需要满足正定性、齐次性和三角不等式三个性质，在此只简单介绍向量范数。

向量 $\boldsymbol{x} \in R^n$ 的 p- 范数的定义式：

$$\|\boldsymbol{x}\|_p = \left(|x_1|^p + |x_2|^p + \cdots + |x_n|^p\right)^{\frac{1}{p}}, \quad p \geqslant 1$$

较为常见的向量范数取 p=1，2，…，∞。其中，1- 范数为向量中所有元素绝对值之和；2- 范数为向量中所有元素平方和再开根号，也可以理解为 R^n 空间上标准内积决定的长度；∞- 范数为向量所有元素绝对值中的最大值。

8.2.2 案例：美国艾奥瓦州埃姆斯地区房价预测

8.2.2.1 案例背景

本案例对美国艾奥瓦州埃姆斯地区的房价进行预测。训练集中有共有 1 460 条数据、81 个特征，目标特征为该地区的房价。由此来简单说明正则化方法在实际案例中的运用。

8.2.2.2 数据读取与划分

```
import numpy as np
import pandas as pd
import matplotlib.pyplot as plt
import seaborn as sns
from scipy import stats
from scipy.stats import norm, skew

train = pd.read_csv('./input/train.csv')
names = train.columns
```

```
10 types = train.dtypes
11 train.head()
```

代码的第 4 行导入了 Seaborn。Seaborn 是基于 Matplotlib 的高级封装，能够实现一些复杂的可视化效果。第 5 行导入 Scipy 中的“stats”模块，用来执行一些统计分析及与率分布相关的计算。

运行结果如图 8-9 所示。由于数据集中包含的列数过多，这里只展示一部分列。

	Id	MSSubClass	MSZoning	LotFrontage	LotArea	...	MoSold	YrSold	SaleType	SaleCondition	SalePrice
0	1	60	RL	65.0	8450	...	2	2008	WD	Normal	208500
1	2	20	RL	80.0	9600	...	5	2007	WD	Normal	181500
2	3	60	RL	68.0	11250	...	9	2008	WD	Normal	223500
3	4	70	RL	60.0	9550	...	2	2006	WD	Abnorml	140000
4	5	60	RL	84.0	14260	...	12	2008	WD	Normal	250000

图 8-9　数据预览

首先，我们观察数据的构成。由于我们已有行号这一自动生成的序列，可以直接去除第一列的“ID”：

```
train.drop('Id', axis=1, inplace=True)
```

本训练集中可能存在异常点，它们对模型的预测会造成不好的效果，通常对异常点的处理有删除、修正、填补等方法。在本案例中我们把异常点从训练集中去掉：

```
fig, ax = plt.subplots()
ax.scatter(x = train['GrLivArea'], y = train['SalePrice'])
plt.ylabel('SalePrice', fontsize=13)
plt.xlabel('GrLivArea', fontsize=13)
plt.show()
```

运行结果如图 8-10 所示。

可以看到，右下角的两个点显然属于异常点，因此将其删去：

```
train=train.drop(train[(train['GrLivArea']>4000)&(train['SalePrice']
<300000)].index)
```

接下来，我们对需要执行预测任务的目标特征 SalePrice 进行一些简单分析。

首先，我们画出目标特征的密度直方图与核密度估计曲线，并画出正态曲线进行对比，同时作 QQ 图验证真实数据分布是否符合正态分布：

```
sns.distplot(train['SalePrice'] , fit=norm)
plt.ylabel('Frequency')
plt.title('SalePrice distribution')
fig = plt.figure()
res = stats.probplot(train['SalePrice'], plot=plt)
plt.show()
```

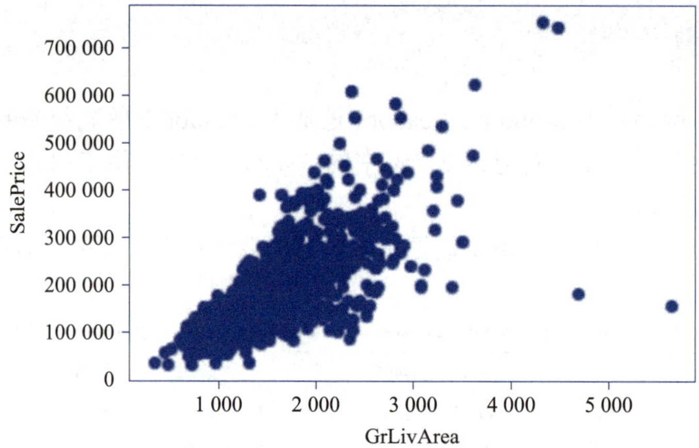

图 8-10 训练集散点图

运行结果如图 8-11 所示。

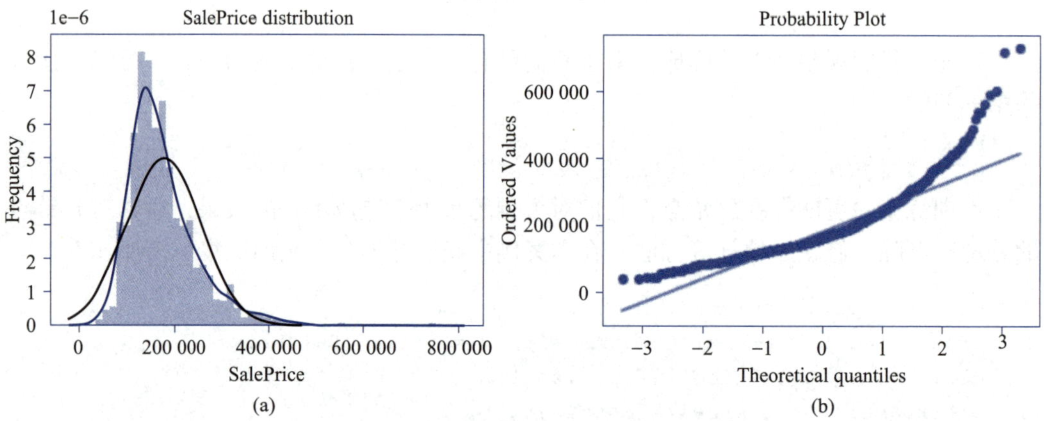

图 8-11 训练集特征密度直方图和 QQ 图

图 8-11（b）的 QQ 图是一种探索性工具，用来评估一个数值变量的分布与正态分布之间的相似性。

可以看出，SalePrice 这一特征的分布不符合正态分布，而且分布大体上是右偏的。线性模型比较喜爱正态分布的数据，所以我们需要对这个特征进行变换，使其近似满足正态分布。尝试对目标特征进行对数变换之后再画出密度直方图和 QQ 图进行正态性检验：

```
train["SalePrice"] = np.log1p(train["SalePrice"])
sns.distplot(train['SalePrice'] , fit=norm)
plt.ylabel('Frequency')
plt.title('SalePrice distribution')
fig = plt.figure()
res = stats.probplot(train['SalePrice'], plot=plt)
plt.show()
```

运行结果如图 8-12 所示。

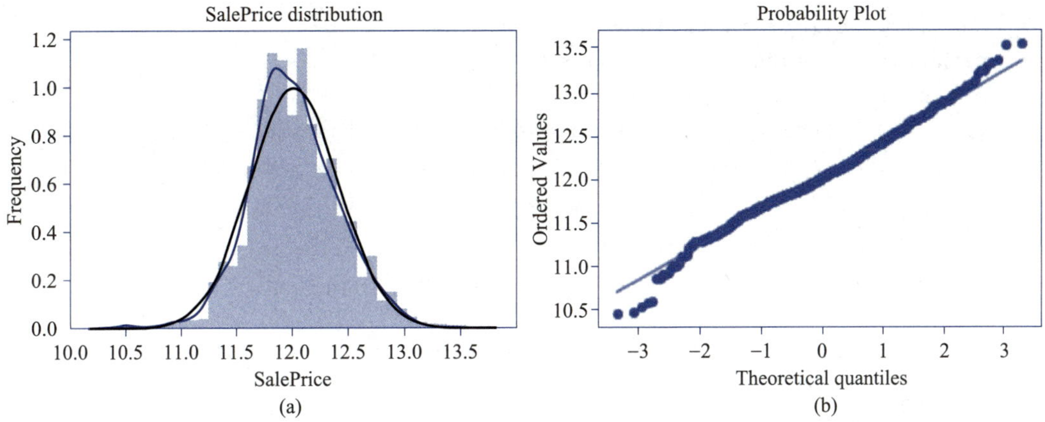

图 8-12 对数变换后训练集特征密度直方图和 QQ 图

此时，我们发现目标特征已经呈现较好的正态分布趋势。

在本案例中，缺失数据采用填补的方法进行处理。先对缺失项进行统计，之后再针对每个缺失项的列进行处理：

```
1  train_na = (train.isnull().sum() / len(train)) * 100
2  train_na = train_na.drop(
3      train_na[train_na == 0].index).sort_values(ascending=False)
4  # 生成数据框
5  missing_data = pd.DataFrame({'Missing Ratio': train_na})
6  # 查看前 10 行
7  missing_data.head(10)
```

代码的第 1 行计算了各个列的数据缺失率；第 2—3 行使用“drop”函数删除没有缺失数据的列名，然后使用“sort_values”函数按照缺失率对各个列进行排序；第 5—7 行将这些数据组成 DataFrame 并输出其前 10 行。运行结果如图 8-13 所示。

	Missing Ratio
PoolQC	99.588477
MiscFeature	96.296296
Alley	93.758573
Fence	80.727023
FireplaceQu	47.325103
LotFrontage	17.764060
GarageType	5.555556
GarageYrBlt	5.555556
GarageFinish	5.555556
GarageQual	5.555556

图 8-13 各列的缺失率

接下来，对各列的缺失率进行可视化：

```
1  f, ax = plt.subplots(figsize=(15, 12))
2  plt.xticks(rotation=90)
```

```
sns.barplot(x=train_na.index, y=train_na)
plt.xlabel('Features', fontsize=15)
plt.xticks(fontsize=15)
plt.ylabel('Percent of missing values', fontsize=15)
plt.xticks(fontsize=15)
plt.title('Percent missing data by feature', fontsize=15)
plt.show()
```

以条形图的形式绘制各列的缺失率，运行结果如图 8-14 所示。

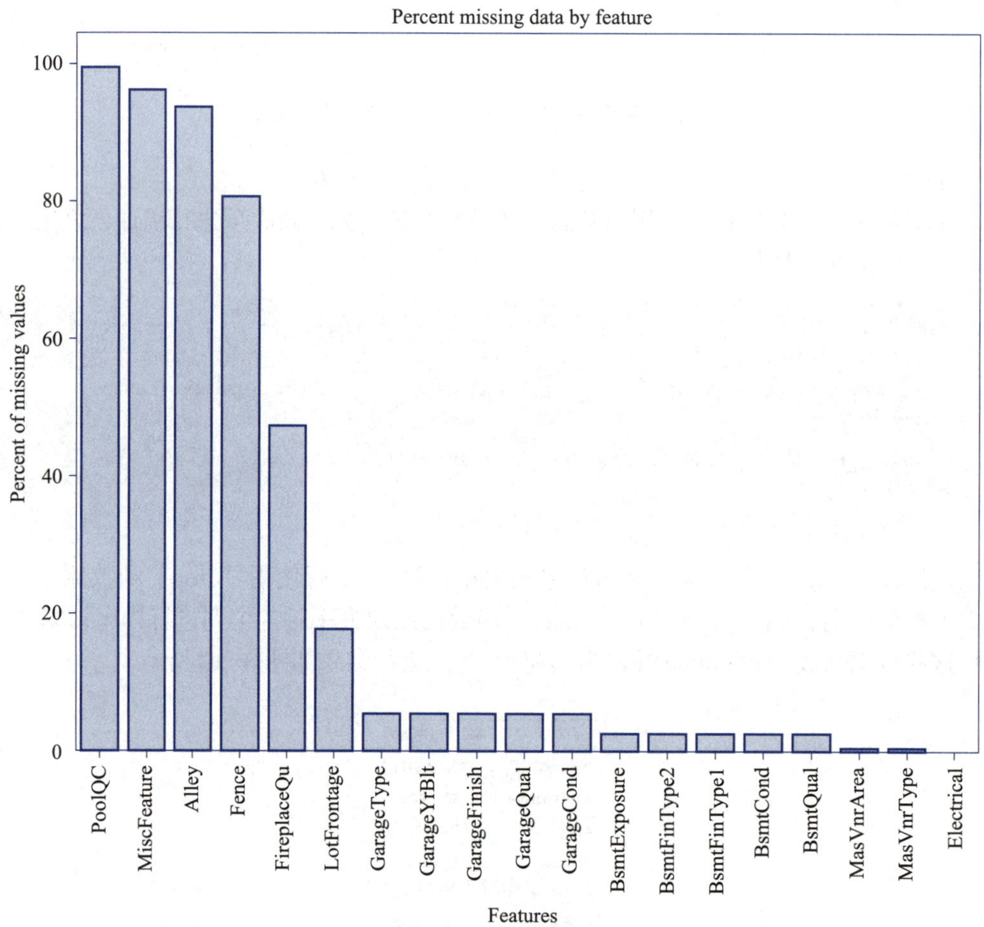

图 8-14 缺失率可视化

接下来，对每个缺失的数据进行填补。

首先，集中将一些变量的缺失值插补为“None”。PoolQC（泳池质量）变量中“NA”值意味着没有泳池，其缺失率达到 99%，我们用“None”来替代“NA”，对其他有此情况的特征也进行相应的插补：GarageType（车库类型）、GarageFinish（车库内部装修）、GarageQual（车库质量）、GarageCond（车库条件）、BsmtQual（地下室质量）、BsmtCond（地下室条件）、BsmtExposure（失修的地下室墙壁）、BsmtFinType1（地下室完成区域质量）、BsmtFinType2（地下室第二个区域完成质量）、MasVnrType

（砌体类型）和 MSSubClass（建筑类）中都用“None”来插补 Type 中的缺失值。代码如下：

```
fill_none_columns = ('PoolQC','MiscFeature','Alley','Fence','FireplaceQu',
'GarageType', 'GarageFinish', 'GarageQual', 'GarageCond','BsmtQual',
'BsmtCond', 'BsmtExposure', 'BsmtFinType1', 'BsmtFinType2',"MasVnrType",
"MSSubClass")
for col in fill_none_columns:
    train[col] = train[col].fillna('None')
```

然后，集中将一些数值型变量的缺失值填充为 0。对于 GarageYrBlt（车库修建年份）、GarageArea（车库面积）、GarageCars（车库容量）、BsmtFinSF1（1 型地下室面积）、BsmtFinSF2（2 型地下室面积）、BsmtUnfSF（未完成的地下室面积）、TotalBsmtSF（地下室总面积）、BsmtFullBath（全地下室浴室）、BsmtHalfBath（半地下室浴室）、MasVnrArea（砌体面积），我们使用 0 对其中的缺失值进行插补。代码如下：

```
fill_zero_columns = ('GarageYrBlt', 'GarageArea', 'GarageCars',
'BsmtFinSF1', 'BsmtFinSF2', 'BsmtUnfSF','TotalBsmtSF',
'BsmtFullBath', 'BsmtHalfBath','MasVnrArea')
for col in fill_zero_columns:
    train[col] = train[col].fillna(0)
```

对于 LotFrontage（连接到房产的街道的线性脚）这个变量，我们用邻近地区的 LotFrontage 的中位数来进行插补：

```
train["LotFrontage"] = train.groupby("Neighborhood")["LotFrontage"].
transform(
    lambda x: x.fillna(x.median()))
```

对于 Functional（家庭功能评级）变量，数据集描述中表明“NA”意味着“typical”，因此我们将其填充为“Typ”：

```
train["Functional"] = train["Functional"].fillna("Typ")
```

对于 Electrical（电力系统）和 KitchenQual（厨房质量），这两个变量只有一个缺失值，我们选择用众数进行插补：

```
train['Electrical'] = train['Electrical'].fillna(train['Electrical'].
mode()[0])
train['KitchenQual'] = train['KitchenQual'].fillna(train['Kitchen
Qual'].mode()[0])
```

对于 Exterior1st（房屋外墙）、Exterior2nd（多于一种的房屋外墙）、SaleType（销售类型）和 MSZoning（地区分类），直接用众数进行插补：

```
train['Exterior1st'] = train['Exterior1st'].fillna(train['Exter-
ior1st'].mode()[0])
train['Exterior2nd'] = train['Exterior2nd'].fillna(train['Exter-
ior2nd'].mode()[0])
```

```
train['SaleType'] = train['SaleType'].fillna(train['SaleType'].mode()[0])
train['MSZoning'] = train['MSZoning'].fillna(train['MSZoning'].mode()[0])
```

对于 Utilities（可用设备）变量，这个特征对模型预测没有帮助，我们可以放心删除它：

```
train = train.drop(['Utilities'], axis=1)
```

经过以上处理后，训练集中已经不存在缺失值了。使用下面的代码进行验证：

```
train_na = (train.isnull().sum() / len(train)) * 100
train_na = train_na.drop(train_na[train_na == 0].index).sort_values(ascending=False)
missing_data = pd.DataFrame({'Missing Ratio' :train_na})
missing_data.head()
```

运行结果如图 8-15 所示。这表明当前训练集中所有的缺失值已经都被处理了。

Missing Ratio

图 8-15 缺失值验证结果

对于部分数值特征，我们需要将其转换为分类特征：

```
train['MSSubClass'] = train['MSSubClass'].apply(str)
train['OverallCond'] = train['OverallCond'].astype(str)
train['YrSold'] = train['YrSold'].astype(str)
train['MoSold'] = train['MoSold'].astype(str)
```

接下来，对分类特征进行编码：

```
from sklearn.preprocessing import LabelEncoder
cols = ('FireplaceQu', 'BsmtQual', 'BsmtCond', 'GarageQual', 'GarageCond', 'ExterQual', 'ExterCond','HeatingQC', 'PoolQC', 'KitchenQual', 'BsmtFinType1', 'BsmtFinType2', 'Functional', 'Fence', 'BsmtExposure', 'GarageFinish', 'LandSlope', 'LotShape', 'PavedDrive', 'Street', 'Alley', 'CentralAir', 'MSSubClass', 'OverallCond', 'YrSold', 'MoSold')

for c in cols:
    lbl = LabelEncoder()
    lbl.fit(list(train[c].values))
    train[c] = lbl.transform(list(train[c].values))
```

由于面积相关的特征对于房价的预测非常重要，我们又增加了每栋房子的总面积这个特征，它是地下室面积、一层面积和二层面积之和：

```
train['TotalSF'] = train['TotalBsmtSF'] + train['1stFlrSF'] + train['2ndFlrSF']
```

输出所有数值特征的偏度：

```
numeric_feats = train.dtypes[train.dtypes != "object"].index

# 查看所有数值特征的偏度
skewed_feats = train[numeric_feats].apply(lambda x: skew(x.dropna())).sort_values(ascending=False)
skewness = pd.DataFrame({'Skew' :skewed_feats})
skewness.head(5)
```

运行结果如图 8-16 所示。

	Skew
MiscVal	24.434913
PoolArea	15.932532
LotArea	12.560986
3SsnPorch	10.286510
LowQualFinSF	8.995688

图 8-16 数据偏度数据预览

对偏度大于 0.75 的特征进行 Box-Cox 变换（一种数据变换，用于连续变量不满足正态分布的情况），使变换后的特征近似服从正态分布，并对分类特征进行哑编码：

```
from scipy.special import boxcox1p
skewness = skewness[abs(skewness) > 0.75]
skewed_features = skewness.index
lam = 0.15
for feat in skewed_features:
    train[feat] = boxcox1p(train[feat], lam)
train = pd.get_dummies(train)
print(train.shape)
```

运行结果如下。

```
(1458, 221)
```

8.2.2.3 模型搭建与训练

我们使用 Sklearn 的模块进行建模。首先导入必要的包并且定义交叉验证指标：

```
from sklearn.linear_model import Lasso
from sklearn.kernel_ridge import KernelRidge
from sklearn.pipeline import make_pipeline
from sklearn.preprocessing import RobustScaler
from sklearn.model_selection import KFold, cross_val_score
from sklearn.metrics import mean_squared_error

y_train = train.SalePrice
train.drop('SalePrice', axis=1, inplace=True)
n_folds = 5
```

```
11
12 def rmsle_cv(model):
13     kf = KFold(n_folds, shuffle=True,
14                random_state=42).get_n_splits(train.values)
15     rmse = np.sqrt(-cross_val_score(model, train.values, y_train,
16                    scoring="neg_mean_squared_error", cv=kf))
17     return(rmse)
```

代码的第 8—9 行分离训练数据和标签；第 12—17 行定义了交叉验证的策略，运用“cross_val_score”函数进行交叉验证。为此，我们在交叉验证之前打乱训练集的顺序，并且使用负均方根误差作为评分标准。

接下来，使用本章介绍的 Lasso 模型和岭回归模型进行估计：

```
lasso = make_pipeline(RobustScaler(), Lasso(alpha=0.0005, random_state=1))
KRR = KernelRidge(alpha=0.6, kernel='polynomial', degree=2, coef0=2.5)
```

计算两个模型的均方根误差：

```
score = []
model = [KRR, lasso]
for i in model:
    result = rmsle_cv(i)
    score.append(result.mean())
model_name = ['Kernel Ridge Regression', 'Lasso']
result_score = pd.DataFrame(
    {'model': model_name, 'score': score}, index=[1, 2])
result_score
```

运行结果如图 8-17 所示。

从结果来看，在本案例中岭回归的效果更好，相对于 Lasso 回归，岭回归的均方根误差更小。

	model	score
1	Kernel Ridge Regression	0.013904
2	Lasso	0.014061

图 8-17　模型得分

8.3　逻辑回归

8.3.1　逻辑回归原理

逻辑回归（Logistic Regression）与一般的线性回归模型存在明显差异，更常用于分类任务。一般的线性回归模型通常适用于因变量为连续变量的情况，而在因变量为定性变量的情形下并不适用。与之相对地，逻辑回归模型被设计用于解决因变量为分类变量的回归问题，最典型的应用是处理因变量为二分类的情况。例如，在常见的信用评分模型中，逻辑回归被用来估计个人违约的概率。因此，逻辑回归模型尽管带有“回归”名称，实际上是一种分类模型。

自然而然地，我们会记起基本的线性回归模型最后的输出 $y=w_0+w_1x+\varepsilon$ 是一个实数值，取值范围很大。那么，如何处理才能使得输出的值是固定的离散的值，就像标签一样，在有限的取值范围内，从而实现分类的任务呢？

数学上已有现成的 Sigmoid 函数，可以将输入值转为（0，1）之间的取值。不妨假设对于一般的 $z=\boldsymbol{w}^T\boldsymbol{x}+b$，Sigmoid 函数

$$y=\frac{1}{1+\mathrm{e}^{-z}}$$

可以将 z 转换为我们需要的取值。如图 8-18 所示，Sigmoid 函数的图形是一条 S 形曲线，该曲线关于点（0，0.5）中心对称，且函数在 $x=0$ 处的变化非常剧烈；随着远离点 $x=0$，曲线变化迅速变缓。对于 $z\in(-\infty,+\infty)$，当 z 趋于正无穷时，Sigmoid 分母上的 e^{-z} 项将趋于 0，进而导致函数值 y 趋近于 1；相反地，当 z 趋于负无穷时，e^{-z} 会趋于正无穷，最终导致函数值 y 趋近于 0。

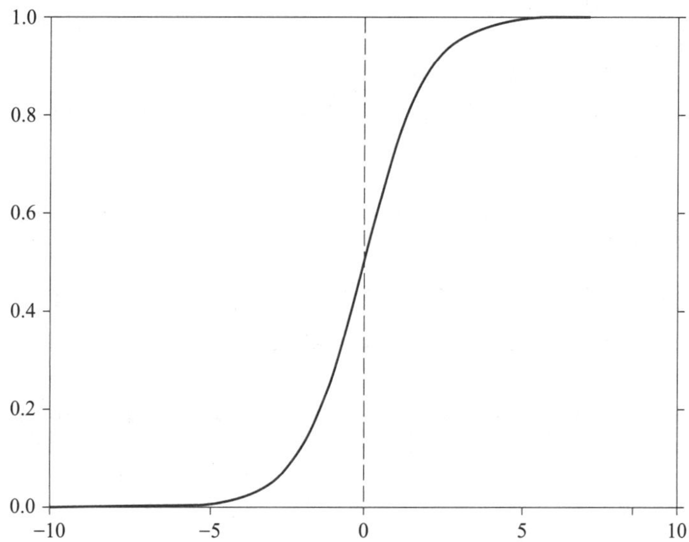

图 8-18 Sigmoid 函数

我们将原有的线性回归方程 $z=\boldsymbol{w}^T\boldsymbol{x}+b$ 代入 Sigmoid 函数中：

$$y=\frac{1}{1+\mathrm{e}^{-(\boldsymbol{w}^T\boldsymbol{x}+b)}}$$

这样一来，一个分类问题就有了两种答案：是或否。0 对应着“否”，1 对应着“是”。假设分类的阈值是 0.5，那么低于 0.5 的归为 0 分类，超过 0.5 的归为 1 分类，就解决了连续值的转化问题。

如果将 y 视作样本取正例的可能性，$1-y$ 作为取反例的可能性，两者的比值称为“几率”，反映了 x 作为正例的相对可能性，取对数就会得到对数几率函数：

$$\ln\frac{y}{1-y}=\ln\frac{p(y=1|x)}{p(y=0|x)}=\boldsymbol{w}^T\boldsymbol{x}+b$$

这便是对数几率模型，它无须事先假设数据分布。

8.3.2 案例：客户流失预警

8.3.2.1 案例背景

本案例使用的数据集包括流失的通信用户与相关特征的数据，我们将使用逻辑回归，根据相关特征构建模型，预测某用户的流失概率。

8.3.2.2 数据读取与划分

首先，载入所需要的各种包：

```
import numpy as np
import pandas as pd
import seaborn as sns
import matplotlib.pyplot as plt
from scipy import stats
import statsmodels.api as sm
import statsmodels.formula.api as smf
```

接下来，读入数据，对数据有一个基本的了解：

```
churn = pd.read_csv('./telecom_churn.csv', skipinitialspace=True)
churn.head()
```

这是一组流失的通信用户与相关特征的数据，我们关注核心变量“churn”。churn = 1 表示该客户流失，churn = 0 表示未流失。运行结果如图 8-19 所示。

	subscriberID	churn	gender	AGE	edu_class	...	avgplan	planChange	posPlanChange	negPlanChange	call_10086
0	19164958.0	1.0	0.0	20.0	2.0	...	1.0	0.0	0.0	0.0	0.0
1	39244924.0	1.0	1.0	20.0	0.0	...	2.0	2.0	1.0	0.0	1.0
2	39578413.0	1.0	0.0	11.0	1.0	...	3.0	0.0	0.0	0.0	1.0
3	40992265.0	1.0	0.0	43.0	0.0	...	3.0	0.0	0.0	0.0	1.0
4	43061957.0	1.0	1.0	60.0	0.0	...	3.0	0.0	0.0	0.0	0.0

图 8-19 数据预览

接着，使用“info”函数来查看数据各个列的信息：

```
churn.info()
```

运行结果如下。本节所用的数据来源没有缺失，因此省略了数据预处理的部分。可以看到，有 3 463 行数据（3 463 个样例），每行数据对应 20 个不同字段，且每个字段内包含数据的都是 float64 类型：

```
<class 'pandas.core.frame.DataFrame'>
RangeIndex: 3463 entries, 0 to 3462
Data columns (total 20 columns):
 #   Column         Non-Null Count  Dtype
---  ------          --------------  -----
 0   subscriberID   3463 non-null    float64
```

```
 1   churn          3463 non-null   float64
 2   gender         3463 non-null   float64
 3   AGE            3463 non-null   float64
 4   edu_class      3463 non-null   float64
 5   incomeCode     3463 non-null   float64
 6   duration       3463 non-null   float64
 7   feton          3463 non-null   float64
 8   peakMinAv      3463 non-null   float64
 9   peakMinDiff    3463 non-null   float64
 10  posTrend       3463 non-null   float64
 11  negTrend       3463 non-null   float64
 12  nrProm         3463 non-null   float64
 13  prom           3463 non-null   float64
 14  curPlan        3463 non-null   float64
 15  avgplan        3463 non-null   float64
 16  planChange     3463 non-null   float64
 17  posPlanChange  3463 non-null   float64
 18  negPlanChange  3463 non-null   float64
 19  call_10086     3463 non-null   float64
dtypes: float64(20)
memory usage: 541.2 KB
```

我们有如下基本猜想：当流量使用量有上升趋势，即“posTrend”为1时，客户更不容易流失（用得越多越不容易流失）。于是，基于此猜想，我们进行简单的验证。

对这个猜想做交叉表验证：

```
cross_table = pd.crosstab(index=churn.posTrend,
                          columns=churn.churn, margins=True)
cross_table
```

运行结果如图 8-20 所示。

churn	0.0	1.0	All
posTrend			
0.0	829	990	1819
1.0	1100	544	1644
All	1929	1534	3463

图 8-20 基于数量的交叉表

基于数量的交叉表并不能直观看出两个变量之间的关系。接下来，将交叉表转换为更加直观的百分比形式：

```
def perConvert(ser):
    return ser/float(ser[-1])
cross_table.apply(perConvert, axis='columns')
```

运行结果如图 8-21 所示。当 posTrend=0，即流量使用没有上升趋势时，其客户流失率约为 54.42%；当 posTrend=1，即流量使用有上升趋势时，其客户流失率为 33.09%。

这一结果支持了我们的猜想：流量使用有上升趋势的时候，流失的概率会下降。

churn	0.0	1.0	All
posTrend			
0.0	0.455745	0.544255	1.0
1.0	0.669100	0.330900	1.0
All	0.557031	0.442969	1.0

图 8-21 交叉验证结果

为了进一步验证这个猜想的可靠性，对数据进行卡方检验：

```
print("""chisq = %6.4f
p-value = %6.4f
dof = %i
expected_freq=%s"""%stats.chi2_contingency(observed=cross_table.iloc[:2, :2]))
```

运行结果如图 8-22 所示。

```
chisq = 158.4433
p-value = 0.0000
dof = 1
expected_freq = [[1013.24025411  805.75974589]
 [ 915.75974589  728.24025411]]
```

图 8-22 卡方检验结果

基于 p-value=0 的结果，我们发现 posTrend 变量的影响是显著的，说明 posTrend 这个变量对预测客户的流失比较有价值。

8.3.2.3 一元逻辑回归模型搭建与训练

接下来，对于这些变量之间的关系，我们着重说明本节所学逻辑回归的应用。

首先，拆分数据集为训练集和测试集：

```
train = churn.sample(frac=0.7, random_state=1234).copy()
test = churn[~ churn.index.isin(train.index)].copy()
print(f'训练集样本量：{len(train)}，测试集样本量：{len(test)}')
```

运行结果如下。

```
训练集样本量：2424，测试集样本量：1039
```

接下来，利用 Statsmodels 库对 churn 和 duration 进行逻辑回归：

```
lg = smf.glm(formula='churn ~ duration', data=churn,
             family=sm.families.Binomial(sm.families.links.logit())).fit()
lg.summary()
```

逻辑回归的因变量是 churn（是否流失），自变量 duration（用户在网时长）的系数是 −0.248 2，说明用户在网时长每增加一个单位，客户流失的概率就平均下降 24.82%。它的 P 值为 0，说明其结果在统计上显著可靠。具体结果如图 8-23 所示。

使用建立的模型进行预测，查看预测准确率。这里假设预测的结果 proba>0.5 就设

Generalized Linear Model Regression Results

Dep. Variable:	churn	**No. Observations:**	3463
Model:	GLM	**Df Residuals:**	3461
Model Family:	Binomial	**Df Model:**	1
Link Function:	logit	**Scale:**	1.0000
Method:	IRLS	**Log-Likelihood:**	-1516.2
Date:	Sat, 29 Oct 2022	**Deviance:**	3032.3
Time:	20:53:39	**Pearson chi2:**	2.78e+03
No. Iterations:	7		
Covariance Type:	nonrobust		

	coef	std err	z	P>|z|	[0.025	0.975]
Intercept	2.5883	0.100	25.767	0.000	2.391	2.785
duration	-0.2482	0.009	-26.424	0.000	-0.267	-0.230

图 8-23 逻辑回归结果

为流失，实际业务中所设定 proba 的值因地制宜：

```
1 train['proba'] = lg.predict(train)
2 test['proba'] = lg.predict(test)
3 test['prediction'] = (test['proba'] > 0.5)*1
4 test[['churn', 'prediction']].sample(5)
```

代码的第 1—2 行使用训练得到的模型根据输入预测结果；第 3 行将预测概率大于 0.5 数据的设置为流失，反之设置为不流失；第 4 行随机选取 5 个样本展示，运行结果如图 8-24 所示。

	churn	prediction
2080	0.0	0
3316	0.0	0
735	0.0	0
2498	1.0	1
1489	0.0	0

图 8-24 预测结果预览

接着，使用统计模型预测结果的混淆矩阵，混淆矩阵将实际类别和模型预测类别进行比较：

```
pd.crosstab(index=test.churn, columns=test.prediction, margins=True)
```

在本例中，churn 与 prediction 值相同则预测正确，否则错误。具体运行结果如图 8-25 所示。

prediction	0	1	All
churn			
0.0	427	156	583
1.0	88	368	456
All	515	524	1039

图 8-25 混淆矩阵

最后，输出统计模型的准确率：

```
acc = sum(test['prediction'] == test['churn']) / len(test)
print(f'The accuracy is: {acc}')
```

运行结果如下。

```
The accuracy is: 0.7651588065447545
```

我们得到的模型预测准确率约为76.5%。接下来，我们利用Sklearn库绘制专门用来评估逻辑回归模型精度的*ROC*曲线，其中蓝线是模型在测试集上的表现，红线对应训练集：

```
import sklearn.metrics as metrics
fpr_test, tpr_test, th_test = metrics.roc_curve(test.churn, test.proba)
fpr_train, tpr_train, th_train = metrics.roc_curve(train.churn, train.proba)
plt.figure(figsize=[3, 3])
plt.plot(fpr_test, tpr_test, 'b--')
plt.plot(fpr_train, tpr_train, 'r--')
plt.title('ROC curve'); plt.show()
```

运行结果如图8-26所示。

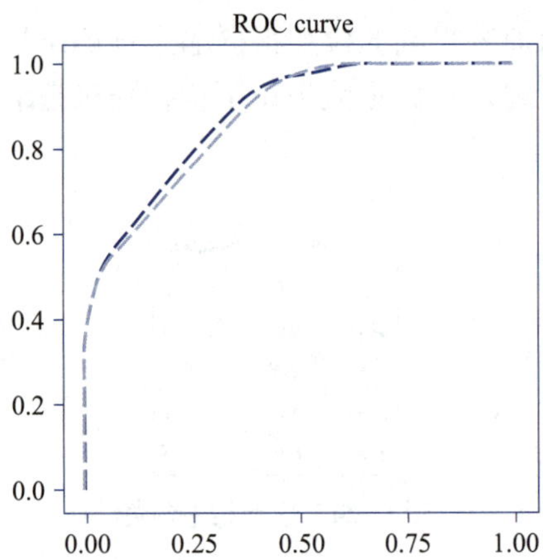

图8-26 一元逻辑回归*ROC*曲线图

计算*AUC*的值：

```
print(f'AUC = {metrics.auc(fpr_test, tpr_test)}')
```

运行代码结果如下。

```
AUC = 0.8790154524389877
```

我们得到的*AUC*面积约为0.879。

8.3.2.4 多元逻辑回归模型搭建与训练

由于我们并不知道哪些自变量是真正有用的，因此本节运用逐步向前法对变量进行筛选。逐步向前法是一种常用于特征选择的方法，特别适用于机器学习和统计建模中的回归分析。其基本思想是从一个空模型开始，逐步地向模型中加入一个个特征，每次加入一个特征后，评估模型的性能，并将对性能改善最大的特征加入模型中，重复这个过程直到满足某个停止准则：

```
def forward_select(data, response):
    remaining = set(data.columns)
    remaining.remove(response)
    selected = []
    current_score, best_new_score = float('inf'), float('inf')
    while remaining:
        aic_with_candidates = []
        for candidate in remaining:
            formula = "{} ~ {}".format(
                response, ' + '.join(selected + [candidate]))
            aic = smf.glm(
                formula=formula, data=data,
                family=sm.families.Binomial(sm.families.links.logit())
            ).fit().aic
            aic_with_candidates.append((aic, candidate))
        aic_with_candidates.sort(reverse=True)
        best_new_score, best_candidate = aic_with_candidates.pop()
        if current_score > best_new_score:
            remaining.remove(best_candidate)
            selected.append(best_candidate)
            current_score = best_new_score
            print('aic is {},continuing!'.format(current_score))
        else:
            print('forward selection over!')
            break
    formula = "{} ~ {} ".format(response, ' + '.join(selected))
    print('final formula is {}'.format(formula))
    model = smf.glm(
        formula=formula, data=data,
        family=sm.families.Binomial(sm.families.links.logit())
    ).fit()

    return(model)

candidates = churn.columns.tolist()[1:]
data_for_select = train[candidates]
lg_m1 = forward_select(data=data_for_select, response='churn')
lg_m1.summary()
```

此时，逐步向前法给出的建议是 final formula is churn～duration + feton + gender + call_10086 + peakMinDiff + edu_class + AGE + prom + nrProm + posTrend + negTrend + peakMinAv + posPlanChange，原来有 19 个变量，筛选后剩下 14 个变量（包含 intercept

截距项）。但是我们注意到，在这 14 个变量中，仍然会出现多重共线性，如 posTrend 和 negTrend 变量是高度相关的，因此需要将它们中的一部分剔除。这里使用方差膨胀因子检测，这是一种衡量多元线性回归模型中多重共线性严重程度的度量方法：

```
def vif(df, col_i):
    from statsmodels.formula.api import ols
    cols = list(df.columns)
    cols.remove(col_i)
    cols_noti = cols
    formula = col_i + '~' + '+'.join(cols_noti)
    r2 = ols(formula, df).fit().rsquared
    return 1. / (1. - r2)

after_select = lg_m1.params.index.tolist()[1:]  # Intercept 不算
exog = train[after_select]
for i in exog.columns:
    print(i, '\t', vif(df=exog, col_i=i))
```

运行结果如下。

```
duration      1.1615046991058127
feton         1.0328256567299996
gender        1.0133391644017549
call_10086    1.031223607502261
peakMinDiff   1.751496545110971
edu_class     1.088991484453598
AGE           1.0509696212426345
prom          10.737528463052845
nrProm        10.65776904003062
posTrend      10.796864945899232
negTrend      10.721360755367623
peakMinAv     1.098680725629805
posPlanChange 1.0556555380450348
```

按照一般规则，结果大于 10 的就算超标，这种情况通常成对出现，因此只需要删除成对出现中的一个即可。这里我们挑成对出现中较大的删除，即删除变量 prom、posTrend，并且再次输出多重共线性的检测结果：

```
drop = ['prom', 'posTrend']
final_left = [x for x in after_select if x not in drop]

exog = train[final_left]
for i in exog.columns:
    print(i, '\t', vif(df=exog, col_i=i))
```

运行结果如下。

```
duration      1.1589258261690667
feton         1.0319590476682938
```

```
gender          1.012938595864984
call_10086      1.0309266554767367
peakMinDiff     1.7195996869483132
edu_class       1.088768285735715
AGE             1.0479446481316026
nrProm          1.0040572241454908
negTrend        1.7000124717548548
peakMinAv       1.0469256802908604
posPlanChange 1.0120499617910745
```

可以看到方差膨胀因子显著下降。接下来，再次进行建模和检验：

```
lg1 = smf.glm(formula='churn ~ duration + feton + gender + call_10086 + peakMinDiff + edu_class + AGE + nrProm + negTrend + peakMinAv + posPlanChange', data=churn,family=sm.families.Binomial(sm.families.links.logit())).fit()
train['proba'] = lg1.predict(train)
test['proba'] = lg1.predict(test)
test['prediction'] = (test['proba'] > 0.5)*1
acc = sum(test['prediction'] == test['churn']) / len(test)
print(f'The accuracy is: {acc}')
```

运行结果如下。

```
The accuracy is: 0.8267564966313763
```

这次我们的预测准确率达到了 82.7%。同样地，我们作出 *ROC* 曲线图：

```
fpr_test, tpr_test, th_test = metrics.roc_curve(test.churn, test.proba)
fpr_train, tpr_train, th_train = metrics.roc_curve(train.churn, train.proba)
plt.figure(figsize=[3, 3])
plt.plot(fpr_test, tpr_test, 'b--')
plt.plot(fpr_train, tpr_train, 'r--')
plt.title('ROC curve')
plt.show()
```

运行结果如图 8-27 所示。

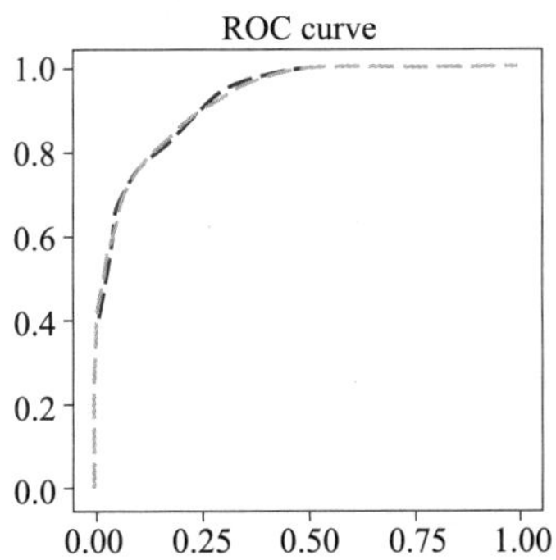

图 8-27　多元逻辑回归 *ROC* 曲线图

同时，计算 *AUC* 值：

```
print(f'AUC = {metrics.auc(fpr_test, tpr_test)}')
```

运行结果如下。

```
AUC = 0.9205861996328729
```

从 *AUC* 的值来看，模型的效果较好。

思考题

1. 请简述线性回归模型的基本思想及适用场景。

2. 请简述线性回归和逻辑回归的差异，包括变量类型、损失函数以及应用领域等方面。

3. 正则化的主要作用是什么？L_1 正则化方法和 L_2 正则化方法有什么差异？

参考答案

第 9 章

分类

分类算法（Classification Algorithm）是一种基于一个或多个自变量确定因变量所属类别的算法，与回归算法同样属于监督学习算法。分类算法已经有非常成熟的应用，广泛应用于包括垃圾邮件监测、客户流失预测、情感分析等在内的诸多任务。本章将介绍 KNN、决策树、朴素贝叶斯和 SVM 四种算法及其对应的案例。

9.1 KNN

9.1.1 KNN 原理

KNN（K-Nearest Neighbor）算法也称“K 近邻算法”，是一种经典的有监督学习方法。简单来说就是依靠 K 个距离最近的邻居来预测未知样本的状态，即“物以类聚，人以群分”。它没有训练的过程，不会预先生成一个分类或预测模型，即没有一个显式的学习过程，而是同时进行模型的构建以及对未知数据进行预测。KNN 算法既可以对离散变量做分类，也可以对连续变量做预测。KNN 算法的核心思想就是比较已知标签的样本与未知标签的样本之间的相似度，以相似度作为依据，寻找最相似的 K 个样本用作对未知样本的预测。图 9-1 展示了一个简单的 $K=5$ 的分类任务例子。

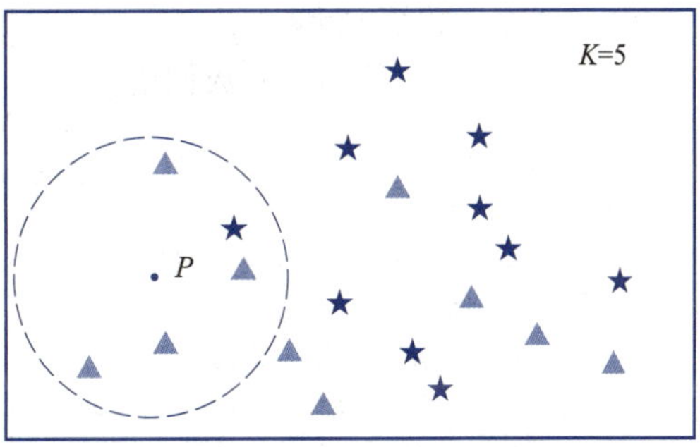

图 9-1　KNN 简单例子

$K=5$ 时，寻找距离待分类点 P 最近的 5 个样本。如图所示，最近的有 4 个三角形和 1 个五角星，根据少数服从多数原则，我们不难得到 P 的类别为三角形。

以 KNN 算法的分类任务为例，算法的基本步骤如下：

（1）确定 K 值，即每个需要确定的簇内由 K 个样本构成。

（2）根据某种度量方式（常见的有欧氏距离），计算样本之间的相似度，将每一个未知类别样本的最近 K 个点搜寻出来，形成一个个簇。

（3）在上一步形成的每个簇内，对搜寻出来的已知样本进行投票，将各簇下数量最多的类别用作未知样本点的预测。

计算样本间相似度最简单的方法是计算样本之间的欧式距离。假设有两个样本点 A 和 B，每个样本点有两个特征，点 A 为（x_1，x_2），点 B 为（y_1，y_2）。根据欧式距离的计算方法，A 和 B 点之间的距离为：

$$|AB| = \sqrt{(x_1 - y_1)^2 + (x_2 - y_2)^2}$$

在实际应用中，通常每个样本有 n 个特征。将上述计算方法推广到 n 个特征的情况，假设点 A 为（x_1，x_2，…，x_n），点 B 为（y_1，y_2，…，y_n），则 AB 两点间的距离为：

$$|AB| = \sqrt{(x_1 - y_1)^2 + (x_2 - y_2)^2 + \cdots + (x_n - y_n)^2}$$

因此，在针对分类问题时，通过上述的步骤即可得到未知类别样本的预测标签。而在解决回归问题时，只需将步骤（3）的内容替换为：使用各簇中样本值的平均值或者加权平均值作为未知样本点的结果。

需要注意的是，K 值的选择会对 KNN 算法的效果产生非常大的影响。如果选择较小的 K 值，就相当于在较小的邻域范围内进行训练预测，预测结果会对临近的样本点非常敏感，如果临近点恰好是噪声，预测结果将会出错。换言之，K 值的减小会使得模型变复杂，容易发生过拟合。而当我们选择较大的 K 值时，就相当于在较大的邻域范围内进行训练预测，虽然起到了简化模型的效果，同时也提高了近似误差，因为和预测点可能不相关的较远的样本点也参与了预测过程。增大或者减小 K 值都会导致不同的投票结果，通常使用交叉验证的方法以平均误差为标准来找出最优的 K 值。

9.1.2 案例：社交网络平台汽车广告精准营销

9.1.2.1 案例背景

本案例中使用的数据集包含年龄、工资和购买特定汽车的决定。简单使用 KNN 算法来预测某个特定的人是否会买车。

9.1.2.2 数据读取

导入所需要的包并读入数据集：

```
import numpy as np
import os
import matplotlib.pyplot as plt
import pandas as pd
import seaborn as sns
from sklearn.model_selection import train_test_split
from sklearn.preprocessing import StandardScaler
from matplotlib.colors import ListedColormap
from sklearn.neighbors import KNeighborsClassifier
from sklearn.metrics import confusion_matrix,classification_report,
accuracy_score
import warnings
```

```
warnings.filterwarnings('ignore')
plt.style.use('fivethirtyeight')
dataset=pd.read_csv('./Social_Network_Ads.csv')
dataset.head(2)
```

运行得到数据集的样式如图 9-2 所示。

	User ID	Gender	Age	EstimatedSalary	Purchased
0	15624510	Male	19	19000	0
1	15810944	Male	35	20000	0

图 9-2　数据集样式

使用“describe”查看各列的统计信息：

```
dataset.describe().T
```

运行结果如图 9-3 所示。

	count	mean	std	min	25%	50%	75%	max
User ID	400.0	1.569154e+07	71658.321581	15566689.0	15626763.75	15694341.5	15750363.0	15815236.0
Age	400.0	3.765500e+01	10.482877	18.0	29.75	37.0	46.0	60.0
EstimatedSalary	400.0	6.974250e+04	34096.960282	15000.0	43000.00	70000.0	88000.0	150000.0
Purchased	400.0	3.575000e-01	0.479864	0.0	0.00	0.0	1.0	1.0

图 9-3　各列统计信息

从图 9-3 中可以看到，数据集内的用户平均年龄大约 37 岁，平均工资 69 742 美元。

接下来，分别从性别、薪资分布以及是否购买这几个方面，对数据进行一些初步的可视化。

针对数据中性别的分布进行可视化：

```
f,ax=plt.subplots(1,2,figsize=(18,8))
dataset['Gender'].value_counts().plot.pie(explode=[0,0.05],autopct='%
1.1f%%',ax=ax[0],shadow=True)
ax[0].set_title('Purchase by Gender')
ax[0].set_ylabel('Count')
sns.countplot('Gender',data=dataset,ax=ax[1],order=dataset['Gender'].
value_counts().index)
ax[1].set_title('Purchase by Gender')
plt.show()
```

运行结果如图 9-4 所示。可以看到数据集中男女的数量是比较平均的。

针对数据集中的薪资分布进行可视化：

```
fig=plt.gcf()
fig.set_size_inches(10,7)
fig=sns.distplot(dataset['EstimatedSalary'],kde=True,bins=50)
```

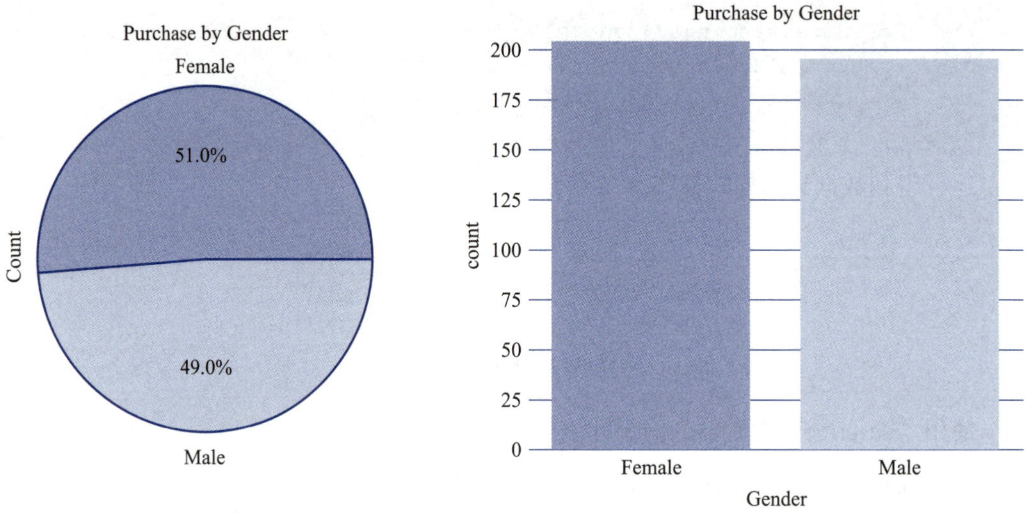

图 9-4 性别分布情况

运行结果如图 9-5 所示。

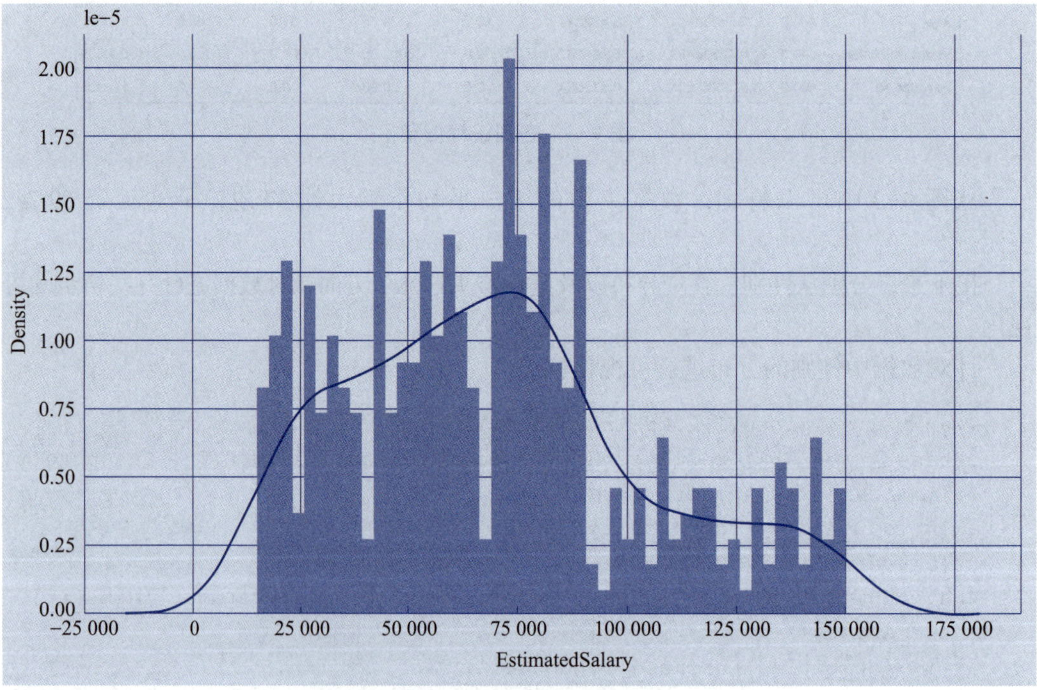

图 9-5 薪资分布情况

对数据集中是否已购买的变量的可视化：

```
f,ax=plt.subplots(1,2,figsize=(18,8))
dataset['Purchased'].value_counts().plot.pie(explode=[0,0.05],autopct
='%1.1f%%',ax=ax[0],shadow=True)
ax[0].set_title('Purchase Distribution')
```

```
ax[0].set_ylabel('Count')
sns.countplot('Purchased',data=dataset,ax=ax[1],order=dataset['Purchased'].value_counts().index)
ax[1].set_title('Purchase Distribution')
plt.show()
```

运行结果如图 9-6 所示。

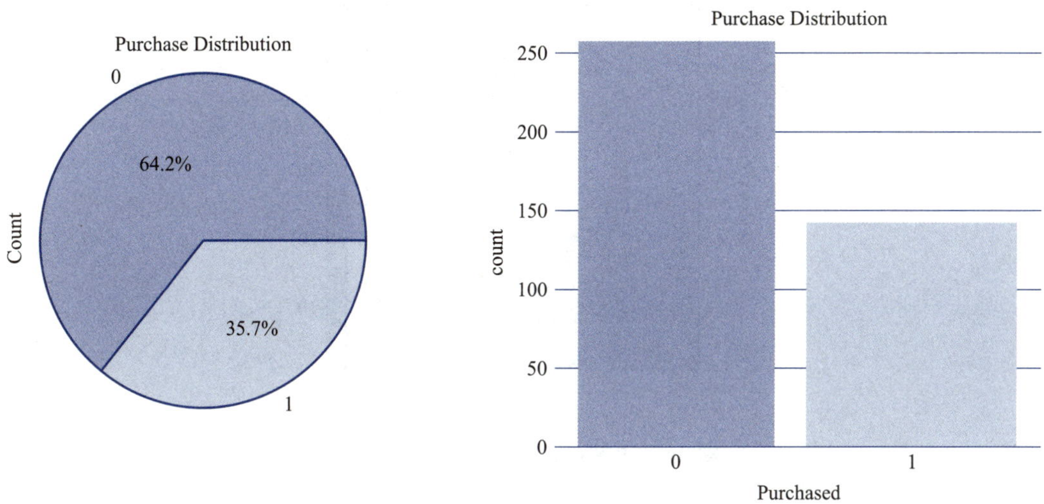

图 9-6 是否购买分布情况

可以看到，数据集中 64.2% 的人都没有买车。

9.1.2.3 模型构建与训练

接下来，我们构建 KNN 模型。选取 $K=1$，并对数据集作划分，将全部数据的 80% 作为训练集，20% 作为测试集，然后在测试集上作出预测：

```
1 X=dataset.iloc[:,[2,3]].values
2 y=dataset.iloc[:,4].values
3 X_train,X_test,y_train,y_test=train_test_split(X,y,test_size=0.2,random_state=0)
4 X_train= StandardScaler().fit_transform(X_train)
5 X_test= StandardScaler().fit_transform(X_test)
6 classifier=KNeighborsClassifier(n_neighbors=1,metric='minkowski',p=2)
7 classifier.fit(X_train,y_train)
8 y_pred=classifier.predict(X_test)
```

代码的第 4—5 行对数据进行了标准化，这一步的目的是防止不同特征的量纲相差较大而影响建模效果。然后，我们对刚刚得到的模型和它的预测结果做一个简单的评估：

```
cm=confusion_matrix(y_test,y_pred)
f, ax = plt.subplots(figsize =(5,5))
sns.heatmap(cm,annot = True,linewidths=0.5,linecolor="red",fmt = ".0f",ax=ax)
```

```
plt.title("Test for Test Dataset")
plt.xlabel("predicted y values")
plt.ylabel("real y values")
plt.show()
```

$K=1$ 时的 KNN 结果混淆矩阵如图 9−7 所示。

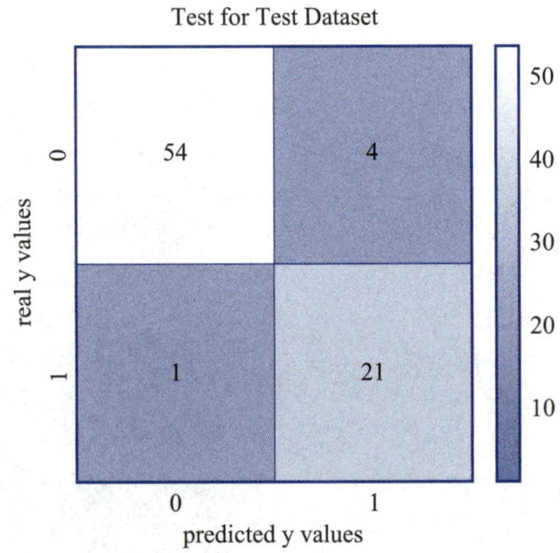

图 9−7 KNN 在 K=1 时结果混淆矩阵

同时，输出模型的准确率：

```
print(accuracy_score(y_test,y_pred))
```

运行结果如下。

```
0.925
```

可以看到，$K=1$ 时模型的准确率达到 92.5%。

9.1.2.4 模型参数调优

接下来，我们需要找到一个合适的 K 值，以提升我们的模型准确率：

```
error_rate=[]
for i in range(1,40):
    knn=KNeighborsClassifier(n_neighbors=i)
    knn.fit(X_train,y_train)
    pred_i=knn.predict(X_test)
error_rate.append(np.mean(pred_i != y_test))
plt.figure(figsize=(10,6))
plt.plot(range(1,40),error_rate,color='blue',
linestyle='dashed',marker='o',markerfacecolor='red',markersize=10)
plt.title('Error Rate Vs K Value')
plt.xlabel('K')
plt.ylabel('Error Rate')
plt.show()
```

运行结果如图 9−8 所示。

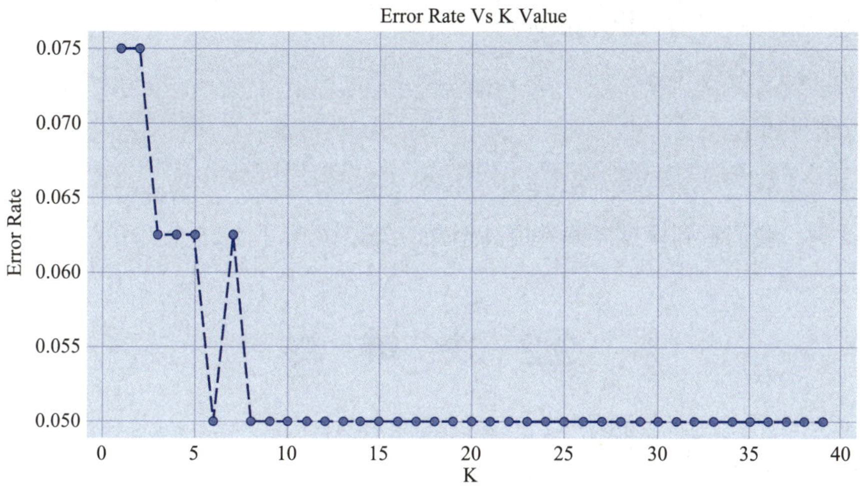

图 9-8　不同 *K* 值的选取

不难看出，$K=5$ 时是一个较为理想的结果。因此，我们选取 $K=5$ 重新训练模型，并对新模型做出评估：

```
classifier=KNeighborsClassifier(n_neighbors=5,metric='minkowski',p=2)
classifier.fit(X_train,y_train)
y_pred=classifier.predict(X_test)
cm=confusion_matrix(y_test,y_pred)
f, ax = plt.subplots(figsize =(5,5))
sns.heatmap(cm,annot = True,linewidths=0.5,linecolor="red",fmt = ".0f",
ax=ax)
plt.title("Test for Test Dataset")
plt.xlabel("predicted y values")
plt.ylabel("real y values")
plt.show()
```

运行得到模型结果的混淆矩阵，如图 9-9 所示。

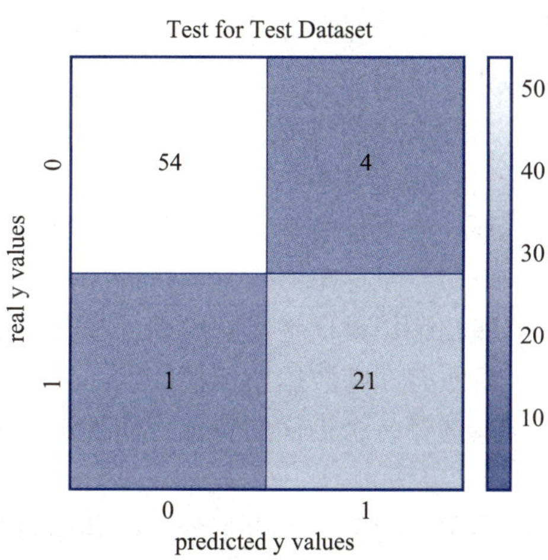

图 9-9　KNN 在 *K*=5 时结果的混淆矩阵

同时，输出 $K=5$ 时的模型准确率：

```
print(accuracy_score(y_test,y_pred))
```

运行结果如下。

```
0.9375
```

$K=5$ 时，我们看到模型准确率提高至 93.75%，提升了 1.25 个百分点。

9.2 决策树

9.2.1 决策树原理

决策树（Decision Tree）是一种经典的监督学习方法，是基本的分类与回归方法。决策树一般是自上而下生成的，通过多个条件判别过程将数据进行划分，所以决策树也可以看作一个互斥且完备的条件集合。它是一种树形结构的算法，内部的每个非叶节点代表一个属性的判断，而叶子节点代表一种分类结果。决策树模型既可解决回归问题，也可解决分类问题。其特殊的树形结构使得模型输出结果具有非常好的可解释性，因此在实际应用时，非常适合探索式的知识发现。

图 9-10 展示了一个简单的决策树模型，该模型主要用于解决收入预测问题。从决策结构上看，这个决策树首先判断人际关系是否小于 15，如果小于 15，则这个人的收入小于等于 5 万元。如果人际关系大于等于 15，那么进一步判断，查看其教育水平是否低于大学水平：如果是，则其收入小于等于 5 万元；如果不是，则其收入大于 5 万元。

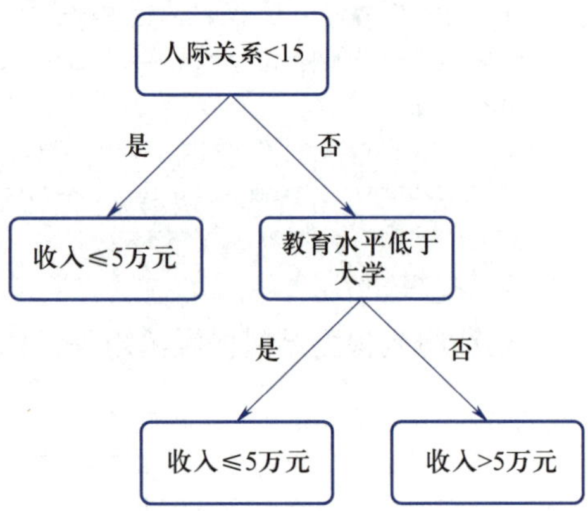

图 9-10 决策树简单示例

决策树的模型由节点和有向边构成。节点主要分为两种类型：内部节点（非叶节点）和叶子节点。有向边代表了一种分类条件。内部节点（非叶节点）表示一个特征或者属性，叶子节点则代表一个分好的类别。从内部节点（非叶节点）出发的所有判断分类条件应满足互斥和完备条件。

决策树学习算法是一个递归选择最优特征的过程，步骤如下：

（1）构建一个根节点，将所有训练数据放在根节点。

（2）根据所用的度量方式选择一个最优的特征，使得该特征在当下能够最好地区分数据的各个类别。

（3）如果某个节点已经是单纯的类，不再细分，将其作为叶子节点；否则，继续递归，选择属性划分数据集。

（4）直到所有的数据集被正确地划分或者没有合适的特征结束。

显而易见，如何选择划分数据集的字段，即采用何种度量方式来判断划分结果的好坏，将较大程度地影响模型的分类效果。特征选择在于选取对训练数据有分类能力的特征，目的是更好地划分数据集，使得经过划分后的待分类项尽可能处于同一类别，划分出的数据集尽可能“纯”。

在特征选择时，主要有三种不同的度量方法：信息增益、信息增益率和基尼（GINI）系数。这三个度量方法分别对应 ID3、C4.5 和 CART 方法。下面我们以 CART 方法和 GINI 系数为例来具体说明决策树模型的建树依据。

无论 ID3 算法还是 C4.5 算法都只能解决分类问题，而无法解决回归问题，因此 Breiman 等人在 1984 年提出了 CART 算法，也称为分类回归树。CART 算法既能够解决分类问题，也能够解决回归问题，其使用 GINI 系数作为选择特征。

GINI 系数代表了模型的不纯度，反映了数据集中随机抽取的两个样本类别标记不一致的概率，因此 GINI 系数越小代表数据越纯净。对于给定的样本集合 D，其 GINI 系数定义为：

$$Gini(D)=1-\sum_{k=1}^{K}\left(\frac{|C_k|}{|D|}\right)^2$$

其中，C_k 是 D 中属于第 k 类的样本子集，K 是类的个数。

例如，一个高收入群体中只有一个类别——全部人的收入都大于 5 万元，其出现的概率为 100%，所以该系统的基尼系数为 $1-1^2=0$，表示该系统没有混乱度，或者该系统的“纯”度很高。而如果样本中一半是低收入人群（收入小于等于 5 万元），另一半是高收入人群，那么类别个数为 2，每个类出现的频率都为 50%，所以其基尼系数为 $1-(0.5^2+0.5^2)=0.5$，即混乱度很高。

如果样本集合 D 根据特征 A 是否取某一值 a，被分割为 D_1 和 D_2 两部分，则在特征 A 的条件下，集合 D 的 GINI 系数为：

$$Gini(D,A)=\frac{|D_1|}{|D|}Gini(D_1)+\frac{|D_2|}{|D|}Gini(D_2)$$

例如，一个初始样本集合中有 1 000 个人，其中有 750 人是低收入人群，250 人是高收入人群，那么该系统的基尼系数为 $1-(0.75^2+0.25^2)=0.375$。下面采用两种方式决定根节点：一是根据“人际关系＜15”进行划分；二是根据“教育水平低于大学”进行分类。

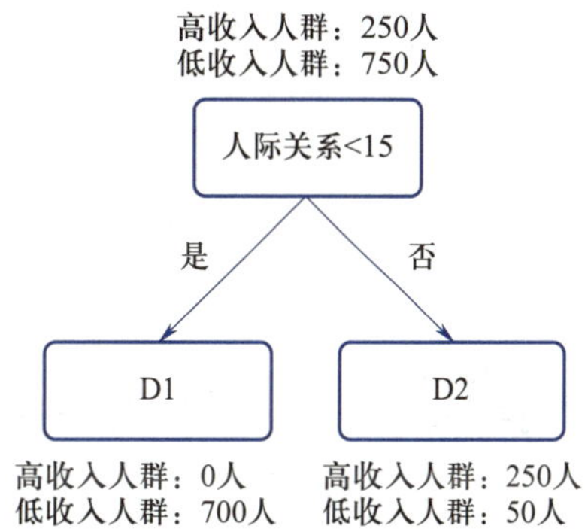

图 9-11　以“人际关系＜15”为根节点进行划分的决策树

首先，我们按“人际关系＜15”为根节点进行划分，假设划分后的结果如图 9-11 所示，划分后的基尼系计算过程如下。

其中，D_1 的基尼系数为 $Gini(D_1)=1-\left(\frac{0}{700}\right)^2-\left(\frac{700}{700}\right)^2=0$，$D_2$ 的基尼系数为 $Gini(D_2)=$

$1-\left(\frac{250}{300}\right)^2-\left(\frac{50}{300}\right)^2=0.277\,8$，划分后的基尼系数为 $Gini(D)=\frac{700}{1\,000}\times 0+\frac{300}{1\,000}\times 0.277\,8=$ $0.083\,3$。可以看出，划分后系统的混乱程度大幅下降了。

接下来，我们按“教育水平低于大学”为根节点进行划分，假设划分后的结果如图 9-12 所示，划分后的基尼系计算过程如下。

其中，D_1 的基尼系数为 $Gini(D_1)=1-\left(\frac{50}{550}\right)^2-\left(\frac{500}{550}\right)^2=0.165\,3$，$D_2$ 的基尼系数为 $Gini(D_2)=1-\left(\frac{200}{450}\right)^2-\left(\frac{250}{450}\right)^2=0.493\,8$，划分后的基尼系数为 $Gini(D)=\frac{550}{1\,000}\times 0.165\,3+\frac{450}{1\,000}\times 0.493\,8=0.313\,1$，那么相较于划分前的 0.375，系统的混乱程度并没有很好地改善。比较这两种方法后，显然以“人际关系<15”为根节点进行划分更为合理。

一般而言，在构造 CART 树时，每次都在所有的特征 A 以及所有可能的切分点 a 中，选择 GINI 系数最小的一项作为切分点。

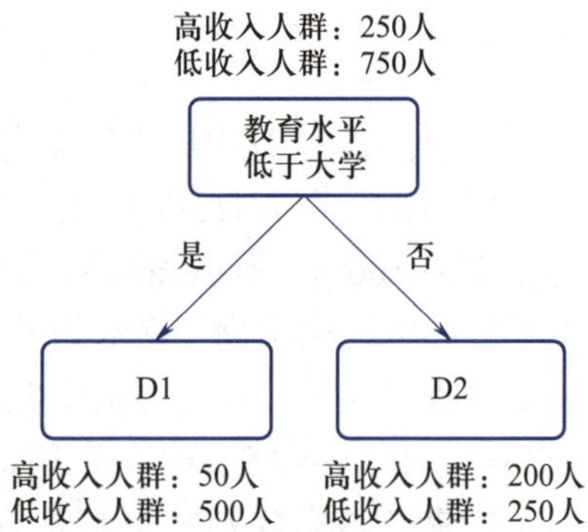

图 9-12 以“教育水平低于大学”为根节点进行划分的决策树

由于决策树递归产生决策树，直到不能继续下去为止，这样有可能导致决策树的分支过多，将训练集中一些特有的特征当作一般性质来进行预测，从而导致过拟合。因此，减少分支的策略可以在一定程度上缓解决策树模型的过拟合问题，这也被称为剪枝。剪枝算法又可以分为两种：

预剪枝（Pre-Pruning）——构造决策树的过程中在划分每个节点之前进行评估，如果划分当前节点不能提升泛化性能，则停止划分并将当前节点标记为叶子节点。

后剪枝（Post-Pruning）——在决策树构造完成后，自底向上对树中的非叶节点进行评估，如果对节点剪枝后能够提升泛化性能，则将其标记为叶子节点。

后剪枝相比于预剪枝，需要在训练完成后对所有非叶节点进行评估，因此时间开销较高。

专栏 信息增益与 ID3 方法、信息增益率和 C4.5 方法

在了解信息增益之前需要了解信息熵的概念。通俗地讲，信息熵用于度量随机变量的不确定性。随机变量的不确定性越大，信息熵就越大；反之，信息熵就越小。直观地理解，如果随机变量中，某些事件为大概率事件，那么随机变量的结果确定性也就越大；而所有事件都均等时，随机变量的结果也就无法确定。因此，基于以上理解，信息增益就是在一个条件下不确定性减少的程度，具体的定义为：

$$Gain(T,X)=H(T)-H(T|X)$$

可以将信息增益理解为随机变量 T 通过观察另一个随机变量 x 而获得的信息量。对于已知的事件 X 来说，事件 T 的信息增益就是 T 的信息熵与 X 事件下 T 的条件熵之差。事件 X 对事件 T 的影响越大，条件熵 $H(T|X)$ 越小（在事件 X 的影响下，事件 T 被划分得越“纯”），此时会增大事件熵与条件熵的差值，即信息增益越大，进而说明事件 T 的信息熵下降得越多。

不妨假设现在存在一个样本集合 T，那么定义这个 T 的熵为：

$$H(T) = -\sum_{i=1}^{n} p_i \log p_i$$

其中，p_i 代表第 i 个类别在整个数据集中出现的概率。条件熵（Conditional Entropy）描述在已知第二个变量 X 的情况下，随机变量 T 的信息熵值，定义如下：

$$H(T \mid x) = \sum_{x \in X} p(x) H(T \mid X = x)$$

即，条件熵的值等于被特征分割以后的信息熵的加权平均。

一般情况下，熵越小数据分类结果越好，但当熵非常小的时候添加字段过多并不理想，属于过度学习。

经典的 ID3 决策树算法就是使用信息增益来选择划分数据集的属性，但是信息增益这种度量方式会使得模型偏向选择取值较多的字段，这就会使得决策树分叉过多。如果存在唯一标识属性——ID，那么 ID3 算法会倾向选择 ID 字段来划分数据集，虽然划分后可以使各个子数据集非常纯净，但这并不是我们期望的结果，因为划分的类别过多就无法起到归类的作用。

为了解决 ID3 算法所带来的问题，学者提出了信息增益率的概念，其主要思想非常简单，就是在信息增益的基础上进行相应的惩罚。信息增益率的定义如下：

$$Gain\_Ratio(T, X) = \frac{Gain(T, X)}{H_X}$$

其中，H_X 为对 X 取值个数的惩罚，X 可取的值越多，H_X 越大。这种商的形式实现了对 $Gain(T, X)$ 的惩罚，从而使算法在考虑信息增益的同时也考虑树分叉的数量，从而避免树分叉过多。C4.5 算法则使用信息增益率来划分数据集。

9.2.2 案例：成年人群体收入预测

9.2.2.1 案例背景

下面，我们通过一个案例来具体说明决策树的方法。本案例使用的数据集包含原始资本积累、每周工作时长、教育程度等字段。我们需要通过这些字段来预测这些人的收入状况，判断是否是高收入人群（收入大于 5 万元）。

9.2.2.2 数据读取与划分

导入所需的库并读取数据：

```
# 读入相应的文件
```

```
import pandas as pd
import numpy as np
from sklearn.preprocessing import LabelEncoder
from sklearn.tree import DecisionTreeClassifier
from sklearn.model_selection import train_test_split
from sklearn.metrics import precision_score, recall_score, roc_auc_
score, roc_curve, accuracy_score
from sklearn.tree import export_graphviz
import graphviz
df = pd.read_csv("./adult.csv")
df.head()
```

可以看到数据已经被读入，如图 9-13 所示。

	age	workclass	fnlwgt	education	education.num	...	capital.gain	capital.loss	hours.per.week	native.country	income
0	90	?	77053	HS-grad	9	...	0	4356	40	United-States	<=50K
1	82	Private	132870	HS-grad	9	...	0	4356	18	United-States	<=50K
2	66	?	186061	Some-college	10	...	0	4356	40	United-States	<=50K
3	54	Private	140359	7th-8th	4	...	0	3900	40	United-States	<=50K
4	41	Private	264663	Some-college	10	...	0	3900	40	United-States	<=50K

图 9-13 读入后的数据

查看后，我们发现有些是数值型的列，有些是标签或分类。因此，我们接下来需要对标签列进行数值化处理。

先定义需要处理的列名，并且查看各个列的空值情况：

```
df.columns = ["age", "workclass", "fnlwgt", "education", "education_
num",
"marital_status", "occupation", "relationship", "race",
"sex", "capital_gain", "capital_loss", "hours_per_week",
"native_country", "income"]
df.isnull().sum()
```

运行结果如下。

```
age             0
workclass       0
fnlwgt          0
education       0
education_num   0
marital_status  0
occupation      0
relationship    0
race            0
sex             0
capital_gain    0
capital_loss    0
```

```
hours_per_week     0
native_country     0
income             0
dtype: int64
```

可以看到，不存在值为“NaN”的数据，但是图 9-13 显示数据中存在大量的“？”，这些需要我们进一步处理：

```
numeric = ["age", "fnlwgt", "education_num", "capital_gain", "capital_loss", "hours_per_week"]
categorical = ["workclass", "education", "marital_status", "occupation",
       "relationship", "race", "sex", "native_country", "income"]
df = df[~df[categorical].apply(lambda row: row.str.contains('\?', na=False)).any(axis=1)]
df = df[df.workclass != "never-worked"]
df = df[df.workclass != "without-pay"]
df = df[df.occupation != "Armed-Forces"]
df = df[df.native_country != "Holand-Netherlands"]
```

由于一些字段是标签或分类，需要对这些列进行处理，将它们转换成为数值型：

```
df["education"] = df["education"].str.replace("1st-4th", "Elementary-School")
df["education"] = df["education"].str.replace("5th-6th", "Elementary-School")
df["education"] = df["education"].str.replace("7th-8th", "Elementary-School")
df["education"] = df["education"].str.replace("9th", "High-School")
df["education"] = df["education"].str.replace("10th", "High-School")
df["education"] = df["education"].str.replace("11th", "High-School")
df["education"] = df["education"].str.replace("12th", "High-School")
df["education"] = df["education"].str.replace("Masters", "Postgraduate")
df["education"] = df["education"].str.replace("Doctorate", "Postgraduate")
df["education"] = df["education"].str.replace("Bachelors", "Undergraduate")
df["education"] = df["education"].str.replace("Some-college", "Undergraduate")
def label_encoder(column):
    le = LabelEncoder().fit(column)
    return le.transform(column)
for col in categorical:
    df[col] = label_encoder(df[col])
df.head()
```

运行结果如图 9-14 所示。数据中所有特征都已经转换为数值类型，接下来就可以对数据进行划分，并且开始训练模型。

接下来，我们对训练集和测试集进行划分：

```
data = df
labels = np.array(data.pop('income'))
train, test, train_labels, test_labels = train_test_split(data, labels,
                                                          stratify = labels,
                                                          test_size = 0.3,
                                                          random_state = 514)
train = train.fillna(train.mean())
test = test.fillna(test.mean())
features = list(train.columns)
```

	age	workclass	fnlwgt	education	education_num	...	capital_gain	capital_loss	hours_per_week	native_country	income
1	82	2	132870	3	9	...	0	4356	18	37	0
3	54	2	140359	2	4	...	0	3900	40	37	0
4	41	2	264663	8	10	...	0	3900	40	37	0
5	34	2	216864	3	9	...	0	3770	45	37	0
6	38	2	150601	4	6	...	0	3770	40	37	0

图 9-14　处理后的数据

9.2.2.3　模型搭建与训练

数据划分完毕后，进行决策树的训练：

```
tree = DecisionTreeClassifier(random_state=42, max_depth=3,max_leaf_nodes=5)
tree.fit(train, train_labels)
print(f'Decision tree has {tree.tree_.node_count} nodes with maximum depth {tree.tree_.max_depth}.')
```

运行结果如下。

```
Decision tree has 9 nodes with maximum depth 3.
```

接下来，我们对模型进行测试：

```
# 模型在测试集上的表现
probs = tree.predict_proba(test)[:, 1]
predictions = tree.predict(test)

print(f'Test accuracy Score: {accuracy_score(predictions, test_labels)}')
print(f'Test ROC AUC  Score: {roc_auc_score(test_labels, probs)}')
```

运行结果如下。

```
Test accuracy Score: 0.8217996904709264
Test ROC AUC  Score: 0.8308394043223805
```

从结果中可以看到，我们的模型准确率为 82.17%，*AUC* 值为 0.830 8。

接下来，我们寻找对于收入影响最大的因子：

```
fi = pd.DataFrame({'feature': features,
```

```
                 'importance': tree.feature_importances_}).\
                 sort_values('importance', ascending = False)
fi.head(10)
```

运行结果如图 9-15 所示。这样，我们就得到了影响最大的前十个字段。

	feature	importance
7	relationship	0.610118
4	education_num	0.223226
10	capital_gain	0.166656
0	age	0.000000
1	workclass	0.000000
2	fnlwgt	0.000000
3	education	0.000000
5	marital_status	0.000000
6	occupation	0.000000
8	race	0.000000

图 9-15 决策树的影响因子

从图 9-15 中我们不难看出，影响最大的是 relationship（关系），影响较大的还有 education_num（教育）和 capital_gain（原始资本积累）。

最后，我们对决策树模型进行简单的可视化。Sklearn 对树进行可视化时使用"graphviz"来绘制，这是一个开源的图可视化工具。因此，在进行可视化之前，需要先安装额外的工具 graphviz。

打开 graphviz 的官网：https://graphviz.org/download/，在页面中找到 Windows 系统对应的下载链接，点击链接进行下载，如图 9-16 所示。

下载完成后开始安装，在图 9-17 对应的页面勾选红框位置，然后点击"下一步"。

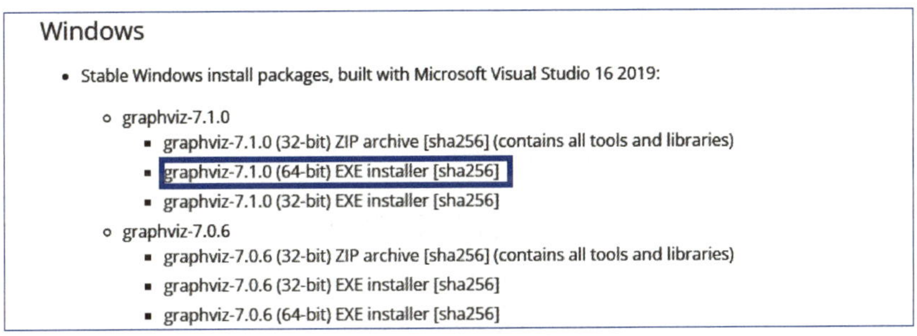

图 9-16 Windows 系统中对应的下载链接

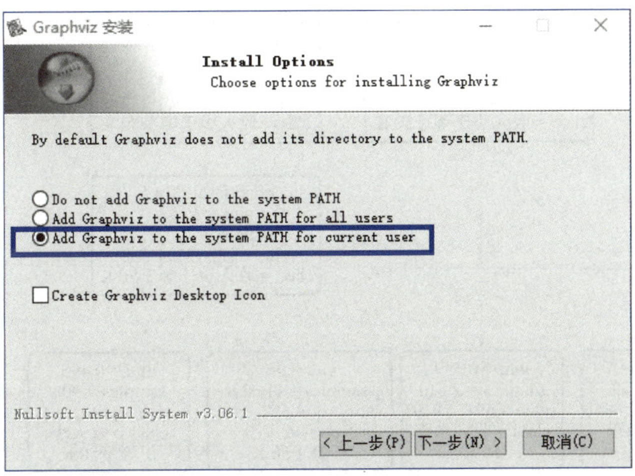

图 9-17 graphviz 安装页面

在选择安装位置时，将其安装到“C:\Environment\Graphviz”，如图 9-18 所示。

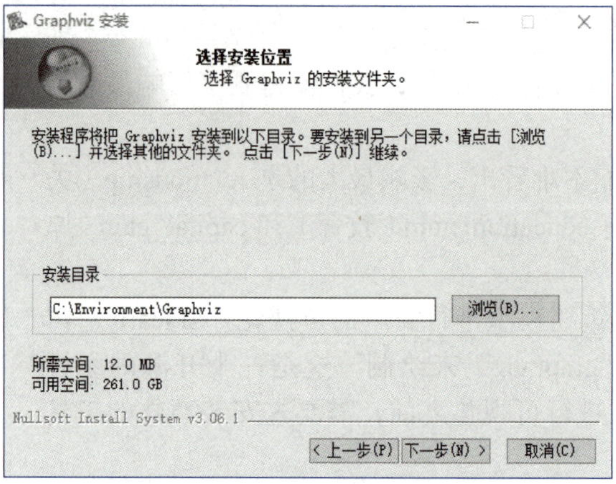

图 9-18　选择 graphviz 安装位置

安装好 graphviz 后，便可以使用下面的代码来可视化决策树模型：

```
dot_data = export_graphviz(tree, rounded = True,
                           feature_names = features,
                           class_names = ['收入少于等于 50K', '收入多于 50K'], filled = True,leaves_parallel=True)
graph = graphviz.Source(dot_data)
graph
```

决策树模型的可视化过程如图 9-19 所示。

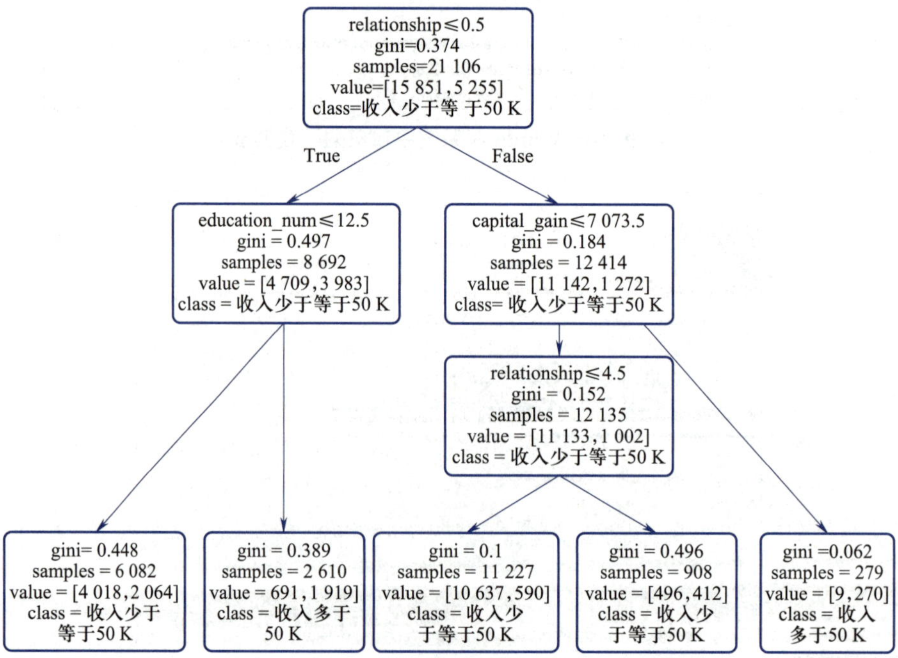

图 9-19　决策树模型可视化

9.3 朴素贝叶斯

9.3.1 朴素贝叶斯原理

朴素贝叶斯（Naive Bayes）模型是流行的数据挖掘算法之一，属于有监督的学习算法，用来解决分类问题。该算法的思想非常简单，根据一些特征判断未知样本的状态。比如，如果西瓜成熟与西瓜蒂脱落之间存在一定关系，那么可以在一个西瓜蒂脱落时计算其成熟与不成熟的概率，然后将概率最大的状态作为西瓜是否成熟的预测结果。具体计算上，先通过已知类别的训练数据集，计算样本的先验概率，然后利用贝叶斯概率公式测算未知类别样本属于某个类别的后验概率，最后将后验概率最大的类别作为样本的预测。

首先，贝叶斯定理假设 X、Y 是一对随机变量，它们的联合概率 $P(X=x, Y=y)$ 是指 X 取值为 x 且 Y 取值为 y 的概率，条件概率 $P(Y=y|X=x)$ 是指变量 X 取值为 x 的情况下，变量 Y 取值为 y 的概率。其中，联合概率和条件概率满足：

$$P(X,Y)=P(Y|X)\cdot P(X)=P(X|Y)\cdot P(Y)$$

基础的贝叶斯公式则为：

$$P(Y|X)=\frac{P(X|Y)\cdot P(Y)}{P(X)}$$

接下来，在分类问题中，假设 X 为样本的特征向量，$X\subseteq\mathbb{R}^n$，Y 为样本的类别，且共有 K 种类别，那么 $P(Y|X)$ 就可以被描述为样本 X 属于类别 Y 的概率，通过这种方式即可预测样本的类别。根据贝叶斯公式的定义，如果能够从训练数据中学习到先验概率 $P(Y=c_k)$，$k=1, 2, 3, \cdots, K$，即各个类别出现的概率，再从训练数据中学到条件概率 $P(X|Y=c_k)$ 的值，则可以根据公式计算出 $P(Y|X)$ 的值，即可完成分类的任务。

其中，条件概率 $P(X|Y=c_k)=P(X^{(1)}=x^{(1)},\cdots,X^{(n)}=x^{(n)}|Y=c_k)$，这时假设用于分类的 n 个特征在类别确定的情况下都是条件独立，即做一个条件独立性的假设，那么条件概率就变成：

$$P(X|Y=c_k)=P(X^{(1)}=x^{(1)},\cdots,X^{(n)}=x^{(n)}|Y=c_k)=\prod_{j=1}^{n}P(X^{(j)}=x^{(j)}|Y=c_k)$$

经过这个假设，朴素贝叶斯算法的求解变得简单，这个假设同样也是“朴素”二字的来源。

在已知先验概率和条件概率后，贝叶斯公式可以写作：

$$P(Y=c_k|X=x)=\frac{P(Y=c_k)\prod_{j=1}^{n}P(X^{(j)}=x^{(j)}|Y=c_k)}{P(X=x)}$$

根据全概率公式，其中的分母 $P(X=x)$ 可写为：

$$P(X=x)=\sum_{k=1}^{K}P(X=x,Y=c_k)=\sum_{k=1}^{K}P(Y=c_k)P(X=x\mid Y=c_k)$$

在我们求解 $P(Y=c_k|X=x)$ 时，无论 c_k 取何值，$P(X=x)$ 都是一个固定的常量，不会随着 c_k 的变化而变化。

在分类任务时，针对样本 x，我们希望得到使 $P(Y=c_k|X=x)$ 最大的那个类别 c_k，将类别 c_k 作为未知类别样本 x 的类别，因此贝叶斯分类器就可以表示为：

$$y=f(x)=\arg\max_{c_k}P(Y=c_k|X=x)=\arg\max_{c_k}\frac{P(Y=c_k)\prod_{j=1}^{n}P(X^{(j)}=x^{(j)}|Y=c_k)}{P(X=x)}$$

又因为 $P(X=x)$ 对于 c_k 为一个常数值，所以：

$$y=\arg\max_{c_k}P(Y=c_k)\prod_{j=1}^{n}P(X^{(j)}=x^{(j)}|Y=c_k)$$

下面我们通过一个简单的例子来说明朴素贝叶斯算法。如图 9-20 所示，我们能观察到三个现象，即刮风、打雷和乌云。假如我们希望通过三个特征变量刮风（x_1）、打雷（x_2）、乌云（x_3）来预测是否会下雨（y）。根据已有的样本，我们想要判断在刮风、不打雷且有乌云的情况下，是否会下雨，即计算并比较 $P(y=1|x_1=1, x_2=0, x_3=1)$ 和 $P(y=0|x_1=1, x_2=0, x_3=1)$ 的值。

刮风(x_1)	打雷(x_2)	乌云(x_3)	下雨(y)
1	1	1	1
1	0	0	0
0	0	1	0
1	0	1	1
0	1	1	1

图 9-20 根据刮风、打雷和乌云来预测是否下雨

代入贝叶斯公式，有：

$$P(y=1\mid x_1=1,x_2=0,x_3=1)=P(y=1)P(x_1=1|y=1)P(x_2=0|y=1)P(x_3=1\mid y=1)$$

$$P(y=0|x_1=1,x_2=0,x_3=1)=P(y=0)P(x_1=1|y=0)P(x_2=0|y=0)P(x_3=1\mid y=0)$$

则根据样本中的数据，可以得到：

$$P(y=1)=\frac{3}{5},P(x_1=1|y=1)=\frac{2}{3},P(x_2=0|y=1)=\frac{1}{3},P(x_3=1|y=1)=1$$

$$P(y=0)=\frac{2}{5},P(x_1=1|y=0)=\frac{1}{2},P(x_2=0|y=0)=1,P(x_3=1|y=0)=\frac{1}{2}$$

$$P(y=1\mid x_1=1,x_2=0,x_3=1)=P(y=1)P(x_1=1|y=1)P(x_2=0|y=1)P(x_3=1|y=1)$$
$$=\frac{3}{5}\times\frac{2}{3}\times\frac{1}{3}\times 1=\frac{2}{15}$$

$$P(y=0|x_1=1,x_2=0,x_3=1)=P(y=0)P(x_1=1|y=0)P(x_2=0|y=0)P(x_3=1|y=0)$$
$$=\frac{2}{5}\times\frac{1}{2}\times 1\times\frac{1}{2}=\frac{1}{10}$$

而 $\frac{2}{15}>\frac{1}{10}$，根据已知样本，我们可以得到在刮风、不打雷且有乌云的条件下，下

雨的概率要高于不下雨的概率。

总的来说，朴素贝叶斯模型被认为是一种经典的机器学习模型。它主要建立在贝叶斯理论的基础上，通过将数据集中的特征视为相互独立的元素，从而在应用过程中实现较快的运算速度。与其他广泛采用的机器学习模型相比，朴素贝叶斯模型的泛化能力稍显有限。然而，当样本数量以及特征数量增加时，它也能展现出不俗的预测效果。

9.3.2 案例：P2P 平台个人信用评估

9.3.2.1 案例背景

本案例使用经典的“prosperLoanData.csv”数据集，利用朴素贝叶斯模型，对用户是否能正常偿还贷款进行预测。美国 P2P 网贷平台是一个让有借款需求的借款人和有闲置资金的出资人能够自行配对的平台站点，目前拥有超过 98 万名会员和超过 2 亿美元的借贷额，是世界上最大的 P2P 借贷平台。本案例将数据集中的收入以及信用额度数据与贷款状态（是否正常偿还）建立起联系，希望通过借款人相关信息评估其个人信用，具体而言是使用这些信息来预测借款人能否正常偿还借款。

9.3.2.2 数据读取与划分

首先，我们读取数据并对数据集进行初步了解：

```
import numpy as np
import pandas as pd
import warnings
warnings.filterwarnings('ignore')
base = pd.read_csv('./prosperLoanData.csv')
```

数据集中共有 113 937 条数据，包括 81 个字段。这些字段的类型比较复杂，因此我们需要选择部分字段来研究，并选择 2008 年以后的数据：

```
drop = base
df_all = drop[drop['ListingCreationDate']>'2008-1-1']
df_all.reset_index(drop=True)
columns_new=[
    'ProsperRating (numeric)',# 平台评分
    'Term',# 偿还期限
    'BorrowerRate',# 借款标利率
    'LoanStatus',# 贷款状态
    'EmploymentStatus',# 雇佣状态
    'EmploymentStatusDuration',# 雇佣时长
    'IsBorrowerHomeowner',# 是否有房屋
    'CreditScoreRangeLower',# 消费信用最低
    'CreditScoreRangeUpper',# 消费信用最高分
    'CurrentCreditLines',# 总信用额度
    'OpenCreditLines',# 公开信用额度
    'TotalCreditLinespast7years',# 过去 7 年的总信用额度
    'OpenRevolvingAccounts',# 公开账户
```

```
    'OpenRevolvingMonthlyPayment',# 申请贷款已有的月供
    'InquiriesLast6Months',# 最近 6 个月查过多少次征信记录
    'TotalInquiries',# 被催款次数
    'CurrentDelinquencies',# 不良次数
    'AmountDelinquent',# 不良金额数
    'LoanOriginalAmount',# 原始金额的贷款
    'RevolvingCreditBalance',# 循环信贷余额
    'BankcardUtilization',# 银行卡利用率
    'TradesNeverDelinquent (percentage)',# 交易从来没有拖欠
    'DebtToIncomeRatio',# 借款人的债务收入比
    'IncomeRange',# 贷款人年收入范围
    'IncomeVerifiable',# 可核查的收入
    'StatedMonthlyIncome',# 客户月收入
    'MonthlyLoanPayment'# 每月付息
]
df = pd.DataFrame(df_all,columns = columns_new)
df.info()
```

筛选后的字段结果如图 9-21 所示。我们选择这些字段来进行研究。

```
<class 'pandas.core.frame.DataFrame'>
Int64Index: 85061 entries, 1 to 113936
Data columns (total 27 columns):
 #   Column                              Non-Null Count  Dtype
---  ------                              --------------  -----
 0   ProsperRating (numeric)             84853 non-null  float64
 1   Term                                85061 non-null  int64
 2   BorrowerRate                        85061 non-null  float64
 3   LoanStatus                          85061 non-null  object
 4   EmploymentStatus                    85061 non-null  object
 5   EmploymentStatusDuration            85041 non-null  float64
 6   IsBorrowerHomeowner                 85061 non-null  bool
 7   CreditScoreRangeLower               85061 non-null  float64
 8   CreditScoreRangeUpper               85061 non-null  float64
 9   CurrentCreditLines                  85061 non-null  float64
 10  OpenCreditLines                     85061 non-null  float64
 11  TotalCreditLinespast7years          85061 non-null  float64
 12  OpenRevolvingAccounts               85061 non-null  int64
 13  OpenRevolvingMonthlyPayment         85061 non-null  float64
 14  InquiriesLast6Months                85061 non-null  float64
 15  TotalInquiries                      85061 non-null  float64
 16  CurrentDelinquencies                85061 non-null  float64
 17  AmountDelinquent                    85061 non-null  float64
 18  LoanOriginalAmount                  85061 non-null  int64
 19  RevolvingCreditBalance              85061 non-null  float64
 20  BankcardUtilization                 85061 non-null  float64
 21  TradesNeverDelinquent (percentage)  85061 non-null  float64
 22  DebtToIncomeRatio                   77740 non-null  float64
 23  IncomeRange                         85061 non-null  object
 24  IncomeVerifiable                    85061 non-null  bool
 25  StatedMonthlyIncome                 85061 non-null  float64
 26  MonthlyLoanPayment                  85061 non-null  float64
dtypes: bool(2), float64(19), int64(3), object(3)
memory usage: 17.0+ MB
```

图 9-21 筛选后的字段结果

我们先将数据类型为“object”的字段的缺失值用“unknown”填充，然后将数值类型缺失值用中位数填充。

```
categorical=df.select_dtypes(include=['object']).columns.values
df[categorical]=df[categorical].fillna('unknown')
```

```
df.select_dtypes(exclude=[np.number]).isnull().sum()
categorical_num = df.select_dtypes(include=[np.number]).columns.values
def find_na_column(df,columns):
    miss_columns = []
    for column in columns:
        if (df[column].isnull().sum())> 0:
            miss_columns.append(column)
    return miss_columns
categorical_num=find_na_column(df,categorical_num)
def fillNull(column):
    null_count=df[column].isnull().sum()
    sum_count=df.shape[0]
    null_rate=null_count/sum_count
    df[column]=df[column].fillna(df[column].median() )
for column in categorical_num:
    fillNull(column)
df.select_dtypes(include=[np.number]).isnull().sum()
```

然后，对因变量中的分类变量转换为数值变量并筛选（LoanStatus，EmploymentStatus，Term，IsBorrowerHomeowner，IncomeRange，IncomeVerifiable）。其中，对于"LoanStatus"变量，将其分为两类值，一种是已还款（值为1），另外一种是未还款（值为0）。已还款的状态有"Completed""FinalPaymentInProgress""Past Due（1-15 days）""Past Due（31-60 days）""Past Due（61-90 days）""Past Due（91-120 days）""Past Due（16-30 days）"，其余的状态都归类到未还款。代码如下：

```
def loanStatus(value):
     if(value in ['Completed','FinalPaymentInProgress','Past Due (1-
15 days)',
     'Past Due (31-60 days)','Past Due (61-90 days) ','Past Due (91-
120 days) ',
                'Past Due (16-30 days)']):
        return 1
    else:
        return 0
df["LoanStatus"]=df["LoanStatus"].map(lambda status :
loanStatus(status))
def incomeType(value):
    if(value=='$0 '):
        return 0
    elif(value=='$1-24,999'):
        return 1
    elif(value=='$25,000-49,999'):
        return 2
    elif(value=='$50,000-74,999'):
        return 3
    elif(value=='$75,000-99,999'):
```

```
            return 4
        elif(value=='$100,000+'):
            return 5
        elif(value=='Not employed'):
            return 6
        else:
           return 7
df.IncomeRange=df.IncomeRange.map(lambda range: incomeType(range))
df=df[df['LoanStatus'].isin([0,1])]
df['EmploymentStatus'].replace({'Employed':1,'Self-employed':1,'Other':
1,
'Full-time':1,'Not employed':0,'Retired':0,'Part-time':1},inplace=
True)
df['Term'].replace({12.0:1,60.0:2,36.0:3},inplace=True)
df['IsBorrowerHomeowner'].replace({True:1,False:0},inplace=True)
df['IncomeVerifiable']=(df['IncomeVerifiable']==True)*1
```

接下来,我们对连续变量分箱(“DebtToIncomeRatio”“BorrowerRate”“StatedMonthlyIncome”):

```
dcat=pd.cut(list(df['DebtToIncomeRatio'].values),[-0.001,0.15,0.3,
0.5,10.01])
df['DebtToIncomeRatio']=dcat.codes
rate=pd.cut(list(df['BorrowerRate'].values),[-0.001,0.1,0.2,0.3,2])
df['BorrowerRate']=rate.codes
mcat=pd.cut(list(df['StatedMonthlyIncome'].values),
[1,2000,4000,6000,8000,10000000])
df['StatedMonthlyIncome']=mcat.codes
```

这样，我们就将所有数据转化为数值型数据。接下来，从数据中将自变量和因变量切分出来，使用借贷人的收入以及其他信息作为自变量 X，使用“LoanStatus”(是否正常偿还)作为预测的目标 Y，并对数据集进行划分:

```
from sklearn.model_selection import train_test_split
X = df.drop(["LoanStatus"],axis=1)
Y = df["LoanStatus"]
X_train, X_test, Y_train, Y_test = train_test_split(X, Y, test_size=
0.3, random_state=42)
```

接着，对数据归一化处理，方便机器训练，使用“sklearn”提供“MinMaxScaler”方法:

```
from sklearn.preprocessing import MinMaxScaler
scaler = MinMaxScaler()
scaler.fit(X_train)
X_train = scaler.transform(X_train)
X_test= scaler.transform(X_test)
```

9.3.2.3 模型搭建与训练

最后，我们进行模型训练与预测：

```
from sklearn.naive_bayes import MultinomialNB
mnb=MultinomialNB()
mnb.fit(X_train,Y_train.astype(int))
mnb.score(X_test,Y_test.astype(int))
```

运行结果如下。

```
0.747364708648458
```

最终，朴素贝叶斯模型在测试集上的准确率为 74.74%，这表明模型已基本捕捉到借贷人相关特征和其是否正常偿还之间的关系。

9.4 SVM

9.4.1 SVM 原理

SVM（Support Vector Machine）是支持向量机的英文简称，它属于一种有监督的机器学习算法。SVM 算法通俗来说就是寻找一个可以将各类别样本点分开，且使得不同类别之间的间隔最大的超平面。之所以要间隔最大，可以理解为此时对应的超平面的分类能力也是最强的。通常情况下，该算法相对于其他分类算法（如 Logistic 回归、KNN、决策树、朴素贝叶斯）会有更好的预测准确率，主要是因为它可以将低维线性不可分的空间映射到高维的线性可分空间。

SVM 利用向量内积，通过将非线性核函数实现高维特征空间与低维输入空间的相互转换，解决了数据挖掘中的维数灾难。同时，由于计算问题最终转化为凸二次规划问题，因此可以得到全局最优解。

9.4.1.1 线性可分 SVM

首先，在二维空间上，两类点可以被一条直线完全分开的情况叫作线性可分。

如图 9-22 所示，两条直线 l_1 和 l_2 都可以将不同类别的样本区分开来。但显然，可以将两种类别区分开的分割线有无数条，我们需要做的是寻找最优的分割方法。

假设图 9-23 中直线 l_i 是无数分割线中最优的一条，通过三个步骤可以确定最优解的位置。第一，计算两个类别中的样本点到直线 l_i 的距离；第二，分别从两个类别中选出离 l_i 最近的两个点（如图中 d_1 和 d_2），再从中选出距离 l_i 最近的点（图中 d_1），以此距离构造分割带（如图中与 l_i 平行的两条虚线）；第三，选出带宽最大的分割带。至此，我们就可以确定直线 l_i 的位置。

分割带的大小可以理解为模型划分样本点的能力或者可信度。分割带的带宽越大，代表模型划分样本点的能力越强，从而可以将样本划分得更加清晰，分类的可信度越高；反之，说明模型的预测能力越弱，分类的可信度低。

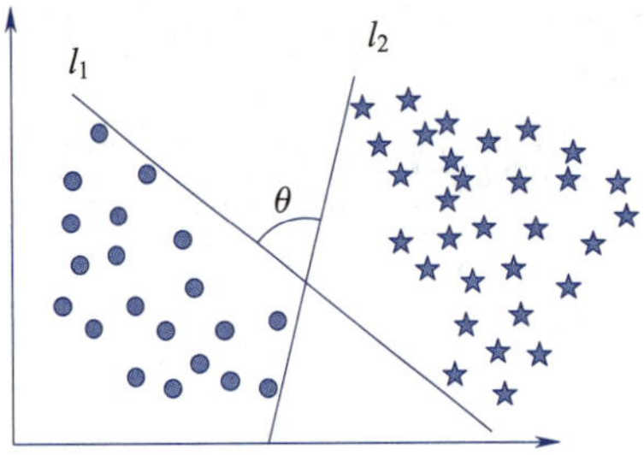

图 9-22 两类点的分类方案

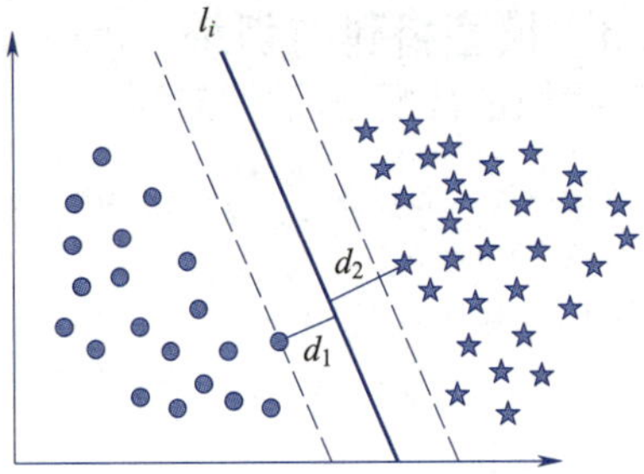

图 9-23 寻找最优的分类方案

接下来，我们用更加数学的语言来描述这一过程。

首先，我们定义线性可分。

假设 D_0 和 D_1 是 n 维欧氏空间中的两个点集。如果存在 n 维向量 $\boldsymbol{w}$ 和实数 b，使得所有属于 D_0 的点 x_i 都有 $\boldsymbol{w}^T\boldsymbol{x}_i+b>0$，所有属于 D_1 的点 $\boldsymbol{x}_j$ 都有 $\boldsymbol{w}^T\boldsymbol{x}_j+b<0$，则我们称 D_0 和 D_1 是线性可分的。

那么，我们的目标变为：找到一个超平面，使它能尽可能多地将两类数据点正确地分开，同时使分开的两类数据点距离分类面最远。超平面的方程为 $\boldsymbol{w}^T\boldsymbol{x}+b=0$，它由法向量 $\boldsymbol{w}$ 和 b 决定，可用（$\boldsymbol{w}$，b）来表示。

不妨以二维空间为例。假设训练集为 $\{(x_1, y_1), (x_2, y_2), \cdots, \{x_n, y_n\}\}$，其中 $y\in\{-1, +1\}$。当 $y_i=-1$ 时，称样本 x_i 为负例；当 $y_i=+1$ 时，称样本 x_i 为正例。假设训练集为线性可分的，那么可以求解出一个分离超平面：

$$\boldsymbol{w}^T\boldsymbol{x}+b=0$$

进而，其分类决策函数为：

$$f(\boldsymbol{x})=\text{sign}(\boldsymbol{w}^T\boldsymbol{x}+b)$$

这个分类决策函数被称为线性可分支持向量机，求解分离超平面进而得到分类决策函数的过程就是求解线性可分支持向量机的过程。

因此，线性可分支持向量机的目标函数定义如下：

$$J(\boldsymbol{w}, b, i)=\arg\max_{\boldsymbol{w}, b}\min(d_i)$$

其中，d_i 表示样本 i 到某条分离超平面（$\boldsymbol{w}$，b）的距离，min（d_i）表示所有样本点与某个分离超平面（$\boldsymbol{w}$，b）之间距离的最小值，$\arg\max\limits_{\boldsymbol{w}, b}\min(d_i)$ 表示从所有可能的分割超平面（$\boldsymbol{w}$，b）中寻找最宽的分割带。

假设当前分离超平面（$\boldsymbol{w}$，b）的方程为 $\boldsymbol{w}^T\boldsymbol{x}+b=0$，则样本中任意点 $\boldsymbol{x}$ 到超平面（$\boldsymbol{w}$，b）的距离 r 为：

$$r=\frac{|\boldsymbol{w}^T\boldsymbol{x}+b|}{\|\boldsymbol{w}\|}$$

对于超平面（$\boldsymbol{w}$，b），通过对超平面合理的缩放，我们希望得到如下结果：

$$\left.\begin{array}{l}\boldsymbol{w}^T\boldsymbol{x}_i+b\geqslant+1\leftrightarrow y_i=+1\\ \boldsymbol{w}^T\boldsymbol{x}_i+b\leqslant-1\leftrightarrow y_i=-1\end{array}\right\}\rightarrow y_i(\boldsymbol{w}^T\boldsymbol{x}_i+b)\geqslant1$$

那么，位于 $\boldsymbol{w}^T\boldsymbol{x}+b=1$ 和 $\boldsymbol{w}^T\boldsymbol{x}+b=-1$ 这两个超平面上的样本点（向量）使得上述等式成立，因此被称为支持向量。它们与超平面（$\boldsymbol{w}$，b）之间的距离都是：

$$\gamma=\frac{1}{\|\boldsymbol{w}\|}$$

两个异类支持向量到超平面的距离之和也被称为“间隔”。将其代入我们的目标函数，其中 $\min(d_i)=\gamma=\frac{1}{\|\boldsymbol{w}\|}$，则最后的目标函数就变为：

$$J(\boldsymbol{w},b,i)=\arg\max_{\boldsymbol{w},b}\frac{1}{\|\boldsymbol{w}\|}$$

线性可分支持向量机的目标函数 $J(\boldsymbol{w},b,i)$ 即可描述成：

$$\max_{\boldsymbol{w},b}\frac{1}{\|\boldsymbol{w}\|}$$
$$\text{s.t.}\quad y_i(\boldsymbol{w}^T\boldsymbol{x}_i+b)\geqslant 1,\quad i=1,2,\cdots,n$$

最大化 $\frac{1}{\|\boldsymbol{w}\|}$ 与最小化 $\frac{1}{2}\|\boldsymbol{w}\|^2$ 是等价的（加 $\frac{1}{2}$ 只是为了在求导时方便约去，并无特殊含义），因此目标函数 $J(\boldsymbol{w},b,i)$ 转变为：

$$\min_{\boldsymbol{w},b}\frac{1}{2}\|\boldsymbol{w}\|^2$$
$$\text{s.t.}\quad y_i(\boldsymbol{w}^T\boldsymbol{x}_i+b)-1\geqslant 0,\quad i=1,2,\cdots,n$$

而这个约束最优化问题可以使用优化包来求解。

专栏　拉格朗日乘子法

在求解目标函数时，也可以使用拉格朗日乘子法，通过求解目标函数的对偶问题来得到原始问题的解。采用这种方式主要是因为相比原带有约束条件的问题，不带约束条件的对偶问题更容易求解。拉格朗日乘子法的定义如下：

假设存在一个需要最小化的目标函数 $f(\boldsymbol{x})$，并且该目标函数同时受到 $g(x)\leqslant 0$ 的约束，可以通过拉格朗日对偶性将原始的最优化问题转换为对偶问题，从而得到原始问题的最优化解，即：

$$\min(f(\boldsymbol{x}))=\min_{x}\max_{\alpha}(l(\boldsymbol{x},\boldsymbol{\alpha}))=\min_{x}\max_{\alpha}\left(f(\boldsymbol{x})+\sum_{i=1}^{k}\alpha_i g_i(\boldsymbol{x})\right)$$
$$=\max_{\alpha}\min_{x}\left(f(\boldsymbol{x})+\sum_{i=1}^{k}\alpha_i g_i(\boldsymbol{x})\right)$$

其中，$f(\boldsymbol{x})+\sum_{i=1}^{k}\alpha_i g_i(\boldsymbol{x})$ 为拉格朗日函数，α_i 为拉格朗日乘子，且 $\alpha_i\geqslant 0$。

则我们原始的目标函数为：

$$\min_{\boldsymbol{w},b}\frac{1}{2}\|\boldsymbol{w}\|^2$$
$$\text{s.t.}\quad y_i(\boldsymbol{w}^T\boldsymbol{x}_i+b)-1\geqslant 0,\quad i=1,2,\cdots,n$$

将条件做一下简单的乘负 1 转换，得到：

$$\min_{w,b}\frac{1}{2}\|\boldsymbol{w}\|^2$$
$$\text{s.t.}\quad 1-y_i(\boldsymbol{w}^T\boldsymbol{x}_i+b)\leqslant 0,\quad i=1,2,\cdots,n$$

其对偶问题为：

$$\min_{w,b}\frac{1}{2}\|\boldsymbol{w}\|^2 \leftrightarrow \max_{\alpha}\min_{w,b}L(\boldsymbol{w},b,\alpha)$$
$$=\max_{\alpha}\min_{w,b}\left(\frac{1}{2}\|\boldsymbol{w}\|^2-\sum_{i=1}^{n}\alpha_i y_i\times(\boldsymbol{w}^T\boldsymbol{x}_i+b)+\sum_{i=1}^{n}\alpha_i\right)$$

则原始的目标函数最优化问题为：

$$\min_{w,b}\frac{1}{2}\|\boldsymbol{w}\|^2$$
$$\text{s.t.}\quad y_i(\boldsymbol{w}^T\boldsymbol{x}_i+b)-1\geqslant 0,\quad i=1,2,\cdots,n$$

经过转化变为对偶的最优化问题为：

$$\min_{\alpha}\frac{1}{2}\sum_{i=1}^{n}\sum_{j=1}^{n}\alpha_i\alpha_j y_i y_j(\boldsymbol{x}_i\cdot\boldsymbol{x}_j)-\sum_{i=1}^{n}\alpha_i$$
$$\text{s.t.}\quad \sum_{i=1}^{n}\alpha_i y_i=0;\ \alpha_i\geqslant 0,\quad i=1,2,\cdots,n$$

其中，($\boldsymbol{x}_i\cdot\boldsymbol{x}_j$) 表示两个样本点的内积。求解时，只需要根据已知的样本点（$\boldsymbol{x}_i$，y_i）来计算 $\frac{1}{2}\sum_{i=1}^{n}\sum_{j=1}^{n}\alpha_i\alpha_j y_i y_j(\boldsymbol{x}_i\cdot\boldsymbol{x}_j)-\sum_{i=1}^{n}\alpha_i$ 的最小值，再利用 α_i 的值来求 $\boldsymbol{w}$ 和 b：

$$\boldsymbol{w}=\sum_{i=1}^{n}\alpha_i y_i\boldsymbol{x}_i$$

$$b=y_j-\sum_{i=1}^{n}\alpha_i y_i(\boldsymbol{x}_i\cdot\boldsymbol{x}_j)\quad j\in\{j\mid\alpha_j>0\}$$

9.4.1.2 软间隔 SVM

针对线性可分问题，线性可分支持向量机是完美的，但实际数据往往不是线性可分的，通常会有一部分的噪声和异常数据。而之前的线性可分支持向量机采用的是硬间隔最大化的策略，这种策略在面对异常点和噪声时，会导致模型效果变差，因此我们引入软间隔的概念。如图 9-24 所示，引入软间隔来处理少数的异常点和噪声，能够使得分类间隔更大，即使一小部分异常点和噪声样本点分类错误。

线性不可分意味着某些样本点（$\boldsymbol{x}_i$，y_i）不能满足函数间隔大于等于 1 的约束条件，为了解决这个问题，可以对每个样本点（$\boldsymbol{x}_i$，y_i）引入一个松弛变量 ξ_i，且 $\xi_i\geqslant 0$，ξ_i 等于将异常点“拉”回原间隔处所需要移动的距离。

因此，约束条件变为：

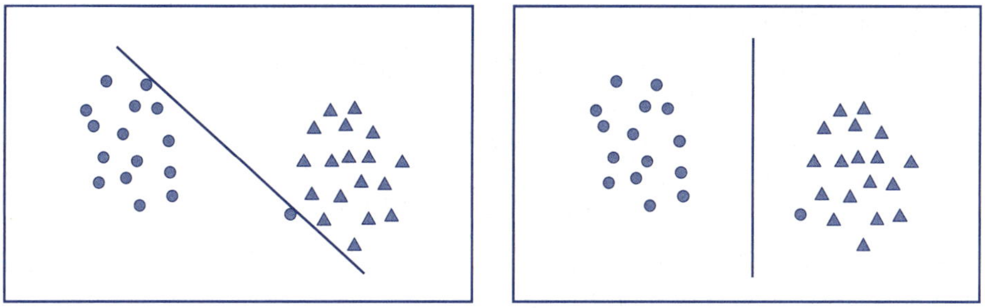

图 9-24 引入软间隔后的划分效果

$$y_i(\boldsymbol{w}^T\boldsymbol{x}_i+b)\geqslant 1-\xi_i$$

同时，目标函数变为：

$$\frac{1}{2}\|\boldsymbol{w}\|^2+C\sum_{i=1}^{n}\xi_i$$

其中，C 为惩罚系数。作为一个可调节的超参数，C 增大时对误分类的惩罚增大，C 减小时对误分类的惩罚减小。那么，引入松弛变量 ξ_i 和惩罚系数 C 之后的目标函数有两层含义：一是尽量最大化间隔，二是同时使误分类点的个数尽量小。这便是软间隔最大化。

通过这种方式可使得线性可分支持向量机容忍一定的错误，即可减小数据中噪声和异常点对模型效果的影响。

9.4.1.3 非线性 SVM

如图 9-25 所示，左图中的数据在二维上是不可分的，但可以在三维的空间中找到一个平面将其分开。推广来讲，如果分类边界是非线性的，那么对有限维的原始空间而言，一定存在一个高维特征空间使得样本集可分。

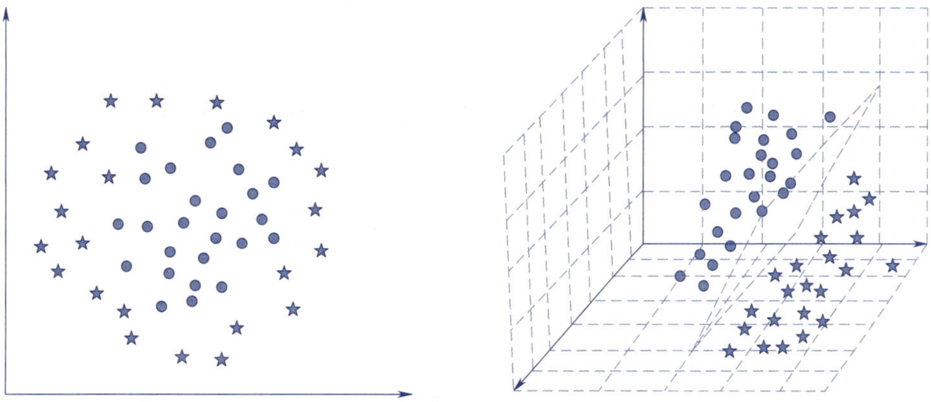

图 9-25 非线性边界的处理

对于非线性支持向量机而言，其主要思想是通过一个非线性变换，将非线性问题变换为线性问题，从而利用解决线性问题的方法来求解非线性问题。在处理数据时，非线性支持向量机首先会将数据映射到更高维度的空间，然后在新的空间寻找能够将各个类别样本区分开来的线性超平面。

对于线性可分 SVM，求解 SVM 的原始目标函数最优化问题为：

$$\min_{\boldsymbol{w},b}\frac{1}{2}\|\boldsymbol{w}\|^2$$
$$\text{s.t.}\quad y_i(\boldsymbol{w}^T\boldsymbol{x}_i+b)-1\geqslant 0,\quad i=1,2,\cdots,n$$

经过之前补充的拉格朗日乘子法相关的知识点，我们将上述的最优化问题转化为其对偶问题进行求解，则最优化问题转化为：

$$\min_{\alpha}\frac{1}{2}\sum_{i=1}^{n}\sum_{j=1}^{n}\alpha_i\alpha_j y_i y_j(\boldsymbol{x}_i\cdot\boldsymbol{x}_j)-\sum_{i=1}^{n}\alpha_i$$
$$\text{s.t.}\quad \sum_{i=1}^{n}a_i y_i=0,\quad \alpha_i\geqslant 0$$

其中，a_i 为拉格朗日乘子。

假设原始空间中的样本点为 $\boldsymbol{x}$，将样本通过某种转换 $\phi(\boldsymbol{x})$ 映射到高维空间，则非线性支持向量机的目标函数由原本的

$$\min_{\alpha}\frac{1}{2}\sum_{i=1}^{n}\sum_{j=1}^{n}\alpha_i\alpha_j y_i y_j(\boldsymbol{x}_i\cdot\boldsymbol{x}_j)-\sum_{i=1}^{n}\alpha_i$$
$$\text{s.t.}\quad \sum_{i=1}^{n}a_i y_i=0$$

变为

$$\min_{\alpha}\left(\frac{1}{2}\sum_{i=1}^{n}\sum_{j=1}^{n}a_i a_j y_i y_j(\phi(\boldsymbol{x}_i)\cdot\phi(\boldsymbol{x}_j))-\sum_{i=1}^{n}a_i\right)$$
$$\text{s.t.}\quad \sum_{i=1}^{n}a_i y_i=0;\ 0\leqslant a_i\leqslant C$$

进一步地，假设原始空间的两个样本点（$\boldsymbol{x}_i$，$\boldsymbol{x}_j$），在其通过 $\phi(x)$ 映射到高维空间后，其内积的 $\phi(\boldsymbol{x}_i)\cdot\phi(\boldsymbol{x}_j)$ 的值等于样本点在原始空间某个函数的输出，那么该类函数就称为核函数，即 $K(\boldsymbol{x}_i,\boldsymbol{x}_j)=\phi(\boldsymbol{x}_i)\cdot\phi(\boldsymbol{x}_j)$。如此一来，目标函数就变为：

$$\min_{\alpha}\left(\frac{1}{2}\sum_{i=1}^{n}\sum_{j=1}^{n}a_i a_j y_i y_j K(\boldsymbol{x}_i,\boldsymbol{x}_j)-\sum_{i=1}^{n}a_i\right)$$
$$\text{s.t.}\quad \sum_{i=1}^{n}a_i y_i=0,\quad 0\leqslant a_i\leqslant C$$

在学习和预测时只需要定义核函数 $K(\boldsymbol{x}_i,\boldsymbol{x}_j)$，并不需要显式的定义映射函数 $\phi(\boldsymbol{x})$。一般情况下，直接计算 $K(\boldsymbol{x}_i,\boldsymbol{x}_j)$ 比较容易，而计算 $\phi(\boldsymbol{x}_i)\cdot\phi(\boldsymbol{x}_j)$ 相对较难。

通过使用核函数，只需要在低维上进行计算，就可以享受到数据在高维空间的划分效果，而线性支持向量机可以理解为使用了 $K(\boldsymbol{x}_i,\boldsymbol{x}_j)=\boldsymbol{x}_i\cdot\boldsymbol{x}_j$ 的线性核函数。

不同的核函数有着不同的分类效果，在分类效果不佳时，可以尝试使用不同的核函数来达到最佳的效果。常用的核函数有线性核函数、多项式核函数、高斯核函数、拉普

拉斯核函数、Sigmoid 核函数等，这些核函数还可以线性和直积的方式组合。

9.4.2 案例：中文商品评论情感判定

9.4.2.1 案例背景

本案例将基于电商平台的商品评论数据，利用 SVM 对评论的情感倾向进行预测。在任何行业领域，用户对产品的评价都显得尤为重要。通过用户评论，可以对用户情感倾向进行判定。例如，目前最普遍的网购行为，对于用户来说，参考评论可以作出更优的购买决策；对于商家来说，对商品评论按照情感倾向进行分类，并通过文本聚类得到被普遍提及的商品优缺点，可以进一步改良产品。本案例主要讨论如何对商品评论进行情感倾向判定。

案例使用了从某电商平台抓取的某款手机商品的中文评论内容，并对评论进行分词处理。为了区分好评和差评，我们使用支持向量机模型，并分析模型的输出结果。这份商品评论信息数据集共计 8 186 个样本，包括两个属性："Comment" 字段是用户对该款手机的评论，类型为 string；"Class" 代表标注后的该评论的情感倾向，−1 代表差评，0 代表中评，1 代表好评。

9.4.2.2 数据读取与划分

首先，使用 Pandas 的 "read_excel" 函数读取 XLS 格式的数据集文件。由于原始数据的 "Comment" 列存在部分缺失，需要使用 "dropna" 函数来删除 "Comment" 列中为 "NaN" 的行，并查看数据集的相关信息，包括行列数、列名以及各个类别的样本数。首先直观地查看原始数据：

```
import pandas as pd
data = pd.read_excel("./data.xls")
data = data.dropna(subset=["Comment"])
data.head()
```

数据预览效果如图 9-26 所示。

	Comment	Class
0	快就是手感满意也好喜欢也流畅很服务态度实用超快挺快用着速度礼品也不错非常好挺好感觉才来还行好...	1
1	差评，说好的返现返现都是骗人。东西很差 很垃圾	-1
2	售后真是差 买了不到15天锁屏键出现故障,申请换货过了审核说上门取件了 等了几天没人来 ...	-1
3	郁闷啊多等2天多无线充 充电宝和贴膜 心里那个郁闷啊不摆了 失败 ...	-1
4	今天去贴膜时才看到在卡槽右面有一处很小的刻痕，很是郁闷	-1

图 9-26 数据预览

接着，使用 "shape" 属性查看数据的行列数：

```
data.shape
```

运行结果如下。

```
(8185, 2)
```

查看数据的列名：

```
data.columns.values
```

运行结果如下。

```
array(['Comment', 'Class'], dtype=object)
```

查看数据中各个类别的样本数分布：

```
data['Class'].value_counts()
```

运行结果如下。

```
1     3042
-1    2657
0     2486
Name: Class, dtype: int64
```

我们看到数据共 8 185 行，其中好评 3 042 个，差评 2 657 个，中评 2 486 个，样本分布总体是平衡的。

接下来，我们进行数据预处理。将“Comment”列的文本信息，转化成数值矩阵表示，也就是将文本映射到特征空间。通过 Jieba 对文本进行中文分词：

```
import jieba
import numpy as np
cutted = []
for row in data.values:
    raw_words = (" ".join(jieba.cut(row[0])))
    cutted.append(raw_words)

# 生成新 DataFrame，Comment 字段为分词后的内容
data_cutted = pd.DataFrame({
    'Comment': cutted,
    'Class': data['Class']
})
data_cutted.head(5)
```

运行结果如图 9-27 所示。

	Comment	Class
0	快就是 手感 满意 也好 喜欢 也 流畅 很 服务态度 实用 超快 挺快 用 着 速度 礼...	1
1	差评 ， 说好 的 返现 返现 都 是 骗人 。 东西 很差 很 垃圾	-1
2	售后 真是 差 买 了 不到 15 天锁 屏键 出现 故障 , 申请 换货 过 了 审核...	-1
3	郁闷 啊 多 等 2 天多 无线 充 充电 宝 和 贴膜 ...	-1
4	今天 去 贴膜 时才 看到 在 卡槽 右面 有 一处 很小 的 刻痕 ， 很 是 郁闷	-1

图 9-27 分词结果

9.4.2.3 绘制词云图

为了更直观地观察词频高的词语，我们使用第三方库 WordCloud（词云）进行文本的可视化。针对好评、中评和差评的文本，分别建立 WordCloud 对象，绘制词云。

首先，绘制好评的词云图：

```
from wordcloud import WordCloud
# 好评
wc = WordCloud(font_path='msyh.ttf')
wc.generate(''.join(data_cutted['Comment'][data_cutted['Class'] ==
1])) # 取出好评文本
wc.to_image()
```

运行结果如图 9-28 所示。

图 9-28 好评词云图

接着，绘制中评的词云图：

```
# 中评
wc = WordCloud(font_path='msyh.ttf')
wc.generate(''.join(data_cutted['Comment'][data_cutted['Class'] ==
0])) # 取出中评文本
wc.to_image()
```

运行结果如图 9-29 所示。

图 9-29 中评词云图

最后，绘制差评的词云图：

```
# 差评
wc = WordCloud(font_path='msyh.ttf')
wc.generate(''.join(data_cutted['Comment'][data_cutted['Class'] == -1]))
wc.to_image()
```

运行结果如图 9-30 所示。

图 9-30 差评词云图

9.4.2.4 文本向量化

从词云展现的词频统计图来看，我们发现“手机”“就是”“屏幕”“收到”等词对于区分毫无帮助而且会造成偏差。因此，需要把这些对区分没有意义的词语筛选出来，放到停用词文件“stopwords.txt”中：

```
import codecs
with codecs.open('./stopwords.txt', 'a', encoding='utf-8') as f:
for items in ['ain', 'al', 'couldn', 'didn', 'doesn', 'don', 'hadn', 'hasn',
'haven', 'isn', 'll', 'mon', 'shouldn', 've', 'wasn', 'weren',
'won', 'wouldn', '几天', '上去', '手机', '就是', '屏幕',
'收到', '感觉', '机子']:
    f.write(items+'\n')
    f.close()
```

这样，我们就可以使用 Jieba 库的“extract_tags”函数，统计好评、中评、差评文本中前 20 位的关键词。出于篇幅考虑，在此我们仅列出好评的例子，对于中评和差评只要修改类别 1 为 0 或 -1 即可：

```
import jieba.analyse
jieba.analyse.set_stop_words('./stopwords.txt')
keywords_pos = jieba.analyse.extract_tags(''.join(data_cutted['Comment'][data_cutted['Class'] == 1]), topK=20)
for item in keywords_pos:
    print (item, end=' ')
```

运行结果如下。

```
不错 正品 赠品 发货 五分 东西 很漂亮 喜欢 满意 评价 好评 很快 速度 充电 卖家
物流 漂亮 快递 流畅 手感
```

以上结果即为正面评价前 20 位的关键词。

9.4.2.5 模型搭建与训练

经过分词之后的文本数据集要先进行向量化，才能输入分类模型中进行运算。我们使用 Sklearn 库实现向量化方法，去掉停用词，并将其使用词袋法映射到特征空间。先导入需要使用的库并读取停用词表：

```
1  from sklearn.feature_extraction.text import CountVectorizer
2  from sklearn.svm import SVC
3  from sklearn.model_selection import train_test_split
4  from sklearn.model_selection import cross_val_score
5  from sklearn import metrics
6  with open("./stopwords.txt",encoding="utf-8") as f:
7      stopwords = f.read().split("\n")
```

接下来，我们使用 Sklearn 库中的函数直接实现 SVM 算法，对应上述代码的第 2 行从“sklean.svm”中导入 SVC（Support Vector Classification，支持向量机分类器）。为了方便，创建文本情感分析类“CommentClassifier”来实现建模过程。其中，“__init__”为类的初始化函数，“fit()”函数实现向量化与模型建立的过程，“predict_value()”函数实现模型预测：

```
# 文本情感分类的类：CommentClassifier
class CommentClassifier:
    def __init__(self):
        pass

    def fit(self, train_x, train_y, max_df):
        list_text = list(train_x)

        self.vectorizer = CountVectorizer(max_df=max_df, stop_words = stopwords, ngram_range=(1, 3)).fit(list_text)

        self.array_trainx = self.vectorizer.transform(list_text)
        self.array_trainy = train_y

        self.model = SVC(kernel='linear', gamma=10 ** -5, C=1,class_weight="balanced").fit(self.array_trainx, self.array_trainy)

    def predict_value(self, test_x):
        list_text = list(test_x)
        self.array_testx = self.vectorizer.transform(list_text)
        array_predict = self.model.predict(self.array_testx)
        return array_predict
```

使用“train_test_split()”函数划分训练集和测试集。我们选择训练集 80%、测试集 20%。然后，建立模型并且输出分类评价结果，内容包括混淆矩阵以及含 Precision、Recall 和 F1 值三个指标的评分矩阵：

```
train_x, test_x, train_y, test_y = train_test_split(data_cutted['Comment'].
ravel().astype('U'), data_cutted['Class'].ravel(),test_size=0.2,
random_state=4)

commentCls = CommentClassifier()
#max_df 设置为 0.98
commentCls.fit(train_x, train_y, 0.98)
value_result = commentCls.predict_value(test_x)
print ('classification report')
print (metrics.classification_report(test_y, value_result, labels=[-1,
0, 1]))
print ('confusion matrix')
print (metrics.confusion_matrix(test_y, value_result, labels=[-1, 0,
1]))
```

运行结果如下。

```
classification report
              precision    recall  f1-score   support

          -1       0.63      0.57      0.60       519
           0       0.51      0.46      0.48       489
           1       0.72      0.84      0.78       629

    accuracy                           0.64      1637
   macro avg       0.62      0.62      0.62      1637
weighted avg       0.63      0.64      0.63      1637

confusion matrix
[[297 139  83]
 [147 223 119]
 [ 27  75 527]]
```

从输出结果可以看到，对于处理文本分类这种复杂的任务，词袋法映射模型准确率为 64%。本书第 15 章会讲述 TF-IDF 文本特征映射方法。经验证，使用 TF-IDF 映射特征后，上述文本分类任务的准确率能够提升到 70%。

思考题

1. 树形模型的主要度量指标是什么？请分别阐述其含义。
2. 请分析决策树模型的优缺点。
3. 请简述朴素贝叶斯算法的原理及优缺点。
4. 请简述 SVM 算法原理，包括超平面、分类间隔、软间隔等概念。

参考答案

第 10 章

集成学习

集成学习通过结合多个模型来提高整体模型性能，是机器学习中的一种常用技术。本章主要介绍集成学习的基础知识以及 Bagging 和 Boosting 方法的原理，并结合案例帮助读者理解它们在实践中的应用。

10.1 集成学习概述

集成学习（Ensemble Learning）是一种机器学习框架，其本身不是一个单独的机器学习算法，而是通过构建并结合多个学习器（分类器，回归器）来完成学习任务，也就是我们常说的"博采众长"。集成学习可以用于分类问题集成、回归问题集成、特征选取集成、异常点检测集成等，可以说所有的机器学习领域都可以看到集成学习的身影。集成学习的主要思想是将多个基础模型组合起来，以提高整体模型的泛化能力。

集成学习有成熟的数学理论作支撑，可以简单地将其描述为：弱学习模型可以通过组合提升为强学习模型。这里的强学习模型指正确率较高的模型，而弱学习模型指正确率仅比随机猜测略好的模型。其潜在思想是，即使某一个弱分类器得到了错误的分类，其他弱分类器也能将该错误纠正回来。基于这个思想，形成了后来的集成学习的思想。

根据个体学习器是否相同，集成有同质集成和异质集成两种方式。

以同质集成为例，对于一个二分类问题，假设有 $y\in\{-1,+1\}$ 和真实函数 $f(x)$，基分类器（即同质集成的个体学习器）的错误率为 ε，在集成时通过投票法结合 T 个基分类器，将超过半数的投票结果作为最后的结果，则集成后的分类器 H 的错误率为：

$$P(H(x)\neq f(x))=\sum_{k=0}^{[T/2]}C_T^K(1-\varepsilon)^k\varepsilon^{T-k}$$

根据霍夫丁不等式，得：

$$P(H(x)\neq f(x))=\sum_{k=0}^{[T/2]}C_T^K(1-\varepsilon)^k\varepsilon^{T-k}\leqslant\exp\left(-\frac{1}{2}T(1-2\varepsilon)^2\right)$$

可以看到，随着 T 的增大，集成的错误率将指数级下降，这说明了集成学习可以通过集成的方法提升学习效果的原因。

但是，上面的分析假设各个基分类器之间的误差是相互独立的。在实际应用中，这些基分类器都是针对一个目标训练出来的，显然不可能相互独立，因此如何产生好而不同的基分类器也是集成学习的核心。

根据个体学习器的生成方式，集成学习有串行和并行两种方式。这两类方式的核心区别通俗来讲就是“民主投票”（Bagging）与“精英投票”（Boosting）：前者的每个弱分类器的权重都相同；后者则会根据弱分类器的表现赋予权重，给分类误差较小的以更大权重。从计算流程来讲，若个体学习器之间相互独立，则并行生成，这种思想对应 Bagging 方法，代表算法有随机森林；若个体学习器之间高度依赖，则需串行生成，这种思想对应 Boosting 方法，代表算法有 AdaBoost，GBDT 和 XGBoost。

10.2 Bagging 方法

10.2.1 随机森林

前文提到，如果想要集成学习得到较好的泛化性能，集成学习中的个体学习器应该尽可能地相互独立。虽然在现实任务中无法做到，但是可以通过对训练样本进行采样，产生若干个不同的数据集，从每个数据集中训练出一个基学习器。另外需要注意的是，如果每个基学习器只用到了一部分数据，可能不足以产生有效的学习效果，因此需要相互有交叠的采样子集，这便是 Bagging 方法（Bootstrap AGGregatING）的思想，如图 10-1 所示。

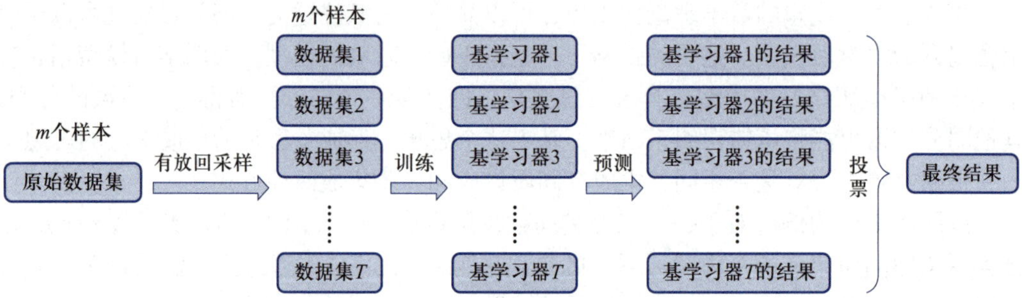

图 10-1 Bagging 方法简要过程示意图

下面简单描述 Bagging 方法的原理。

不妨假设原始数据集 D 中有 m 个样本，我们采用有放回的抽样抽取 m 次，就得到了一个含有 m 个样本的采样集 D_t。而 D 中的样本有些在 D_t 中多次出现，有些从未出现，每个样本不被选中的概率为 $1-\frac{1}{m}$，那么当 m 足够大时，在 m 次采样中不被采到的概率是：

$$\lim_{m\to\infty}\left(1-\frac{1}{m}\right)^m \to \frac{1}{\mathrm{e}} \approx 0.368$$

因此，D 中约有 63.2% 的样本出现在 D_t 中。

我们可以通过上述方法采样出 T 个含 m 个样本的数据集，然后针对每个训练集训练出一个基学习器，最后对各个基学习器的输出进行结合。在结合时，针对分类问题，可以采用投票法，将票数较多的类别作为最后的类别；面对回归问题，可以采用简单平均法等。

随机森林（Random Forest）算法则是 Bagging 方法的扩展变体。随机森林以决策树为基学习器，基于 Bagging 方法构建训练样本集，同时在此基础上，生成决策树时对使用的特征也作一次随机选择，以此来使各个基学习器之间的误差更加独立，从而更好地提升集成的效果。

由前所述，集成学习算法能使错误率降低的前提假设是各个基学习器足够多样且结果相对独立。Bagging 方法只使用了样本扰动来提高基学习器的多样性，而随机森林在构建每棵树的时候，为了保证各棵树之间的独立性，引入了更多的随机因素来增加基学习器的多样性，从而使集成获得更好的效果。一般而言，有两种方式可以增加数据的多样性，一种是添加数据随机，一种是添加特征随机。添加数据随机是指随机有放回地抽取数据（使用 Bagging），从而更好地训练决策树模型；添加特征随机则是指决策树在选取特征时，随机从原本的 d 个特征中选取 k 个特征以来增大随机性（一般 $k=\log_2 d$）。如图 10-2 所示。

需要注意的是，决策树使用了贪心思想，每次都选择当前情况下信息增益最高的属性进行分割，因此容易陷入局部最优陷阱。单棵决策树在确定分类边界时存在一些限制，因为它基于单一特征的逻辑判断，所以决策边界通常由垂直于坐标轴的直线构成。这种限制降低了决策树模型对于复杂分类问题的表达能力，从而导致了模型在某些情况下的准确性较低。

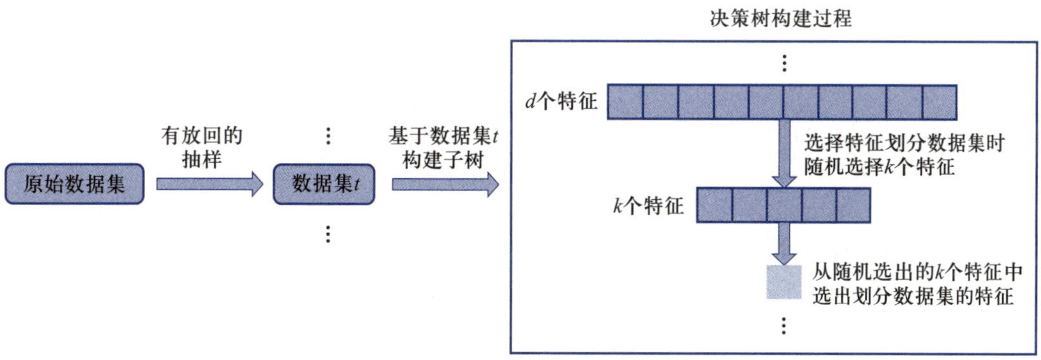

图 10-2　随机森林方法简要过程示意图

10.2.2　案例：某产品召回预测

10.2.2.1　案例背景

下面我们通过一个简单的案例来对随机森林作说明。

本案例所使用的数据为某产品召回前调查数据。出于敏感信息保密原则，具体字段名称作了一定的替换。主要的字段有四个渠道的消费和时长以及与客服沟通的次数等。

10.2.2.2 数据读取与划分

首先引入相应的包，并读入数据：

```
import pandas as pd
import numpy as np
from sklearn.ensemble import RandomForestClassifier
from sklearn.model_selection import train_test_split
from sklearn.metrics import precision_score, recall_score, roc_auc_score, roc_curve, accuracy_score
data = pd.read_csv('./case_random_forest.csv', encoding='gbk')
data.head()
```

于是我们得到数据的基本状况，如图 10-3 所示。

	业务1使用次数	渠道1时长	渠道1访问次数	渠道1消费	渠道2时长	...	渠道4时长	渠道4访问次数	渠道4消费	与客服沟通次数	isrun
0	25	265.1	110	45.07	197.4	...	10.0	3	2.70	1	False
1	26	161.6	123	27.47	195.5	...	13.7	3	3.70	1	False
2	0	243.4	114	41.38	121.2	...	12.2	5	3.29	0	False
3	0	299.4	71	50.90	61.9	...	6.6	7	1.78	2	False
4	0	166.7	113	28.34	148.3	...	10.1	3	2.73	3	False

图 10-3 原始的数据读入结果

接下来，我们划分训练集和测试集，选择划分训练集与测试集的比例为 7：3：

```
labels = np.array(data.pop("isrun"))
train, test, train_labels, test_labels = train_test_split(data, labels,
                                                          stratify = labels,
                                                          test_size = 0.3,
                                                          random_state = 114)
train = train.fillna(train.mean())
test = test.fillna(test.mean())
features = list(train.columns)
```

10.2.2.3 模型搭建与训练

接下来，我们进行模型训练。在训练好随机森林模型后，我们可以查看训练好的模型的节点数和最大深度：

```
trees = RandomForestClassifier(n_estimators=20, random_state=114, criterion='gini', max_features = 'sqrt')
trees.fit(train, train_labels)
n_nodes = []
max_depths = []
for ind_tree in trees.estimators_:
    n_nodes.append(ind_tree.tree_.node_count)
    max_depths.append(ind_tree.tree_.max_depth)
```

```
print(f'Average number of nodes {int(np.mean(n_nodes))}')
print(f'Average maximum depth {int(np.mean(max_depths))}')
```

运行结果如下。平均后森林中的每棵树有 379 个节点，平均最大深度为 19。

```
Average number of nodes 379
Average maximum depth 19
```

既然得到了随机森林的训练模型，我们可以对模型作简单的评估，在这里选用准确度和 *AUC* 值作为评估标准：

```
probs = trees.predict_proba(test)[:, 1]
predictions = trees.predict(test)
print(f'Test ACC Score: {accuracy_score(predictions, test_labels)}')
print(f'Test ROC AUC  Score: {roc_auc_score(test_labels, probs)}')
```

运行结果如下。决策树的准确率为 90.6%，*AUC* 值为 0.821。

```
Test ACC Score: 0.906
Test ROC AUC  Score: 0.821895543456342
```

接下来，我们探索随机森林模型认为的影响最大的前 10 个因子：

```
fi_model = pd.DataFrame({'feature': features,
                         'importance': trees.feature_importances_}).\
                         sort_values('importance', ascending = False)
fi_model.head(10)
```

运行结果如图 10-4 所示。从中我们不难看出，对于产品是否需要被召回，影响最大的因子是“渠道 1”的两个影响因素——“时长”和“消费”，其次是“与客服沟通次数”。如果之后再有统一批次的数据，就可以通过上述训练的模型进行预测，以判断是否需要召回产品。

	feature	importance
1	渠道1时长	0.149806
3	渠道1消费	0.148304
13	与客服沟通次数	0.132728
4	渠道2时长	0.078845
6	渠道2消费	0.078460
7	渠道3时长	0.056919
12	渠道4消费	0.051537
2	渠道1访问次数	0.048397
8	渠道3访问次数	0.047986
10	渠道4时长	0.045726

图 10-4 影响因子

10.3 Boosting 方法

Boosting 是一种可以将弱分类器提升为强学习器的常用算法，可以直观地理解为“精英投票”，代表算法为 AdaBoost 等。Boosting 的工作机制为训练初始基分类器，然后根据基分类器表现对先前基分类器出错的训练样本给予更多关注，接着基于调整后的样本分布来训练下一个基分类器。如此反复，直至误分类数低于预设值或迭代次数达到指定最大值，最终将这 T 个基学习器进行加权结合，得到我们满意的分类器。

10.3.1 AdaBoost

AdaBoost（Adaptive Boosting）是 Boosting 算法的典型代表，其核心思想是通过迭代训练一系列弱分类器，每次都重新调整训练样本的权重，以便更加关注被错误分类的样本，从而不断提升模型性能。AdaBoost 算法的简要过程如图 10-5 所示。

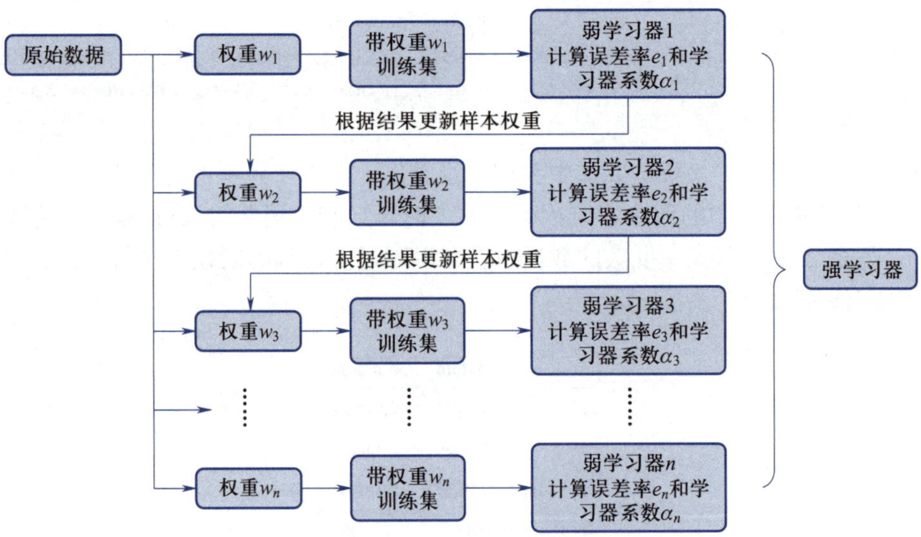

图 10-5 AdaBoost 算法简要过程示意图

最终，这些弱分类器按照一定的权重组合在一起，形成一个强分类器（Strong Learner）。强分类器在每一步迭代中，会给训练集中的样本赋予一个权重（w_1，w_2，…，w_n），样本的初始权重都一样，设置为$\frac{1}{n}$，其中 n 为样本的个数；在每一步迭代过程中，被先前弱分类器分错样本的权重会提高，被分对的样本的权重则会降低。而弱分类器权重则根据当前分类器的加权错误率来确定。

AdaBoost 算法的输入为带分类标签的训练集 $\{(x_1, y_1), \cdots, (x_n, y_n)\}$，而在二分类问题中，$y_i$ 取值为 $\{-1, +1\}$。

一般地，AdaBoost 算法的训练过程如下：

（1）初始化样本权重 $w_i = \frac{1}{n}, i = 1, 2, \cdots, n$；

（2）弱分类器先使用训练样本 w_i 训练一个分类器 $G_t(x)$，然后计算当前弱分类器的误差 $\varepsilon_t = \frac{\sum_{i=1}^{n} w_i I(y_i \neq G_t(x_i))}{\sum_{i=1}^{n} w_i}$；

（3）按照 $\alpha_t = \frac{1}{2}\log\left(\frac{1-\varepsilon_t}{\varepsilon_t}\right)$ 更新弱分类器权重（误差越大弱分类器权重越小）；

（4）按照 $w_{t+1}(i) = \frac{w_t(i)\exp(-\alpha_t y_i G_t(x_i))}{Z_t}$ 更新样本权重（误差越大样本权重越大），其中 $Z_t = \sum_{i=1}^{N} w_t(i)\exp(-\alpha_t y_i G_t(x_i))$；

（5）输出分类器 $G(x) = \text{sign}\left(\sum_{t=1}^{T} \alpha_t G_t(x)\right)$。

AdaBoost 中每一个弱分类器的权重 α_t 是根据该分类器在当前权重的训练样本下的分类效果来确定的。弱分类器的分类效果越好，该弱分类器的权重越高。其中，弱分类器的分类效果使用加权错误率 ϵ_t 来进行评估，ϵ_t 取值等价于弱分类器错误分类的样本的权重之和与训练集所有样本的总权重之比。加权错误率越小，分类效果越好。在初始阶段，训练集中每一个样本具有相等的权重 $\frac{1}{n}$，训练每个弱分类器后，AdaBoost 更新权重。当弱分类器对样本正确分类时，$y_i G_t(x_i)=1$，样本权重乘以小于 1 的因子 $\exp(-\alpha_t)$，相当于降低了正确分类的样本的权重；当弱分类器对样本错误分类时，$y_i G_t(x_i)=-1$，样本权重乘以大于 1 的因子 $\exp(\alpha_t)$，相当于提高了错误样本的权重。

与单个弱分类器相比，AdaBoost 往往能够有效提升分类精度。其中，每个弱分类器可以选择决策树或分类算法，而且使用简单，除了弱分类器的数目 T 以外，没有额外的参数需要调整。此外，AdaBoost 方法还有较优的抗过拟合能力。

然而，需要指出的是，由于集成了多个弱分类器，AdaBoost 模型的可解释性降低，当弱分类器太复杂或者效果太差时，可能导致过拟合；且由于会不断纠正分类错误的样本，可能过度拟合异常值或噪声数据，因此 AdaBoost 模型对于异常值比较敏感。

10.3.2 GBDT

梯度提升决策树（gradient boosting decision tree，GBDT）也是一种 Boosting 算法，其主要思想与 AdaBoost 类似。但是，AdaBoost 通过上一轮算法的结果调整样本权重和弱分类器权重后迭代训练得到强学习器，而 GBDT 通过将训练后得到的损失函数的负梯度来作为残差的近似值，并以此作为新样本训练新的基学习器加入模型中，最后得到强学习器。

残差的计算方法就是用样本实际值减去模型预测值，这个结果被称为残差。假设样本值为 200，模型预测值为 150，则针对这个样本而言，这一轮的残差为 200−150＝50。

GBDT 属于加法模型，假设模型共迭代了 M 轮，每一轮训练一个基学习器 $T_m(x)$，那么第 M 轮的模型为 $f_M(x)=\sum_{m=1}^{M}T_m(x)$ 。GBDT 使用 CART 树作为基学习器。

以回归问题为例，假设我们的训练数据集为 $T=\{(x_1,y_1),(x_2,y_2),\cdots,(x_N,y_N)\}$ ，损失函数为 $L(y, f(x))$，初始化模型为一棵仅包含根节点的树（常数 c），并且找到一个常数 c 使得当前损失函数最小，也即：

$$f_0(x)=\arg\min_{c}\sum_{i=1}^{N}L(y_i,c)$$

在第 $m=1, 2, \cdots, M$ 轮中，分别对每个样本计算损失函数的负梯度，将得到的值作为新的样本值，迭代训练 M 棵树。则对于 N 个样本，分别计算：

$$r_{mi}=-\left[\frac{\partial L(y_i,f(x_i))}{\partial f(x_i)}\right]_{f(x)=f_{m-1}(x)} \qquad i=1,2,\cdots,N$$

将计算得到的 $\{(x_1,r_{m1}),(x_2,r_{m2}),\cdots,(x_N,r_{mN})\}$ 当作样本训练一个新的基学习器 $T_m(x)$，使用新的基学习器更新模型 $f_m(x)=f_{m-1}(x)+T_m(x)$ 。当达到最大训练轮数或者误差达到要求时，就得到了最后的模型：

$$f_M(x)=\sum_{i=1}^{M}T_m(x)$$

GBDT 训练的过程就是使用基学习器不断拟合损失函数的负梯度（作为残差的近似），靠近目标结果的过程，如图 10−6 所示。

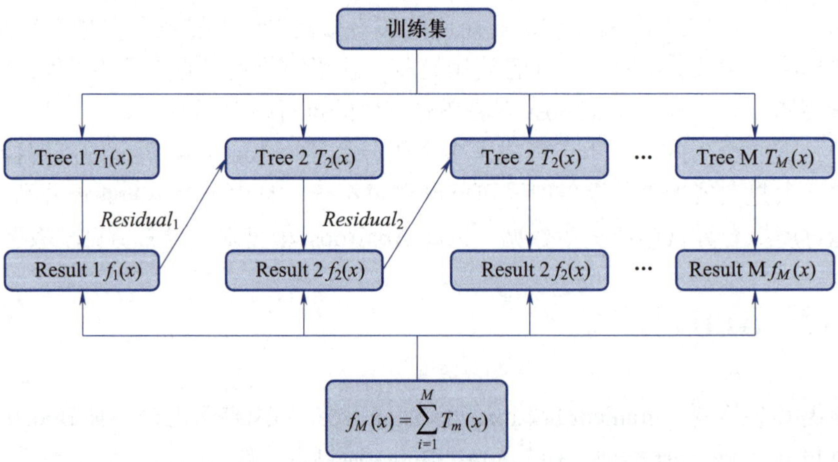

图 10−6 GBDT 方法简要过程示意图

GBDT 方法能够应对不同类型的数据，同时处理连续和离散数据，能够调节的参数相对较少，且模型的预测精度高。但是，GBDT 各个基学习器之间是串行生成的，无法并行加速，当面对高维稀疏数据时，计算复杂度较高。

10.3.3 XGBoost

XGBoost（eXtreme Gradient Boosting）方法是 GBDT 方法的一种高效实现，算法的性能非常好，被广泛地应用于各大机器学习竞赛。XGBoost 相对于 GBDT 作了以下的优化：

（1）GBDT 在训练时，采用损失函数的负梯度来近似残差，只使用了损失函数的一阶导数；而 XGBoost 在训练时，直接对损失函数的二阶泰勒展开进行拟合，同时使用了损失函数的一阶导数和二阶导数，具有更小的误差。

（2）XGBoost 在损失函数中添加了正则项，减小过拟合的风险，泛化能力更强。

（3）XGBoost 针对树形基学习器的分裂过程做了并行化处理，提升了算法运行的效率。

XGBoost 方法的简要过程如图 10-7 所示。

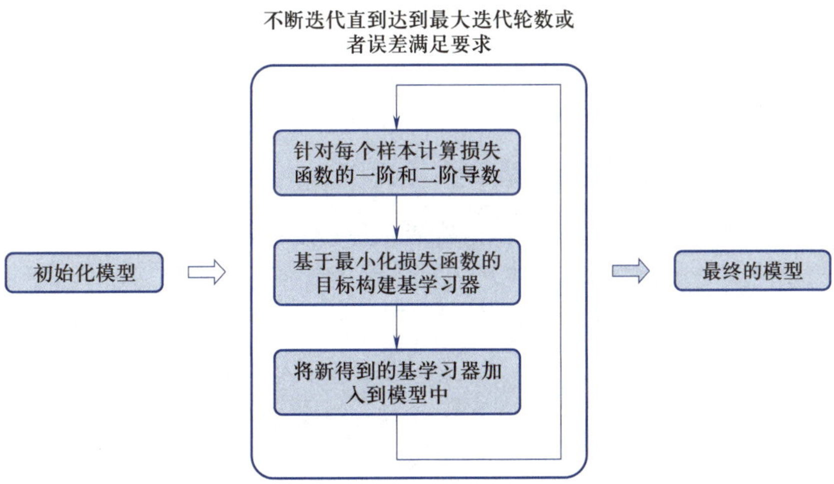

图 10-7 XGBoost 方法简要过程

XGBoost 方法同时利用损失函数的一阶导数和二阶导数，具有更高的精度。此外，XGBoost 还支持自定义损失函数，只要这些损失函数的一阶导数和二阶导数是可导的，这在解决不同问题的领域中具备更大的灵活性。XGBoost 构建基学习器的过程可以并行，且工具包支持并行，提升了很大一部分性能，但是其方法同样不适用于处理高维稀疏特征，且算法参数较多，调参复杂。XGBoost 算法本身数学推导复杂，有兴趣的读者可查阅官方说明文档 https://xgboost.readthedocs.io/en/stable/。

10.3.4 案例：信用卡欺诈分类

10.3.4.1 案例背景

下面我们用一个信用卡欺诈预测的案例来具体说明上述Boosting的三种算法。

本案例所使用的数据集包含2013年9月欧洲持卡人的信用卡交易信息，需要利用上述三种算法对交易是否属于欺诈行为进行判定。该数据集显示了两天内发生的交易，其中284 807宗交易中只有492个欺诈，数据集高度不平衡，正类（欺诈交易）仅占所有交易的0.172%。数据集只包含数值输入变量，这是一个PCA变换的结果。出于保密需要，数据集没有提供原始特征和更多关于数据的背景信息。特征V1、V2、…、V28为主成分分析（PCA）得到的主成分；唯一没有使用PCA转换的特征是时间和数量。其中，“Feature Time”包含每个事务与数据集中的第一个事务之间所经过的秒数；“Amount”指交易金额；“Feature Class”是标签变量，如果发生欺诈，它的值为1，否则为0。

10.3.4.2 数据读取与划分

首先，载入所用的库：

```
import pandas as pd
import numpy as np
import matplotlib
from IPython.display import Image
import matplotlib.pyplot as plt
import seaborn as sns
%matplotlib inline
import plotly.graph_objs as go
import plotly.figure_factory as ff
from plotly import tools
from plotly.offline import download_plotlyjs, init_notebook_mode, plot, iplot
init_notebook_mode(connected=True)

import warnings
warnings.filterwarnings('ignore')

import gc
from sklearn.model_selection import train_test_split
from sklearn.metrics import accuracy_score , f1_score ,roc_auc_score
from sklearn.ensemble import AdaBoostClassifier,GradientBoostingClassifier
from xgboost import XGBClassifier

pd.set_option('display.max_columns', 100)

#TRAIN/TEST SPLIT
```

```
TEST_SIZE = 0.20 # test size using_train_test_split

RANDOM_STATE = 42
```

读取数据，并查看数据的信息：

```
data = pd.read_csv("./creditcard.csv")

print("Credit Card Fraud Detection data -  rows:",data.shape[0],"
columns:", data.shape[1])
```

运行结果如下。

```
Credit Card Fraud Detection data -  rows: 284807  columns: 31
```

接下来，使用“head”函数对数据进行查看：

```
data.head()
```

运行结果如图 10-8 所示。

我们发现共有 284 807 条记录。接下来，查看数据集中的数据缺失情况：

```
total = data.isnull().sum().sort_values(ascending = False)
percent = (data.isnull().sum()/data.isnull().count()*100).sort_values
(ascending = False)
pd.concat([total, percent], axis=1, keys=['Total', 'Percent']).
transpose()
```

	Time	V1	V2	V3	V4	...	V26	V27	V28	Amount	Class
0	0.0	-1.359807	-0.072781	2.536347	1.378155	...	-0.189115	0.133558	-0.021053	149.62	0
1	0.0	1.191857	0.266151	0.166480	0.448154	...	0.125895	-0.008983	0.014724	2.69	0
2	1.0	-1.358354	-1.340163	1.773209	0.379780	...	-0.139097	-0.055353	-0.059752	378.66	0
3	1.0	-0.966272	-0.185226	1.792993	-0.863291	...	-0.221929	0.062723	0.061458	123.50	0
4	2.0	-1.158233	0.877737	1.548718	0.403034	...	0.502292	0.219422	0.215153	69.99	0

图 10-8　数据初步查看

运行结果如图 10-9 所示。

	Time	V16	Amount	V28	V27	...	V5	V4	V3	V2	Class
Total	0.0	0.0	0.0	0.0	0.0	...	0.0	0.0	0.0	0.0	0.0
Percent	0.0	0.0	0.0	0.0	0.0	...	0.0	0.0	0.0	0.0	0.0

图 10-9　数据缺失情况统计

可以看到所有数据都完好，没有数据缺失。

接下来，我们具体查看数据，按照是否被欺诈进行分类可视化：

```
temp = data["Class"].value_counts()
df = pd.DataFrame({'Class': temp.index,'values': temp.values})
trace = go.Bar(
```

```
    x = df['Class'],y = df['values'],
    name="Credit Card Fraud Class - data unbalance (Not fraud = 0,
Fraud = 1)",
    marker=dict(color="Blue"),
    text=df['values']
)
temp_data = [trace]
layout = dict(title = 'Credit Card Fraud Class - data unbalance (Not
fraud = 0, Fraud = 1)',
          xaxis = dict(title = 'Class', showticklabels=True),
          yaxis = dict(title = 'Number of transactions'),
          hovermode = 'closest',width=600
         )
fig = dict(data=temp_data, layout=layout)
iplot(fig, filename='class')
```

运行结果如图 10-10 所示。我们注意到数据存在不平衡性，诈骗（类别 1）所占比例极小，只有 492 条诈骗记录（0.172%）。

继续对数据进行探索，对欺诈案例按照时间维度进行可视化：

```
class_0 = data.loc[data['Class'] == 0]["Time"]
class_1 = data.loc[data['Class'] == 1]["Time"]
hist_data = [class_0, class_1]
group_labels = ['Not Fraud', 'Fraud']
fig = ff.create_distplot(hist_data, group_labels, show_hist=False,
show_rug=False)
fig['layout'].update(title='Credit Card Transactions Time Density
Plot', xaxis=dict(title='Time [s]'))
iplot(fig, filename='dist_only')
```

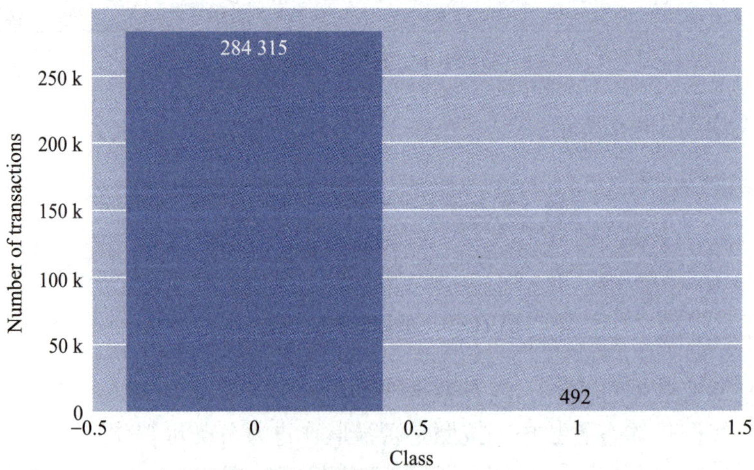

图 10-10 数据的不平衡性（类别 0 为正常，类别 1 为诈骗）

信用卡交易密度如图 10-11 所示。我们发现欺诈交易分布得比较均匀，且容易在夜间持续发生。

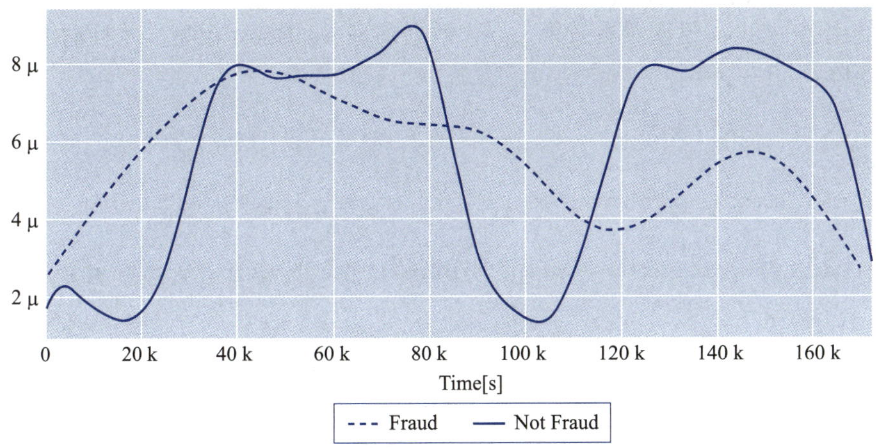

图 10-11 信用卡交易时间密度

接下来，将数据集划分为训练集和测试集，并对训练数据中样本数量较多的非欺诈类型样本进行欠采样，将欺诈样本的比例提升到数据集总体的 1%，并在最后定义需要预测的目标列以及特征列的列表：

```
1  train_df, test_df = train_test_split(data, test_size=TEST_SIZE,
   random_state=RANDOM_STATE, shuffle=True)
2  # 获得欺诈样本的数量
3  train_fraud_df  = train_df[train_df['Class'] ==1]
4  no_of_fraud = train_fraud_df.shape[0]
5
6  # 对非欺诈样本进行欠采样
7  no_of_non_fraud = no_of_fraud * 99
8  train_non_fraud_df = train_df[train_df['Class'] ==0].sample( no_of_
   non_fraud , random_state =RANDOM_STATE)
9  no_of_non_fraud = train_non_fraud_df.shape[0]
10
11 # 将欠采样后的数据进行整合，并且对数据的顺序进行打乱
12
13 train_df = pd.concat([train_fraud_df, train_non_fraud_df] , axis =0 )
14 train_df = train_df.sample(frac = 1,random_state =RANDOM_STATE)
15 target = 'Class'
16 predictors = ['Time', 'V1', 'V2', 'V3', 'V4', 'V5', 'V6', 'V7', 'V8',
   'V9', 'V10',\
          'V11', 'V12', 'V13', 'V14', 'V15', 'V16', 'V17', 'V18',
          'V19',\'V20', 'V21', 'V22', 'V23', 'V24', 'V25', 'V26', 'V27',
          'V28',\
          'Amount']
```

代码的第 1 行按照 8 : 2 的比例将数据集划分为训练集和测试集；第 2—14 行对数据集中的非欺诈类别样本进行降采样；第 15—16 行对预测的目标列和特征列的列名进

行定义。

10.3.4.3 AdaBoost 模型搭建与训练

我们用 AdaBoost 模型看看效果。导入数据训练 AdaBoost 模型，并且输出预测结果的混淆矩阵：

```
1  ada_clf = AdaBoostClassifier(random_state=RANDOM_STATE)
2
3  ada_clf.fit(train_df[predictors], train_df[target].values)
4
5  test_df['prediction'] = ada_clf.predict(test_df[predictors])
6
7  cm = pd.crosstab(test_df[target].values, test_df['prediction'],
   rownames=['Actual'], colnames=['Predicted'])
8  fig, ax1 = plt.subplots(ncols=1, figsize=(7,7))
9  sns.heatmap(cm,
10             xticklabels=['Not Fraud', 'Fraud'],
               yticklabels=['Not Fraud', 'Fraud'],
               annot=True,ax=ax1,
               linewidths=.2,linecolor="Darkblue", cmap="Blues" , fmt='d')
11 plt.title('Confusion Matrix', fontsize=16)
12 plt.show()
```

代码的第 1—5 行使用训练数据训练 AdaBoost 模型，并且输入测试数据获得预测结果；第 7—12 行绘制预测结果的混淆矩阵。

运行结果如图 10-12 所示。其中，56 834 个 True Negative 样本不是欺诈，模型预测它们不是欺诈；78 个 True Positive 样本是欺诈，模型预测它们是欺诈；20 个 False Negative 样本是欺诈，但模型未能预测它们是欺诈；30 个 False Positive 样本不是欺诈，但模型预测它们是欺诈。

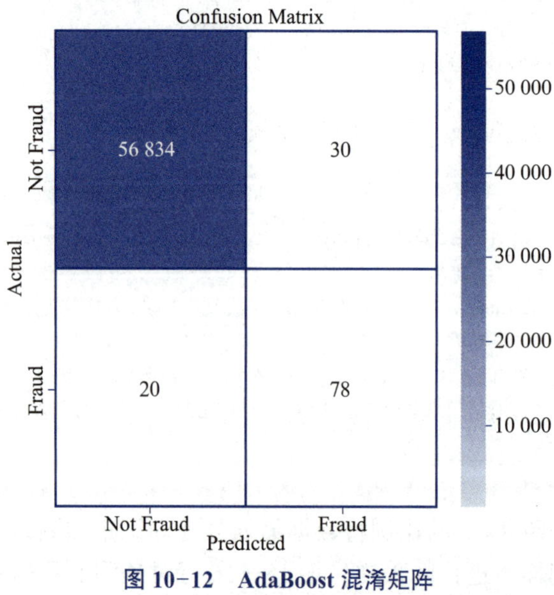

图 10-12 AdaBoost 混淆矩阵

接下来，计算使用 AdaBoost 模型一共能帮助我们保护多少财产：

```
metric_data = pd.DataFrame(columns =['Model Name','Detection Rate' , 'AUC','F1 Score','Accuracy','Fraud Loss Saved'])
# we will use original data as Amount is transformed for modelling
def fraud_loss_saved ( dataset , key) :

    df = dataset.copy()
    total_fraud_amt = df[df['Class'] ==1]['Amount'].sum()
    print("Total Fraud Amount in Test Data : " +  str(round(total_fraud_amt,2)))
    total_fraud_amt_detected = df.loc[(df['prediction'] ==1) & (df['Class']==1) ]['Amount'].sum()
    print("Total Fraud Amount Detected in Test Data : " +  str(round(total_fraud_amt_detected,2)))
    print("Fraud Loss Saved (%): " + str(round(100*total_fraud_amt_detected/total_fraud_amt ,2)))
    detection_rate  = 100 * (df[df['prediction']==1]['Class'].sum())/df['Class'].sum()
    print("Detection Rate (%) : " + str(round(detection_rate , 2)))
    accuracy = 100*accuracy_score(df['Class'] ,df['prediction'])
    print("Accuracy : " + str(round(accuracy ,2)))
    f1 = f1_score(df['Class'] ,df['prediction'])
    print("F1 Score : " + str(round(f1 ,4)))
    auc_score = roc_auc_score(df['Class'],df['prediction'])
    print("AUC Score : " + str(round(auc_score,4)))
    values = []
    values.append(key)
    values.append(detection_rate)
    values.append(auc_score)
    values.append(f1)
    values.append(accuracy)
    values.append(round(100*total_fraud_amt_detected/total_fraud_amt ,2))

    final_values =[]
    final_values.append(values)
    temp_df = pd.DataFrame(final_values ,columns =['Model Name','Detection Rate' ,'AUC','F1 Score','Accuracy','Fraud Loss Saved'])

    global metric_data

    metric_data = pd.concat([metric_data,temp_df ] , axis = 0 )

fraud_loss_saved(test_df ,'AdaBoost - Test Data')
```

运行结果如下。

```
Total Fraud Amount in Test Data : 16078.4
Total Fraud Amount Detected in Test Data : 12019.13
Fraud Loss Saved (%): 74.75
Detection Rate (%) : 79.59
Accuracy : 99.91
F1 Score : 0.7573
AUC Score : 0.8977
```

可以看到，使用 AdaBoost 算法能够帮助我们保护的金额为 12 019.13，帮助我们识别了 79.59% 的欺诈行为，同时 F1 值达到了 0.757 3，说明模型精确度较好。

10.3.4.4 GBDT 模型搭建与训练

接下来，我们使用 GBDT 方法来进行欺诈分类：

```
gbdf_clf = GradientBoostingClassifier(random_state=RANDOM_STATE)

gbdf_clf.fit(train_df[predictors], train_df[target].values)

test_df['prediction'] = gbdf_clf.predict(test_df[predictors])

cm = pd.crosstab(test_df[target].values, test_df['prediction'], rownames=['Actual'], colnames=['Predicted'])
fig, ax1 = plt.subplots(ncols=1, figsize=(7,7))
sns.heatmap(cm,
            xticklabels=['Not Fraud', 'Fraud'],
            yticklabels=['Not Fraud', 'Fraud'],
            annot=True,ax=ax1,
            linewidths=.2,linecolor="Darkblue", cmap="Blues" , fmt='d')
plt.title('Confusion Matrix', fontsize=16)
plt.show()
```

运行得到如图 10-13 所示的混淆矩阵。

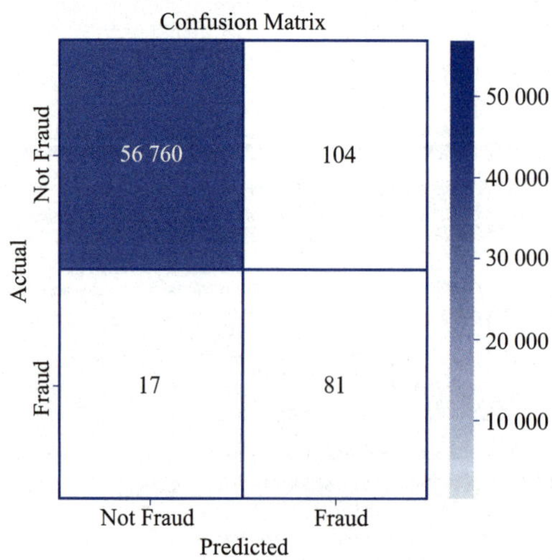

图 10-13 GBDT 混淆矩阵

同时，使用上面定义的函数输出 GBDT 识别欺诈的情况：

```
fraud_loss_saved(test_df ,'GBDT - Test Data')
```

运行结果如下。

```
Total Fraud Amount in Test Data : 16078.4
Total Fraud Amount Detected in Test Data : 12252.02
Fraud Loss Saved (%): 76.2
Detection Rate (%) : 82.65
Accuracy : 99.79
F1 Score : 0.5724
AUC Score : 0.9124
```

使用 GBDT 算法所保护的金额为 12 252.02，可以看到 GBDT 相比于 AdaBoost 算法虽然 F1 值有所下降，但是欺诈检测金额和检测率都有所提升。

10.3.4.5 XGBoost 模型搭建与训练

接下来，尝试使用 XGBoost 算法进行欺诈分类：

```
xgb_clf = XGBClassifier(random_state=RANDOM_STATE)

xgb_clf.fit(train_df[predictors], train_df[target].values)

test_df['prediction'] = xgb_clf.predict(test_df[predictors])

cm = pd.crosstab(test_df[target].values, test_df['prediction'], rownames=
['Actual'], colnames=['Predicted'])
fig, ax1 = plt.subplots(ncols=1, figsize=(7,7))
sns.heatmap(cm,
            xticklabels=['Not Fraud', 'Fraud'],
            yticklabels=['Not Fraud', 'Fraud'],
            annot=True,ax=ax1,
            linewidths=.2,linecolor="Darkblue", cmap="Blues" , fmt=
            'd')
plt.show()
```

同样，得到如图 10-14 所示的混淆矩阵。

输出 XGBoost 识别欺诈的情况：

```
fraud_loss_saved(test_df ,'XGBoost - Test Data')
```

运行结果如下。

```
Total Fraud Amount in Test Data : 16078.4
Total Fraud Amount Detected in Test Data : 12346.92
Fraud Loss Saved (%): 76.79
Detection Rate (%) : 83.67
Accuracy : 99.94
F1 Score : 0.8241
AUC Score : 0.9182
```

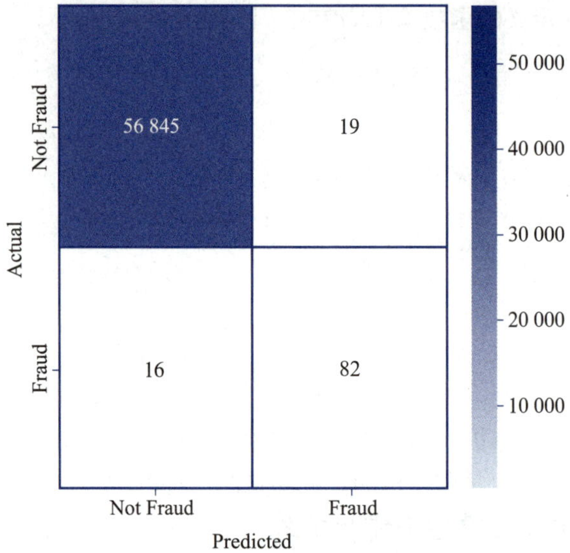

图 10-14 XGBoost 混淆矩阵

可以看到相对于 AdaBoost 和 GBDT，XGBoost 模型能够取得更好的效果，帮助我们更好地识别欺诈行为，保护更多财产。使用 XGBoost 模型能够检测出更多的欺诈行为，欺诈行为的检测率提升到了 83.67%，总体的 F1 值也提升到了 0.824 1，各指标都明显提升。

10.3.4.6 模型对比

最后，输出模型的对比情况：

```
metric_data
```

运行结果如图 10-15 所示。

	Model Name	Detection Rate	AUC	F1 Score	Accuracy	Fraud Loss Saved
0	AdaBoost - Test Data	79.591837	0.897695	0.757282	99.912222	74.75
0	GBDT - Test Data	82.653061	0.912351	0.572438	99.787578	76.20
0	XGBoost - Test Data	83.673469	0.918200	0.824121	99.938556	76.79

图 10-15 不同模型比较

可以看到，在 3 个模型当中，XGBoost 模型具有最好的效果，能够更加准确地识别出欺诈行为，进而帮助我们保护更多的财产。

思考题

1. 树集成模型有哪些实现方式？区别是什么？
2. AdaBoost 模型和 GBDT 模型有哪些不同？
3. XGBoost 在 GBDT 基础上有哪些优化改进？

参考答案

第 11 章

聚类

本章介绍聚类分析的基本概念及其主要算法，包括 K-Means、层次聚类和 DBSCAN。聚类分析通过将数据划分为不同的簇，能够揭示数据的内在结构和模式。

11.1 聚类概述

俗话说，“物以类聚，人以群分”。在自然科学和社会科学中，存在着大量的聚类问题。聚类（Clustering）是一种无监督学习方法，主要作用是根据特定标准将数据集中的数据划分为不同的类或簇，使得每一类或簇中的数据点尽可能相似，且各类或簇之间的差异性尽可能大。其应用范围非常广泛，比如聚类模型可以帮助市场分析人员从消费者数据库中区分出不同的消费群体来，并从中概括出每一类消费者的消费模式。如图 11-1 所示。

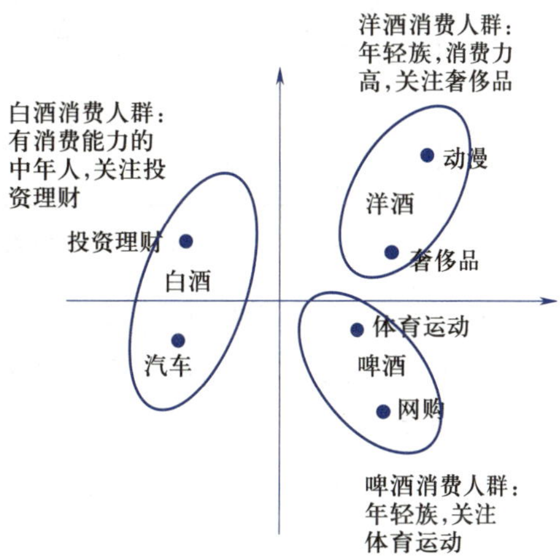

图 11-1　一个简单的市场分析聚类应用

聚类对象一般是一组数据样本，聚类本质则是根据指定的聚类评判标准（Cluster Criterion）将数据样本聚成几个不同的簇，这些簇尽量满足“相同簇的样本之间距离最近”和“不同簇的样本之间距离最远”两个条件。

聚类过程一般可分为五个步骤：

（1）数据准备：特征标准化和降维。

（2）特征选择：从最初的特征中选择最有效的特征。

（3）特征提取：通过对选择的特征进行转化，形成新的突出特征。

（4）聚类：选择距离函数进行相似度度量。

（5）聚类结果评估：分析聚类结果。

常用的聚类模型有三类，包括基于距离的、基于层次的和基于密度的，对应的常用算法为 K-Means、层次聚类和 DBSCAN。

11.2 K-Means

K-Means 聚类是一种比较流行的聚类分析方法。K-Means 聚类算法利用距离远近作为度量，将目标数据聚为指定 k 个簇，使得样本之间簇内差异小，且簇间差异大。

如图 11-2 所示，K-Means 算法的聚类过程如下：

（1）从数据中随机挑选 k 个样本点作为原始的簇中心；

（2）计算其他样本到簇中心的距离，将其加入距离最近的簇中；

（3）重新计算各簇中样本点的均值向量，使用均值作为新的簇中心；

（4）不断重复上述第 2—3 步，直到簇中心的变化趋于稳定，形成 k 个簇。

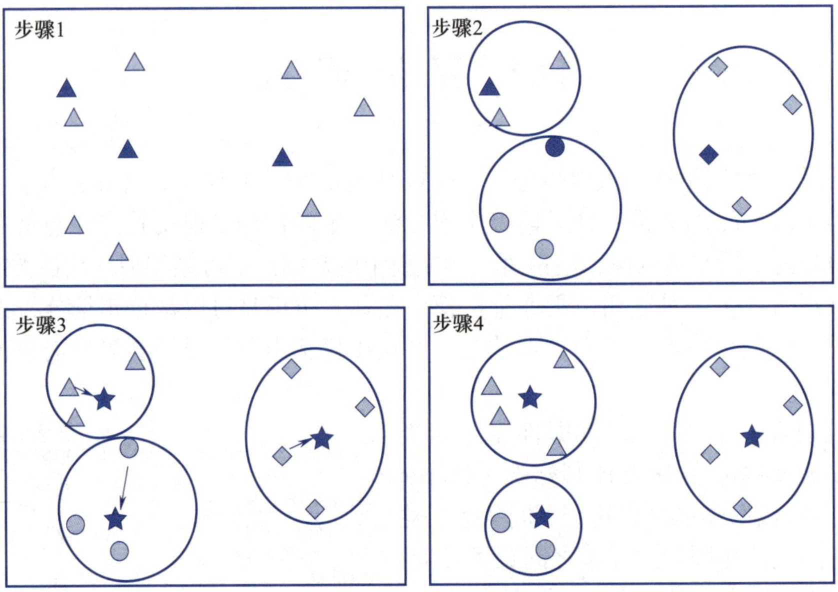

图 11-2 k=3 时 K-Means 算法聚类过程

在 K-Means 聚类模型中，对于指定的 k 个簇，簇内的样本越相似，聚类效果才越好。基于这个思想，可以理解为簇内样本的离差平方和达到最小即可，进而可以得到 K-Means 聚类的目标函数：

$$J(c_1, c_2, \cdots, c_k) = \sum_{j=1}^{k}\sum_{i=1}^{n_j}(x_i - c_j)^2$$

其中，c_j 表示第 j 个簇的簇中心，x_i 属于第 j 个簇的样本 i，n_j 表示第 j 个簇的样本总量。直观来看，这个目标函数在一定程度上刻画了簇内样本围绕簇中心的紧密程度，目标函数越小，各个簇内的样本相似度越高。

K-Means 算法的优点在于算法实现简单、直观，处理大数据集的时候，该算法可以保证较好的伸缩性。同时，K-Means 算法也存在着一定的问题，比如我们需要事先

指定 k 值，聚类结果非常依赖于初始 k 个质心的选择；算法也容易陷入局部最优，不易处理非簇状数据，且聚类结果容易受异常值影响。

11.3 层次聚类

层次聚类（Hierarchical Clustering）方法将数据样本组成一棵聚类树。根据层次分解方向，层次聚类可分为凝聚层次聚类和分裂层次聚类。层次聚类方法不用预先设置聚类数，且适用于任意形状聚类，但仍然具有一定的局限性：一旦合并或分裂执行，就不能修正。即使某个合并或分裂决策在后来证明是不好的选择，该方法也无法退回并更正。

凝聚层次聚类采用自底向上策略，首先将每个样本作为单独的一个原子簇，然后合并这些原子簇形成更大的簇，直到所有的样本都在一个簇中（层次的最上层），或者达到一个终止条件。

分裂层次聚类采用自顶向下策略，首先将所有样本置于一个簇中，然后逐渐细分为越来越小的簇，直到每个样本自成一个簇，或者达到某个终止条件（例如达到了某个希望的簇的数目）。

凝聚层次聚类给定需要聚类的 N 个样本以及相似性矩阵后，一般步骤如下：

（1）将每个样本归为一类，共得到 N 类，其中类与类之间的距离就是它们所包含的样本间的距离；

（2）将最相似的两个类合并成一类；

（3）重新计算新的相似性矩阵；

（4）重复步骤 2 和步骤 3，直到将数据合并成一个类。

根据步骤 3 的不同，可将凝聚层次式聚类方法分为三类——Single Linkage 聚类法，Complete Linkage 聚类法和 Average Linkage 聚类法。其中，Single Linkage 聚类法的类别相似度由两个类别中距离最近的两个点之间的距离决定；Complete Linkage 聚类法的类别相似度由两个类别中聚类最远的两个点之间的距离决定；Average Linkage 聚类法的类别相似度由两个类别中所有数据点之间的距离的平均值决定。

Single Linkage 聚类法和 Complete Linkage 聚类法代表了簇间距离度量的两个极端，它们对离群点或噪声数据过分敏感。Average Linkage 聚类法是一种折中方法，它可以克服离群点敏感性问题。

层次聚类的优点是可以通过设置不同的参数值，得到不同粒度上的多层次聚类结构；在聚类形状方面，层次聚类适用于任意形状的聚类，并且对样本的输入顺序不敏感，可以不用预先设置聚类数。但是，其缺点有：算法的时间复杂度大，层次聚类的结果依赖聚类的合并点和分裂点的选择；聚类过程具有不可逆性，一旦聚类结果形成，想要再重新合并来优化聚类的性能是不可能的；聚类终止的条件具有非精确性。

11.4 DBSCAN

为了能够发现任意形状的聚类簇，人们开发出基于密度的聚类算法。密度聚类算法认为，在整个样本空间点中，各目标类簇是由一群稠密样本点组成的。这些稠密样本点被低密度区域分割，算法的目的就是要过滤低密度区域，发现稠密样本点。

DBSCAN（Density-Based Spatial Clustering of Applications with Noise）是一个比较有代表性的基于密度的聚类算法，其目标是寻找被低密度区域分离的高密度区域。简单来说，DBSCAN 的思想是：只要临近区域的密度超过一定的阈值，就继续聚类。这样，DBSCAN 就可以过滤噪声和孤立点（Outlier），发现任意形状的类。

首先，我们给出一些基本的假设和定义。*Eps* 邻域是指样本集 D 中与 x_j 的距离不大于 *Eps* 的样本，即：

$$N_{Eps}(x_j)=\{x_i \in D \mid dist(x_i,x_j)\leqslant Eps\}$$

接下来，我们给出密度的概念。DBSCAN 基于邻域参数（*Eps*，*MinPts*）来刻画样本分布的紧密程度，数据集中特定点的密度由该点半径 *Eps* 之内点的数量来估计。基于密度的定义，DBSCAN 将点分为核心点、边界点和噪声点。核心点是指稠密区域内部的点，即在半径 *Eps* 内含有超过 *MinPts*（密度阈值）数目的点；边界点是指稠密区域边缘上的点，即在半径 *Eps* 内点的数量小于 *MinPts*，却是核心点的邻居（被核心点涵盖，但是自身不能成为核心点）的点；噪声点则指稀疏区域中的点，即任何不是核心点或边界点的点（既不核心，也不是边界）。

密度直达是指若 x_j 位于 x_i 的 *Eps* 邻域中，且 x_i 是核心点，则称 x_j 由 x_i 密度直达。而密度可达是指对于 x_i 与 x_j，若存在样本序列 p_1，p_2，…，p_n，其中 $p_1=x_i$，$p_n=x_j$ 且 p_{i+1} 由 p_i 密度直达，则称 x_j 由 x_i 密度可达。密度相连指对于 x_i 与 x_j，若存在 x_k 使得 x_i 与 x_j 均由 x_k 密度可达，则称 x_i 与 x_j 密度相连。

如图 11-3 所示，如果 $Eps=\varepsilon$，$MinPts=7$，则点 p 为核心点（其 *Eps* 领域内至少包含了 7 个样本点）；点 q 为非核心点；点 m 由 p 密度直达。

如图 11-4 所示，如果 $Eps=\varepsilon$ 且 $MinPts=7$，则点 p_1、p_2 和 p_3 为核心点，点 p_4 为

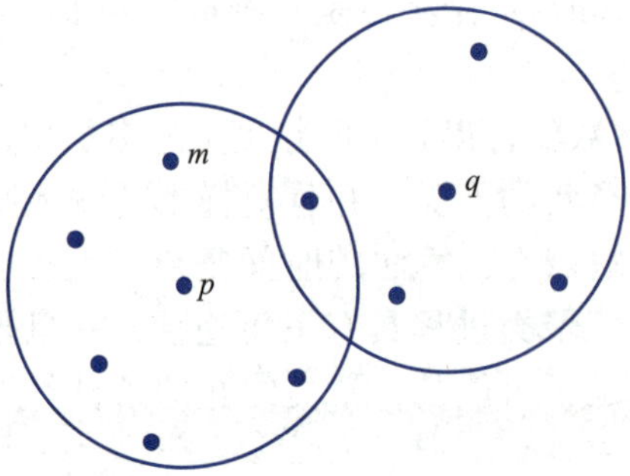

图 11-3　一个简单的 DBSCAN 例子

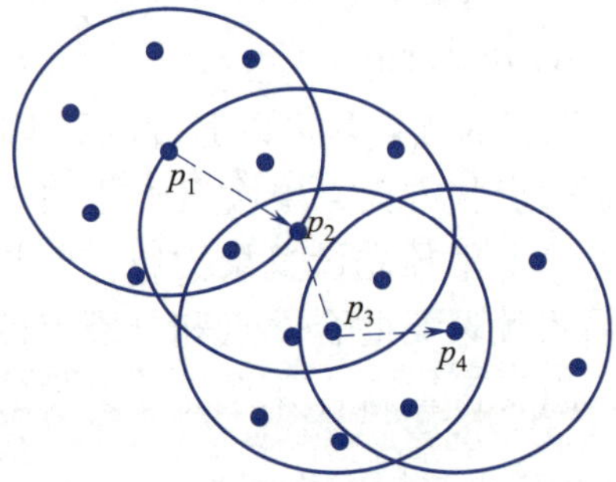

图 11-4　一个稍复杂的 DBSCAN 的例子

非核心点，点 p_1 密度直达 p_2，p_2 密度直达 p_3，p_3 密度直达 p_4，所以 p_1 密度可达 p_4，且 p_4 为 p_3 的边界点。

如图 11-5 所示，如果 $Eps=\varepsilon$ 且 $MinPts=7$，则点 O、p_1 和 q_1 为核心点，点 p_2 和 q_2 为非核心点，且 O 密度可达 p_2 和 q_2，则 p_2 和 q_2 是密度相连的。点 N 目前不属于任何一个簇，则有可能为异常点。

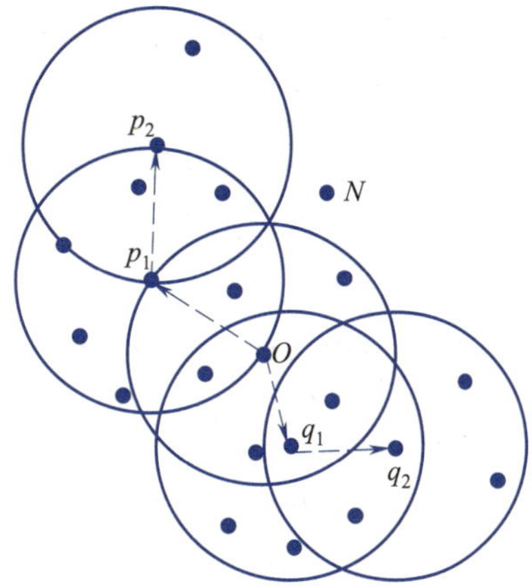

图 11-5 一个更复杂的 DBSCAN 例子

一般来说，DBSCAN 的算法流程如下：

（1）为密度聚类算法设置一个合理的 *Eps* 值以及 *MinPts* 值；

（2）从数据集中随机选出一个样本点 p，判断其是否为核心点，如果是核心点则构成一个簇 C，否则重新选择一个点；

（3）对于核心点 p 的 *Eps* 领域内的其他点 q，如果 q 也为核心点，则将其覆盖的样本归于簇 C；

（4）重复步骤 3，将最大的密度相连所包含的样本点聚为一类，形成一个大簇；

（5）重复步骤 2、3、4，直到没有样本点可以生成新簇时算法结束。

相较于之前提到的 K-Means 算法，DBSCAN 能处理不同形状和大小的簇，能处理噪声和异常点，对数据分布没有任何假定，但要求密度的定义有意义，处理高维数据时效率较低。而 K-Means 算法则偏向于球形聚类，虽然出现异常点时聚类效果差，要求聚类中心的定义有意义，但是处理高维数据时效率高。

DBSCAN 的基本时间复杂度是 O（$N\times$ 找出 *Eps* 邻域中的点所需要的时间），N 是点的个数，最坏情况下时间复杂度是 $O(N^2)$。在低维空间数据中，借助一些数据结构如 KD 树（K-Dimensional tree），可以有效地加快检索速度，时间复杂度可以降低到 $O(N\text{Log}N)$。

总而言之，DBSCAN 算法的优点是聚类速度快且能够有效处理噪声点和发现任意形状的空间聚类。DBSCAN 算法的缺点有：要求较大的内存；当空间聚类的密度不均匀、聚类间距相差很大时，模型的聚类效果较差；运算代价大，参数设置需要不断调整。

11.5 案例：汽车款式聚类

11.5.1 案例背景

下面我们通过一个案例来学习聚类方法的实战过程。案例的数据基于 R 语言“ISLR”包中的“Auto”数据集（已经导出为 CSV 格式），数据集中共有 392 个样本、8 个特征。这里我们根据每种汽车的参数，利用聚类算法来进行聚类，识别出相似的汽车。

11.5.2 数据读取与划分

首先，我们导入需要使用的库，并且读入案例所使用的数据：

```
import warnings
warnings.filterwarnings("ignore")
import numpy as np
import pandas as pd
from plotnine import *
from sklearn import metrics
auto = pd.read_csv('./input/Auto.csv')
auto.head()
```

得到的基本信息如图 11-6 所示。

	mpg	cylinders	displacement	horsepower	weight	acceleration	year	origin
0	18.0	8	307.0	130	3504	12.0	70	1
1	15.0	8	350.0	165	3693	11.5	70	1
2	18.0	8	318.0	150	3436	11.0	70	1
3	16.0	8	304.0	150	3433	12.0	70	1
4	17.0	8	302.0	140	3449	10.5	70	1

图 11-6 基本信息

接下来，我们对数据进行预处理。首先对连续变量用 Z-Score 标准化，并且对“cylinders”“year”“origin”这几列类别变量进行哑变量编码：

```
from sklearn.preprocessing import StandardScaler
scaler = StandardScaler()
auto[['mpg','displacement','horsepower','weight','acceleration']] =
scaler.fit_transform(auto[['mpg','displacement','horsepower','weight',
'acceleration']])
auto_scaled = pd.get_dummies(data=auto,columns=['cylinders','year','orig
in'])
auto_scaled.head()
```

运行结果如图 11-7 所示。经过哑变量编码，会使得数据的列数扩充。

	mpg	displacement	horsepower	weight	acceleration	...	year_81	year_82	origin_1	origin_2	origin_3
0	-0.698638	1.077290	0.664133	0.620540	-1.285258	...	0	0	1	0	0
1	-1.083498	1.488732	1.574594	0.843334	-1.466724	...	0	0	1	0	0
2	-0.698638	1.182542	1.184397	0.540382	-1.648189	...	0	0	1	0	0
3	-0.955212	1.048584	1.184397	0.536845	-1.285258	...	0	0	1	0	0
4	-0.826925	1.029447	0.924265	0.555706	-1.829655	...	0	0	1	0	0

图 11-7 数据预处理后的结果

11.5.3 K-Means 模型搭建与评估

接下来，我们使用 K-Means 聚类方法，设置随机种子为 42：

```
from sklearn.cluster import KMeans
model = KMeans(n_clusters=3,random_state=42).fit(auto_scaled)
auto_label = model.labels_
auto_cluster = model.cluster_centers_
auto_label
```

运行得到样本标签。

```
array([0, 0, 0, 0, 0, 0, 0, 0, 0, 0, 0, 0, 0, 0, 2, 1, 1, 1, 2, 2, 2, 2,
       2, 2, 1, 0, 0, 0, 0, 2, 2, 2, 1, 1, 1, 1, 1, 0, 0, 0, 0, 0, 0, 0,
       1, 2, 1, 1, 2, 2, 2, 2, 2, 2, 2, 2, 2, 2, 2, 2, 2, 0, 0, 0, 0, 0,
       0, 0, 0, 0, 2, 0, 0, 0, 0, 2, 2, 2, 2, 2, 2, 2, 2, 2, 0, 0, 0, 0,
       0, 0, 0, 0, 0, 0, 0, 0, 1, 1, 1, 1, 1, 2, 0, 0, 0, 0, 1, 2, 2, 2,
       2, 2, 1, 2, 0, 0, 2, 2, 2, 2, 0, 2, 1, 0, 1, 1, 1, 2, 2, 2, 2, 1,
       1, 1, 0, 0, 0, 0, 0, 2, 2, 2, 2, 2, 2, 2, 2, 2, 2, 2, 1, 1, 1, 1,
       0, 0, 0, 0, 1, 1, 1, 1, 1, 1, 0, 2, 2, 1, 2, 2, 2, 2, 1, 2, 1, 2,
       2, 2, 2, 2, 2, 2, 2, 2, 2, 0, 0, 0, 0, 1, 1, 1, 1, 2, 2, 2, 2, 1,
       1, 1, 1, 2, 2, 2, 2, 2, 0, 2, 1, 1, 0, 0, 0, 0, 2, 2, 2, 2, 2, 0,
       1, 0, 0, 1, 1, 1, 1, 0, 0, 0, 0, 2, 2, 2, 2, 2, 2, 2, 2, 1, 2, 2,
       2, 2, 2, 2, 2, 1, 0, 0, 1, 1, 1, 2, 1, 1, 1, 1, 1, 1, 0, 1, 0, 0,
       2, 2, 2, 2, 2, 2, 2, 2, 1, 1, 2, 1, 2, 2, 1, 1, 2, 1, 1, 0, 0, 0,
       0, 0, 0, 1, 0, 2, 2, 2, 2, 1, 1, 2, 1, 2, 2, 2, 2, 2, 1, 1, 2, 2,
       2, 2, 2, 2, 2, 2, 1, 2, 2, 2, 2, 2, 2, 2, 2, 2, 2, 2, 2, 2, 2, 2,
       1, 2, 2, 2, 2, 2, 2, 1, 2, 2, 2, 2, 2, 2, 2, 2, 2, 2, 2, 2, 2, 2,
       2, 2, 2, 2, 1, 1, 1, 1, 1, 1, 2, 2, 2, 2, 2, 2, 2, 2, 2, 2, 2, 2,
       2, 2, 2, 2, 2, 2, 1, 1, 2, 1, 2, 2, 2, 2, 2, 2, 2, 2])
```

绘制每个簇样本数的柱状图：

```
auto_label_dataframe = pd.DataFrame({'clusters':auto_label})
auto_label_dataframe['clusters'] = auto_label_dataframe['clusters'].
astype('category')
ggplot(auto_label_dataframe,aes('clusters',fill='clusters')) + geom_
bar()
```

运行结果如图 11-8 所示。

接下来，使用轮廓系数评估聚类效果。这是一种常见的用于评估聚类模型聚类结果的指标，其取值范围为 -1～1，越接近 1 代表聚类效果越好，越接近 -1 代表聚类效果越差：

```
labels = model.labels_
print("轮廓系数(Silhouette Coefficient): %0.4f"
      % metrics.silhouette_score(auto_scaled, labels))
```

运行结果如下。

```
轮廓系数(Silhouette Coefficient): 0.3183
```

我们得到 K-Means 聚类的轮廓系数为 0.318 3。选择不同 k 值比较聚类效果：

```
for i in [2,4,6]:
    model = KMeans(n_clusters=i,random_state=42).fit(auto_scaled)
    labels = model.labels_
    print("k=%d 轮廓系数(Silhouette Coefficient): %0.4f"% (i,metrics.silhouette_score(auto_scaled, labels)))
```

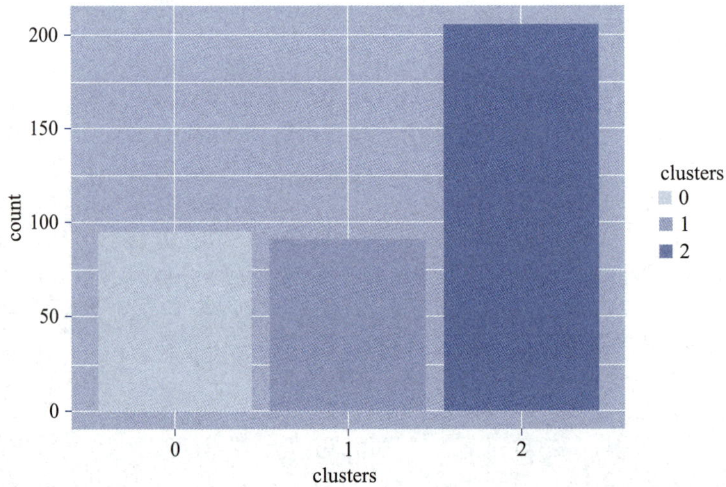

图 11-8 K-Means 聚类方法各簇样本数分布柱状图

运行结果如下。

```
k=2 轮廓系数(Silhouette Coefficient): 0.4152
k=4 轮廓系数(Silhouette Coefficient): 0.2548
k=6 轮廓系数(Silhouette Coefficient): 0.2039
```

从输出结果来看，当 $k=2$ 时，K-Means 模型能够取得最好的聚类效果。

11.5.4 层次聚类模型搭建与评估

接下来，我们使用层次聚类方法。使用 Single Linkage 方法来计算相似性矩阵，并且根据聚类的结果计算轮廓系数：

```
from sklearn.cluster import AgglomerativeClustering
single_model = AgglomerativeClustering(n_clusters=3,linkage="single").fit(auto_scaled)

single_labels = single_model.labels_
print("Single Linkage 轮廓系数(Silhouette Coefficient): %0.4f"
      % metrics.silhouette_score(auto_scaled, single_labels))
```

运行结果如下。

```
Single Linkage 轮廓系数 (Silhouette Coefficient): 0.0111
```

使用 Single Linkage 方法计算距离矩阵得到的轮廓系数为 0.011 1。

接下来使用 Complete Linkage 方法来计算相似性矩阵，同样计算轮廓系数：

```
complete_model = AgglomerativeClustering(n_clusters=3, linkage='complete').fit(auto_scaled)

complete_labels = complete_model.labels_
print("Complete Linkage 轮廓系数 (Silhouette Coefficient): %0.4f"
      % metrics.silhouette_score(auto_scaled, complete_labels))
```

运行结果如下。

```
Complete Linkage 轮廓系数 (Silhouette Coefficient): 0.2297
```

使用 Complete Linkage 方法计算距离矩阵得到的轮廓系数为 0.229 7，可以看到相比于 Single Linkage 方法的聚类结果，轮廓系数得到很大提升。

最后使用 Average Linkage 方法来计算相似性矩阵，同样计算轮廓系数：

```
average_model = AgglomerativeClustering(n_clusters=3, linkage='average').fit(auto_scaled)

average_labels = average_model.labels_
print("Average Linkage 轮廓系数 (Silhouette Coefficient): %0.4f"
      % metrics.silhouette_score(auto_scaled, average_labels))
```

运行结果如下。

```
Average Linkage 轮廓系数 (Silhouette Coefficient): 0.3075
```

使用 Average Linkage 方法计算距离矩阵得到的轮廓系数为 0.307 5，可以看到相比于 Single Linkage 和 Complete Linkage 方法的聚类结果，从轮廓系数这一指标来看，Average Linkage 方法的聚类效果更好。

针对层次聚类的三种相似性矩阵计算方法中，Average Linkage 方法的轮廓系数指标最好，因此接下来以 Average Linkage 方法的聚类结果绘制每个簇样本数的柱状图：

```
auto_label = average_model.labels_
auto_label_dataframe = pd.DataFrame({'clusters':auto_label})
auto_label_dataframe['clusters'] = auto_label_dataframe['clusters'].astype('category')
ggplot(auto_label_dataframe,aes('clusters',fill='clusters')) + geom_bar()
```

运行结果如图 11-9 所示。

接下来，我们利用“scipy”中的“pdist”“linkage”“dendrogram”函数，绘制层次聚类的谱系图：

```
from scipy.spatial.distance import pdist
from scipy.cluster.hierarchy import linkage, dendrogram
```

```
import matplotlib.pyplot as plt
plt.rcParams['font.sans-serif'] = ['SimHei']
row_clusters = linkage(pdist(auto_scaled,metric='euclidean'),method='wa
rd')
fig = plt.figure(figsize=(12,10))
row_dendr = dendrogram(row_clusters,p=50,truncate_mode='lastp',color_
threshold=5)
plt.tight_layout()
plt.xticks(fontsize=15)
plt.title(' 谱系图 ', fontsize=15)
```

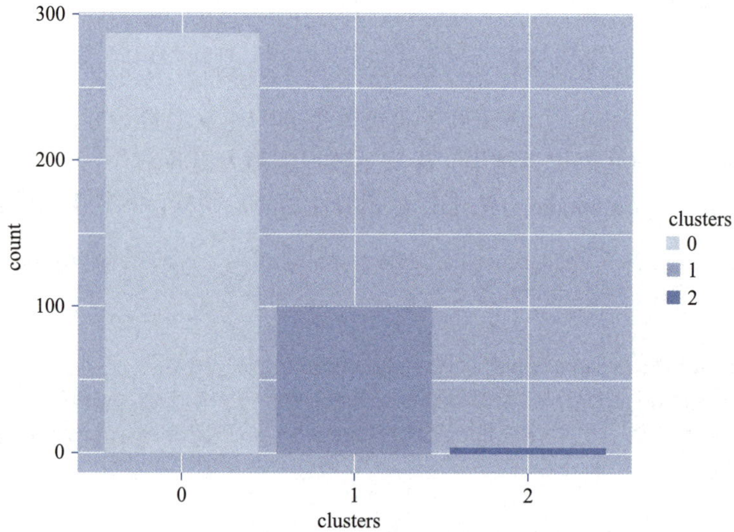

图 11-9　层次聚类簇样本数分布图

得到谱系图，如图 11-10 所示。

11.5.5　DBSCAN 模型搭建与评估

最后，我们使用DBSCAN方法进行聚类。同样，我们作出不同簇的样本数柱状图：

```
from sklearn.cluster import DBSCAN
model = DBSCAN(eps=1.5,min_samples=4).fit(auto_scaled)
auto_label = model.labels_
auto_label_dataframe = pd.DataFrame({'clusters':auto_label})
auto_label_dataframe['clusters'] = auto_label_dataframe['clusters'].
astype('category')
ggplot(auto_label_dataframe,aes('clusters',fill='clusters')) + geom_
bar()
```

得到如图 11-11 所示的不同簇的样本数柱状图。

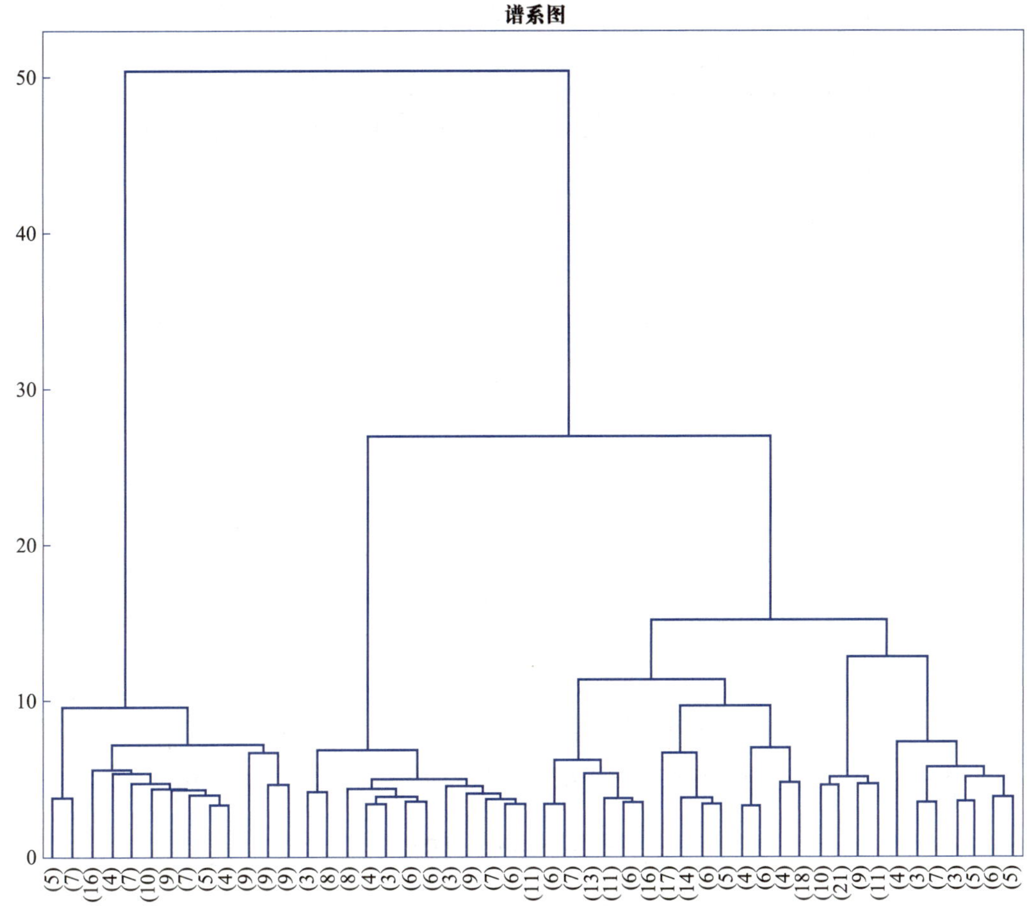

图 11-10 层次聚类谱系图

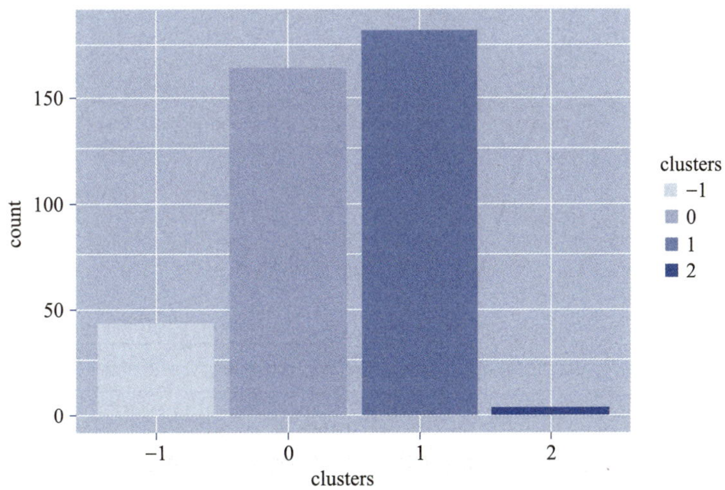

图 11-11 DBSCAN 聚类方法各簇样本数分布柱状图

忽略噪声点，并计算轮廓系数：

```
labels = model.labels_
```

```
n_clusters_ = len(set(labels)) - (1 if -1 in labels else 0)
print('簇数：%d' % n_clusters_)
print("轮廓系数(Silhouette Coefficient)：%0.4f"
      % metrics.silhouette_score(auto_scaled, labels))
```

运行结果如下。

```
簇数：3
轮廓系数(Silhouette Coefficient)：0.1476
```

得到 DBSCAN 聚类方法的轮廓系数为 0.147 6。接下来，尝试预测不同最小样本数下的簇个数。训练模型并输出簇个数，且绘制图表：

```
min_samples_grid = [1, 3, 5, 7, 9]
cluster_number = []
slt_score = []
for item in min_samples_grid:
    model = DBSCAN(min_samples=item).fit(auto_scaled)
    cluster_number.append(len(np.unique(model.labels_))-1)
plt.plot(min_samples_grid, cluster_number, 'r-*', linewidth=2)
plt.xlabel('最小样本数')
plt.ylabel('簇个数')
plt.title('不同最小样本数下聚类的簇个数')
```

最终，得到不同最小样本数下聚类的簇个数关系图，如图 11-12 所示。

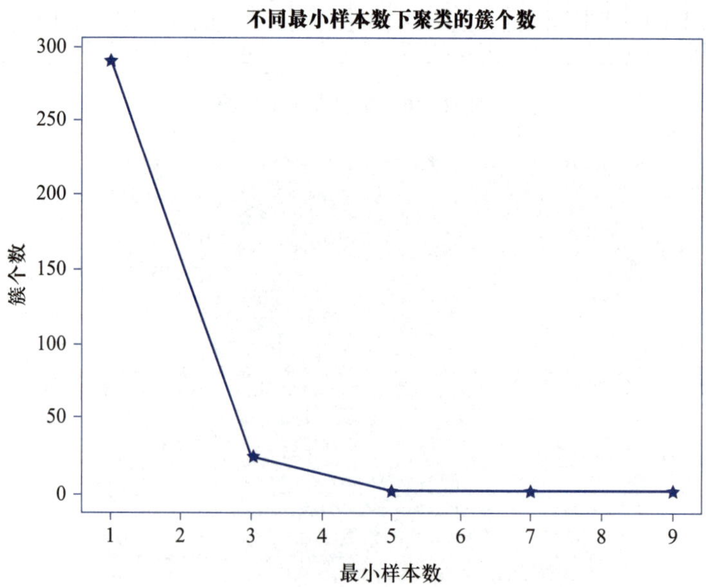

图 11-12 不同最小样本数下聚类的簇个数关系图

思考题

1. 请列举常见的聚类算法，并分别简要阐述其原理。
2. 简述 K-means 算法过程。
3. K-means 算法的聚类效果评估指标有哪些？

参考答案

第 12 章

降维

降维（Dimensionality Reduction）算法是一类将高维信息筛选保留其中一个或几个维度的算法。很明显，降低维度会损失原数据的一些信息，但这是为了减少特征属性的个数来简化数据，确保特征属性之间是相互独立的，最终提升模型性能，减少运行时间。本章将主要介绍降维方法的概述，以及最广泛应用的主成分分析（PCA）方法及相关案例。

12.1 降维概述

降维的工作是采用某种映射方法，将原高维空间中的数据点映射到低维度的空间中，其本质是学习一个映射函数 f：$X \rightarrow Y$。其中，X 是原始数据点，用 n 维向量表示，Y 是数据点经过映射函数 f 映射后的 r 维向量，且 $n>r$。

降维本质上是一种特征提取的方法，主要目的是压缩数据、去除噪声和提取特征，通过减少参与运算的参数，降低空间复杂度，进而降低时间复杂度，可以更加直观地看到数据分布。

降维方法属于无监督学习方法，根据其是否线性可分为两类。线性降维方法包括主成分分析（PCA）、线性判别分析（LDA）、独立成分分析（ICA）等；非线性降维方法主要有基于核函数的降维方法（KPCA、KICA、KDA）、基于流形的降维方法（ISOMAP、LLE、MDS、t-SNE）以及自编码器（Auto Encoder）等较新的降维方法。

12.2 PCA

12.2.1 PCA 原理

主成分分析（Principal Component Analysis，PCA）是通过正交变换将一组可能存在相关性的变量转换为一组线性不相关的变量的方法，转换后的这组变量称作主成分。PCA 的基本思想是构造原变量的一系列线性组合，形成几个综合指标，以去除数据的相关性，并使低维数据最大程度保持原始高维数据的方差信息。

在处理数据时，经常会遇到每个样本包含很多个变量的情况，而变量太多会增加分析问题的难度与复杂性。在实际问题中，多个变量之间可能具有一定的相关关系（多重共线性），因此研究的重点是在各个变量相关关系的基础上，用较少的新变量代替原来较多的变量，同时尽可能多地保留原来较多变量所反映的信息。

如图 12-1 所示，图中的点为二维样本向量分布而成，原始坐标轴分别为 x_1、x_2。这些数据点的分布形成一个椭圆状点阵，不妨假设椭圆长轴为 y_1，短轴为 y_2。如果想把这些样本向量降为一维表示，理想情况是这个新一维向量应当包含原始数据尽可能多的信息。于是，我们选择 y_1 方向，因为 y_1 方向离散程度最大，即在这个方向上方差最大，包含的信息量最多；而短轴方向上映射的数据离散程度较小，因而对数据的解释能力弱。

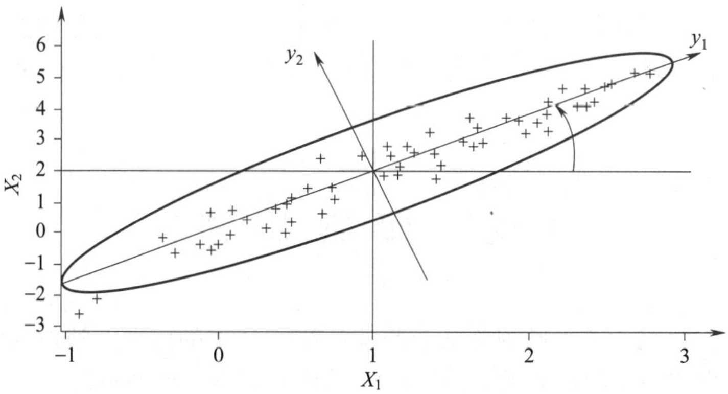

图 12-1　主成分分析方法

将二维情况推广到多维，椭圆相应会被推广到高维椭球。首先，找出高维椭球的主轴，再用代表大多数数据信息的最长的几个主轴作为新变量。需要注意的是，和二维情况类似，高维椭球的主轴也是互相垂直的。这些互相正交的新变量是原先变量的线性组合，称为主成分。

假设原始特征变量的数量为 n，即在 n 维特征空间中进行降维操作。有 n 维数据 x_1，x_2，…，x_n，我们想要将其转换为 1 维，也就是寻找合适的线性组合系数 a_1，a_2，…，a_n。通过下式将其转换为 1 维：

$$f_1 = a_1x_1 + a_2x_2 + \cdots + a_nx_n$$

其中，f_1 就是转换后的 1 维数据，而确定 a_1，a_2，…，a_n 需要用到一些线性代数相关的知识。

同样，要将 n 维数据转换为 k 维，也是通过构建线性组合的方法来实现的，也即想要得到 f_1，f_2，…，f_k，可以构造如下 k 个线性组合：

$$f_1 = a_{11}x_1 + a_{12}x_2 + \cdots + a_{1n}x_n$$

$$f_2 = a_{21}x_1 + a_{22}x_2 + \cdots + a_{2n}x_n$$

$$\cdots\cdots$$

$$f_k = a_{k1}x_1 + a_{k2}x_2 + \cdots + a_{kn}x_n$$

在构造的 k 个线性组合中，还需要满足如下条件：

（1）每个主成分的系数的平方和等于 1，也即

$$a_{i1}^2 + a_{i2}^2 + \cdots + a_{in}^2 = 1, 1 \leqslant i \leqslant k$$

（2）各个主成分之间彼此独立、互不相关，也即

$$Cov(f_i, f_j) = 0, \forall i \neq j$$

（3）主成分的方差依次递减，也即

$$Var(f_1) \geqslant Var(f_2) \geqslant \cdots \geqslant Var(f_k)$$

PCA 算法先计算数据矩阵的协方差矩阵，接着提取协方差矩阵的特征值和特征向量，最后选取与特征值最大（即方差最大）的 k 个特征值相对应的特征向量来构建一个新的特征矩阵。这样可以将数据矩阵映射到新的空间，从而实现对数据特征的降维操作。

12.2.2 案例：沪深 300 指数成分股收益率的主成分分析

12.2.2.1 案例背景

本小节主要讲述对数据进行主成分分析（PCA）的代码实例。使用 2022 年 4—9 月的沪深 300 成分股数据和沪深 300 指数数据。沪深 300 成分股数据的命名为“data.csv”，沪深 300 指数数据命名为“HS300.csv”。

12.2.2.2 数据读取与划分

首先，导入相应的库，读入股票数据，并对数据作简单清洗：

```
import pandas as pd
stock_data = pd.read_csv('data.csv')
stock_data
```

运行结果如图 12-2 所示。

	Tradedate	1	2	63	66	...	688363	688396	688561	688599	688981
0	2022-04-12	15.92	20.17	22.24	11.12	...	105.80	48.6	53.63	49.90	43.89
1	2022-04-13	15.80	20.50	22.00	10.74	...	102.50	46.8	51.80	48.74	43.51
2	2022-04-14	16.04	21.00	22.33	10.88	...	114.68	48.2	52.68	48.37	43.67
3	2022-04-15	16.42	21.30	22.69	10.49	...	116.00	48.6	51.21	48.20	43.25
4	2022-04-18	15.90	20.53	23.17	10.44	...	119.43	49.7	52.55	53.90	43.69

图 12-2 股票数据

对于整列缺失的数据，即全部数据丢失的股票，整列删除；对于其他列中缺失的个别数据，用前一个非缺失的数据来填充：

```
stock_data = stock_data.dropna(axis=1, how='all')
stock_data.fillna(method='pad', inplace=True)
```

前面所读取的数据是一段时间内沪深 300 成分股的收盘价，我们通过某天和前一天

的收盘价可以计算当天的对数收益率。将当天的收盘价记作 $price_t$，前一天的收盘价记作 $price_{t-1}$，则对数收益率的计算公式为：

$$\ln\left(\frac{price_t}{price_{t-1}}\right)=\ln(price_t)-\ln(price_{t-1})$$

12.2.2.3 主成分分析（PCA）

接下来，导入相应的 Numpy 库和 Sklearn 库进行 PCA 分析，然后计算股票的对数收益率：

```
1 import numpy as np
2 stock_returns = stock_data.copy()
3 stock_returns.iloc[:,1:] = stock_returns.iloc[:,1:].apply(np.log).
  diff(1)
```

代码的第 3 行计算股票当天的对数收益率。

由于数据的第一行是第一天的数据，收益率无法计算为空值，应该去掉，且数据的第一列是日期，进行 PCA 只需保留除了日期列之外的股票数据，因此做如下处理：

```
from sklearn.decomposition import PCA
stock_returns = stock_returns[1:]
pca = PCA(1).fit(stock_returns.iloc[:,1:])
```

12.2.2.4 数据可视化

接下来，导入 Matplotlib 库将 PCA 的结果可视化：

```
1 import matplotlib.pyplot as plt
2 y_index = stock_data.columns[1:]
3 pc1 = pd.Series(index=y_index, data=pca.components_[0])
4 pc1.plot(figsize=(10,6), xticks=[], grid=True)
5 plt.tight_layout()
```

代码的第 3 行使用股票作为 index，将经过主成分分析得到的各个股票的线性组合系数作为值创建了一个 Series，然后使用“plot”方法进行可视化。运行结果如图 12-3 所

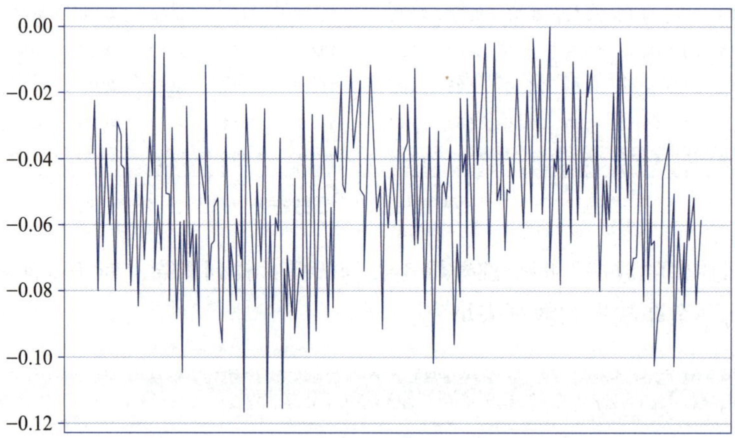

图 12-3 沪深 300 成分股各股票线性组合系数

示。以股票代码为横坐标，各个股票的线性组合系数为纵坐标，可以将各个股票所占的比重可视化，数值越高的股票在沪深 300 中的重要性越高。

主成分分析获得了沪深 300 成分股票各自的线性组合系数。以每个系数绝对值除以所有系数绝对值之和，能够计算出各个股票在沪深 300 全体股票中的权重比例；对各个股票的收益率按照该权重比例进行加权求和，结果可以反映沪深 300 全体股票的行情变化；之后，按照日期先后顺序进行可视化：

```
weights = abs(pc1)/sum(abs(pc1))
myrs = (weights*stock_returns[y_index]).sum(1)
myrs.cumsum().apply(np.exp).plot(figsize=(10,6))
```

运行结果如图 12-4 所示。

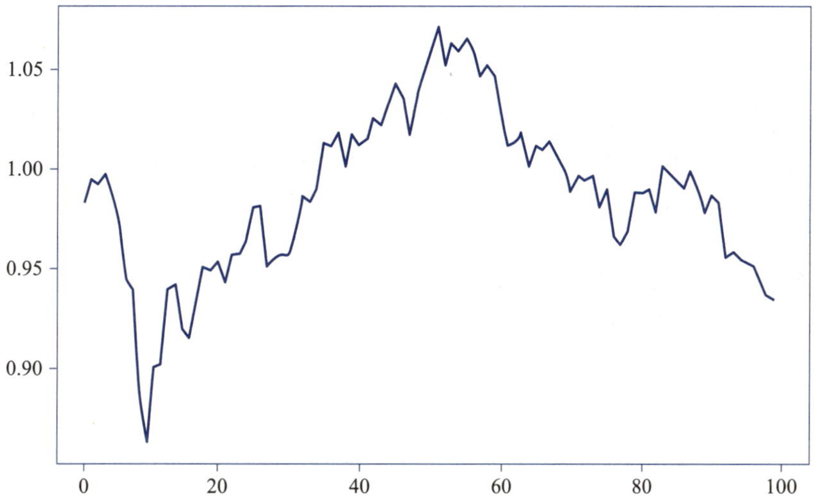

图 12-4　沪深 300 成分股按照线性组合系数加权求和后的整体行情趋势

沪深 300 指数是中国证券指数公司基于上海证券交易所和深圳证券交易所的上市公司股票数据编制的指数，反映股票市场整体走势。其数值来自证券指数公司的专家根据每只股票重要性制定的权重参数，并根据参数对股票的数据加权求和。简而言之，影响力越大、越重要的股票对沪深 300 指数所起的作用越大。

12.2.2.5 结果验证

最后，为了说明沪深 300 成分股按照线性组合系数加权求和后的整体行情趋势与沪深 300 指数的关系，以收盘价数据作为纵坐标，将沪深 300 指数收盘价可视化：

```
HS300 = pd.read_csv("HS300.csv")
y_data = HS300['close']
HS300_close = pd.Series(index=range(100), data=HS300['close'])
HS300_close.plot(figsize=(10,6), xticks=[])
```

运行结果如图 12-5 所示。

对比图 12-4 和图 12-5，可以发现虽然数值单位不同，但曲线各个部位的变化趋势、极点是大致相同的。这是因为主成分分析后得到的线性组合系数能够从数值上反映

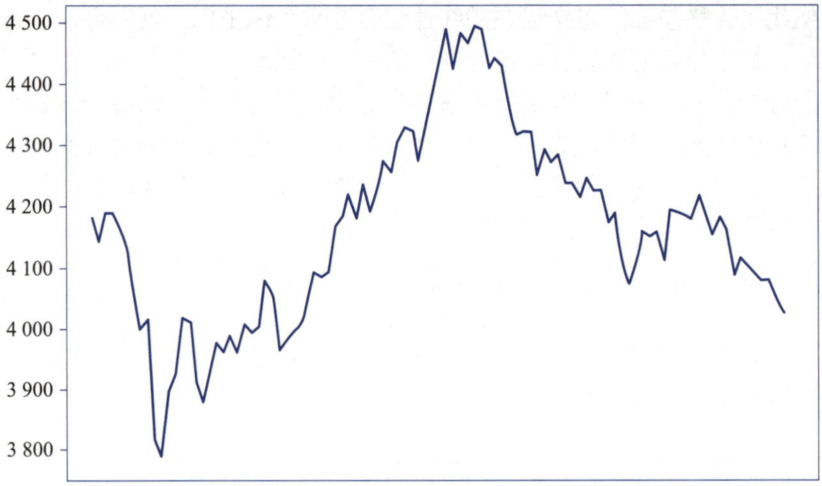

图 12-5 相同时间范围内沪深 300 指数图

各个成分对总体指标所产生的影响，因此根据线性组合系数对成分股进行加权求和能够表达沪深 300 指数中的大部分信息。但沪深 300 指数的实际计算过程还需要考虑其他因素，因此两者并不完全相同，只是有着相近的变化趋势。

思考题

1. 阐述降维的作用以及常见的降维算法。
2. 简要阐述 PCA 的主要原理。

参考答案

第13章

深度学习

深度学习涵盖两种神经网络架构：卷积神经网络和循环神经网络。本章介绍深度学习的基础概念并辅以实践案例，以帮助读者理解深度学习在实际场景中的应用。

13.1 深度学习基础

13.1.1 核心思路

深度学习是机器学习的一个重要分支，其核心思路在于表示学习和特征学习。在传统机器学习中，数据经过特征工程被转化为特征，再经机器学习转化为我们想要的结果，这一过程中的特征一般由人工选取，而深度学习一般自动学习有用的特征。

以经典的图像识别任务为例，深度学习模型在输入层和输出层之间有若干个隐藏层，通过层次化的方式学习得到图像的特征，从而解决图像识别问题。

万能逼近原理表明，一个包含隐含层的神经网络结构，在有足够多神经元的情况下，能以任意精度逼近任意的连续函数。深度学习就是通过深层神经网络结构来完成复杂函数逼近。概括来讲，只要节点数够多，神经网络就能逼近任意函数。需要注意的是，虽然单隐层神经网络就能逼近任意函数，但仅有一层隐含层会造成模型过于巨大；而在逼近复杂函数时，随着隐含层网络层数增多，需要的隐含节点数目就以指数方式减少。如图 13-1 所示。

深度学习是端到端的学习，从原始输入数据直接学习到目标函数，因此训练时直接对任务总体目标进行优化，不需要分模块或者分阶段训练。

13.1.2 神经网络及 MLP

以我们之前学习的一元线性回归模型为例，基本形式为 $y = w_0 + w_1 x + \varepsilon$ ，其中 w_0、w_1 为回归系数，ε 为随机误差项。而多元线性回归模型中， $\boldsymbol{w} = (w_1, w_2, \cdots, w_d, w_0)^T$ 为回归系数，ε 为残差，改写为矩阵形式则有：

$$y = \boldsymbol{X}\boldsymbol{w} + \varepsilon$$

其中，$\boldsymbol{X}=\begin{pmatrix} x_{11} & x_{12} & \cdots & x_{1d} & 1 \\ x_{21} & x_{22} & \cdots & x_{2d} & 1 \\ \vdots & \vdots & & \vdots & \vdots \\ x_{n1} & x_{n2} & \cdots & x_{nd} & 1 \end{pmatrix}$。在神经网络中，可以将多元线性回归模型转变为神经元的形式，具体结构如图 13-2 所示。

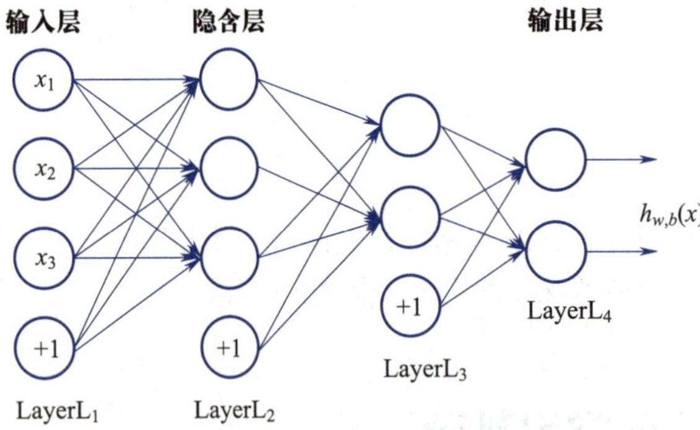

图 13-1 万能逼近原理示意图

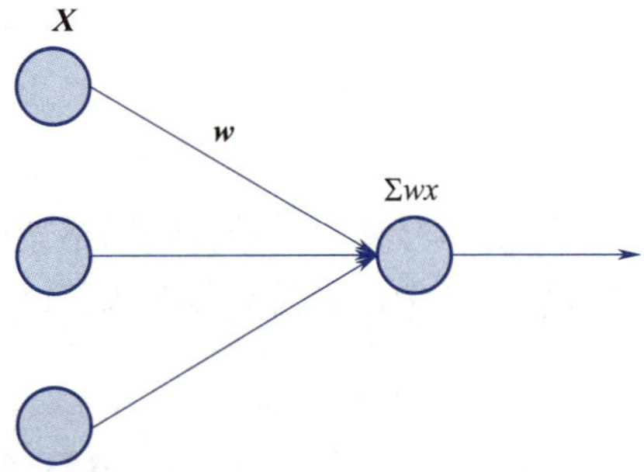

图 13-2 神经网络的线性回归模型

其中，图中左侧的每一个圆对应着输入变量的一个维度，该图将线性回归模型转化为一种只有输入输出层的特殊神经网络。在此基础上，如果再嵌入 Sigmoid 激活函数，就可以将线性回归的输出转化为类别概率值。如此一来，就可以将逻辑回归模型看作单层的、激活函数为 Sigmoid 函数的神经网络，如图 13-3 所示。

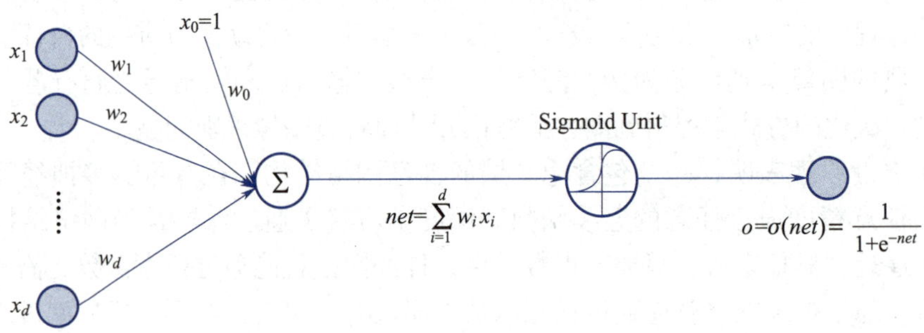

图 13-3 神经网络的逻辑回归模型

此处所使用的 Sigmoid 激活函数是 Logistic 函数的一种特殊形式，属于非线性变换，其数学表达式如下：

$$\sigma(x)=\frac{1}{1+e^{-x}}$$

如图 13-4 所示，Sigmoid 的函数图像是一个平滑曲线，可以将正负无穷内的数据压缩到（0，1）区间内，所以又被称为挤压函数。

神经网络是 20 世纪 80 年代以来人工智能领域兴起的研究热点，其下游任务包括：欺诈检测任务，如自动检测信用卡欺诈交易并拒绝入账；信用评级任务，如根据个人或企业的经济状况等信息自动进行风险评级；语音识别任务，如将语音数据转换成自然语

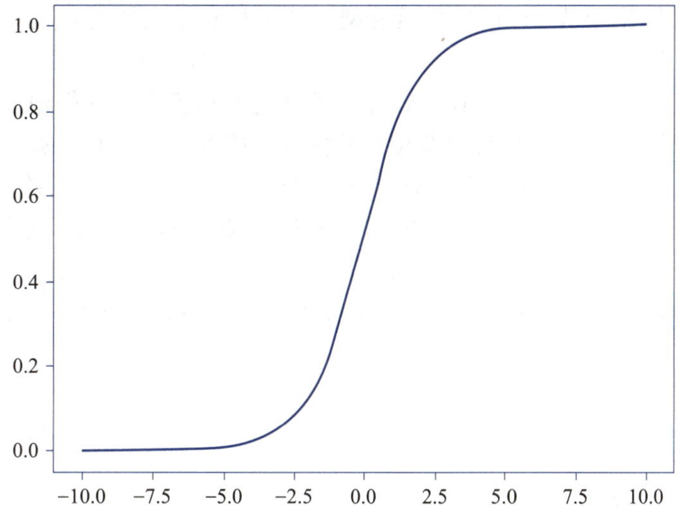

图 13-4 Sigmoid 函数图像

言文本；医疗诊断任务，如根据患者身体指标和医学诊断指标进行疾病自动诊断。

神经网络的“神经”一词来源于人脑。人脑通过神经元来处理复杂的思想，即一个神经元收集得到信号，并决定是否将其发送到下一个神经元。这就是生物启发式神经网络的来源。抽象人脑神经元网络，即人工神经网络模型由节点（“神经元”）和节点之间的相互连接构成，激活函数的作用在于使每个节点表示一种特定的输出函数，而权重则通过每两个节点间的连接信号的加权值构成人工神经网络的记忆。如此一来，我们便得到如图 13-5 所示的 M-P（McCulloch-Pitts）神经元模型。

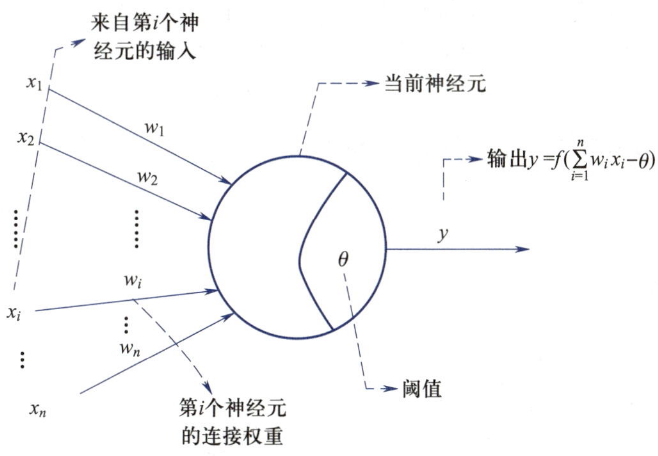

图 13-5 M-P 神经元模型

在 M-P 神经元模型中，有如下规则：

（1）当前神经元接收其他神经元传入的信号；

（2）信号通过带有权重的连接传递；

（3）输入总信号与阈值比较，通过激活函数，产生输出。

感知机（Perceptron）模型是由两层神经元模型组成的神经网络模型，输入层接收外界输入信号，输出层为 M-P 神经元模型，其中只有输出层神经元有激活函数。如图 13-6 所示。

训练感知机时，单个数据样本（x_k，y_k）输入感知机模型，获得模型输出 $\hat{y}_k$。根据公式 $w_i = w_i - \alpha(\hat{y}_k - y_k)x_{ki}$，迭代更新相关的权重，其中 α 表示学习率。

但是需要注意的是，感知机模型只拥有一层功能性神经元，学习能力有限，无法解决异或问题（Exclusive OR，又称 XOR）。为了解决 XOR 这类问题，通常在输入和输出层之间添加多个隐藏层。这里的隐藏层是看不见的，就像一个不可见的黑箱子。这种包含多个隐藏层的架构被称为多层感知机（Multilayer Perceptron, MLP）模型。如图 13-7 所示。

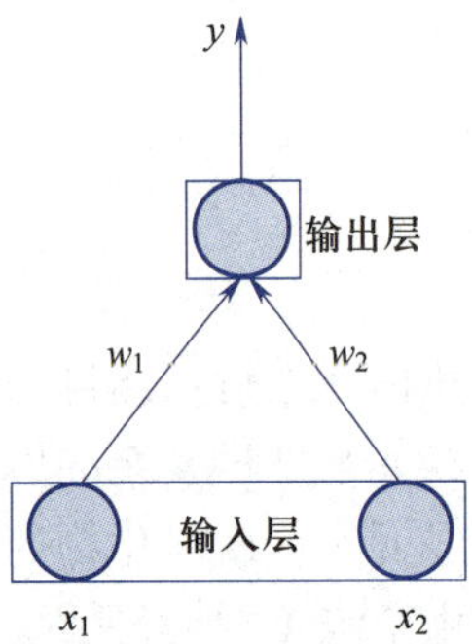

图 13-6 感知机模型

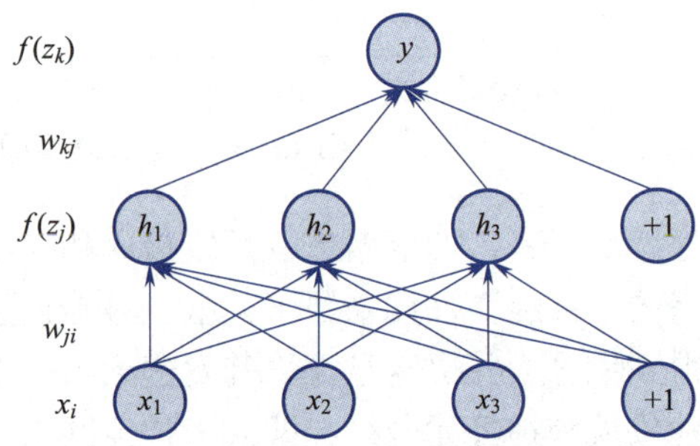

图 13-7 含有一层隐含层的多层感知机

多层感知机模型是一种前馈神经网络，前馈是指信息从输入层到输出层单向流动，不存在网络中的反馈。多层感知机模型是一个监督学习模型，作为函数逼近器，通过在训练集中寻找最优参数 $\hat{\theta}$，从而得到函数 $f(x, \theta)$ 的最优近似 $f(x, \hat{\theta})$。将含有一层隐含层的感知机网络推广到多层网络结构，数学表达式为：

$$f(x) = f^{(n)}(f^{(n-1)}(\dots f^{(1)}(x)))$$

多层感知机的结构和组件如图 13-8 所示。

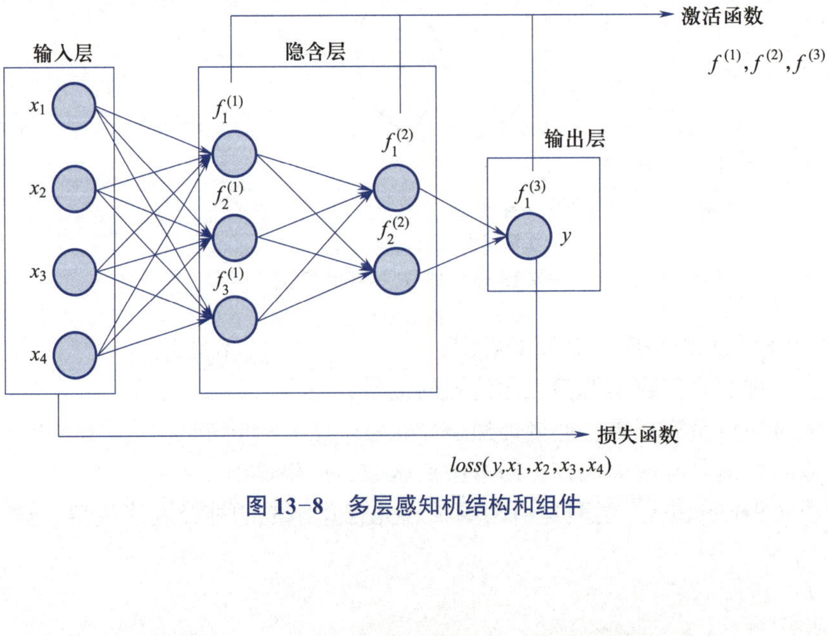

图 13-8 多层感知机结构和组件

专栏 激活函数和损失函数

一、激活函数

激活函数是深度学习的基础，实现了将非线性因素引入深度学习，来完成对复杂函数的逼近。如果没有非线性因素，无论网络有多少层，最后的输出都是输入的线性组合。而线性意味着单调，即任何特征的增大或减少都会引发模型输出的单调增大（或者单调减少），导致无法实现对非线性关系的捕捉。常见的激活函数包括：线性函数、阈值激活函数、Sigmoid 函数、Tanh 函数，SoftMax 函数、ReLU 函数等。

线性激活函数无法提供非线性映射，数学表达式为：

$$f(x)=x$$

阈值激活函数通常被称为阶跃函数，数学表达式为：

$$\phi(v)=\begin{cases}1 & v\geqslant 0\\ 0 & v<0\end{cases}$$

Sigmoid 非线性函数将输入映射到区间（0，1），其数学公式为：

$$\sigma(x)=\frac{1}{1+\mathrm{e}^{-x}}$$

Tanh 函数解决了 Sigmoid 函数不以 0 为中心的问题，其数学公式为：

$$Tanh(x)=\frac{\mathrm{e}^{x}-\mathrm{e}^{-x}}{\mathrm{e}^{x}+\mathrm{e}^{-x}}$$

SoftMax 函数将多个神经元输出映射到区间（0，1），常用于多分类问题，其公式为：

$$SoftMax(z_i)=\frac{\mathrm{e}^{z_i}}{\sum_j \mathrm{e}^{z_j}}$$

ReLU 函数，即线性整流单元（Rectified Linear Unit），是多数深度前馈神经网络的默认激活函数，简单来说是仅保留正值同时丢弃所有负值，其数学表达式为：

$$f(x)=\begin{cases}x & x>0\\ 0 & x\leqslant 0\end{cases}$$

相比 Sigmoid 和 Tanh 函数，ReLU 函数计算简单，不涉及成本高昂的计算，且能有效缓解梯度消失的问题，快速达到收敛状态。

二、损失函数

损失函数是神经网络优化的目标函数，反映神经网络对数据的拟合程度，拟合越差，损失函数值越大，因此神经网络的目标就是最小化损失函数。常用优化算法为梯度下降法，简单来说就是在各参数设置中，选择能使损失函数下降最快的设置来迭代更新。当损失函数较大时，其对应的梯度也应较大，这样可以更快速地更新模型参数，也就是神经网络的权重。神经网络的损失函数具有非负性，预测值和真实值接近时，损失函数值趋于零。

均方误差损失函数是较为常见的损失函数，其直观意义明确，预测值和真实值的欧式距离越大，损失就越大，反之就越小。均方误差损失函数常用于回归预测问题，其数学表达式为：

$$loss(y,\hat{y})=\frac{1}{2m}\sum_{i=1}^{m}(y_i-\hat{y}_i)^2$$

交叉熵（Cross Entropy）损失函数来源于信息论中熵的概念，是目前神经网络处理分类问题常用的损失函数。针对二分类，交叉熵损失函数定义为：

$$loss(y,\hat{y})=-\frac{1}{m}\left(\sum_{i}(y_i\log(p_i)+(1-y_i)\log(1-p_i))\right)$$

其中，y_i 表示样本 i 的 label，正类为 1，负类为 0，p_i 表示模型输出的结果，表示样本 i 为正类的概率。

三、小结

激活函数选择使用 Sigmoid 函数时，相比于均方误差损失函数，交叉熵收敛速度快，更容易获得全局最优。因此，选择 Sigmoid 函数作为激活函数时，推荐交叉熵损失函数；但如果激活函数不是 Sigmoid 函数，均方误差损失函数不存在收敛速度慢的问题。

13.1.3 反向传播算法

在明确了神经网络的损失函数后，我们需要训练整个神经网络，获得最优的模型参数。反向传播算法（Back Propagation）是一种求解神经网络参数梯度的算法。反向传播的目标为：

$$\min_{\boldsymbol{w},b}J(\boldsymbol{w},b)=\min_{\boldsymbol{w},b}loss(\boldsymbol{y},\hat{\boldsymbol{y}})$$

反向传播算法给定初始值，计算出所有节点的计算值和激活值；每次迭代时，都需要计算出损失函数 $J(\boldsymbol{w}, b)$ 的梯度向量，从而更新各个参数，不断逼近最优结果，使损失函数值最小。

首先，我们需要了解前向传播。图 13-9 展示了一个前向传播的模型。

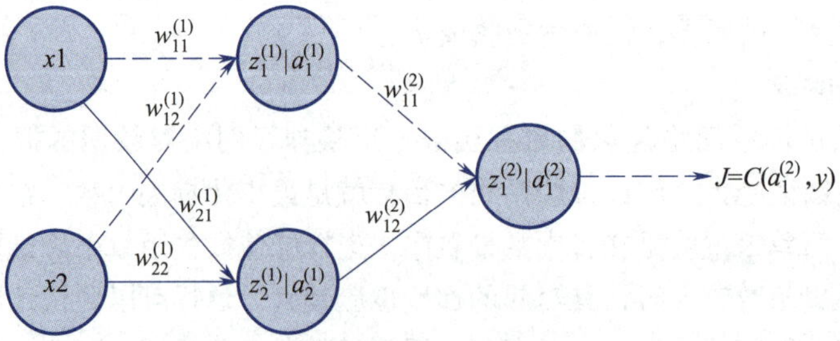

图 13-9 前向传播

假设输入层有两个节点，中间的隐藏层有两个节点，最后的输出层只有一个节点，并且定义损失函数为 $J=C(\boldsymbol{x})$，激活函数统一为 $\sigma(\boldsymbol{x})$，y 表示样本对应的真实值。则图中蓝色虚线箭头 $(w_{11}^{(1)}, w_{12}^{(1)}, w_{11}^{(2)})$ 到输出 J 所表示的前向传播过程可以描述为：

$$z_1^{(1)} = w_{11}^{(1)} \times x1 + w_{12}^{(1)} \times x2$$

$$a_1^{(1)} = \sigma(z_1^{(1)})$$

$$z_1^{(2)} = w_{11}^{(2)} \times a_1^{(1)} + w_{12}^{(2)} \times a_2^{(1)}$$

$$a_1^{(2)} = \sigma(z_1^{(2)})$$

$$J = C(a_1^{(2)}, y)$$

蓝色实线箭头（ $w_{21}^{(1)}, w_{22}^{(1)}, w_{12}^{(2)}$ ）则可以表示为：

$$z_2^{(1)} = w_{21}^{(1)} \times x1 + w_{22}^{(1)} \times x2$$

$$a_2^{(1)} = \sigma(z_2^{(1)})$$

$$z_1^{(2)} = w_{11}^{(2)} \times a_1^{(1)} + w_{12}^{(2)} \times a_2^{(1)}$$

反向传播时，我们希望优化网络中的参数，因此将前向传播得到的结果通过损失函数 $J(x)$ 计算得到梯度，来更新网络中的各个参数，从而使损失函数变得更小，让网络能够得到更加符合我们目的的输出。

因此，我们需要求解损失函数 $J(\boldsymbol{x})$ 的梯度向量，也即 $J(\boldsymbol{x})$ 对网络中各个参数的偏导：

$$\nabla J(x) = \left[\frac{\partial J}{\partial w_{11}^{(1)}}, \frac{\partial J}{\partial w_{12}^{(1)}}, \frac{\partial J}{\partial w_{21}^{(1)}}, \frac{\partial J}{\partial w_{22}^{(1)}}, \frac{\partial J}{\partial w_{11}^{(2)}}, \frac{\partial J}{\partial w_{12}^{(2)}}\right]^T$$

求出 $J(\boldsymbol{x})$ 的梯度向量后，只需要按照梯度分量的反方向对各个参数进行更新，即可使得误差逐渐下降：

$$w_{ij}^{(L)} = w_{ij}^{(L)} - \alpha \times \frac{\partial J}{\partial w_{ij}^{(L)}}$$

在确定了损失函数 J 和激活函数 σ 后，每一个偏导都能求出对应的表达式。这里并没有使用反向传播的过程，也可以求出损失函数 $J(\boldsymbol{x})$ 的梯度向量的各个分量。

$w_{11}^{(1)}$、$w_{12}^{(1)}$、$w_{21}^{(1)}$、$w_{22}^{(1)}$ 对应的偏导为：

$$\frac{\partial J}{\partial w_{11}^{(1)}} = \frac{\partial J}{\partial a_1^{(2)}} \frac{\partial a_1^{(2)}}{\partial z_1^{(2)}} \frac{\partial z_1^{(2)}}{\partial a_1^{(1)}} \frac{\partial a_1^{(1)}}{\partial z_1^{(1)}} \frac{\partial z_1^{(1)}}{\partial w_{11}^{(1)}}$$

$$\frac{\partial J}{\partial w_{12}^{(1)}} = \frac{\partial J}{\partial a_1^{(2)}} \frac{\partial a_1^{(2)}}{\partial z_1^{(2)}} \frac{\partial z_1^{(2)}}{\partial a_1^{(1)}} \frac{\partial a_1^{(1)}}{\partial z_1^{(1)}} \frac{\partial z_1^{(1)}}{\partial w_{12}^{(1)}}$$

$$\frac{\partial J}{\partial w_{21}^{(1)}} = \frac{\partial J}{\partial a_1^{(2)}} \frac{\partial a_1^{(2)}}{\partial z_1^{(2)}} \frac{\partial z_1^{(2)}}{\partial a_2^{(1)}} \frac{\partial a_2^{(1)}}{\partial z_2^{(1)}} \frac{\partial z_2^{(1)}}{\partial w_{21}^{(1)}}$$

$$\frac{\partial J}{\partial w_{22}^{(1)}} = \frac{\partial J}{\partial a_1^{(2)}} \frac{\partial a_1^{(2)}}{\partial z_1^{(2)}} \frac{\partial z_1^{(2)}}{\partial a_2^{(1)}} \frac{\partial a_2^{(1)}}{\partial z_2^{(1)}} \frac{\partial z_2^{(1)}}{\partial w_{22}^{(1)}}$$

$w_{11}^{(2)}$ 和 $w_{12}^{(2)}$ 对应的偏导为：

$$\frac{\partial J}{\partial w_{11}^{(2)}}=\frac{\partial J}{\partial a_1^{(2)}}\frac{\partial a_1^{(2)}}{\partial z_1^{(2)}}\frac{\partial z_1^{(2)}}{\partial w_{11}^{(2)}}$$

$$\frac{\partial J}{\partial w_{12}^{(2)}}=\frac{\partial J}{\partial a_1^{(2)}}\frac{\partial a_1^{(2)}}{\partial z_1^{(2)}}\frac{\partial z_1^{(2)}}{\partial w_{12}^{(2)}}$$

我们不难发现，$\frac{\partial J}{\partial a_1^{(2)}}\frac{\partial a_1^{(2)}}{\partial z_1^{(2)}}$ 这一项是重复出现的。如果单独求解各个梯度分量的值，那么 $\frac{\partial J}{\partial a_1^{(2)}}\frac{\partial a_1^{(2)}}{\partial z_1^{(2)}}$ 每次都需要重复计算；而如果从最后一层开始往前计算各个梯度分量的值，在计算 $\frac{\partial J}{\partial \boldsymbol{w}^{(2)}}$ 时就计算并缓存住 $\frac{\partial J}{\partial a_1^{(2)}}\frac{\partial a_1^{(2)}}{\partial z_1^{(2)}}$ 的值，则在计算 $\frac{\partial J}{\partial \boldsymbol{w}^{(1)}}$ 相关的值时就可以直接使用，无须重复计算，减少了计算量。这就是我们使用反向传播的原因。

进一步地，我们令 $\delta^{(2)}=\frac{\partial J}{\partial a_1^{(2)}}\frac{\partial a_1^{(2)}}{\partial z_1^{(2)}}$，代入后我们发现 $\delta^{(2)}\times\frac{\partial z_1^{(2)}}{\partial a_1^{(1)}}\frac{\partial a_1^{(1)}}{\partial z_1^{(1)}}$ 和 $\delta^{(2)}\times\frac{\partial z_1^{(2)}}{\partial a_2^{(1)}}\frac{\partial a_2^{(1)}}{\partial z_2^{(1)}}$ 两项也要重复计算。不妨令 $\delta_1^{(1)}=\delta^{(2)}\times\frac{\partial z_1^{(2)}}{\partial a_1^{(1)}}\frac{\partial a_1^{(1)}}{\partial z_1^{(1)}}$，$\delta_2^{(1)}=\delta^{(2)}\times\frac{\partial z_1^{(2)}}{\partial a_2^{(1)}}\frac{\partial a_2^{(1)}}{\partial z_2^{(1)}}$，则上述公式最终变为如下形式。

$w_{11}^{(1)}$、$w_{12}^{(1)}$、$w_{21}^{(1)}$、$w_{22}^{(1)}$ 对应的偏导为：

$$\frac{\partial J}{\partial w_{11}^{(1)}}=\delta_1^{(1)}\times\frac{\partial z_1^{(1)}}{\partial w_{11}^{(1)}}$$

$$\frac{\partial J}{\partial w_{12}^{(1)}}=\delta_1^{(1)}\times\frac{\partial z_1^{(1)}}{\partial w_{12}^{(1)}}$$

$$\frac{\partial J}{\partial w_{21}^{(1)}}=\delta_2^{(1)}\times\frac{\partial z_2^{(1)}}{\partial w_{21}^{(1)}}$$

$$\frac{\partial J}{\partial w_{22}^{(1)}}=\delta_2^{(1)}\times\frac{\partial z_2^{(1)}}{\partial w_{22}^{(1)}}$$

$w_{11}^{(2)}$ 和 $w_{12}^{(2)}$ 对应的偏导为：

$$\frac{\partial J}{\partial w_{11}^{(2)}}=\delta^{(2)}\times\frac{\partial z_1^{(2)}}{\partial w_{11}^{(2)}}$$

$$\frac{\partial J}{\partial w_{12}^{(2)}}=\delta^{(2)}\times\frac{\partial z_1^{(2)}}{\partial w_{12}^{(2)}}$$

其中，

$$
\begin{cases}
\delta_1^{(1)} = \delta^{(2)} \times \dfrac{\partial z_1^{(2)}}{\partial a_1^{(1)}} \dfrac{\partial a_1^{(1)}}{\partial z_1^{(1)}} \\
\delta_2^{(1)} = \delta^{(2)} \times \dfrac{\partial z_1^{(2)}}{\partial a_2^{(1)}} \dfrac{\partial a_2^{(1)}}{\partial z_2^{(1)}}
\end{cases}
$$

而

$$
\delta^{(2)} = \frac{\partial J}{\partial a_1^{(2)}} \frac{\partial a_1^{(2)}}{\partial z_1^{(2)}}
$$

反向传播计算的代入过程如图 13-10 所示。

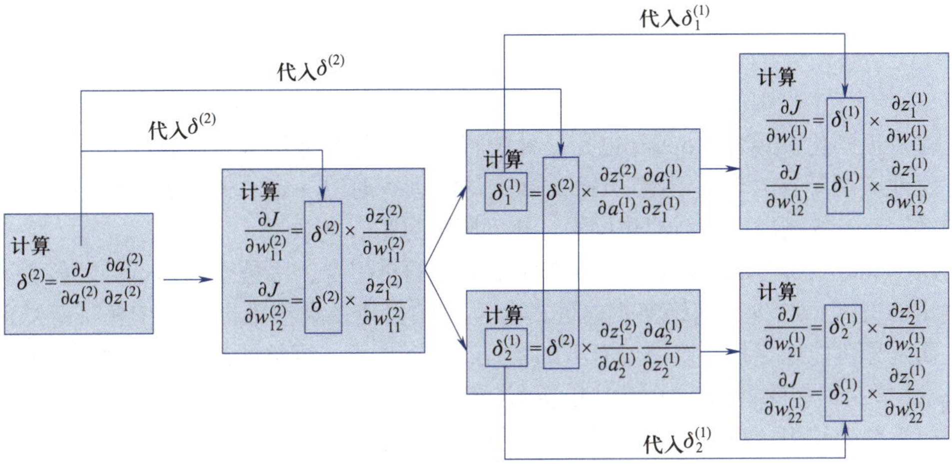

图 13-10 反向传播计算的代入

对于每一个样本 $\boldsymbol{X}$，都可以计算出 $a_1^{(2)}$ 的值，从而根据损失函数 $J(\boldsymbol{x})$ 计算出损失值，然后使用反向传播算法，计算出损失函数的梯度向量：

$$
\nabla J(\boldsymbol{x}) = \left[\frac{\partial J}{\partial w_{11}^{(1)}}, \frac{\partial J}{\partial w_{12}^{(1)}}, \frac{\partial J}{\partial w_{21}^{(1)}}, \frac{\partial J}{\partial w_{22}^{(1)}}, \frac{\partial J}{\partial w_{11}^{(2)}}, \frac{\partial J}{\partial w_{12}^{(2)}} \right]^T
$$

然后，根据梯度向量中每个分量的值更新模型参数：

$$
w_{ij}^{(L)} = w_{ij}^{(L)} - \alpha \times \frac{\partial J}{\partial w_{ij}^{(L)}}
$$

如此循环，直到迭代完所有的训练数据，使得损失值达到设定的阈值，算法结束。通过上述的过程，即可完成对神经网络模型的训练。

需要注意的是：反向传播算法会使得梯度越来越稀疏，从顶层越往下，误差校正信号越来越小；尤其是从远离最优区域开始的时候，可能会收敛到局部最小值，而不是全局最小值。

针对上述缺陷，我们可以调整权重调整的幅度，即在更新权重时调节 α 的大小。也可以使用不同的权重初始化。初始化值不同，结果可能不同，还可以对权重调整过程进行干预，这里也能看出参数设置对深度学习的重要性。

13.1.4 深度学习中的正则化

同样，在深度学习中也会遇到过拟合的问题，且由于深度学习中的模块一般较为复杂，拟合能力非常强，这更使得模型容易在训练集上过拟合，模型的泛化能力下降。

与机器学习相同，为了减轻模型过拟合的问题，可以在损失函数中加入正则项来限制参数过大，防止模型变得过于复杂。加入正则项后的模型损失函数为：

$$L(\boldsymbol{W})=\frac{1}{N}\sum_{i=1}^{N}L_i(f(x_i,\boldsymbol{W}),y_i)+\lambda R(\boldsymbol{W}),\lambda\geqslant 0$$

其中，$R(\boldsymbol{W})$ 是参数 $\boldsymbol{W}$ 的正则项。在深度学习中同样有 $L1$ 和 $L2$ 正则，通常使用 $L2$ 正则项，也即：

$$R(\boldsymbol{W})=\frac{1}{2}\|\boldsymbol{W}\|_2^2$$

除了正则化方式，Dropout 也是一种缓解深度学习模型过拟合问题的方法，如今非常广泛地应用于各大热门模型。Dropout 方法在训练时以一定的概率 p 丢弃一部分隐藏层神经元节点的输出，从而简化网络，达到降低过拟合的效果。

Dropout 方法之所以能够有效减缓深度学习的过拟合，一种理解是这种随机丢弃节点输出的方式，减少了网络节点之间的相互作用，使得模型不再过度依赖某些局部特征，而是尽可能地寻找一些简单有力的特征，从而增强了网络的泛化性。另一种理解是 Dropout 是一种在深度学习场景中 Bagging 集成的近似，丢弃部分节点的输出相当于修改了原模型的结构，从而每次训练一个不同结构的模型。

13.1.5 案例：MLP 实现银行单据手写数字识别

13.1.5.1 案例背景

在本案例中，我们将使用 PyTorch 和 Torchvision 构建机器学习模型（特别是神经网络）来执行图像分类任务。我们使用 MLP 模型来构建手写数字识别模型。本案例使用的数据集是著名的“MNIST”数据集，这是一个由手写数字 0 到 9 组成的 28×28 黑白图像数据集。为了确保我们得到可重复的结果，我们为 Python、Numpy 和 PyTorch 设置了固定的随机种子。

13.1.5.2 数据读取与划分

导入所用的库，并手动设置随机数的种子为 1234：

```
import torch
import torch.nn as nn
import torch.nn.functional as F
import torch.optim as optim
import torch.utils.data as data
import torchvision.transforms as transforms
import torchvision.datasets as datasets
```

```
from sklearn import metrics
from sklearn import decomposition
from sklearn import manifold
from tqdm.notebook import trange, tqdm
import matplotlib.pyplot as plt
import numpy as np
import copy
import random
import time
SEED = 1234
random.seed(SEED)
np.random.seed(SEED)
torch.manual_seed(SEED)
torch.cuda.manual_seed(SEED)
torch.backends.cudnn.deterministic = True
```

首先，加载数据集。代码自动下载 MNIST 数据集的训练集，并将其保存在名为“.data”的文件夹中；如果该文件夹不存在，它将创建该文件夹：

```
ROOT = '.data'
train_data = datasets.MNIST(root=ROOT,
                            train=True,
                            download=True)
```

接下来，对数据进行规范化。为了提升模型泛化能力，我们使用 Torchvision 的转换，使原始图像进行一系列随机变化，生成不同但相似的样本，从而扩充样本规模。使用变换，组合构建将应用于图像的转换列表：

```
1 mean = train_data.data.float().mean() / 255
2 std = train_data.data.float().std() / 255
3 train_transforms = transforms.Compose([
                            transforms.RandomRotation(5, fill=(0,)),
                            transforms.RandomCrop(28, padding=2),
                            transforms.ToTensor(),
                            transforms.Normalize(mean=[mean], std=[std])
                                        ])
4 test_transforms = transforms.Compose([
                           transforms.ToTensor(),
                           transforms.Normalize(mean=[mean], std=[std])
                                       ])
```

代码的第 1—2 行首先求出数据整体的均值和标准差，通过减去平均值并除以数据集的标准偏差来规范化数据。对数据进行“规范化”意味着我们希望它的均值为 0，标准差为 1。规范化数据可以让模型训练得更快，也可以帮助它们避免局部极小值，即训练更可靠。第 3 行使用 Torchvision 提供的变换模块，对训练数据进行随机旋转与随机截取，然后进行规范化。这种随机改变可以减少模型对某些属性的依赖，使训练得到的模型具有更好的泛化性能。第 4 行对测试数据进行相同的规范化处理，以保证数据一致性。

定义好变换后，可以用它们来转换加载训练和测试数据：

```
train_data = datasets.MNIST(root=ROOT,
                            train=True,
                            download=True,
                            transform=train_transforms)
test_data = datasets.MNIST(root=ROOT,
                           train=False,
                           download=True,
                           transform=test_transforms)
```

接下来，将数据集中的一些图像进行可视化。运用下面的函数绘制一个正方形的图像网格：

```
def plot_images(images):

    n_images = len(images)

    rows = int(np.sqrt(n_images))
    cols = int(np.sqrt(n_images))

    fig = plt.figure()
    for i in range(rows*cols):
        ax = fig.add_subplot(rows, cols, i+1)
        ax.imshow(images[i].view(28, 28).cpu().numpy(), cmap='bone')
        ax.axis('off')
```

加载 25 张图片，这些图片将被随机旋转和裁剪：

```
N_IMAGES = 25

images = [image for image, label in [train_data[i] for i in range(N_IMAGES)]]

plot_images(images)
```

查看变换后的数据是有必要的，以防数据作不合理的变换。例如，水平或垂直翻转数字是没有意义的。数据经过随机旋转和裁剪后依然合理，运行结果如图 13-11 所示。

接下来，划分数据集。选取原有训练集的 10% 作为验证集，剩下的 90% 作为训练集：

```
VALID_RATIO = 0.9
n_train_examples = int(len(train_data) * VALID_RATIO)
n_valid_examples = len(train_data) - n_train_examples
train_data, valid_data = data.random_split(train_data,
                                           [n_train_examples, n_valid_examples])
valid_data = copy.deepcopy(valid_data)
valid_data.dataset.transform = test_transforms
```

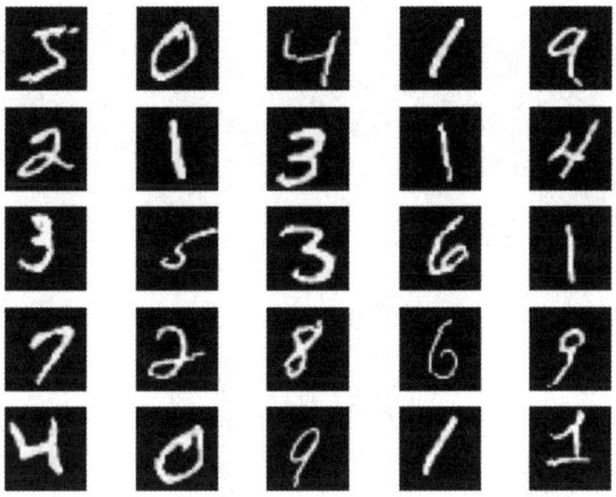

图 13-11 数据集图片可视化效果

我们将为每个训练 / 验证 / 测试集定义一个 “DataLoader”。对这些图像进行迭代，它们将生成一批图像和标签，可以使用这些图像和标签来训练我们的模型。

对于训练集中的数据，需要对其进行随机打乱。由于训练集中的数据将被用于随机梯度下降，期望每个 Epoch（训练轮次，即模型在数据集上完整训练一次的过程）中数据的顺序都是不同的。理想情况下，我们希望使用最大的 Batch。这里 batch_size = 64 相对较小，如果硬件支持，可以适当增加 Batch 的大小：

```
BATCH_SIZE = 64
train_iterator = data.DataLoader(train_data,
                                 shuffle=True,
                                 batch_size=BATCH_SIZE)
valid_iterator = data.DataLoader(valid_data,
                                 batch_size=BATCH_SIZE)
test_iterator = data.DataLoader(test_data,
                                batch_size=BATCH_SIZE)
```

13.1.5.3 模型搭建

定义我们的模型。模型结构包含两个隐藏层：

```
class MLP(nn.Module):
    def __init__(self, input_dim, output_dim):
        super().__init__()
        self.input_fc = nn.Linear(input_dim, 250)
        self.hidden_fc = nn.Linear(250, 100)
        self.output_fc = nn.Linear(100, output_dim)
    def forward(self, x):
        # x = [batch size, height, width]
        batch_size = x.shape[0]
        x = x.view(batch_size, -1)
        # x = [batch size, height * width]
        h_1 = F.relu(self.input_fc(x))
        # h_1 = [batch size, 250]
        h_2 = F.relu(self.hidden_fc(h_1))
```

```
        # h_2 = [batch size, 100]
        y_pred = self.output_fc(h_2)
        # y_pred = [batch size, output dim]
        return y_pred, h_2
```

上述代码所定义的模型结构如图 13-12 所示。

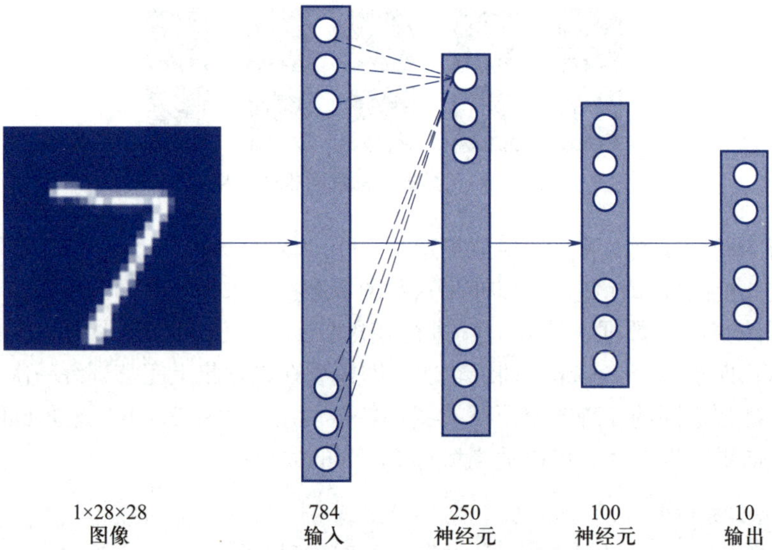

图 13-12 案例中使用的简单 MLP 结构

实例化刚刚定义的模型，并设置正确的输入和输出维度来构建模型：

```
INPUT_DIM = 28 * 28
OUTPUT_DIM = 10
model = MLP(INPUT_DIM, OUTPUT_DIM)
```

还可以创建一个小函数来计算模型中可训练参数（权重和偏差）的数量——假设所有参数都是可训练的：

```
def count_parameters(model):
    return sum(p.numel() for p in model.parameters() if p.requires_grad)
print(f'The model has {count_parameters(model):,} trainable parameters')
```

运行结果如下。

```
The model has 222,360 trainable parameters
```

可以看到，模型中共有 222 360 个可用来训练的参数。

13.1.5.4 模型训练与评估

接下来，对模型进行训练。定义优化策略和损失计算，并定义模型准确率评估方式：

```
optimizer = optim.Adam(model.parameters())
criterion = nn.CrossEntropyLoss()
device = torch.device('cuda' if torch.cuda.is_available() else 'cpu')
```

```
4 model = model.to(device)
5 criterion = criterion.to(device)
6 def calculate_accuracy(y_pred, y):
7     top_pred = y_pred.argmax(1, keepdim=True)
8     correct = top_pred.eq(y.view_as(top_pred)).sum()
9     acc = correct.float() / y.shape[0]
10    return acc
```

代码的第 1 行定义了使用 Adam（Adaptive Moment Estimation）优化策略；第 2 行定义了损失函数选用交叉熵损失。

然后，可以定义过程并开始训练了。先定义训练的步骤：

```
1  def train(model, iterator, optimizer, criterion, device):
2      epoch_loss = 0
3      epoch_acc = 0
4      model.train()
5      for (x, y) in tqdm(iterator, desc="Training", leave=False):
6          x = x.to(device)
7          y = y.to(device)
8          optimizer.zero_grad()
9          y_pred, _ = model(x)
10         loss = criterion(y_pred, y)
11         acc = calculate_accuracy(y_pred, y)
12         loss.backward()
13         optimizer.step()
14         epoch_loss += loss.item()
15         epoch_acc += acc.item()
16     return epoch_loss / len(iterator), epoch_acc / len(iterator)
```

代码的第 5—16 行为迭代训练的过程。第 8 行清空上一轮训练的梯度；第 9 行将数据输入模型中得到预测值；第 10 行使用损失函数计算预测值和真实值的损失；第 12—13 行根据损失函数的计算值计算各个参数的梯度值，然后进行反向传播更新参数。

定义评估的步骤：

```
def evaluate(model, iterator, criterion, device):
    epoch_loss = 0
    epoch_acc = 0
    model.eval()
    with torch.no_grad():
        for (x, y) in tqdm(iterator, desc="Evaluating", leave=False):
            x = x.to(device)
            y = y.to(device)
            y_pred, _ = model(x)
            loss = criterion(y_pred, y)
            acc = calculate_accuracy(y_pred, y)
            epoch_loss += loss.item()
            epoch_acc += acc.item()
```

```
    return epoch_loss / len(iterator), epoch_acc / len(iterator)
```

评估的步骤与训练的过程大致是相同的，只是没有反向传播的过程。

定义时间函数，用来计算每轮训练所花费的时间：

```
def epoch_time(start_time, end_time):
    elapsed_time = end_time - start_time
    elapsed_mins = int(elapsed_time / 60)
    elapsed_secs = int(elapsed_time - (elapsed_mins * 60))
    return elapsed_mins, elapsed_secs
```

进入训练过程，这里只简单地训练 10 轮：

```
EPOCHS = 10
best_valid_loss = float('inf')
for epoch in trange(EPOCHS):
    start_time = time.monotonic()
    train_loss, train_acc = train(model, train_iterator, optimizer, criterion, device)
    valid_loss, valid_acc = evaluate(model, valid_iterator, criterion, device)
    if valid_loss < best_valid_loss:
        best_valid_loss = valid_loss
        torch.save(model.state_dict(), 'tut1-model.pt')
    end_time = time.monotonic()
    epoch_mins, epoch_secs = epoch_time(start_time, end_time)
    print(f'Epoch: {epoch+1:02} | Epoch Time: {epoch_mins}m {epoch_secs}s')
    print(f'\tTrain Loss: {train_loss:.3f} | Train Acc: {train_acc*100:.2f}%')
    print(f'\t Val. Loss: {valid_loss:.3f} |  Val. Acc: {valid_acc*100:.2f}%')
```

训练完成后，加载获得最佳验证损失的模型的参数，然后使用这些参数在测试集上评估我们的模型：

```
model.load_state_dict(torch.load('tut1-model.pt'))
test_loss, test_acc = evaluate(model, test_iterator, criterion, device)
print(f'Test Loss: {test_loss:.3f} | Test Acc: {test_acc*100:.2f}%')
```

运行结果如下。

```
Test Loss: 0.046 | Test Acc: 98.45%
```

可以看到，模型准确率达到 98.45%。

13.2 卷积神经网络

13.2.1 核心思路

1998 年，杨立昆（Yann Lecun）在论文《Gradient-Based Learning Applied to Document Recognition》中首次提出了 LeNet-5，一种基于多层神经网络的手写数字识别模型。该模型将 BP（Back Propagation，反向传播）算法应用于神经网络结构的训练中，并且第一次定义了卷积神经网络的基本框架，对深度学习领域产生了深远影响。

我们首先了解卷积神经网络的基本模型构成。除去数据的输入层和输出层，卷积神经网络包含三个基本模块，分别是卷积层、池化层和全连接层。从模块功能上看，卷积层对输入数据进行特征提取，池化层对卷积层所输出的特征进行选择，全连接层将选择出来的特征进行整合并实现分类。

然后，我们来了解卷积的操作。如图 13-13 所示，卷积的核心思想在于对高维特征的提取。图 13-13 中的卷积操作可以按照以下公式对位相乘求和得到：

$$S(i, j) = (I * K)(i, j) = \sum_{m}\sum_{n} I(i+m, j+n)K(m, n)$$

其中，$S(i,j)$ 代表输出中第 i 行、第 j 列的结果，即图 13-13 中的输出小方框所包含的计算结果。

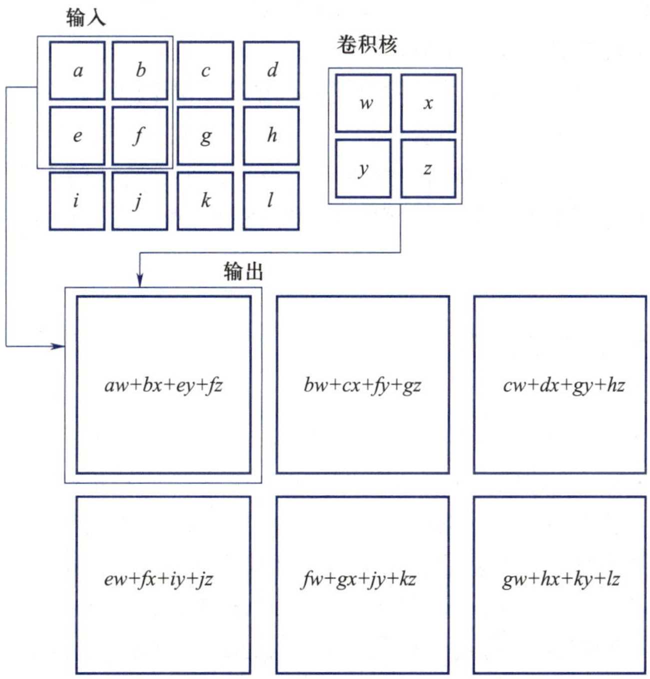

图 13-13 卷积操作

卷积实际上可以对原图像进行二次转化，以达到提取特征的目的。得到的输出也被称为特征图，有几个卷积核就产生几个特征图。卷积的神奇之处在于极大地降低了参数需求量。对于全连接神经网络，网络中的每个节点都会受到上一层所有节点的影响，各层之间通过矩阵乘法相连，是一种稠密的连接。其中某个输入元素每输入一次都会对应一个参数，这极大地增加了参数量。而使用卷积操作，可以使当前层的节点只受上一层部分节点的影响，并且在计算某张特征图时，每一次局部输入都作用在相同的卷积核上，即卷积核参数共享。这样，就不再需要对每个位置的每个参数都进行优化，使得运算更加简洁高效。

如图 13-13 所示，卷积运算的结果是对原图产生一组线性激活响应。此时需要加入一个非线性激活函数获得一个非线性的激活响应，否则再多的卷积运算都只是输入数据的线性组合，无法提升模型对非线性问题的处理能力。13.1 节介绍了一些比较常用的非线性激活函数，其中 ReLU 函数由于其易计算、能缓解梯度消失问题且收敛速度较快的特性，目前在神经网络中得到广泛应用。

经过激活函数的运算后，我们将获得多张有着不同值的特征图。尽管此时数据量比原图少了很多，但还是过于庞大，接下来就可以引入池化操作来进一步减少数据量。池化（Pooling），也可以理解为汇聚，是对特征信息的汇聚整合。一般而言，池化方式有最大池化（Max Pooling）和平均池化（Average Pooling）。顾名思义，最大池化就是取最大值，平均池化就是取平均值。以最大池化为例，假设我们选择池化尺寸为 2×2，则最大池化就是将一个 2×2 的窗口中的最大值更新进新的特征图。因为最大池化保留了每一个窗口内的最大值，所以它相当于保留了这一区域内响应最强烈的部分，同时摈弃了其他冗余信息。这使得它不会具体关注窗口内到底是哪一个地方匹配，而只关注是否有某个地方可以匹配上。这也就意味着卷积神经网络能够发现图像中是否具有某种特征，而不受特征出现的具体位置影响。

卷积神经网络具有平移不变性。可以简单理解为，当输入数据在空间上平移时，神经网络的响应不变，即输出结果不会因为输入数据在空间上的平移而改变。具体地，在图像类的任务当中，如果要识别图中是否有一只狗，那么无论这只狗在图片的什么位置，算法应该都能将其识别出来。在使用卷积神经网络时，无须任何额外的设置，就可以实现这种能力。

13.2.2 CNN 经典结构

13.2.1 节提到，1998 年 LeCun 发明了 LeNet-5，并在著名的手写数字数据集 MNIST 中取得 98% 以上的数字分类准确率。这标志着当代卷积神经网络正式问世，并对整个深度学习领域产生了深远的影响。但由于当时设备硬件的限制，神经网络的发展正处于低谷期，其没有得到足够的重视。2006 年辛顿（Hinton）提出无监督的“逐层初始化”策略以及具有多隐层的深度信念网络（Deep Belief Network，DBN），就此拉开了深度学习大幕。2012 年具有划时代意义的 AlexNet 模型横空出世，并在 ImageNet 竞赛中以绝对优势夺得冠军，从此深度学习领域进入爆发期并延续至今。

接下来，本节简单介绍一些较为著名的 CNN 神经网络。

首先是 LeNet-5，其结构如图 13-14 所示。这是一个 6 层的神经网络，包含 3 个卷积层，2 个池化层，1 个全连接层。其中，所有卷积层的所有卷积核都为 5×5，步长 strid=1，激活函数为 Sigmoid。

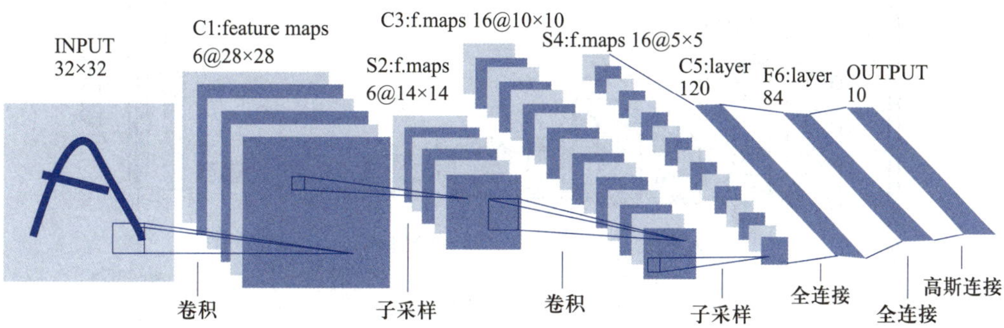

图 13-14　LeNet 结构

AlexNet 是第一个结构较为复杂且行之有效的 CNN 网络。它以 ReLU 函数作为激活函数，且采取 Dropout 方法来防止过拟合。得益于首次在大规模图像数据集实现了深层卷积神经网络结构，计算机视觉从业者可以摆脱繁重的特征工程任务，专注于探索如何能够从数据中自动提取需要的特征，做到数据驱动。AlexNet 结构如图 13-15 所示。

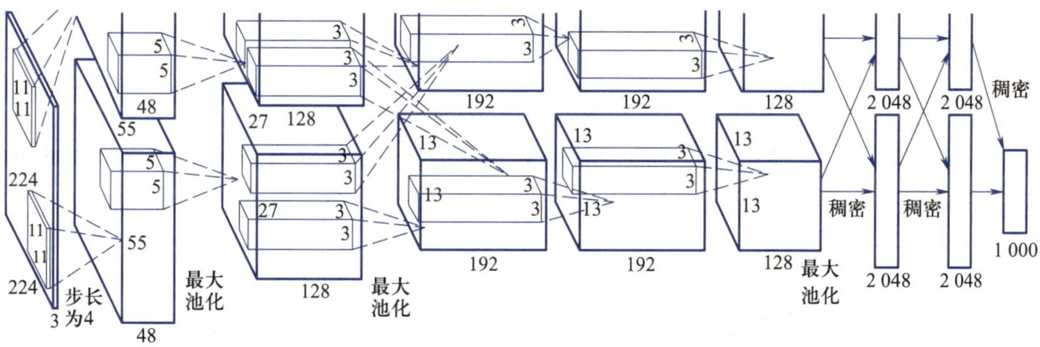

图 13-15　AlexNet 结构

VGG-19 显著增加了深度。VGG-19 使用小卷积核，将卷积核全部替换为 3×3（极少用了 1×1 的卷积核）。相比 AlexNet 的 3×3 的池化核，VGG-19 全部为 2×2 的池化核。VGG-19 的层数更深，特征图更宽。由于卷积核专注于扩大通道数、池化专注于缩小宽和高，模型在架构上更深更宽，同时减缓了计算量的增加。网络测试阶段通过将三个全连接层替换为三个卷积层，并重用训练时的参数，使测试得到的全卷积网络摆脱全连接的限制，可以接收任意宽或高的输入。VGG-19 的结构如图 13-16 所示。

GoogleNet 采用了更为大胆的网络结构尝试，虽然深度有 22 层，但模型规模却比 AlexNet 和 VGG-19 小得多。GoogleNet 的参数仅有 500 万个，而 AlexNet 的参数数量是 GoogleNet 的 12 倍。GoogleNet 的简要结构如图 13-17 所示。

因此，在内存或计算资源有限时，GoogleNet 会是比较好的选择；从模型结果来看，

GoogleNet 的性能也更优越。GoogleNet 采用了模块化的结构，即 Inception 模块，这使得增添和修改变得更加方便。网络最后采用平均池化来代替全连接层，并依然使用了

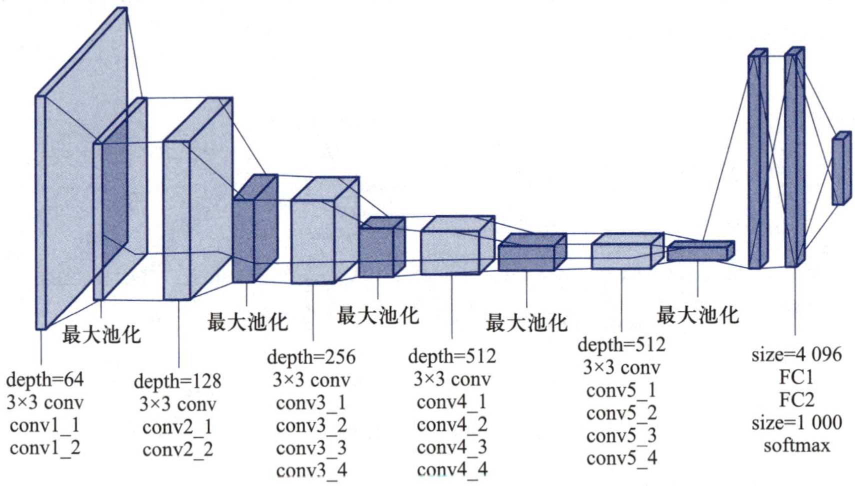

图 13-16 VGG-19 结构

Dropout。同时，为了避免梯度消失，网络额外增加了 2 个辅助的 SoftMax 用于向前传导梯度（辅助分类器）。

辅助分类器的作用是将中间某一层的输出用作分类，并按一个较小的权重输入最终分类结果中，相当于模型融合。既给网络增加了反向传播的梯度信号，也提供了额外的正则化，对整个网络的训练都很有帮助。

早期 CNN 无法再构建更深层次的网络，VGG-19 最多只能有 19 层，且较深的网络非常难以训练，会使得梯度消失及优化算法失效，因而当前的结构不适合较深的网络。在这个大前提下，ResNet 横空出世。ResNet18 的核心结构如图 13-18 所示。

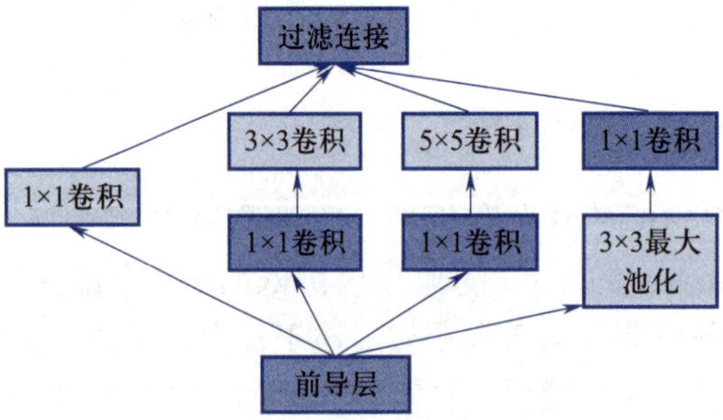

图 13-17 GoogleNet 简要结构

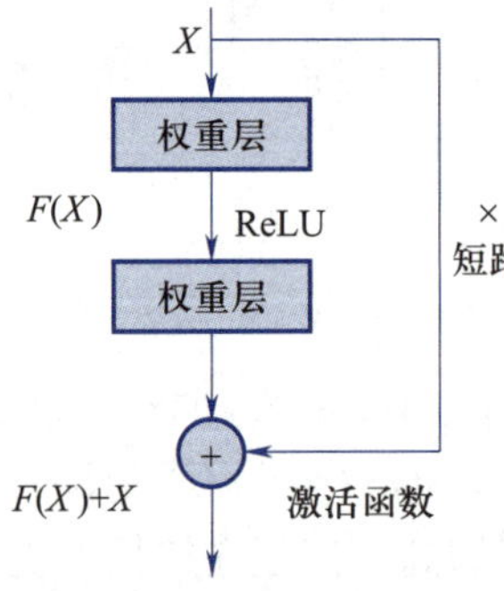

图 13-18 ResNet18 核心结构

ResNet 的核心是降低信息冗余，对非冗余信息采用了线性激活，而对冗余信息采用了非线性激活。具体来讲就是通过残差连接（Skip Connection）步骤获得无冗余的 identity 部分，然后通过 ReLU 激活函数对 identity 之外的部分进行信息提取和过滤，提取出的有用信息即为残差。其中，整个模型的核心思想就是对于 identity 的提取。从直

观上理解，将数据中非冗余信息的 identity 部分提取出来时，会导致余下部分的信息冗余度变高，因此在对其使用 ReLU 函数进行激活时，所丢失的有效信息也会减少。

13.2.3 案例：分析 K 线图评估股票价格趋势[①]

13.2.3.1 案例背景

我们用一个具体的案例来简单说明 CNN 的应用。我们选择 1993—2000 年的股票 K 线数据作为训练集。

13.2.3.2 数据读取与划分

首先，导入相应的模块，启用 GPU 加速：

```
use_gpu = True
use_dataparallel = True
import os
import sys
sys.path.insert(0, '..')

import time
import datetime
import numpy as np
import pandas as pd
from tqdm import tqdm
import torch
import torch.nn as nn
from torch.utils.data import Dataset
from torch.utils.data import DataLoader
from torch.utils.data import random_split

torch.manual_seed(42)

IMAGE_WIDTH = {5: 15, 20: 60, 60: 180}
IMAGE_HEIGHT = {5: 32, 20: 64, 60: 96}
```

读入数据集，选取 1993—2000 年的数据作为训练集，剩下的作为测试集：

```
train_year_list = np.arange(1993,2001,1)

images = []
label_df = []
for year in train_year_list:
    images.append(np.memmap(os.path.join("./monthly_20d", f"20d_
month_has_vb_[20]_ma_{year}_images.dat"), dtype=np.uint8, mode='r').
reshape(
```

① 此部分参考 Jiang et al.（2023）提出的网络结构，并使用论文提供的数据集。

```
                    (-1, IMAGE_HEIGHT[20], IMAGE_WIDTH[20])))
7       label_df.append(pd.read_feather(os.path.join("./monthly_20d", f"20d_month_has_vb_[20]_ma_{year}_labels_w_delay.feather")))
8
9   images = np.concatenate(images)
10  label_df = pd.concat(label_df)
11
12  print(images.shape)
13  print(label_df.shape)
```

代码的第1—10行进行了数据的读取。首先定义了要读取的数据年份区间，然后使用Numpy和Pandas分别读取各个年份的数据，最后将其拼接到一起。运行结果如下。

```
(793019, 64, 60)
(793019, 8)
```

接着，封装数据集相关的逻辑：

```
class MyDataset(Dataset):

    def __init__(self, img, label):
        self.img = torch.Tensor(img.copy())
        self.label = torch.Tensor(label)
        self.len = len(img)

    def __len__(self):
        return self.len

    def __getitem__(self, idx):
        return self.img[idx], self.label[idx]
```

对数据集进行划分，并且分别定义训练和测试的DataLoader：

```
train_val_ratio = 0.7
split_idx = int(images.shape[0] * 0.7)
train_dataset = MyDataset(images[:split_idx], (label_df.Ret_20d > 0).values[:split_idx])
val_dataset = MyDataset(images[split_idx:], (label_df.Ret_20d > 0).values[split_idx:])

train_dataloader = DataLoader(train_dataset, batch_size=128, shuffle=True, pin_memory=True)
val_dataloader = DataLoader(val_dataset, batch_size=256, shuffle=False, pin_memory=True)
```

13.2.3.3 模型搭建与可视化

接下来，我们建立模型：

```
class Net(nn.Module):
    def __init__(self):
```

```
        super().__init__()
        self.layer1 = nn.Sequential(
            nn.Conv2d(1, 64, kernel_size=(5,3), stride=(3,1), dilation=(2,1), padding=(12,1)),
            nn.BatchNorm2d(64),
            nn.LeakyReLU(negative_slope=0.01, inplace=True),
            nn.MaxPool2d((2, 1), stride=(2, 1)),
        )
        self.layer2 = nn.Sequential(
            nn.Conv2d(64, 128, kernel_size=(5,3), stride=(3,1), dilation=(2,1), padding=(12,1)),
            nn.BatchNorm2d(128),
            nn.LeakyReLU(negative_slope=0.01, inplace=True),
            nn.MaxPool2d((2, 1), stride=(2, 1)),
        )
        self.layer3 = nn.Sequential(
            nn.Conv2d(128, 256, kernel_size=(5,3), stride=(3,1), dilation=(2,1), padding=(12,1)),
            nn.BatchNorm2d(256),
            nn.LeakyReLU(negative_slope=0.01, inplace=True),
            nn.MaxPool2d((2, 1), stride=(2, 1)),
        )
        self.fc1 = nn.Sequential(
            nn.Dropout(p=0.5),
            nn.Linear(46080, 2),
        )
        self.softmax = nn.Softmax(dim=1)

    def forward(self, x):
        x = x.reshape(-1,1,64,60)
        x = self.layer1(x)
        x = self.layer2(x)
        x = self.layer3(x)
        x = x.reshape(-1,46080)
        x = self.fc1(x)
        x = self.softmax(x)
        return x
```

上述代码定义了一个简单的 CNN 网络结构。

接着，对模型进行导入及初始化，并且输出模型的结构信息，准备进行训练：

```
def init_weights(m):
    if isinstance(m, nn.Linear):
        torch.nn.init.xavier_uniform_(m.weight)
        m.bias.data.fill_(0.)
    elif isinstance(m, nn.Conv2d):
```

```
        torch.nn.init.xavier_uniform_(m.weight)
device = 'cuda' if use_gpu else 'cpu'
net = Net().to(device)
net.apply(init_weights)

count = 0
for name, parameters in net.named_parameters():
    print(name, ':', parameters.size())
    count += parameters.numel()
print('total_parameters : {}'.format(count))
```

运行结果如下。

```
layer1.0.weight : torch.Size([64, 1, 5, 3])
layer1.0.bias : torch.Size([64])
layer1.1.weight : torch.Size([64])
layer1.1.bias : torch.Size([64])
layer2.0.weight : torch.Size([128, 64, 5, 3])
layer2.0.bias : torch.Size([128])
layer2.1.weight : torch.Size([128])
layer2.1.bias : torch.Size([128])
layer3.0.weight : torch.Size([256, 128, 5, 3])
layer3.0.bias : torch.Size([256])
layer3.1.weight : torch.Size([256])
layer3.1.bias : torch.Size([256])
fc1.1.weight : torch.Size([2, 46080])
fc1.1.bias : torch.Size([2])
total_parameters : 708866
```

同样，可以用图片的方式进行可视化。将模型导出为ONNX格式：

```
import torch.onnx
x = torch.randn([1,1,64,60]).to(device)
torch.onnx.export(net, x, "./cnn_baseline.onnx", export_params=False,
                  opset_version=10,
                  do_constant_folding=False,
                  input_names = ['input_images'],
                  output_names = ['output_prob'],
                  dynamic_axes={'input_images' : {0 : 'batch_size'},
                             'output_prob' : {0 : 'batch_size'}})
```

将导出的ONNX文件上传到https://netron.app/，可以得到如图13-19所示的模型结构图，更加清楚地显示CNN的结构和每一层的输入输出。

13.2.3.4 模型训练与评估

接下来，我们定义每一轮训练和验证的过程：

```
def train_loop(dataloader, net, loss_fn, optimizer):

```

```
    running_loss = 0.0
    current = 0
    net.train()

    with tqdm(dataloader) as t:
        for batch, (X, y) in enumerate(t):
            X = X.to(device)
            y = y.to(device)
```

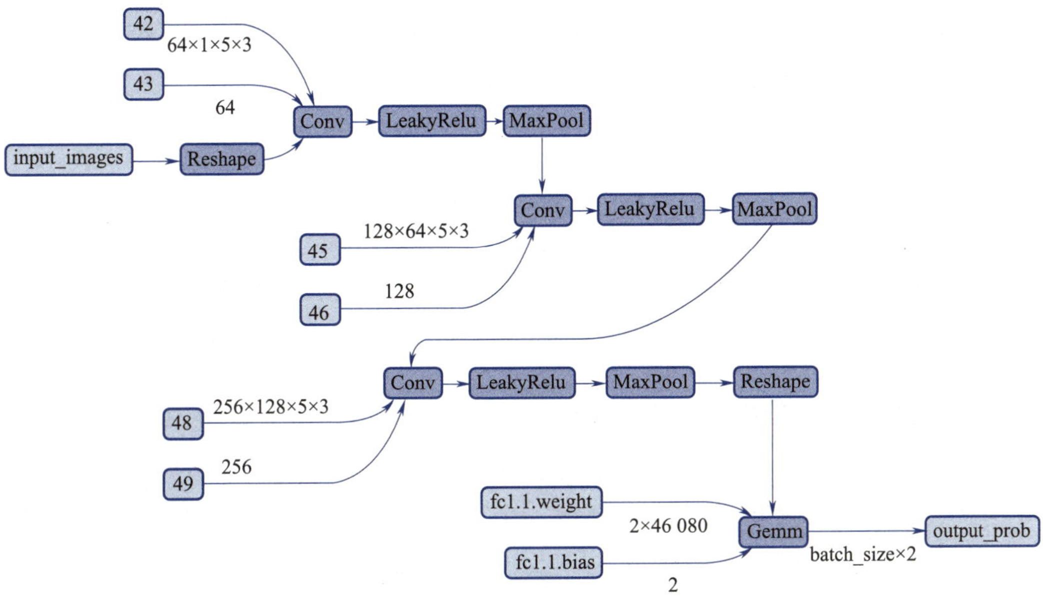

图 13-19 CNN 模型结构可视化

```
            y_pred = net(X)
            loss = loss_fn(y_pred, y.long())

            optimizer.zero_grad()
            loss.backward()
            optimizer.step()

            running_loss = (len(X) * loss.item() + running_loss * current)/(len(X) + current)
            current += len(X)
            t.set_postfix({'running_loss':running_loss})

    return running_loss

def val_loop(dataloader, net, loss_fn):

    running_loss = 0.0
    current = 0
```

```
    net.eval()

    with torch.no_grad():
        with tqdm(dataloader) as t:
            for batch, (X, y) in enumerate(t):
                X = X.to(device)
                y = y.to(device)
                y_pred = net(X)
                loss = loss_fn(y_pred, y.long())

                running_loss += loss.item()
                running_loss = (len(X) * running_loss + loss.item() * current) / (len(X) + current)
                current += len(X)

    return running_loss
```

然后就可以开始训练模型，在此设定早停策略为5个轮次（Epoch）：

```
if use_gpu and use_dataparallel and 'DataParallel' not in str(type(net)):
    net = net.to(device)
    net = nn.DataParallel(net)

loss_fn = nn.CrossEntropyLoss()
optimizer = torch.optim.Adam(net.parameters(), lr=1e-5)
start_epoch = 0
min_val_loss = 1e9
last_min_ind = -1
early_stopping_epoch = 5
from torch.utils.tensorboard import SummaryWriter
tb = SummaryWriter()
start_time = datetime.datetime.now().strftime('%Y%m%d_%H-%M-%S')
os.makedirs(os.path.join("pt",start_time),)
epochs = 100
for t in range(start_epoch, epochs):
    print(f"Epoch {t}\n-------------------------------")
    time.sleep(0.2)
    train_loss = train_loop(train_dataloader, net, loss_fn, optimizer)
    val_loss = val_loop(val_dataloader, net, loss_fn)
    tb.add_histogram("train_loss", train_loss, t)
    torch.save(net, './pt'+os.sep+start_time+os.sep+'baseline_epoch_{}_train_{:5f}_val_{:5f}.pt'.format(t, train_loss, val_loss))
    if val_loss < min_val_loss:
        last_min_ind = t
        min_val_loss = val_loss
    elif t - last_min_ind >= early_stopping_epoch:
        break
```

```

print('Done!')
print('Best epoch: {}, val_loss: {}'.format(last_min_ind, min_val_loss))
```

模型训练完成后，进行模型的测试。同样，这部分需要导入 2001—2019 年的数据：

```
test_year_list = np.arange(2001,2020,1)
images = []
label_df = []
for year in test_year_list:
    images.append(np.memmap(os.path.join("../monthly_20d", f"20d_month_has_vb_[20]_ma_{year}_images.dat"),dtype=np.uint8, mode='r').reshape((-1, IMAGE_HEIGHT[20], IMAGE_WIDTH[20])))
    label_df.append(pd.read_feather(os.path.join("../monthly_20d", f"20d_month_has_vb_[20]_ma_{year}_labels_w_delay.feather")))
images = np.concatenate(images)
label_df = pd.concat(label_df)
dataset = MyDataset(images, (label_df.Ret_20d > 0).values)
test_dataloader = DataLoader(dataset, batch_size=2048, shuffle=False)
```

读入我们刚刚训练好的模型，并进行测试：

```
net_path = './pt/20231115_15-51-08/baseline_epoch_1_train_0.717068_val_0.693061.pt'
device = 'cuda' if use_gpu else 'cpu'
net = torch.load(net_path)
def eval_loop(dataloader, net, loss_fn):
    running_loss = 0.0
    total_loss = 0.0
    current = 0
    net.eval()
    target = []
    predict = []
    with torch.no_grad():
        with tqdm(dataloader) as t:
            for batch, (X, y) in enumerate(t):
                X = X.to(device)
                y = y.to(device)
                y_pred = net(X)
                target.append(y.detach())
                predict.append(y_pred.detach())
                loss = loss_fn(y_pred, y.long())
                running_loss = (len(X) * loss.item() + running_loss * current) / (len(X) + current)
                current += len(X)
                t.set_postfix({'running_loss':running_loss})
    return total_loss, torch.cat(predict), torch.cat(target)
```

```
loss_fn = nn.CrossEntropyLoss()
test_loss, y_pred, y_target = eval_loop(test_dataloader, net, loss_fn)
predict_logit = (torch.nn.Softmax(dim=1)(y_pred)[:,1]).cpu().numpy()
```

作出图像，来检验我们训练的模型的表现：

```
from matplotlib import pyplot as plt
threshold = 0.
label_df['ret'] = (predict_logit>threshold) * label_df.Ret_20d
label_filtered = label_df[predict_logit>threshold]
ret_baseline = label_filtered .groupby(['Date'])['Ret_20d'].mean()
threshold = 0.58
label_df['ret'] = (predict_logit>threshold) * label_df.Ret_20d
label_filtered = label_df[predict_logit>threshold]
ret_cnn = label_filtered .groupby(['Date'])['Ret_20d'].mean()
log_ret_baseline = np.log10((ret_baseline+1).cumprod().
fillna(method='ffill'))
log_ret_cnn = np.log10((ret_cnn+1).cumprod().fillna(method='ffill'))
fig = plt.figure()
plt.plot(log_ret_baseline, label='baseline')
plt.plot(log_ret_cnn, label='CNN')
plt.plot(log_ret_cnn - log_ret_baseline, alpha=0.6, lw=2, label=
'exceed_ret')
plt.legend()
plt.show()
fig.savefig('performance1.png',dpi=300)
```

最终，我们得到了如图 13-20 所示的结果。我们按照模型预测结果大于不同的 threshold（分类阈值）为区分：当 threshold 为 0 时作为 baseline，当 threshold 为 0.58 时选为对比。可以看出 CNN 的效果远优于我们所选用的简单 baseline，预测效果还是非常不错的。

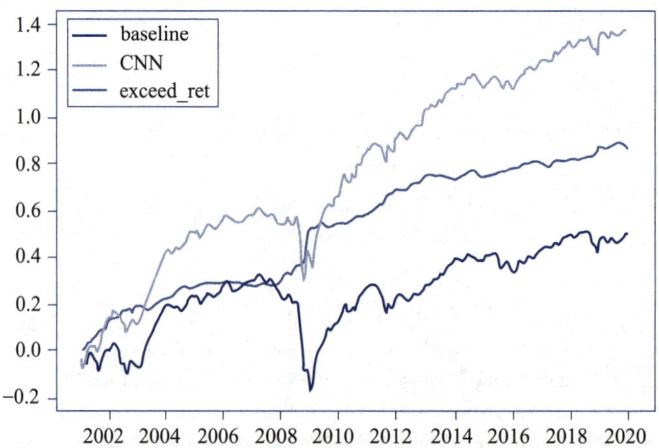

图 13-20 CNN 预测的 2002—2020 年结果

13.3 循环神经网络

13.3.1 RNN 模型

RNN（Recurrent Neural Network）循环神经网络，相比 CNN 中的输入仅与输出相关，加入了时序性概念，即当前的决策与之前的决策是有关联性的，能更好地完成序列数据的处理。例如，在视频相关任务中的应用（因为视频由多个帧或静态图片构成）、单词序列构成句子的相关文本任务、公司股票相关的预测任务、与气象有关的降雨预测任务等。

RNN 模型主要由输入层、隐藏层、循环层和输出层构成。图 13-21 展示了一个简单的 RNN 模型。如果把循环层 W 去掉，那么这就是一个 CNN 模型。然而正是因为循环层 W 的存在，RNN 相比 CNN 能更好地处理序列任务。将循环层 W 按时间展开，则有：

$$o_t = g(V \cdot s_t)$$

$$s_t = f(U \cdot x_t + \boldsymbol{W} \cdot s_{t-1})$$

其中，$g(x)$ 和 $f(x)$ 为激活函数。如图 13-22 所示，网络在 t 时刻获得一个输入 x_t，隐藏层的值为 s_t，则 s_t 的值不仅仅取决于 x_t，还取决于 s_{t-1}。

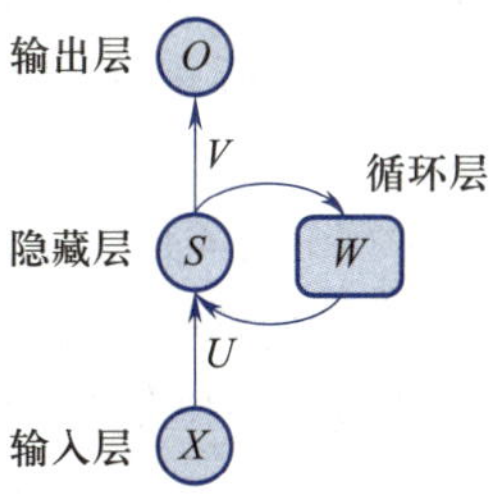

图 13-21 RNN 结构示意图

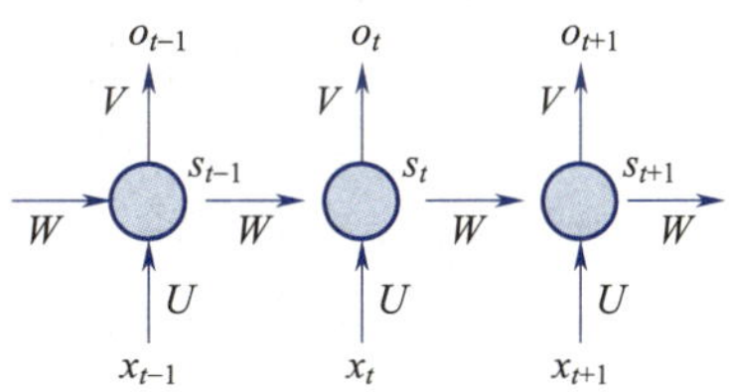

图 13-22 循环层按时间展开

RNN 结构使得无论序列的长度如何，训练好的模型具有相同的输入输出大小。因为它指定的是从一种状态到另外一种状态的转移，并且在每个时间步使用相同参数的相同转移函数 f，故 RNN 可以将任意长度序列映射到固定长度向量，与 CNN 相似的是可以使用参数共享的局部连接代替全连接结构。参数共享可获得对于任意长度序列更好的泛化性能，否则需要对不同长度的序列训练不同的模型。

RNN 主要模型包括一对一、一对多、多对一和多对多，如图 13-23 所示。

其中，一对多的模型可以用于图片说明，即从图片到词语序列或句子；多对一的模型可以用于情感分析，即从词语序列或句子到情感；多对多模型（图 13-23（d））可以应用于机器翻译，即从词语序列到词语序列；多对多模型（图 13-23（e））可以应用于基于帧粒度的视频分类。

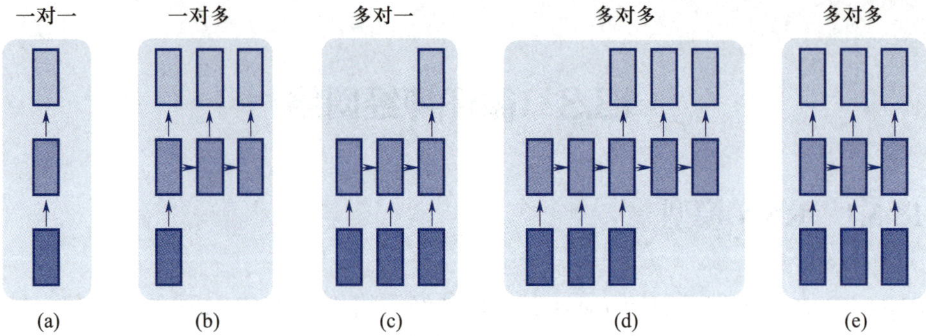

图 13-23 RNN 主要结构

13.3.2 长短期记忆网络 LSTM 模型

虽然理论上 RNN 能够处理任意长度的序列，但在实际情况中，较长的 RNN 模型由于梯度消失或者梯度爆炸基本无法训练。在翻译等任务中，往往存在两个间隔较远的词语之间的依赖。比如一段话中，与段尾句子的有关信息有可能出现在距离较远的段首位置，而简单的 RNN 在面对长序列时效果下降得非常明显，这就是 RNN 所面临的长期依赖问题。针对这一问题，可以引入门控机制进行处理。

门控 RNN（Gated RNN）是实际应用中最有效的序列模型，主要包括 LSTM（Long-Short-Term Memory，基于长短期记忆的网络）和 GRU（Gated Recurrent Unit，基于门控循环单元的网络）。

LSTM 引入自循环，以产生梯度长时间持续流动的路径（渗漏单元），其关键想法是自循环权重是视上下文而定的超参数，而不是固定的；渗漏单元积累了长时间信息，一旦信息被使用，遗忘过去的状态可能更有利。

基于上述思想，LSTM 在计算中使用的参数量是 RNN 的 4 倍，成功应用于许多领域，如手写识别、语音识别、机器翻译、图片说明生成和解析等。

LSTM 的主要结构如图 13-24 所示。接下来我们对 LSTM 的各个内部结构功能作简单说明。

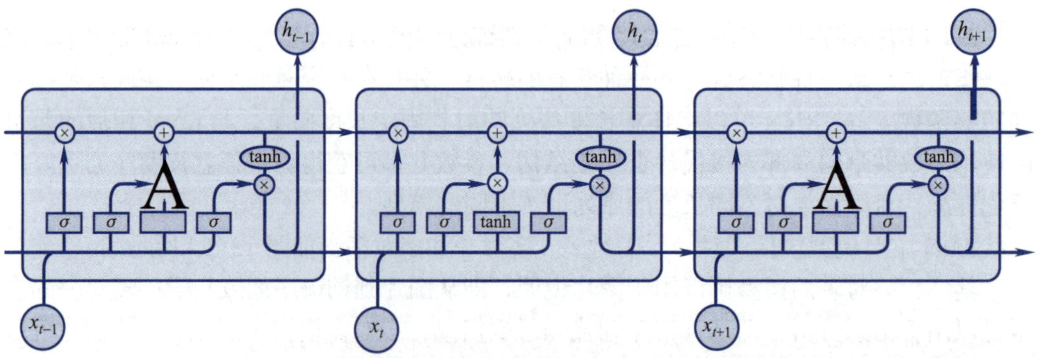

图 13-24 LSTM 主要结构

首先是 LSTM 的核心部分（Cell State）。如图 13-25 所示，这是一个有线性自环，并由各个门控单元控制信息的流动，其作用是像传送带一样传播信息，通过门控选择去除或者增加信息。

接着是门控单元，如图 13-26 所示，由 Sigmoid 层和乘法操作构成，作用是控制信息的流动。Sigmoid 的输出范围为（0，1），0 表示让所有信息遗忘，1 表示让所有信息通过，其余为部分信息通过。

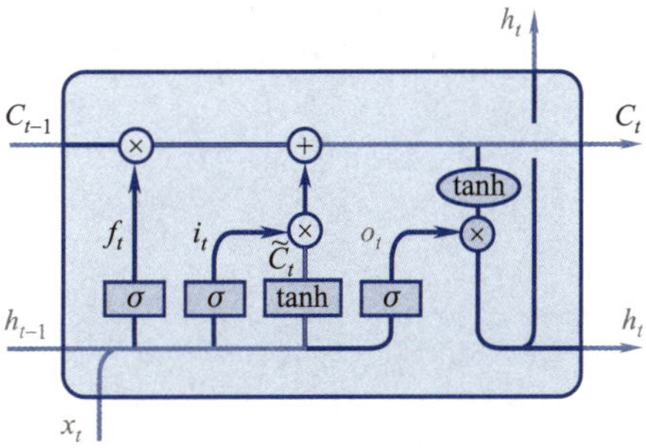

图 13-25 LSTM 核心部分

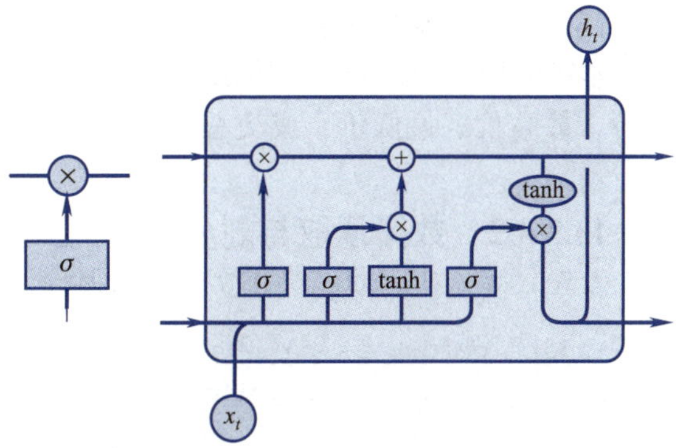

图 13-26 LSTM 门控单元结构

以上两个部件通过

$$C_t = f_t C_{t-1} + i_t \tilde{C}_t$$

结合，其中 C_t 表示更新后的 Cell State，f_t 表示遗忘门，i_t 表示输入门，$\tilde{C}_t$ 表示预期的 Cell State。如图 13-27 所示，遗忘门决定遗忘什么信息，即

$$f_t = \sigma(W_f \cdot [h_{t-1}, x_t] + b_f)。$$

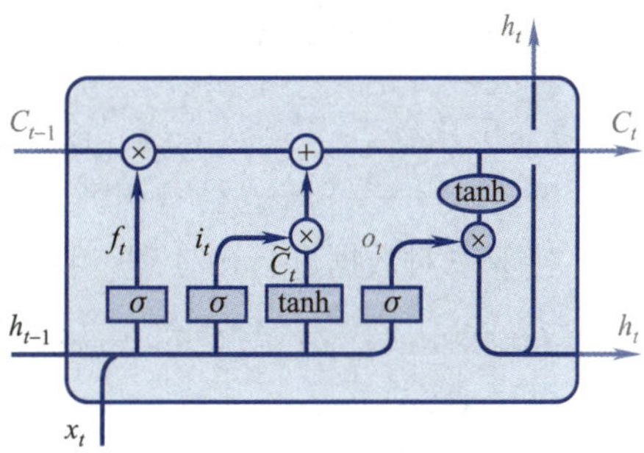

图 13-27 遗忘门结构

如图 13-28 所示，输入门和预期的 Cell State 决定要在 Cell State 中存储的新信息，更新方式依照 $i_t = \sigma(W_i \cdot [h_{t-1}, x_t] + b_i)$ 和 $\tilde{C}_t = tanh(W_C \cdot [h_{t-1}, x_t] + b_C)$。

如图 13-29 所示，输出门负责对按照

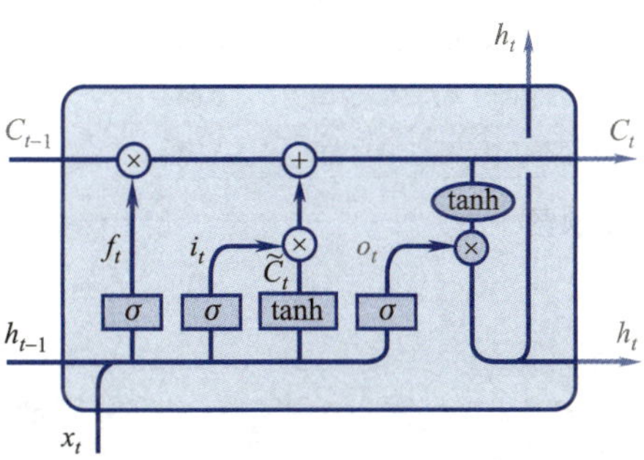

图 13-28 新信息的决定

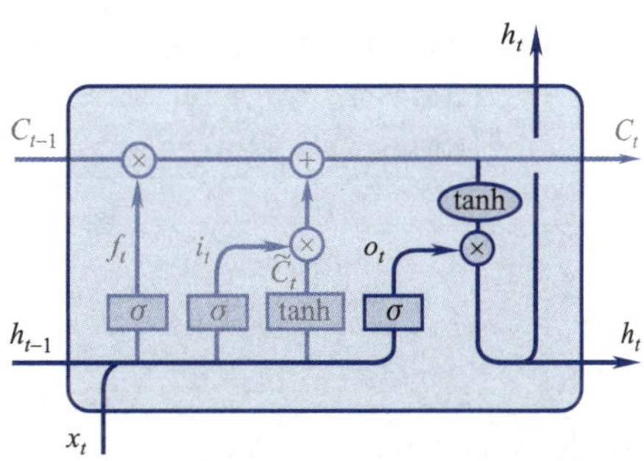

图 13-29 输出门结构

$$o_t = \sigma(\boldsymbol{W_o} \cdot [h_{t-1}, x_t] + b_o)$$

$$h_t = o_t \cdot tanh(\boldsymbol{C_t})$$

更新后的 Cell State 进行过滤。

13.3.3 案例：LSTM 对股票收盘价走势的预测

13.3.3.1 案例背景

本案例使用经过处理的股票交易信息，主要字段包含日期、股票代码、开盘价、收盘价、最高价、最低价、成交总量和换手率。我们将使用 LSTM 对股票当日最高价格进行预测。

13.3.3.2 数据读取与划分

首先，导入相应的模块并读入数据集：

```
import pandas as pd
import matplotlib.pyplot as plt
import datetime
import os
import torch
import torch.nn as nn
import numpy as np
from torch.utils.data import Dataset, DataLoader
df = pd.read_csv('sh.csv', index_col=0)
```

接下来对数据进行预处理，将 index 转变为时间：

```
df.index = pd.to_datetime(df.index)
df.head()
```

运行结果如图 13-30 所示。

	code	open	close	high	low	vol	amount	p_change
datetime								
2005-01-04	300	994.76	982.79	994.76	980.65	74128.0	4.431976e+09	NaN
2005-01-05	300	981.57	992.56	997.32	979.87	71191.0	4.529207e+09	0.99
2005-01-06	300	993.33	983.17	993.78	980.33	62880.0	3.921015e+09	-0.95
2005-01-07	300	983.04	983.95	995.71	979.81	72986.0	4.737468e+09	0.08
2005-01-10	300	983.76	993.87	993.95	979.78	57916.0	3.762931e+09	1.01

图 13-30 数据预览

接下来，定义划分数据集的方法：

```
def getData(df, column, train_end=-300, days_before=30, days_pred=7, return_all=True, generate_index=False):
    series = df[column].copy()
    data = pd.DataFrame()
```

```
4      for i in range(days_before):
5          data['b%d' % i] = series.tolist()[i: -days_before - days_pred + i]
6      for i in range(days_pred):
7          data['y%d' % i] = series.tolist()[days_before + i: - days_pred + i]
8      if generate_index:
9          data.index = series.index[days_before:]
10      train_data, val_data, test_data = data[:train_end-300], data
   [train_end-300:train_end], data[train_end:]
11     if return_all:
12         return train_data, val_data, test_data, series, df.index.tolist()
13     return train_data, val_data, test_data
```

代码的第4—7行通过下标来将data中的每一行构造成训练使用的数据，即前“days_before”个数据用来训练，后“days_pred”个数据作为真实值。也就是使用“days_before”个数据进行训练，来输出后“days_pred”个数据点的预测值，通过“getData”函数将行数据转变为列数据，以更方便地进行训练。

13.3.3.3 模型搭建

接着，使用PyTorch提供的LSTM类，构建一个简单的LSTM模型，包含LSTM结构以及最后的全连接层，同时定义用来加载数据的“TrainSet”类：

```
class LSTM(nn.Module):
    def __init__(self):
        super(LSTM, self).__init__()
        self.lstm = nn.LSTM(
            input_size=1,
            hidden_size=128,
            num_layers=1,
            batch_first=True)
        self.out = nn.Sequential(
            nn.Linear(128, 1))
    def forward(self, x):
        r_out, (h_n, h_c) = self.lstm(x, None)
        out = self.out(r_out[:, -7:, :])
        return out
class TrainSet(Dataset):
    def __init__(self, data):
        self.data, self.label = data[:, :-7].float(), data[:, -7:].float()
    def __getitem__(self, index):
        return self.data[index], self.label[index]
    def __len__(self):
        return len(self.data)
```

在本案例中，我们所选择的学习率为0.000 1，训练1 000轮，同时将训练集的后300个数据作为验证集，使用前30天的数据预测后7天的数据：

```
LR = 0.0001
EPOCH = 1000
```

```
TRAIN_END=-300
DAYS_BEFORE=30
DAYS_PRED=7
```

我们的任务为用 30 天的数据预测后 7 天的数据。接下来使用之前定义的“getData”传入提前定义的参数来获取训练集、验证集和测试集，同时对原始的股票数据进行可视化：

```
train_data, val_data, test_data, all_series, df_index = getData(df, 'high', days_before=DAYS_BEFORE, days_pred=DAYS_PRED, train_end=TRAIN_END)
all_series_test1 = np.array(all_series.copy().tolist())
plt.figure(figsize=(12,8))
plt.plot(df_index, all_series_test1, label='real-data')
```

运行结果如图 13-31 所示。这是原始股票数据的可视化结果，X 轴为时间，Y 轴为股票价格。

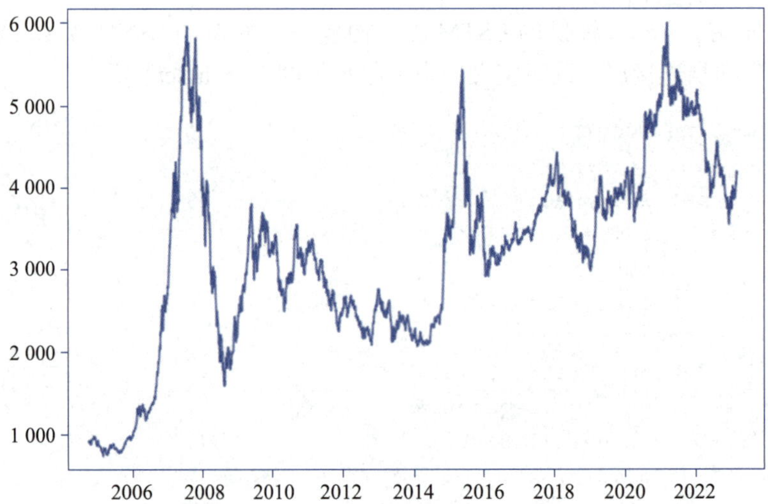

图 13-31 原始股票最高价格数据走势图

训练模型使用 MBGD 的思路，且模型必须先把数据标准化，不然损失很难降低：

```
train_data_numpy = np.array(train_data)
train_mean = np.mean(train_data_numpy)
train_std  = np.std(train_data_numpy)
train_data_numpy = (train_data_numpy - train_mean) / train_std
train_data_tensor = torch.Tensor(train_data_numpy)

val_data_numpy = np.array(val_data)
val_data_numpy = (val_data_numpy - train_mean) / train_std
val_data_tensor = torch.Tensor(val_data_numpy)

test_data_numpy = np.array(test_data)
```

```
12 test_data_numpy = (test_data_numpy - train_mean) / train_std
13 test_data_tensor = torch.Tensor(test_data_numpy)
14
15 # 创建 dataloader
16 train_set = TrainSet(train_data_tensor)
17 train_loader = DataLoader(train_set, batch_size=256, shuffle=True)
18
19 val_set = TrainSet(val_data_tensor)
20 val_loader = DataLoader(val_set, batch_size=256, shuffle=True)
```

代码的第 1—5 行对训练数据进行了归一化并转化为 Tensor 类型；第 7—9 行以及第 11—13 行分别对验证和测试数据进行了相同的归一化，并且同样转化为 Tensor 类型；第 16—20 行使用之前定义的“TrainSet”包装数据，并且创建训练和验证所用的 DataLoader。

13.3.3.4 模型训练与评估

然后，我们训练模型：

```
rnn = LSTM()
if torch.cuda.is_available():
    rnn = rnn.cuda()
optimizer = torch.optim.Adam(rnn.parameters(), lr=LR)   # optimize all cnn parameters
loss_func = nn.MSELoss()
best_loss = 1000
if not os.path.exists('weights'):
    os.mkdir('weights')
for step in range(EPOCH):
    for tx, ty in train_loader:
        if torch.cuda.is_available():
            tx = tx.cuda()
            ty = ty.cuda()
        output = rnn(torch.unsqueeze(tx, dim=2))
        loss = loss_func(torch.squeeze(output), ty)
        optimizer.zero_grad()  # clear gradients for this training step
        loss.backward()  # back propagation, compute gradients
        optimizer.step()
        print('epoch : %d  ' % step, 'train_loss : %.4f' % loss.cpu().item())
    with torch.no_grad():
        for tx, ty in val_loader:
            if torch.cuda.is_available():
                tx = tx.cuda()
                ty = ty.cuda()
            output = rnn(torch.unsqueeze(tx, dim=2))
            loss = loss_func(torch.squeeze(output), ty)
            print('epoch : %d  ' % step, 'val_loss : %.4f' % loss.cpu().
```

```
item())
        if loss.cpu().item() < best_loss:
            best_loss = loss.cpu().item()
            torch.save(rnn, 'weights/rnn.pkl'.format(loss.cpu().item()))
            print('new model saved at epoch {} with val_loss {}'.format(step, best_loss))
```

作出图像，检验 LSTM 模型训练的效果：

```
generate_data_train = []
generate_data_test = []
test_start = len(all_series_test1) + TRAIN_END
all_series_test1 = (all_series_test1 - train_mean) / train_std
all_series_test1 = torch.Tensor(all_series_test1)
for i in range(DAYS_BEFORE, len(all_series_test1) - DAYS_PRED, DAYS_PRED):
    x = all_series_test1[i - DAYS_BEFORE:i]
    x = torch.unsqueeze(torch.unsqueeze(x, dim=0), dim=2)
    if torch.cuda.is_available():
        x = x.cuda()
    y = torch.squeeze(rnn(x))
    if i < test_start:
        generate_data_train.append(torch.squeeze(y.cpu()).detach().numpy() * train_std + train_mean)
    else:
        generate_data_test.append(torch.squeeze(y.cpu()).detach().numpy() * train_std + train_mean)
generate_data_train = np.concatenate(generate_data_train, axis=0)
generate_data_test  = np.concatenate(generate_data_test, axis=0)
plt.figure(figsize=(12,8))
plt.plot(df_index[DAYS_BEFORE: len(generate_data_train) + DAYS_BEFORE],
generate_data_train, 'b', label='generate_train')
plt.plot(df_index[TRAIN_END:len(generate_data_test) + TRAIN_END],
generate_data_test, 'k', label='generate_test')
plt.plot(df_index, all_series_test1.clone().numpy() * train_std +
train_mean, 'r', label='real_data')
plt.legend()
plt.show()
```

运行结果如图 13-32 所示。其中，X 轴为时间，Y 轴为股票价格。

最后，用训练好的 LSTM 模型进行预测任务：

```
plt.figure(figsize=(10,16))
plt.subplot(2,1,1)
plt.plot(df_index[100 + DAYS_BEFORE: 130 + DAYS_BEFORE], generate_data_train[100: 130], 'b', label='generate_train')
```

```
plt.plot(df_index[100 + DAYS_BEFORE: 130 + DAYS_BEFORE], (all_series_test1.clone().numpy()* train_std + train_mean)[100 + DAYS_BEFORE: 130 + DAYS_BEFORE], 'r', label='real_data')
plt.legend()
plt.subplot(2,1,2)
plt.plot(df_index[TRAIN_END + 50: TRAIN_END + 80], generate_data_test[50:80], 'k', label='generate_test')
plt.plot(df_index[TRAIN_END + 50: TRAIN_END + 80], (all_series_test1.clone().numpy()* train_std + train_mean)[TRAIN_END + 50: TRAIN_END + 80], 'r', label='real_data')
plt.legend()
plt.show()
```

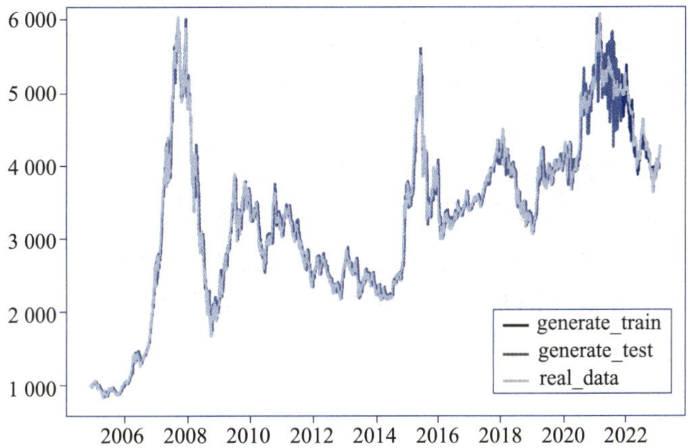

图 13-32 LSTM 效果图

运行结果如图 13-33 所示。上半部分为训练数据上模型输出结果和真实数据的对比，下半部分为测试数据上模型输出结果和真实数据的对比。

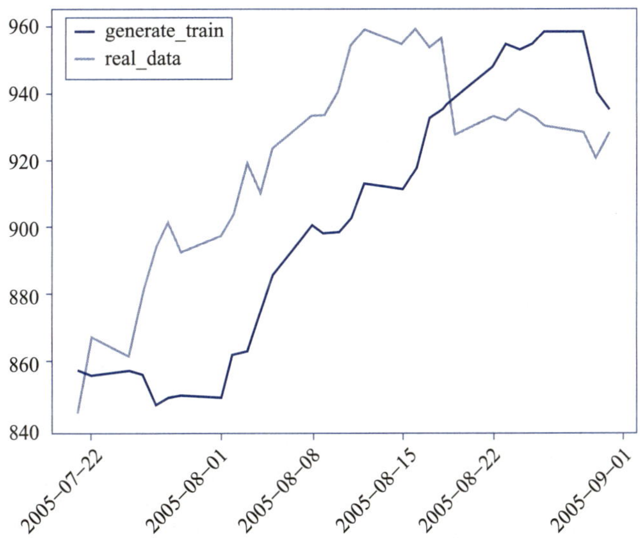

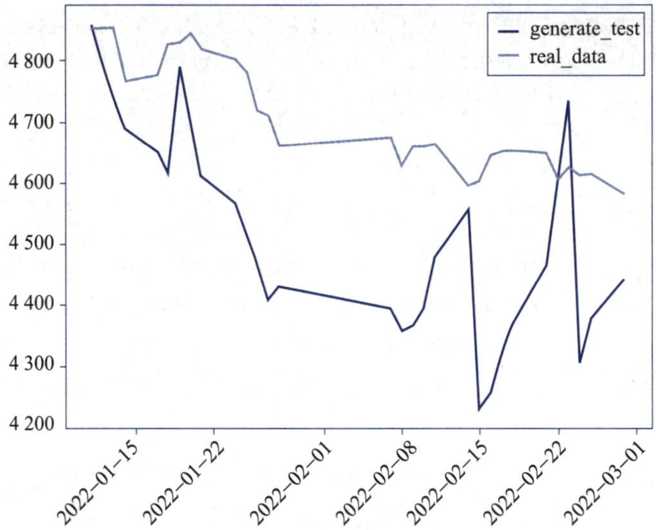

图 13-33 预测结果图

思考题

1. 神经网络引入激活函数的作用是什么？
2. 常见的激活函数有哪些？分别有什么特点？
3. 请阐述卷积神经网络和循环神经网络的区别。
4. 请问 LSTM 对比传统循环神经网络有哪些优化？

参考答案

第 14 章

网络数据采集

进入新媒体时代后，网页为我们提供了大量所需要的数据和信息。当前，获取海量的网络数据以及所需信息已经成为一项重要的技能。

根据《中华人民共和国网络安全法》，网络数据是指通过网络收集、存储、传输、处理和产生的各种电子数据。这些数据可以分为两大类，即结构化数据和非结构化数据。在这两者之中，非结构化数据占据了网络数据总量的 80% 甚至更多。这类数据涵盖广泛，包括但不限于网络链接、文本、图像以及视频等多种形式。网络数据在形态上多样且丰富，构成了网络世界中不可或缺的重要组成部分。

14.1　网络数据采集基础

本节先介绍网络数据采集和网页的本质，然后介绍超文本传输协议（Hyper Text Transfer Protocol，HTTP）和爬虫协议。

14.1.1　收集网络数据的方法

目前网络数据采集一般有两种方法：一种是通过应用程序接口（Application Programming Interface，API）来获取数据，另一种是网络爬虫。

Python 中使用的 API 通常分为两种：数据 API 和库的 API。库 API 是开发者和使用者之间的一个桥梁，即一个接口。例如，“yfinance”就是一个用于访问雅虎财经上的财务数据的开源库。可以使用下列代码进行安装：

```
pip install yfinance
```

数据 API 一般是前端和后端的桥梁。后端设计一个可展示数据的接口（API）给前端人员调用以获取数据，这种 API 一般以 URL 形式存在。有些 API 不仅可以在网站内部使用，也向外界提供。我们可以通过访问这些 URL 来获取数据，就不需要去抓取解析网页的 HTML 代码，可以直接接入 API 获取用 JSON 格式存储的数据。

API 技术通常受限于平台开发者，网站（平台）会对每天的接口调用数量作限制以减小网站（平台）的负荷。在实际的网络数据采集过程中，大部分的网站都没有提供

API，因此一般情况下，网络爬虫是更加通用的方法。

网络爬虫（Web Crawler），又被称为网络蜘蛛、网络蚂蚁、网络机器人（Robots）等，是一种按照一定的规则，自动爬取万维网信息的程序或者脚本。换句话说，它可以根据网页的链接地址自动获取网页内容。网络爬虫被广泛地用于互联网搜索引擎或者其他网站，自动采集所有其能够访问到的页面内容。

14.1.2 网页的本质和 HTML 格式

网页是万维网上的超文本文档，由网络服务器提供给用户并显示在网络浏览器中。Web 标准要求页面实现结构、表现、行为三层分离。我们在浏览器里看到的网页其实是由三层信息构成的一个共同体，如表 14-1 所示。

表 14-1 网页层级和对应语言

构成	语言	解释
结构层	HTML	页面的元素和内容
表现层	CSS	网页元素的页面样式
行为层	JavaScript	网页模型的定义与页面交互

结构层由 HTML 或 XHTML 等标记语言负责创建。HTML 是用来整合 Web 结构和内容显示的一种语言，消除了不同计算机之间信息交流的障碍。

一个简单的例子如下面的代码所示，将其中的 HTML 内容保存到“hello.html”文件中。

```
<html>
<head>
<h1>hello this is test</h1>
</head>
</html>
```

使用浏览器打开“hello.html”文件，HTML 内容会被浏览器渲染成如图 14-1 所示样子。

图 14-1 “hello.html”网页效果

标签（Tag）由左、右尖角号和内容（“< 内容 >”）组成，三者缺一不可。在 HTML 中，使用包围标签的目的是方便将它们与普通文本进行区分。“<html>”表示页面编写的代码都是 HTML 代码。它是成对出现的标签，直到“</html>”结束。除了声明文档外的所有代码都必须写在“<html>”“</html>”中间；“<head>”表示页面的“头部”，页面的 Title（标题）一般写在“<head>”“</head>”中间；“<body>”表示页面的“身体”，页面中的绝大部分内容都可以写在“<body>”“</body>”之间。常见的标签如表 14-2 所示。

表 14-2 HTML 常用标签

标签	元素内容
<p>	这是一个段落
<h1>-<h6>	html 标题
<div>	这是文本中的节
<span>	这是一个标签
<a href=”default.htm”>	这是一个链接
 	换行
<b>	粗体文本
<ul><ol>	列表
<li>	列表的项目

表现层为 CSS（Cascading Style Sheet）即层叠样式表，它是一种标准的样式表语言，主要作用是定义网页的样式（美化网页），对网页中元素的位置、字体、颜色、背景等属性进行精确控制。CSS 不仅可以静态地修饰网页，还可以配合 JavaScript 动态地修改网页中元素的样式。市面上几乎所有的浏览器都支持 CSS。

行为层：JavaScript 是可用于开发 Web 页面的脚本语言，是一种具有函数优先的轻量级、解释型或即时编译型的编程语言，可以实现网页上的动态效果。

14.1.3 HTTP 协议

HTTP 协议（HyperText Transfer Protocol，超文本传输协议）是基于 TCP 协议的应用层传输协议，简单来说就是客户端和服务端进行数据传输的一种规则。HTTP 协议是为了实现某一类具体应用的协议，由运行在用户空间的用户程序实现其功能，必须由浏览器端首先发起。例如，浏览器通过 DNS 查询，然后根据 URL 把数据取回来，这个过程用的就是 HTTP 协议。HTTP 请求的过程如图 14-2 所示。

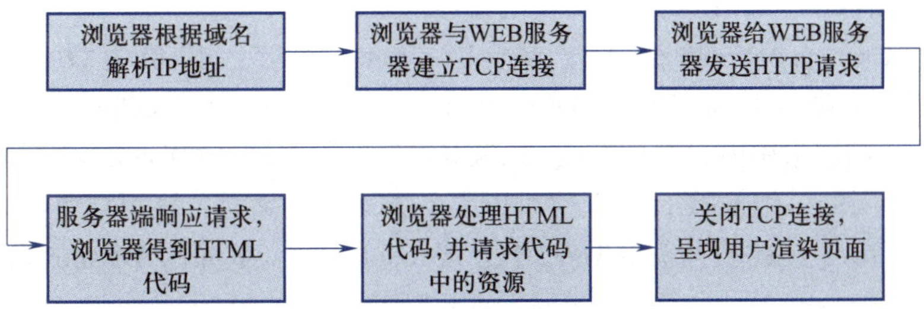

图 14-2 HTTP 请求过程

HTTP 请求过程具体有以下六个步骤：

（1）浏览器根据域名查询 IP 地址。查询一个 IP 地址的 DNS（Domain Name System）请求到达 DNS 服务器之后，逐级向本地、根、域 DNS 服务器查询缓存记录。最后，本地 DNS 服务器向域名服务器发出请求，这时就能收到一个域名和 IP 地址的对应关系。本地 DNS 服务器返回 IP 地址给用户电脑的同时，会将此对应关系保存在缓存中，以备下次其他用户查询时直接返回结果，加快网络访问。

（2）浏览器与 WEB 服务器建立 TCP 连接。TCP 的三次握手过程，是为了对每次发送的数据量进行跟踪与协商，确保数据段的发送和接收同步，根据所接收到的数据量而确认数据发送、接收完毕后何时撤销联系，并建立虚连接。

（3）浏览器给 WEB 服务器发送 HTTP 请求。一个 HTTP 请求报文由请求行（Request Line）、请求头部（Headers）、空行（Blank Line）和请求数据（Request Body）四个部分组成。

（4）服务器端响应请求，浏览器得到 HTML 代码。HTTP 响应报文由状态行（Status Line）、响应头部（Headers）、空行（Blank Line）和响应数据（Response Body）四个部分组成。

（5）浏览器处理 HTML 代码，并请求 HTML 代码中的资源。浏览器得到响应中的 HTML 文件后处理 HTML 代码，遇到静态资源如 Images 文件、CSS 文件、JS 文件时，浏览器会自动再次发送请求去获取这类文件。

（6）关闭 TCP 连接，浏览器对页面进行渲染后呈现给用户。所有文件都下载成功后，浏览器会根据 HTML 语法结构，把请求到的静态资源和 HTML 代码进行渲染，呈现给用户；完成后根据连接来决定是否关闭 TCP 连接。

14.1.4 Robots 协议

Robots 协议也称爬虫协议、爬虫规则、机器人协议，其目的是保护网站数据和敏感信息，确保用户个人信息和因素不被侵犯，是国际互联网通行的道德规范。“规则”对搜索引擎可抓取的网站内容范围作了约定，包括网站是否希望被搜索引擎抓取。网络爬虫以此协议内容判断内容是否允许被抓取。

Robots 协议是 Web 站点和搜索引擎爬虫交互的一种方式，“Robots.txt”是存放在站点根目录下的一个纯文本文件。如果“/robots.txt”不存在或者为空文件，则该网站对所有的搜索引擎 robot 都是开放的。以百度为例，我们在浏览器中输入以下“www.baidu.com/robots.txt”，结果如图 14-3 所示。

其中，“User-agent”项描述搜索引擎 robot 的名字。如果值设为“*”，则对任何 robot 均有效。“User-agent: Baiduspider”和其后若干 Disallow 行表明，名为“Baiduspider”的搜索引擎只受到后续“Disallow”行的限制。“Disallow”项的值用于描述不希望被访问的一组 URL，这个值可以是一条完整的路径，也可以是路径的非空前缀，以“Disallow”项的值开头的 URL 不会被 robot 访问。例如，“Disallow:/baidu”禁止

```
baidu.com/robots.txt

User-agent: Baiduspider
Disallow: /baidu
Disallow: /s?
Disallow: /ulink?
Disallow: /link?
Disallow: /home/news/data/
Disallow: /bh

User-agent: Googlebot
Disallow: /baidu
Disallow: /s?
Disallow: /shifen/
Disallow: /homepage/
Disallow: /cpro
Disallow: /ulink?
Disallow: /link?
Disallow: /home/news/data/
Disallow: /bh

User-agent: MSNBot
Disallow: /baidu
Disallow: /s?
Disallow: /shifen/
Disallow: /homepage/
Disallow: /cpro
Disallow: /ulink?
Disallow: /link?
Disallow: /home/news/data/
Disallow: /bh
```

图 14-3 百度搜索的 robots 协议

robot 访问“/baidu.html”“/baiduabc.html”“/baidu/index.html”；而“Disallow:/baidu/”则仅禁止访问“baidu”目录下的页面如“/baidu/index.html”，但允许 robot 访问“/baidu.html”“baiduabc.html”。

14.1.5 开发者工具

在编写网络爬虫以进行数据采集时，常常会利用浏览器提供的开发者工具。通过开发者工具，我们可以轻松查看网页的各种元素，包括页面结构和网络请求等重要信息。这些信息为我们编写网络爬虫程序提供了有力的辅助。接下来以 Chrome 浏览器为例，介绍开发者工具中的一些常用功能。

在 Chrome 浏览器中，我们可以使用键盘的“F12”直接打开开发者工具，也可以通过在网页上单击鼠标右键后点击“检查”，如图 14-4 所示。

Chrome 浏览器的开发者工具如图 14-5 所示。在开发者工具当中有许多 Tab 能够提供不同的功能，下面讲解较为常用的“Elements”和“Network”两个 Tab。

14.1.5.1 Elements

在 Elements 这个 Tab 中，能够以层级的方式看到网页的 HTML 源代码，能够看到各个元素的属性以及各个元素的子层级中的元素，通过这些信息能够让我们更加明确地了解想要采集的元素的属性，从而帮助我们更好地定位元素。

如图 14-6 所示，点击 Elements Tab 中左上角的按钮，然后在页面上选择对应的元素，下方 Elements Tab 就会滚动到 HTML 代码对应的元素代码上。这个功能可帮助我们快速定位到目标元素，从而方便地查看对应的元素的属性并编写对应的代码。

图 14-4 打开开发者工具

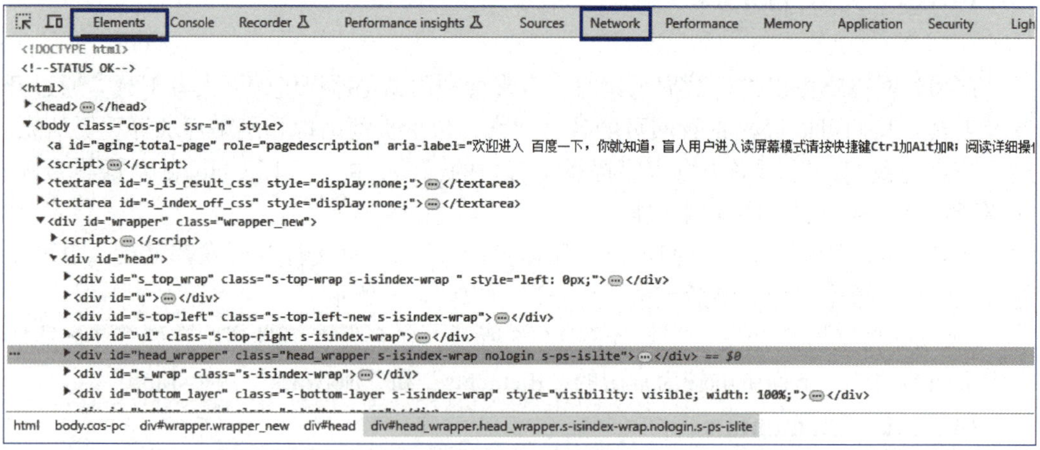

图 14-5 开发者工具

14.1.5.2 Network

Network Tab 的主要功能是对浏览器和服务器之间的请求响应过程进行可视化呈现。如图 14-7 所示，Network Tab 中记录了我们打开百度首页的所有请求和响应内容。可以看到在打开百度首页时，第一个 HTML 请求的目标 URL 地址以及请求所使用的方法，也能够在“Response”中看到请求对应的响应内容。

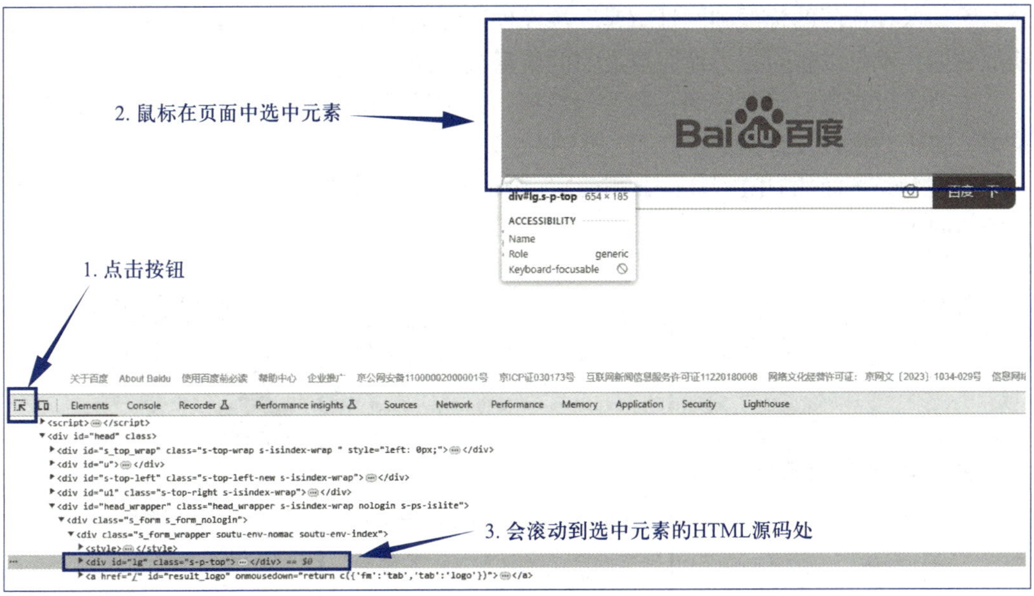

图 14-6 定位页面中的元素

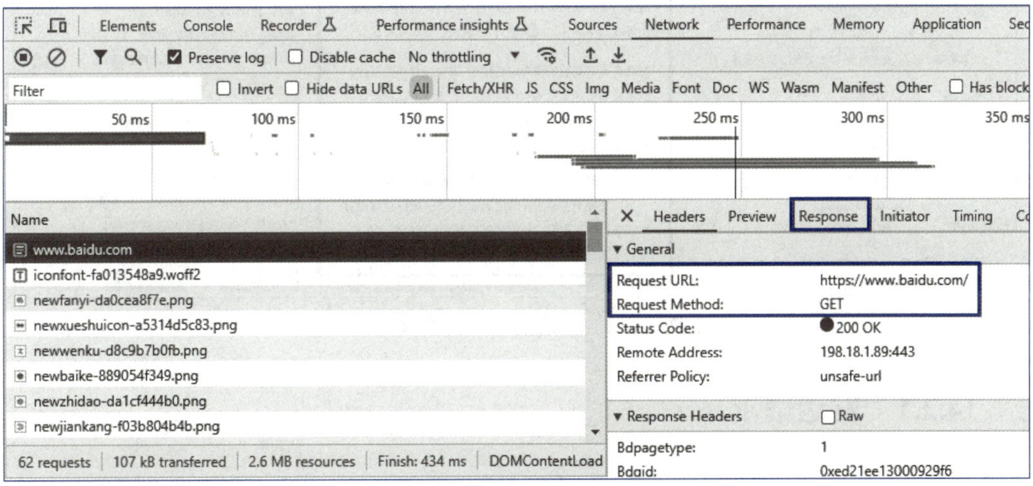

图 14-7 Network Tab

通过使用 Network Tab，我们能够更加清晰地看到加载网页时发送的所有请求以及对应的响应数据。如果响应数据中包含了我们需要采集的内容，那么根据 Network Tab 中所展示的请求相关信息，通过代码来构造相同的请求，就可以得到响应数据、完成采集，这极大地提高了我们编写网络爬虫程序的效率。

14.2 网络数据采集三部曲

只需要单条数据（如新闻）时，我们可以自己去网页上手动下载；涉及大量新闻时，手动保存新闻的标题和网址就是一项无创造性的重复工作。利用网络爬虫程序批量获取数据，就可以省时省力地完成类似的重复机械操作。

本节将以新浪财经页面的一些要闻数据，介绍批量获取数据的三个主要步骤：发送请求、解析数据以及存储数据。

新浪财经页面的 URL 为 https://finance.sina.com.cn/，如图 14-8 所示（不同时期数据可能不同）。

图 14-8 新浪财经网页要闻部分

14.2.1 发送请求

在明确要爬取的网站目标地址后，可以在浏览器上打开对应的网页，然后使用开发者工具，查看其发送的请求的具体信息。以 Chrome 浏览器和新浪财经网为例，单击鼠标右键选择“检查”，然后选择“network tab”，接着再刷新网页，可以找到如图 14-9 所示的一条请求。

从上文可以看出我们发送的请求的一些信息。例如，要请求的地址为 https://finance.sina.com.cn/，且请求所使用的方法为 GET 方法，那么掌握了以上信息后我们就可以通过编写对应的代码来发送请求。

我们发送请求使用的库是 Requests 库，这个库可以当作一个 HTTP 客户端来使用，对 HTTP 协议的具体内容进行了封装，提供了较为友好的接口，在编程爬虫时使用较为广泛。以 Windows 操作系统为例，在命令行窗口输入并执行命令“pip install request”，或者在 Jupyter Notebook 中输入并运行代码“pip install request”，即可开始安装。

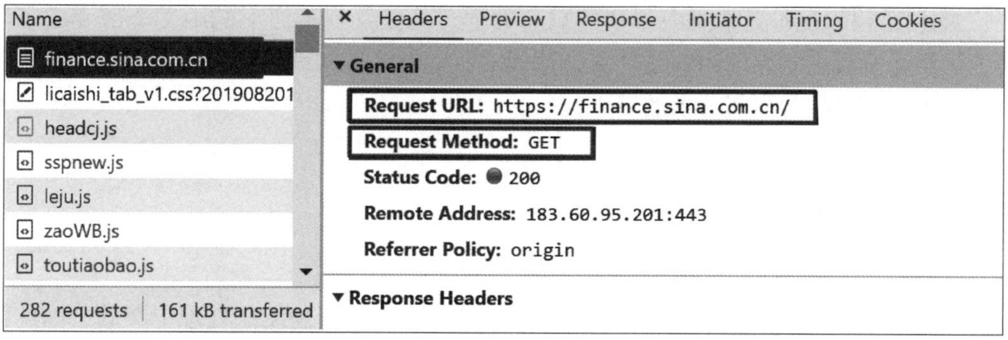

图 14-9 新浪财经的请求方式

用 Requests 库来发送 GET 请求，获得响应：

```
1 import requests # 导入库
2 url = "https://finance.sina.com.cn/" # 请求的目标地址
3 res = requests.get(url) # 使用 requests 库来发送 GET 请求，获得响应
4
5 print(res.status_code) # 查看请求的状态码
```

代码的第 1 行导入了 Requests 库，第 3 行使用 Requests 库来发送 GET 请求。

运行结果如下。

```
200
```

可以看到响应的状态码已经变成了 200，这代表我们成功发送了请求，并获得了回应。

14.2.2 解析数据

接下来查看请求得到的响应数据的具体形式：

```
print(res.text)
```

运行结果如图 14-10 所示。

```
<!Doctype html>
<!-- [ published at 2023-07-09 10:25:01 ] -->

<html>
<head>
        <meta charset="utf-8">
        <title>æ  ° æµª è´¢ç»  _æ  ° æµªç½  </title><meta name="keywords" content="è´¢ç»  çºµæ
´¢ç» é¢ é   ,è´¢ç» ç½ ç«  " /><meta name="description" content="æ  ° æµªè´¢ç» æ   ä¾ 7
ç  é   è   å, å  °æ ¥ä»·ï¼ è¦ ç   è ¡ç¥¨ã   å  °å ,ã  å  °é  ã  æ  è´§ã
¤ ç§ é ¢å  ä,ªäººå  ä¼ ä, ç  æ  å ¡ã  " />
<link rel="mask-icon" sizes="any" href="//www.sina.com.cn/favicon.svg" color="red">
        <meta name="stencil" content="PGLS000089" />
        <meta http-equiv="X-UA-Compatible" content="IE=edge" />
        <meta content="always" name="referrer">
        <meta name="bytedance-verification-code" content="uGBLhf1v/byFalUGlyZc" />
        <link rel="apple-touch-icon" href="http://i1.sinaimg.cn/cj/finance5.png" />
```

图 14-10 响应输出结果

对比图 14-10 和浏览器中得到的响应数据，可以看到页面上的中文全部变成了乱码，已经无法看出原始的内容是什么，这代表我们对响应的编码设置有误，需要更改响应的编码。首先查看当前请求的编码：

```
print(res.encoding)
```

运行结果如下。

```
ISO-8859-1
```

可以看到，当前响应的编码为 ISO-8859-1，这个编码是无法处理中文的，因此我们需要对编码做一些转换。尝试将其设置为 utf-8：

```
res.encoding = "utf-8" # 将编码设置为 utf-8

print(res.text)
```

运行结果如图 14-11 所示。

```
<!Doctype html>
<!-- [ published at 2023-07-09 10:25:01 ] -->

<html>
<head>
        <meta charset="utf-8">
        <title>新浪财经_新浪网</title><meta name="keywords" content="财经纵横,股票,期货,基金,外汇,财经频道,财纟
tion" content="新浪财经提供7X24小时财经资讯及全球金融市场报价，覆盖股票、债券、基金、期货、信托、理财、管理等彡
>
<link rel="mask-icon" sizes="any" href="//www.sina.com.cn/favicon.svg" color="red">
        <meta name="stencil" content="PGLS000089" />
        <meta http-equiv="X-UA-Compatible" content="IE=edge" />
        <meta content="always" name="referrer">
        <meta name="bytedance-verification-code" content="uGBLhf1v/byFalUGlyZc" />
        <link rel="apple-touch-icon" href="http://i1.sinaimg.cn/cj/finance5.png" />
```

图 14-11 设置编码后的响应结果

可以看到，响应中的中文已经全部正常显示，这时我们已经拿到了 https://finance.sina.com.cn/ 对应页面的原始数据。我们使用 Python 请求得到的数据应该与在浏览器的页面上查看源代码得到的数据是一致的，接下来我们开始解析数据。

在 https://finance.sina.com.cn/ 页面上，在“要闻”中任意一个标题上单击鼠标右键后选择“检查”，并切换到 Elements 页面，能够看到要提取的要闻标题以及 URL 的内容。要闻标题“财经部委研判下半年主要指标将回升”的 Elements 页面如图 14-12 所示。

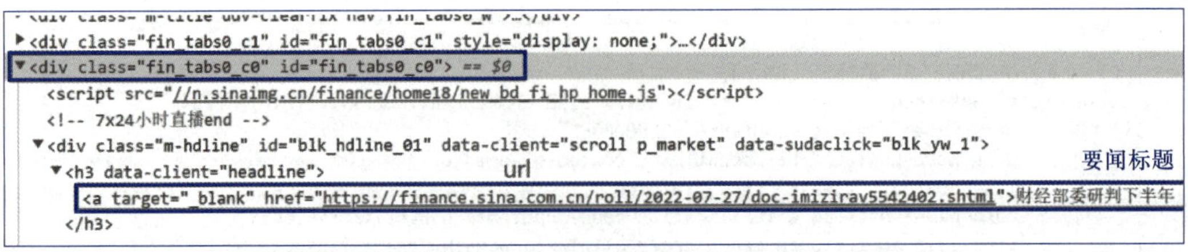

图 14-12 要闻内容部分的 Elements 页面

HTML 格式是具有一定层级结构的标记语言，我们可以通过某些方式将 HTML 格式的文本数据解析成层级结构数据，然后遵循一定的语法来提取我们需要的信息，这里我们使用“Xpath”语法。另外，解析 HTML 格式的数据通过“Parsel”库来完成，同样可以使用 conda 或者 pip 来安装。

这里简单介绍 Xpath 语法，如表 14-3 所示。

表 14-3 Xpath 语法

语法	含义
//node	表示选择当前父节点下的所有 node
/node	表示选择当前父节点下的第一个 node
node[@class='test']	表示选择 class 属性值为 test 的节点
node/text()	表示取当前节点的文本

以图 14-12 中的新闻为例，将 Xpath 语法的使用作一个实际演示。首先我们想要的提取的要闻的位置为：class 属性值为“fin_tabs0_c0”的 div 节点（对应的代码为“div[@class=’fin_tabs0_c0’]”），然后取这个 div 节点下的所有 a 节点（“div[@class=’fin_tabs0_c0’]//a”），取每个 a 节点的 href 属性值作为要闻的 URL（“a/@href”），然后取 a 节点的文本值作为要闻的标题（“a/text()”）。

在获得响应后，实现解析数据，查找提取要闻标题和 URL 功能：

```
import parsel
from pprint import pprint
page = parsel.Selector(res.text)
outer_div = page.xpath("//div[@class='fin_tabs0_c0']")
a_under_div = outer_div.xpath(".//a")
```

遍历每一个 a 节点，取其 href 和文本值，并写入列表：

```
data = [] # 声明一个列表来存储数据
for item in a_under_div:
    news_title = item.xpath("./text()").extract_first()
    news_url = item.xpath("./@href").extract_first()
    this_data = {
        "news_title" : news_title,
        "news_url" : news_url,
    }
    data.append(this_data)
pprint(data)
```

打印的解析结果如图 14-13 所示。可以看到上面的语句能够成功解析我们需要的数据，并且数据与网页排行榜的数据对应。

```
[{'news_title': '财经部委研判下半年 主要指标将回升',
  'news_url': 'https://finance.sina.com.cn/roll/2022-07-27/doc-imizirav5542402.shtml'},
 {'news_title': '配合加力 未来增量政策工具如何谋划',
  'news_url': 'https://finance.sina.com.cn/china/2022-07-27/doc-imizirav5547114.shtml'},
 {'news_title': '工信部前瞻部署未来产业链',
  'news_url': 'https://finance.sina.com.cn/china/gncj/2022-07-27/doc-imizirav5559688.shtml'},
 {'news_title': '工业经济复苏彰显韧性 保持明显增势基础稳固',
  'news_url': 'https://finance.sina.com.cn/roll/2022-07-27/doc-imizirav5553335.shtml'},
 {'news_title': '财政收入增长可期',
  'news_url': 'https://finance.sina.com.cn/roll/2022-07-27/doc-imizirav5553088.shtml'},
 {'news_title': '理想L9试驾再出事',
  'news_url': 'https://finance.sina.com.cn/zt_d/lixiangqicshache/'},
 {'news_title': '车主称主动刹车失效',
  'news_url': 'https://finance.sina.com.cn/consume/puguangtai/2022-07-27/doc-imizirav5554301.shtml'},
 {'news_title': '理想汽车紧急回应:与AEB无关',
  'news_url': 'https://finance.sina.com.cn/jjxw/2022-07-27/doc-imizmscv3668013.shtml'},
 {'news_title': 'L9未开启交付 一个月两起试驾事故',
  'news_url': 'https://finance.sina.com.cn/consume/puguangtai/2022-07-27/doc-imizirav5523418.shtml'},
```

图 14-13 采集结果的打印

14.2.3 存储数据

在完成数据的解析后，已经拿到我们需要的数据，这时只剩下最后一步，即存储获取的数据。这里选择将数据存储到“MongoDB”数据库中，下面对这个数据库进行简单介绍。

MongoDB 是一种面向文档的数据库管理系统，是一种 NoSql 数据库。其存储结构非常灵活，可以动态地修改，非常适合存储爬虫爬取的数据，同时，MongoDB 也提供了对数据的查询能力，方便对数据进行检索。如表 14-4 所示。

表 14-4 MongoDB 简单概念

MongoDB 术语 / 概念	说明	通俗解释
Database	数据库	放置 CSV 的文件夹
Collection	数据库表 / 集合	对应的 CSV 文件
Document	数据记录行 / 文档	CSV 文件中一行数据
Field	数据字段 / 域	一行数据有多少字段，相当于 CSV 的 header

在 Python 中，我们通过 PyMongo 库来操作数据库。使用 conda 或者 pip 即可安装，即“conda install PyMongo”或者“pip install PyMongo”。

完成数据的采集后，就可以开始将数据存储到 MongoDB 中：

```
from pymongo import MongoClient

client = MongoClient("10.66.66.6")
db = client.get_database("sina")
collection = db.get_collection("news")
_ = collection.insert_many(data) # 将之前解析的数据写入到数据库中
```

代码的第 3 行使用 MongoClient 对象，指定连接的 URL 地址，创建数据库；第 4 行指定数据库名，如果该数据库不存在则自动创建；第 5 行指定对应的数据库表，如果不存在则自动创建；第 6 行将之前解析的数据写到数据库中，这里用下划线作变量接受“insert_many”的返回值，代表我们不关心这个函数的返回值，后续也不会再使用。

至此，我们已经完成了一个爬虫最基本的三个过程，而后续更加复杂的爬虫也只是以此为基础在各环节增加更多的逻辑，爬虫的整体框架都是一致的。

14.3 网络数据采集程序

14.3.1 案例：数据清洗及数据入库到 MongoDB

14.3.1.1 案例背景

本案例的目的是爬取含指定关键词的百度新闻，我们将通过采集含“区块链”的百度新闻讲解网络数据采集程序在实战中的应用。

打开含“区块链”关键词的百度新闻网页，爬取每一个新闻对应的详情页链接，如图 14-14 所示的方框处。

14.3.1.2 爬取新闻对应的链接

此部分采集“区块链”关键词对应的所有新闻详情页的地址。

导入必要库：

```
import requests
import parsel
import tqdm
from fake_useragent import UserAgent
from joblib import Parallel, delayed
from itertools import chain
from datetime import datetime
import pymongo
import re
```

接着，预先定义根据关键词检索出来的搜索页面，以及用来提取新闻详情页 URL 的 Xpath 表达式：

```
base_url = "https://www.baidu.com/s?rtt=1&bsst=1&medium=2&cl=2&tn=news&rsv_dl=ns_pc&word=%E5%8C%BA%E5%9D%97%E9%93%BE&pn={page}"
extract_news_url_xpath="//div[@id='content_left']//h3/a/@href"
```

对搜索页面发送请求，并对其进行解析，得到含“区块链”新闻的 URL 数据。将这部分逻辑定义成函数的形式：

```
def get_all_news_url(page):
    headers = {"User-Agent": UserAgent().random}
    res = requests.get(base_url.format(page=page),headers=headers)
```

```
    html = parsel.Selector(res.text)
    return html.xpath(extract_news_url_xpath).getall()
```

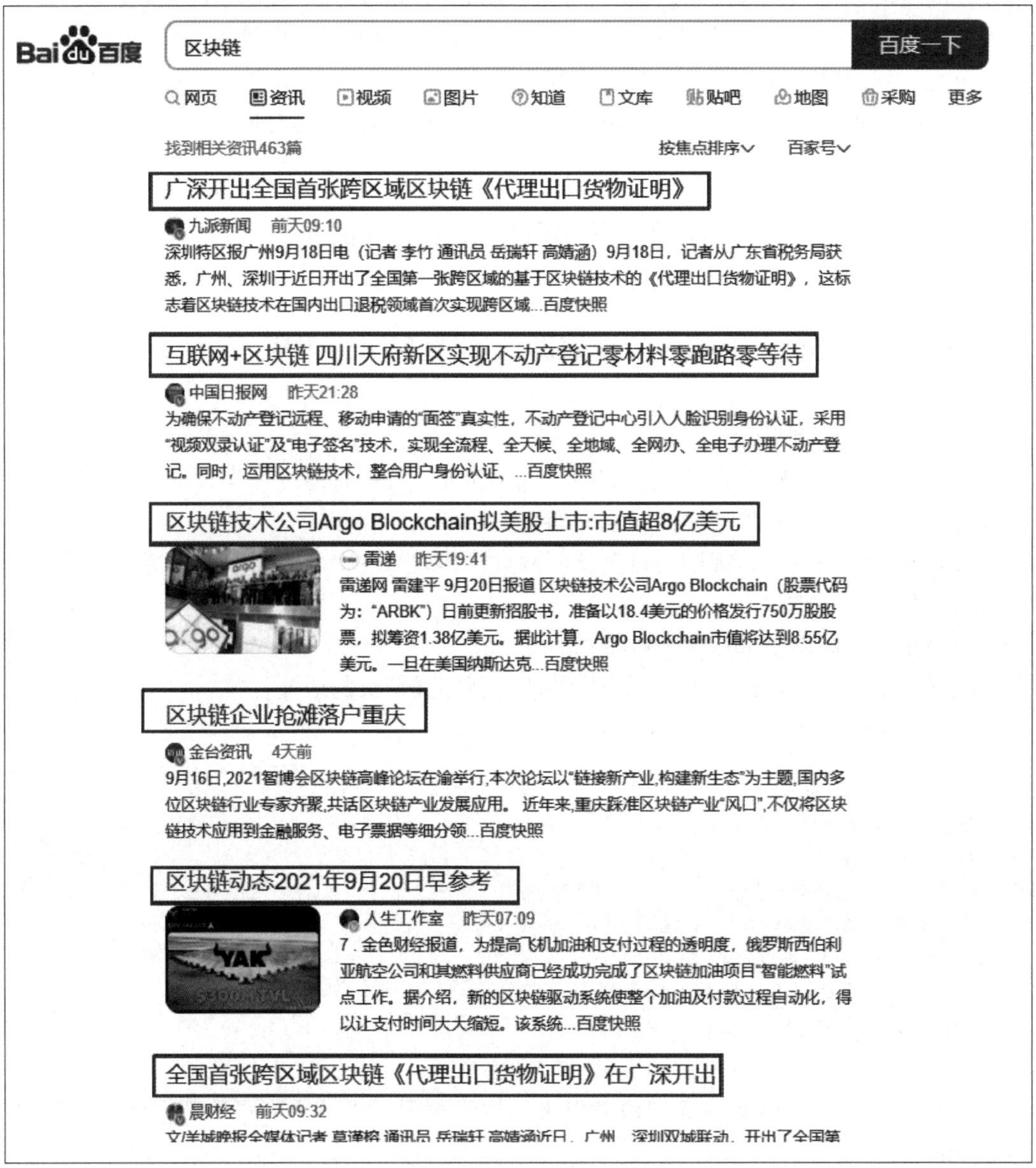

图 14-14 “区块链”关键词百度新闻网页

14.3.1.3 爬取新闻详细信息

此部分遍历每一个新闻的详情页，然后爬取具体新闻所在页面的目标信息。

如图 14-15 所示，根据 URL 采集新闻发布页的详情，包括标题、作者、发布时间以及新闻的内容。本案例并不采集新闻内容中的图片，因爬取下来的图片内容也要通过搭建 html 的方式进行渲染才能恢复原来的格式，故只爬取文字部分。

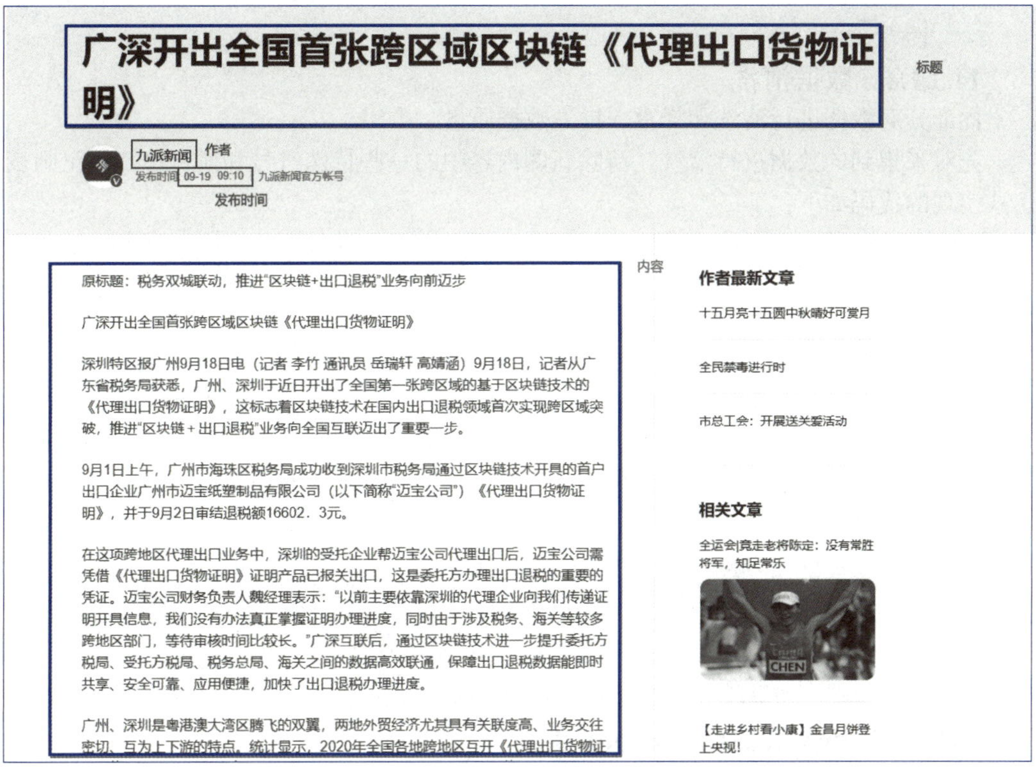

图 14-15 "区块链"关键词第一条新闻的详情页

预先定义好提取的新闻详情中，作者、标题、发布时间和内容的 Xpath 表达式：

```
extract_title = '//div[@class="sKHSJ"]/text()' # 用来提取新闻标题的 xpath
extract_author = '//p[@data-testid="author-name"]/text()' # 用来提取新闻作者的 xpath
extract_post_date = '//span[@data-testid="updatetime"]/text()' # 用来提取发布日期的 xpath
extract_content = 'string(//div[@data-testid="article"])' # 用来提取新闻内容的 xpath
```

对新闻详情页发送请求，并对其进行解析，得到作者、标题、发布时间以及新闻的内容：

```
def get_item(url):
    headers = {"User-Agent": UserAgent().random}
    res = requests.get(url,headers=headers) # 发送 get 请求，并设置请求头
    html = parsel.Selector(res.text) # 解析 html
    title = html.xpath(extract_title).extract_first() # 提取标题
    author = html.xpath(extract_author).extract_first() # 提取作者
    content = html.xpath(extract_content).extract_first() # 提取内容
    post_date = html.xpath(extract_post_date).extract_first() # 提取发布的日期
    return {"url":url,"title":title,"author":author,"post_date":post_date,
```

```
"content":content}
```

14.3.1.4 数据清洗

此部分对数据进行清洗和降重，提高数据质量。

先对采集到的数据进行清洗，清除新闻内容中的一些特殊符号和换行符。用正则表达式实现的代码如下：

```
sub_n_r = re.compile(r'([\s\r\n\t])+') # 用来去除换行和其他符号
```

完整代码如下：

```
def clean(this_news):
    this_news['content'] = re.sub(sub_n_r,"",this_news['content'])
    return this_news
```

接着，对收集到的数据进行降重处理，将数据库中已经存在的数据过滤掉，不再存入数据库：

```
def filter_dup(all_news,col_conn):
      filted_news = [new for new in all_news if len(list(col_conn.find({"url":new['url']})))==0] # 按照 url 进行查询
    return filted_news
```

14.3.1.5 存储数据到 MongoDB

此部分连接数据库，多线程采集数据。

先声明数据库的地址和使用库以及集合名。读者可根据自己的需求自行调整代码，将“10.66.66.6”以及“27017”换成自己 MongoDB 数据库的地址即可。

```
mongo_host = "10.66.66.6"
mongo_port = 27017
mongo_db_name = "bd_news"
mongo_col_name = "bd_news"
```

连接 MongoDB 数据库，多线程加快采集数据进程：

```
def start():
    client = pymongo.MongoClient(host=mongo_host,port=mongo_port)
    col = client.get_database(mongo_db_name).get_collection(mongo_col_name)
    now_time_str = 'datetime.now().strftime("%Y-%m-%d %H:%M")'
    # 获取所有需要爬取的新闻详情页的 url，并使用多线程加速爬取
    all_news_url = Parallel(backend="threading",n_jobs=10)(delayed(get_all_news_url)(p) for p in tqdm.trange(0,491,10,desc="{}爬取 url 中".format(eval(now_time_str))))
    all_news_url = list(chain(*all_news_url)) # 将二维列表压平成一维列表
    all_news = Parallel(backend="threading",n_jobs=10)(delayed(get_item)(u) for u in tqdm.tqdm(all_news_url,desc="{}爬取新闻详情中".format(eval(now_time_str))))
    all_cleaned_news = Parallel(backend="threading",n_jobs=10)(delayed (clean)(u)
```

```
    for u in tqdm.tqdm(all_news,desc="{}数据清洗中".format(eval(now_time_str)))
    after_filter_news = filter_dup(tqdm.tqdm(all_cleaned_news,desc="{}去重中".format(eval(now_time_str))),col)
    col.insert_many(tqdm.tqdm(after_filter_news,desc="{}存入数据库中".format(eval(now_time_str))))
```

启动爬取程序：

```
start()
```

14.3.2 案例：Selenium 库的使用

14.3.2.1 案例背景

Requests 库只能用于发送 HTTP 请求，获取服务器返回的静态内容，对于一些需要执行 JavaScript 代码才可触发产生的动态内容是无法获取的。此时，就需要利用一些工具来模拟浏览器交互，进行按钮的点击，并执行 JavaScript 代码，实现真正的所见即所得。本案例将通过抓取新浪金融的数据，来演示 Selenium 库的使用，以实现模仿真实的浏览操作来爬取一些无法直接通过 Requests 发送请求爬取的数据。

14.3.2.2 打开目标网址

导入必要的库：

```
from selenium import webdriver
from selenium.webdriver.support import expected_conditions as EC
from selenium.webdriver.support.wait import WebDriverWait
from selenium.webdriver.common.by import By
from time import sleep
from selenium.webdriver.common.action_chains import ActionChains
from selenium.webdriver.common.keys import Keys
```

"expected_conditions"是 Selenium 的一个模块。"selenium.webdriver.support.expected_conditions"模块可以对网页上元素是否存在、是否可点击等进行判断，通常与 WebDriverWait 配合使用。

通过 Selenium 库中的"webdriver"连接浏览器，然后通过"get"打开目标网页：

```
drive = webdriver.Chrome() # 启动chrome浏览器
web_wait = WebDriverWait(drive,5,1) # 设置条件等待，最多等待5秒，每隔一秒尝试一次
drive.get("https://finance.sina.com.cn/") # 请求网页
```

运行结果如图 14-16 所示，打开新浪财经的首页。

14.3.2.3 查找对应公司信息

在输入框中输入对应公司的名字，输入回车选中对应的股票代码，然后点击"搜索"按钮，即可跳转到对应股票的网页。

判断搜索框是否存在，然后用"send_keys"方法输入内容，模拟键盘输入，输入

后点击搜索按钮：

```
search_input = web_wait.until(EC.presence_of_element_located((By.XPATH,"//input[@id='suggest01_input']"))) # 获得搜索框
search_input.send_keys("京东方 A") # 输入搜索内容
sleep(1)
search_input.send_keys(Keys.ENTER) # 输入回车
sleep(1)
search_button = web_wait.until(EC.presence_of_element_located((By.XPATH,"//input[@id='topSearchSubmit']"))) # 等待搜索按钮出现
search_button.click() # 点击搜索按钮
sleep(1)
```

图 14-16 新浪财经主页

上述代码等同于图 14-17 所示的效果。

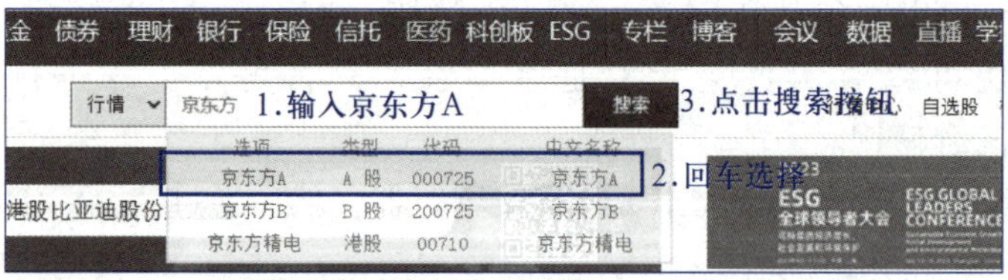

图 14-17 新浪财经网页搜索框模拟输入效果

14.3.2.4 抓取指定位置的数据

采集“京东方 A”的当前股价、今日开盘价、今日最高价和今日成交额数据。同上，使用“presence_of_element_located”判断并等待元素出现，然后通过“.text”方法获取具体内容。

```
price_ele = web_wait.until(EC.presence_of_element_located((By.XPATH,'//div[@id="price"]'))) # 当前价格
jinkai = web_wait.until(EC.presence_of_element_located((By.XPATH,"//
```

```
div[@id='hqDetails']//td[1]"))) # 今开
highest = web_wait.until(EC.presence_of_element_located((By.XPATH,"//
div[@id='hqDetails']//tr[2]//td[1]"))) # 最高
deal = web_wait.until(EC.presence_of_element_located((By.XPATH,"//div
[@id='hqDetails']//tr[2]//td[2]"))) # 成交额
print(f"当前价格为:{price_ele.text},今日开盘价格:{jinkai.text},最高为:
{highest.text},成交额为:{deal.text}") # 每次运行都是最新的结果
drive.quit()
```

运行结果如下。

```
当前价格为:3.87,今日开盘价格:3.90,最高为:3.91,成交额为:7.14亿元
```

14.3.3 案例：ChatGPT 的 API 调用

本案例讲解如何结合网络爬虫以及 API 来实现更为复杂的逻辑。

案例参考了 Lopez-Lira and Tang（2023）中的思想，即输入特定的 prompt（提示词），让 ChatGPT 对输入的新闻标题进行情感分析，将其分为积极、消极和未知。参考 Lopez-Lira and Tang（2023）中的 prompt，本案例使用的 prompt 为：

```
忘掉之前所有的指令。假装你是一位金融专家。你是一位有荐股经验的金融专家。如果是好消息，请回答 "积极"；如果是坏消息，请回答 "消极"；如果是不确定的消息，请回答 "未知"。然后在下一行用一个简短的句子详细说明。
```

本案例首先使用网络爬虫爬取了新浪财经首页的要闻标题内容，然后调用 OpenAI 提供的 API 来对爬取到的要闻标题进行情感分析，最后对调用的结果进行简单的展示。其中，网络爬虫部分的代码来自 14.2 节的网络数据采集三部曲。

14.3.3.1 要闻标题爬取

导入必要的包：

```
import requests # 导入库
import parsel
from pprint import pprint # 为了更好地打印字典
import openai
import os
from time import sleep
```

爬取新浪财经要闻标题的代码来自网络数据采集三部曲。使用 Requests 库请求新浪财经首页地址，然后设置其编码，再使用 Parsel 库解析并提取要闻标题的内容：

```
url = "https://finance.sina.com.cn/"
res = requests.get(url) # 使用requests库来发送GET请求，获得响应
res.encoding = "utf-8"
page = parsel.Selector(res.text)
outer_div = page.xpath("//div[@class='fin_tabs0_c0']")
a_under_div = outer_div.xpath(".//a") # div下所有的a节点

```

```
8  data = list() # 声明一个列表来存储数据
9  for item in a_under_div: # 遍历每一个 a 节点，取其 href 和文本值
10     news_title = item.xpath("./text()").extract_first() # 文本值作为要闻标题
11     news_url = item.xpath("./@href").extract_first() # href 值作为要闻 url
12     this_data = {
13         "news_title" : news_title,
14         "news_url" : news_url,
15     }
16     data.append(this_data)
17 pprint(data)
```

代码的第 1—3 行使用 Requests 库请求了新浪财经的首页，然后设置了响应数据的编码来解决中文乱码的问题。第 4—17 行使用 Parsel 库解析了响应数据，并且按照规则提取出了要闻的标题数据以及要闻对应的 url。运行结果如图 14-18 所示。

```
[{'news_title': '经济日报:以暂停新股发行来救市不可取',
  'news_url': 'https://finance.sina.com.cn/jjxw/2023-08-17/doc-imzhmzqi3469850.shtml '},
 {'news_title': '股市转牛依靠印花税？机构：政策象征意义或大于资金面宽松意义',
  'news_url': 'https://finance.sina.com.cn/roll/2023-08-16/doc-imzhmkst2490734.shtml'},
 {'news_title': '减免证券交易印花税呼声渐高！分析人士称具备调整必要性和空间',
  'news_url': 'https://finance.sina.com.cn/stock/marketresearch/2023-08-17/doc-imzhnfwc6582020.shtml '},
 {'news_title': '美联储会议纪要暗示加息或将继续',
  'news_url': 'https://finance.sina.com.cn/stock/usstock/c/2023-08-17/doc-imzhmqyp3709471.shtml'},
 {'news_title': '通胀风险成联储纪要关键词',
  'news_url': 'https://finance.sina.com.cn/stock/usstock/c/2023-08-17/doc-imzhmvhi6819724.shtml'},
 {'news_title': '桥水看空美股美元',
  'news_url': 'https://finance.sina.com.cn/stock/usstock/c/2023-08-16/doc-imzhmksr3797616.shtml'},
 {'news_title': '美30年抵押贷款利率创2001年新高',
  'news_url': 'https://finance.sina.com.cn/stock/usstock/c/2023-08-16/doc-imzhmksp7024816.shtml'},
 {'news_title': '美股大跌',
  'news_url': 'https://finance.sina.com.cn/wm/2023-08-17/doc-imzhnfwf3369450.shtml'},
 {'news_title': '特斯拉蒸发1700亿元',
  'news_url': 'https://finance.sina.com.cn/stock/usstock/c/2023-08-17/doc-imzhnfwi2029498.shtml'},
```

图 14-18 解析的要闻数据

14.3.3.2 使用 OpenAI 的 API 分析要闻情感

爬取到要闻的标题后，我们使用 OpenAI 提供的 API 来分析要闻标题的情感。

调用 OpenAI 的 API 需要首先获得“API_KEY”。登录 OpenAI 的账号后，前往 https://platform.openai.com/account/api-keys 页面即可生成，只需将下面的“your-api-key”部分换成自己的 API_KEY 即可。

```
openai.api_key = "your-api-key"
```

接着，定义请求 OpenAI API 的函数：

```
def judge_sentiment(news_title):
    res = openai.ChatCompletion.create(
        model="gpt-3.5-turbo",
        messages=[
                {"role": "system", "content": '忘掉之前所有的指令。假装你是一
位金融专家。你是一位有荐股经验的金融专家。如果是好消息，请回答 "积极"；如果是坏消
```

```
   息，请回答 "消极"；如果是不确定的消息，请回答 "未知"。然后用一个简短的句子详细说
   明。'},
6              {"role": "user", "content": news_title},
7          ],
8          temperature=0,
9      )
10     return res["choices"][0]['message']['content']
```

代码第3—8行的“create”函数中，设置“model”参数为“gpt-3.5-turbo”模型；“messages”的参数设置两个prompt，其中“role”为“system”的prompt代表我们对模型的指令，而“role”为“user”的prompt代表我们实际的问题；“temperature”的值为0代表期望模型的输出更加集中和确定。第10行从调用API返回的响应结果中取出模型的输出。

接着，我们将上面爬取到的要闻标题传入“judge_sentiment”函数中，将返回的结果打印，并对前10个要闻标题进行情感分析：

```
1  for item in data[:10]:
2      news_title = item['news_title']
3      try:
4          print("新闻标题：%s" % news_title)
5          print("情感分析结果：%s" % judge_sentiment(news_title))
6      except openai.error.RateLimitError:
7          sleep(25)  # 超出阈值睡眠25秒
8          print("情感分析结果：%s" % judge_sentiment(news_title))
9      print("-" * 30)
```

代码的第2行从前面爬取的结果中取出要闻的标题。第5行通过调用之前定义的“judge_sentiment”调用API判断要闻情感。第6—8行处理“openai.error.RateLimitError”，这是由于免费的API_KEY在一分钟内只能发起三次调用，超出调用的阈值会直接导致代码异常，因此这里对异常进行处理，在达到阈值后暂停25秒钟，然后再次调用。运行结果如下。

```
新闻标题：经济日报：以暂停新股发行来救市不可取
情感分析结果：未知。暂停新股发行可能会对市场造成一定的影响，但具体效果还不确定。
------------------------------
新闻标题：股市转牛依靠印花税？机构：政策象征意义或大于资金面宽松意义
情感分析结果：未知。这个消息提到了股市转牛可能依靠印花税，但机构表示政策象征意义可
能大于资金面宽松意义，因此无法确定股市的走势。
------------------------------
新闻标题：减免证券交易印花税呼声渐高！分析人士称具备调整必要性和空间
情感分析结果：积极。减免证券交易印花税的呼声越来越高，分析人士认为有必要和空间进行
调整。这可能会降低投资者的交易成本，提升市场活跃度。
------------------------------
新闻标题：美联储会议纪要暗示加息或将继续
情感分析结果：消极。美联储会议纪要暗示加息或将继续，这可能会增加借贷成本，对经济和
股市产生负面影响。
```

```
--------------------------------
新闻标题：通胀风险成联储纪要关键词
情感分析结果：未知。联储纪要中提到通胀风险，但具体影响尚不确定。
--------------------------------
新闻标题：桥水看空美股美元
情感分析结果：消极。桥水看空美股和美元意味着他们认为美国股市和美元将面临下跌的风险，可能会对投资者造成负面影响。
--------------------------------
新闻标题：美消费者穷途末路
情感分析结果：消极。美消费者陷入困境可能导致经济增长放缓，股市下跌。
--------------------------------
新闻标题：美 30 年抵押贷款利率创 2001 年新高
情感分析结果：消极。美国 30 年抵押贷款利率创下了自 2001 年以来的新高，这可能会导致房屋贷款成本上升，对房地产市场和经济产生负面影响。
--------------------------------
新闻标题：美股大跌
情感分析结果：消极。美股的大跌可能意味着市场情绪疲软，投资者信心下降，可能会导致股市进一步下跌。
--------------------------------
新闻标题：特斯拉蒸发 1700 亿元
情感分析结果：消极。特斯拉蒸发 1700 亿元意味着该公司的市值大幅下降，可能是由于投资者对其未来发展的担忧或者市场环境的不利影响。
--------------------------------
```

可以看到 ChatGPT 对要闻标题的情感分析还是比较准确的。至此就完成了对 API 的调用，得到的情感分析结果可以用于进一步的研究。

14.3.4 案例：云服务器的部署

14.3.4.1 案例背景

本案例将通过采集新浪财经上招商银行的年报 PDF 文件来讲解云服务器的部署。

在将数据采集部署到云服务器之前，需要购买一台云服务器，并在其上搭建数据采集脚本运行的环境。云服务器厂商可以选择阿里云、腾讯云和华为云等，这些厂商对个人开发者较为友好。另外，在购买服务器时，最好选择 Ubuntu 系统，能够较为方便地搭建我们所需要的环境。购买后，可以使用远程连接工具连接到购买的服务器上，完成后续的操作。这里推荐使用 Mobaxterm 软件。

14.3.4.2 部署数据采集

读者能够连接到服务器，并且完成了数据采集脚本运行相关环境的搭建后，便可进行后续操作。这里使用 Mobaxterm 提供的工具，将编写好的数据采集脚本上传到云服务器。

首先登录购买的云服务器，在左边的工具栏中选择“SFTP”对应的 Tab，单击“Create new directory”，创建一个文件夹来存放相关的代码和文件，将其命名为“cloud_server”。如图 14-19 所示。

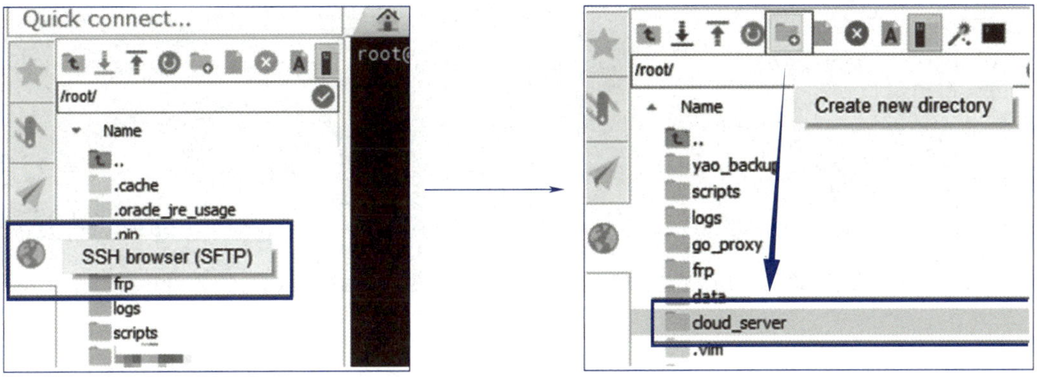

图 14-19　新建文件夹

双击创建的文件夹，进入目录，如图 14-20 所示。

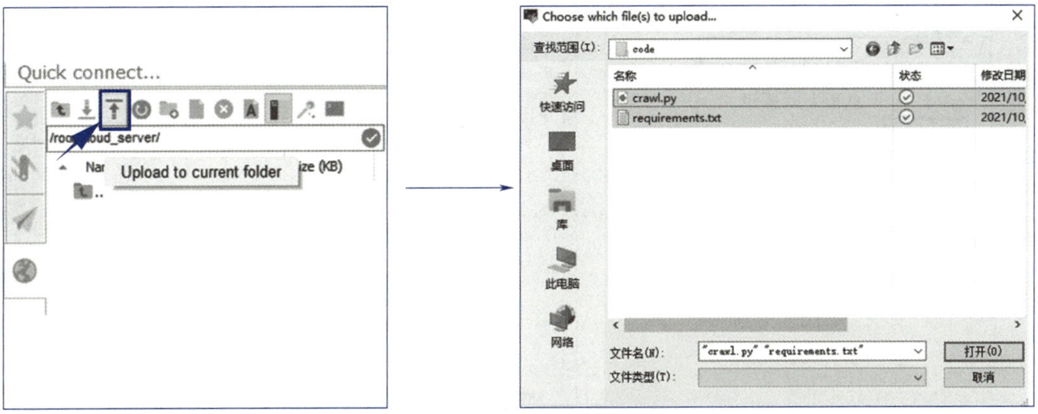

图 14-20　上传代码和文件

至此，已将对应的文件上传到了云服务器。下面安装运行数据采集脚本所需要的依赖库。假设已经将运行脚本所需要的依赖写入“requirements.txt”文件并且上传至云服务器，然后使用命令“cd cloud_server”进入“cloud_server”目录，使用“pip3 install –r requirements.txt”命令来安装需要的依赖。

接下来便可以使用云服务器来运行数据采集代码。安装好依赖后，运行爬虫程序：

```
python3 crawl.py
```

运行结果如图 14-21 所示。可以看到程序正确输出了结果，开始下载招商银行对应的年报，并且将其存储在“data”文件夹中。

14.3.4.3　将数据传回本地

在本地目录选中保存文件的位置，然后单击云服务器上的“下载”按钮，将数据下载到本地。如图 14-22 所示。

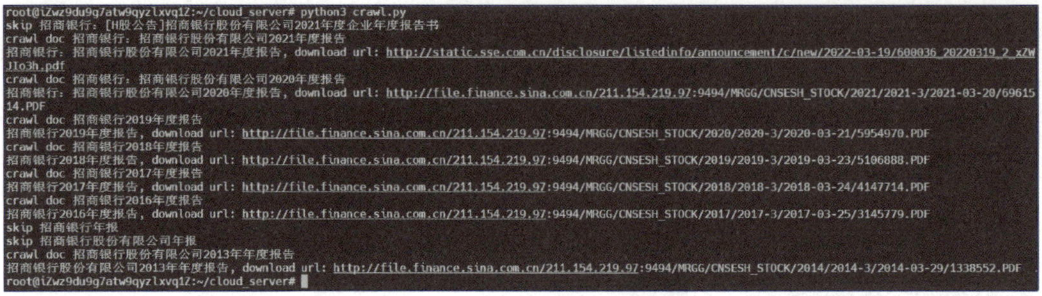

图 14-21 运行代码

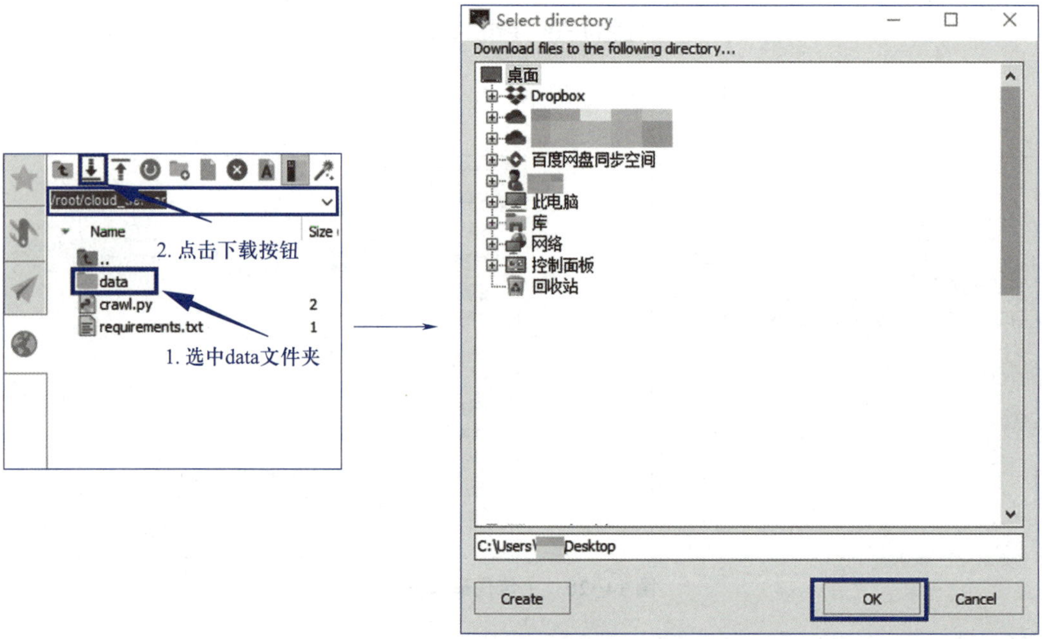

图 14-22 下载数据

数据采集脚本的完整代码如下：

```
import requests
from parsel import Selector
import os
if not os.path.exists("data"):
    os.mkdir("data")
base_url = https://vip.stock.finance.sina.com.cn

def crawl_title_and_link():
    req_url = "https://vip.stock.finance.sina.com.cn/corp/go.php/vCB_Bulletin/stockid/600036/page_type/ndbg.phtml"
    res = requests.get(req_url)
    page_content = Selector(res.text)
    div_xpath = '//div[@class="datelist"]//a'
    all_a_elements = page_content.xpath(div_xpath)
```

```
14     for this_a in all_a_elements:  # 遍历每一个标题
15         doc_name = this_a.xpath("./text()").extract_first()
16         if not doc_name.endswith("年度报告"):
17             print("skip %s" % doc_name)
18             continue
19         print("crawl doc %s" % doc_name)
20         url = this_a.xpath("./@href").extract_first()
21         url = "%s/%s" % (base_url, url)
22         crawl_content_and_save(doc_name, url)
23 
24 def crawl_content_and_save(title, url):
25     res = requests.get(url)
26     a_xpath = '//a[text()="公告原文"]/@href'
27     page = Selector(res.text)
28     pdf_url = page.xpath(a_xpath).extract_first()
29     print("%s, download url: %s" % (title, pdf_url))
30     pdf_content = requests.get(pdf_url)
31     with open("./data/%s.pdf" % title, "wb") as f:
32         f.write(pdf_content.content)
33 
34 if __name__ == '__main__':
35     crawl_title_and_link()
```

代码的第 4—5 行判断是否存在“data”文件夹，如果没有则创建。第 8—21 行爬取招商银行在新浪财经网上的年报标题和详情页地址，如图 14-23 所示。其中：第 9 行获取招商银行对应的新浪财经页面。第 10—11 行请求并使用 Parsel 库解析网页内容。

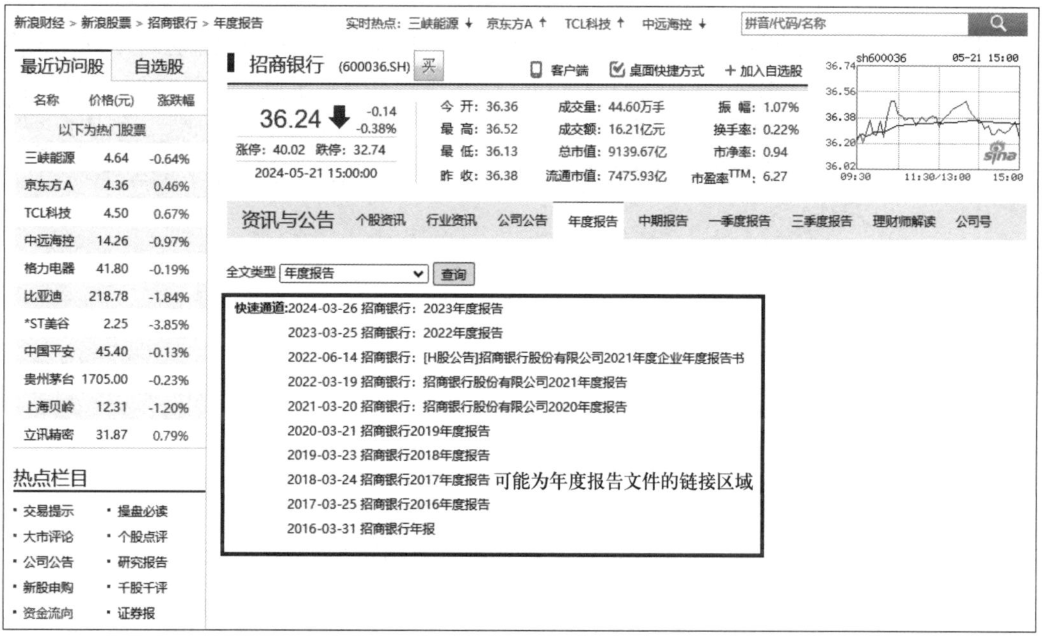

图 14-23 新浪财经网上的招商银行页面

第 12 行输入年报列表对应数据的 Xpath 表达式。第 13 行提取对应的数据。第 14—22 行遍历每一个标题，判断其是否为年报，判断依据为是否以“年度报告”作为标题结尾。然后，提取年报详情页的链接并将其拼接，下载年报并存储到云服务器上的“data”文件夹。

代码的第 24—32 行定义实现第 21 行的函数，爬取年报的 PDF 并且保存至云服务器上的“data”文件夹。第 25 行请求年报详情页，如图 14-24 所示。第 26 行提取年报下载网址的 Xpath，网页即“公告原文”。第 28 行提取年报的下载地址。第 30 行请求年报的下载地址。第 31—32 行将 PDF 的内容写入文件中。

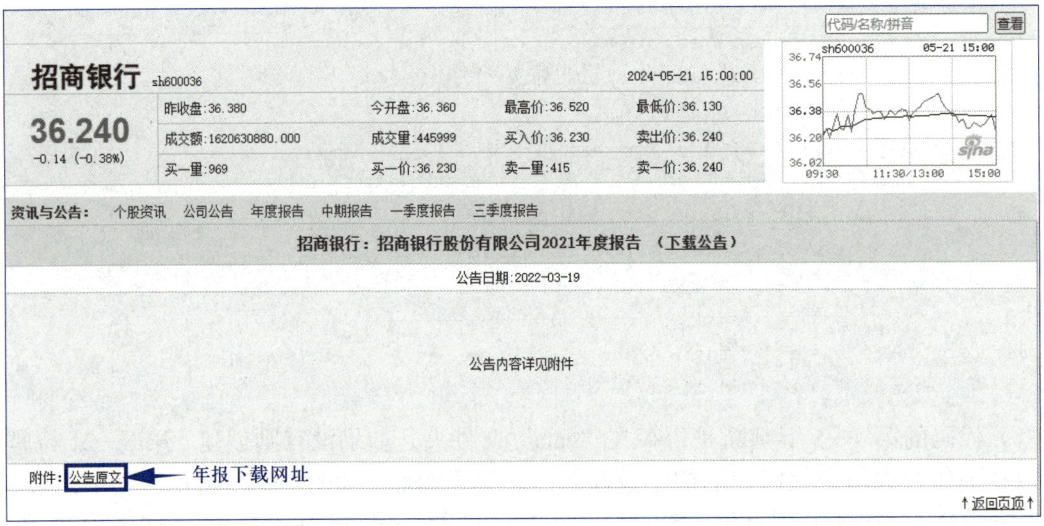

图 14-24 招商银行 2021 年报下载页面

思考题

1. 采集网络数据的方法有哪两种？其应用场景分别是什么？
2. 书中介绍了哪些 Chrome 中常用的开发者工具？它们的作用分别是什么？
3. 网络数据采集的三部曲为哪三部？这三部分别完成什么操作？

参考答案

第 15 章 文本分析

文本大数据在经济领域中具有重要的研究价值，它的出现使得可研究数据不再局限于财务报表数据、股票市场数据等结构化数据，极大地拓宽了可研究的数据范围，丰富了经济领域的研究材料与视角。基于文本大数据，学者采用文本分析方法对经济现象展开了丰富的研究。文本分析（Textual Analysis）是指运用特定的方法挖掘文本信息内容，从而对文本的可读性、情绪语调、语义特征以及相似性等文本特征进行分析。近些年来，自然语言处理（Natural Language Processing，NLP）领域的相关技术越来越广泛地应用在文本分析中。NLP 技术能够像人类一样分析和处理语言，帮助学者更好地应用文本大数据，改变了已有的研究范式。对于文本分析中的 NLP 技术，早期的研究工作中更多使用基于规则（Rule-based）的简单处理方法，通过结合人工的方式、研究目的以及数据的特点来制定规则并提取特征。随着研究的迅速发展，一些基于机器学习和深度学习的方法也开始广泛应用于经济领域的文本分析中，这些方法能够更加高效、准确地理解并分析文本信息。

本章首先介绍中文文本大数据分析全流程，详细说明文本大数据挖掘步骤和方法；其次，介绍 NLP 新兴技术分析及应用，这些技术在经济领域文本分析研究中具有较大的潜力；再次，探索 NLP 技术在经济学中的应用展望及挑战，以期进一步拓展经济大数据分析的研究方法和研究内容；然后，以年报为例，讲解如何利用 Python 对中文文本数据进行处理；最后，讲解如何利用 Python 处理来自某招聘网站的招聘广告数据，分析对数字化人才的需求。

15.1 中文文本大数据分析全流程

图 15-1 展示了文本大数据的分析全流程，主要包括语料获取、文本的预处理、文档表示、文档的特征抽取，最后根据各类文本特征进行相关性分析或因果分析。

15.1.1 语料获取

语料是进行文本大数据分析的基础，它可以是从互联网、数据库、社交媒体、新闻

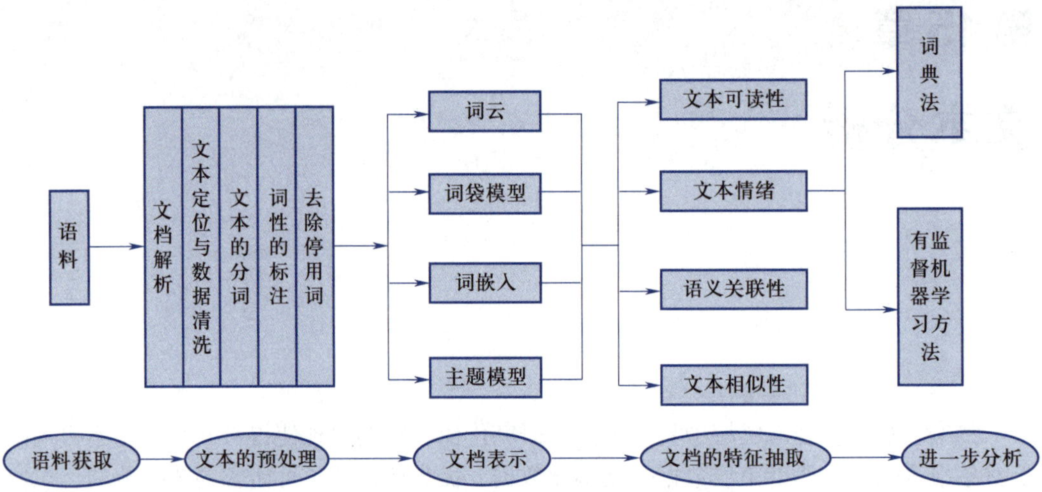

图 15-1　文本大数据分析流程图

网站等各种渠道获得的大量文本数据。语料获取有两种方法：一是手工收集。手工收集需要人工逐一查找和整理文本，耗时费力且效率较低，但对于一些特定的、难以通过自动方式获取的数据，仍然是一种重要的获取途径。二是网络抓取。通过编程语言编写网络数据采集程序，可以自动化地从互联网上抓取大量的文本大数据。这种方法不仅高效，而且能够获取实时的、大规模的数据，为研究和分析提供了更多的可能性。

目前，经济领域的文本大数据分析的文本信息来源可归纳为四类：一是上市公司披露的文本信息，包括财务报告、电话会议、业绩说明会、招股说明书等；二是财经媒体报道，包括华尔街日报、纽约时报、金融时报、上海证券报、中国证券报等；三是社交网络文本，包括 Seeking Alpha、Twitter、新浪微博、东方财富股吧等；四是其他文本，包括搜索指数、分析师报告、问询函、LinkedIn、Glassdoor、专利文本、政府工作报告等。

15.1.2　文本的预处理

文本数据往往包含大量的噪声和冗余信息，因此在语料获取后需要对文本进行预处理，以提高后续分析的准确性和效率。文本的预处理主要包括五个步骤：文档解析、文本定位与数据清洗、文本的分词、词性的标注以及去除停用词。

15.1.2.1　文档解析

文档解析是指将原始的文本数据转换成计算机可处理的结构化形式，以便进行后续的文本分析和挖掘。目前大量文档都以电子文档的形式发布，在经济领域常以 PDF 格式存储并披露，这些电子文档在计算机领域统称为富格式文档（Richly Formatted Documents）。需要注意的是，在从 Word 或 Excel 格式转化成 PDF 时，文档会丢失部分或全部的内部结构信息；且 PDF 的生成并不是一个可逆的过程，从中恢复的文本和格式也并不总是完全准确的，所以解析 PDF 文档时需要选择精准的文档结构解析工具，才能识别完整的文本内容，确保其准确性和可靠性以进行后续的文本分析。目前一些

PDF 转 Word 的工具或者 PDF 的解析工具，往往会造成段落格式错乱、表格错位等问题，文档解析效果不佳。而一些基于深度学习的方法，能精确地识别文档中的表格、段落等内容块（Physical Objects）以及内容块之间的逻辑关联（如层次目录结构），从而提高文档解析精确度。目前有公开的免费工具如 PDFlux 和 PDFTables，能够较精确地识别文本段落和表格。

15.1.2.2 文本定位与数据清洗

文本定位是指从原始的文本数据中定位出特定的文本信息。在文本分析中，我们往往需要从大量的文本数据中提取出我们感兴趣的内容，如关键词、实体、事件等。在经济学领域的研究中，常针对管理层讨论与分析（MD&A）的文本信息展开分析。由于年报通常有固定的结构，可使用正则表达式定位 MD&A 的开头和结尾找到对应的 MD&A 部分。

数据清洗是文本预处理的重要步骤，它是指对从文本中提取的数据进行整理和修正，以去除噪声、冗余和错误的信息。主要包括各种特殊字符、标点符号、超文本标记语言（HTML）、直译式脚本语言（JavaScript）等代码、图片等内容。数据清洗的目标是使文本数据更规范、准确、干净，以便后续的数据处理和分析。

15.1.2.3 文本的分词

文本分词是将连续文本拆分为具有最小完整语义的词语或字元的过程，它为后续的文本处理和特征提取提供了基础。英文文本的分词相对简单，因为英文单词之间一般通过空格或标点符号分隔，直接按照空格或标点符号进行分割即可得到英文单词。例如，对于英文文本“I like natural language processing”，直接按空格分词即可得到“I”“like”“natural”“language”“processing”。此外，使用词形还原（Lemmatization）和词干提取（Stemming）也是英文分词的关键。对于中文文本分词，由于词语之间没有明显的分隔符，需要利用分词工具或算法进行分词，常用的中文分词工具有 Jieba、HanLP 等。这些工具使用了基于规则、统计模型或深度学习的方法来对中文文本进行切分，将连续的汉字序列划分为词语。例如，对于中文文本“我喜欢自然语言处理”，Jieba 分词将其分为“我”“喜欢”“自然语言处理”。

目前，中文文本分词还存在一些难点，主要包括三个方面：一是切分颗粒度。切分颗粒度会影响词语的含义，如“计算机科学”可以是一个词语，也可以划分为“计算机”和“科学”两个词语。二是歧义词的识别。在分词过程中，需要根据上下文和语境来正确识别歧义词，以保证分词的准确性和语义一致性。三是新词的识别。中文中很多名词是专有名词或命名实体，例如地名、人名、公司名等，可能需要根据具体情况手动添加到词典中或采用特定的分词方法处理。

15.1.2.4 词性的标注

词性的标注（Part-of-speech Tagging）是指对给定一段文本中的每个词语确定其基本的语法属性并赋予标签的过程。词性标注对于句子理解非常关键，因为同一个词语在不同的语境中可能具有不同的含义和语法用法。词性标注使用标记集来表示不同的词性类别，例如名词、动词、形容词、副词、代词、介词等。中英文在词性标注方面存在显著的差异。英文单词通常通过词尾的变化来明确表示不同的词性，例如动词变为名词常常在词尾添加“-ing”或“-ment”等后缀。相比之下，中文词性的识别主要依赖于句子的语法结构和语义含义，即需要从上下文中推断词语的角色。

15.1.2.5 去除停用词

停用词（Stop Words）是在文本中频繁出现但没有实际意义的词语。在文本预处理过程中，通常去除停用词，从而减少数据维度并提高处理效率，以便更好地抽取出文本的关键信息和特征。停用词通常是一些高频词，如冠词、介词、代词、连词等。在中文中，停用词包括标点符号和特殊符号，以及“的”“和”“了”“是”“在”“我”“你”等；在英文中，停用词包括“the”“and”“of”“is”“it”“you”等。但在某些特定任务中，有时需要保留某些常见的停用词，因为它们可能携带了一些重要的语义信息，如文本情感分析中需要保留标点符号和语气词。

15.1.3 文档表示

由于计算机无法直接处理文本，需要将文本转换成计算机能理解的向量或矩阵形式，才能进一步计算和分析；而文档表示就是将文本文档转换成计算机可理解形式的过程。文档表示方法主要包括：词云、词袋模型、词嵌入和主题模型。

15.1.3.1 词云

词云（Word Cloud）是一种文本可视化的方法，它以词语为基本单位，将文本中出现频率较高的词语以视觉方式展示出来。在词云图中，词语的大小表示它们在文本中的出现频率，词频越高其字体越大。词云图能够快速呈现文本数据的特征，帮助人们直观地了解文本的主要内容和关注点。

15.1.3.2 词袋模型

词袋模型（Bag of Words，BOW），顾名思义就是假设存在一个包含了所有词语的“袋子”，那么对于给定的句子就可以用“袋子”中词语出现的频次来表示，也即将句子视作词语的集合从而将文本向量化。词袋模型主要包括：独热表示法（One-hot Representation）以及词频－逆文档频率法（Term Frequency-inverse Document Frequency，TF-IDF）。

在独热表示法中，每个离散的数据项被表示成一个长度为 N 的向量，其中 N 是所有可能的离散项的总数。向量中除了对应数据项的位置为 1，其他位置都为 0。例如，假设有两个文档“我喜欢自然语言处理”和“我喜欢机器学习”，基于这两个文本文档可以构建如下词表：[“我”，“喜欢”，“自然语言处理”，“机器学习”]，按照该顺序进行词袋化后得到两个文档的词袋向量分别为：[1，1，1，0] 和 [1，1，0，1]。

词频－逆文档频率法（TF-IDF）综合考虑了词频和逆文档频率两个因素，用于衡量一个词语对于一个文档集合的重要程度。其核心思想是，词语在文档中出现越频繁说明该词语对文档重要性越大，词语在整个文档集中出现频次越少说明该词语的区分能力也就越强。从计算结果上看，一个词语的 TF-IDF 值越大，意味着该词语越重要。词频（TF）表示一个词语在单个文档中出现的频次；逆文档频率（IDF）是一个词语全局的权重，包含某词语的文档越少则该值越大，用于衡量一个词语对整个文档集合的重要性。TF-IDF 的计算是将 TF 和 IDF 相乘，具体公式如下：

$$idf_i = \log\frac{N}{df_i} \tag{1}$$

$$tf-idf_{i,j}=\begin{cases}\dfrac{(1+\log(tf_{i,j}))}{(1+\log(a_j))}\log\dfrac{N}{df_i} & tf_{i,j}\geqslant 1\\ 0 & 其他\end{cases} \tag{2}$$

其中：（1）式为 IDF 的计算公式，N 表示文档集合中的文档总数，df_i 表示包含词语 i 的文档数量，计算结果 idf_i 则为词语 i 对整个文档集合的重要性。（2）式为 TF-IDF 的计算公式，$tf_{i,j}$ 为第 j 个文档中词语 i 出现的总次数，a_j 为第 j 个文档中包含的词语数，tf-$idf_{i,j}$ 则为第 j 个文档中词语 i 的权重，加 1 计算是为了防止词语在文档中只出现 1 次，使得取对数后结果为 0。

词袋模型的优点是简明且高效，但缺点也是显而易见的。该方法仅仅把文本看作词语的无序集合，词语与词语之间是孤立的，忽略了词语在文本中的顺序，只考虑词语的频次信息，由此生成的文本向量丢失了词汇的上下文语义信息，且在词汇量较大的情况下会使得文本向量维度过度扩充，并存在大量的 0 值。此时的向量是高维且稀疏的，这会导致计算和存储资源的浪费。

15.1.3.3 词嵌入

词嵌入（Word Embedding）是一种将高维稀疏的词语空间嵌入相对低维的连续向量空间的技术，实现将每个词语转化为一个实数向量。这样的表示方式能够捕捉词汇之间的语义关联和相似性，并以词语在向量空间中的位置来表示它们之间的语义含义，因此在向量空间中距离越近的词其语意越相似。常用的词嵌入算法包括 Word2vec、GloVe 等，其中 Word2vec 是一种浅层的神经网络模型，广泛应用于经济领域文本分析中。Word2vec 有两种不同的实现方式：CBOW（Continues Bag of Words）和 Skip-Gram，基本思想是通过已知的前后位词语预测当前位置词语，或者通过已知当前位置词语预测前后位词语来学习词嵌入。此外，Word2vec 还有一个重要的特性，可以通过不同词向量之间的计算实现不同词语之间的类比，最著名的例子是“king-queen = man-woman”，如图 15-2 所示。词向量的类比关系应用还有“中国 - 北京 = 法国 - 巴黎”“do-did = go-went”。

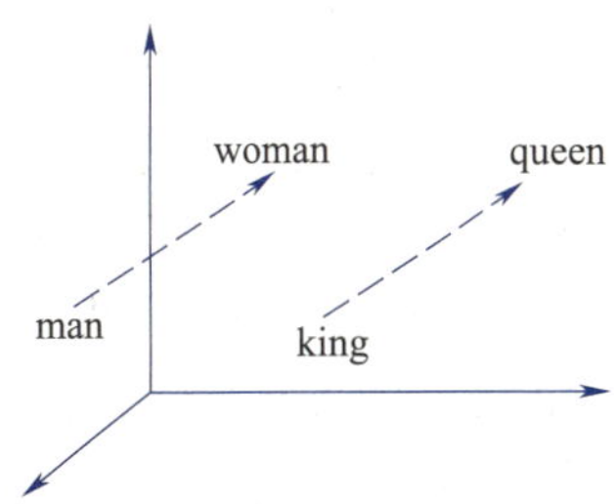

图 15-2 词嵌入模型实例图

15.1.3.4 主题模型

主题模型（Topic Model）是一种提取一系列文档中潜在主题信息的统计模型，可以深入挖掘文档主题信息。具体来讲是根据每个文档中的词语统计信息，从而推断该文档所包含的主题以及各主题所占比例。能完成词到主题的推理，是因为不同主题下单词的出现频率是不同的，比如一篇关于气候的文章中，“云层”“季风”等词出现的频率就会较“衍生品”“资产定价”等词更高。主题模型可以帮助理解文本数据中的深层结构，发现文本中主题与主题之间的关系。最常用的主题模型是潜在狄利克雷分配模型（Latent Dirichlet Allocation，LDA），它是一种基于贝叶斯推断的无监督学习算法。LDA 模型的基本假设是：每个文档都由多个主题组成，每个主题都由多个单词组成。LDA

模型不需要训练数据就可以得到文本中对应的主题分布以及各个主题对应的单词分布情况。在经济大数据分析中，学者使用 LDA 模型可以从年报中提取与风险相关的语义主题，或从分析师报告中提取与企业创新相关的主题等等。LDA 模型具有以下优势：一是高效，LDA 模型可以自动地发现文本数据中的主题，从而高效地处理大规模文本数据的分析；二是可复制性，LDA 模型无须人工干预能得到可靠的主题分类，并能更好地反映文本数据的复杂性；三是简单易用，LDA 模型不需要标注的训练数据，容易理解并且容易实现。然而，LDA 模型需要预设主题数目和超参数，这些先验设置具有主观性，且选择不当可能导致模型效果不佳。

15.1.4 文档的特征抽取

通过文档表示方法将文本文档转换成计算机可理解的形式后，则可从文档中抽取文本可读性、文本情绪、语义关联性以及文本相似性四类文本特征。

15.1.4.1 文本可读性

文本的可读性是通过文本中一些语言或者词语的特征来计算衡量阅读文本的认知负载。文本的可读性反映了读者从文本中获取信息的难易程度，它往往会影响读者对文本内容的判断。通过对上市公司年度财务报告的可读性进行研究，可探究上市公司所传达的信息质量和市场对信息的反应。早期的研究工作中常通过计算句子的长度以及复杂词语的出现次数等方式来计算可读性。例如，迷雾指数（Fog Index）最早由 Li（2008）应用到文本分析中，迷雾指数越小，年报的可读性越强。但迷雾指数以文本中多音节单词数量来测量文本可读性，将其应用到经济领域中时具有一定局限性。例如，多音节单词“company”在经济领域中有广泛运用并被大众熟知，并不存在较大的可读性问题。因此，学者提出可采用年报中的字数和年报电子文档的大小来衡量年报的可读性。而年报文档大小经常和与文本无关的因素有关，学者进而提出了一种基于平实英语（Plain English）的可读性指标，即 Bog Index。Bog Index 除了考虑句子长度和词语难度外，还包括了语态、动词、俚语、专业术语、抽象词汇、冗余词汇和过度细节等方面。值得注意的是，业务复杂性会影响年报的阅读和理解，因此在衡量公司年报文本可读性时，应当考虑将企业的业务复杂性因素剔除。基于以上可读性指标，学者展开了许多研究，例如年报可读性不同的公司在企业利润、融资约束和融资方式等方面的区别，公司管理者策略性操控年报可读性的行为，年报可读性对分析师盈余预测的影响等等。此外，近期的研究中开始出现一些基于机器学习的方法，通过人工对句子的可读性进行标注，并且基于这些标注得到的数据训练模型，将其建模成一个回归任务，通过模型计算出文本的可读性。

15.1.4.2 文本情绪

文本情绪分析是各种研究中较为常用的一种文本分析方法，即从文本数据中获取其中所包含的情感倾向。通常可将其视为一个分类任务，即针对句子中所包含的情绪，将其分类为积极、消极和中性，计算文本的情绪值或语气语调。在经济领域，主要采用词典法和有监督机器学习方法，从年报、电话会议记录、财经媒体报道以及社交媒体帖子等提取文本情绪。

最常用的是基于词典的方法，即根据文本中出现的情感词对文本的情绪进行分类或者判断情绪极性。这是一种简单易用的策略，得到的结果也较为直观。在经济领域中，多数学者采用了简单比例加总权重法衡量文本情绪，具体公式为：

积极语调（Pos）= 积极、正面词的个数 / 文本总词数

消极语调（Neg）= 消极、负面词的个数 / 文本总词数

净正面语调 =（Pos−Neg）/（Pos+Neg）

当净正面语调为正即积极语调大于消极语调时，判断该文本为积极情绪；若存在特定的否定意义词语如“不”“并非”等，则会改变词语的极性。除直接利用词语频率外，也可采用 TF-IDF 方法来衡量词语权重。对于词典法，核心在于对情绪词典的构建与维护。针对英文文本，使用较多的词典包括 Henry 词典（Henry Word Lists，2008）、LM 词典（Loughran and McDonald Word Lists，2011）、哈佛大学通用调查词典（Harvard General Word Lists，GI）、文辞乐观与悲观词典（Diction Optimism and Pessimism Word Lists）等。针对中文文本的常用词典，包括大连理工大学情感词汇本体库、中国知网词库和清华大学褒贬意词典等通用型情绪词典。但通用型情绪词典在判断经济领域专业词汇时可能欠缺适用性和准确性，针对该问题学者开始构建专门针对经济领域的情绪词典（姚加权等，2021；Du et al.，2022）。目前，已有研究使用上述词典对上市公司年报语调、电话会议语气语调、公司公告语调、社交媒体情绪、新闻报道语气语调等进行分析。但是，由于自然语言结构具有复杂性和动态性，静态的词典无法利用词语的上下文语境信息，且在不同专业领域中同一词汇可能具有完全不同的含义，这使得专业词典的构建较为依赖专家经验，并导致词典法的通用性较差，通常在某一个领域表现较好的词典无法直接应用到其他领域。

相对于基于词典的方法，基于机器学习的方法能够更好地捕捉到文本中的一些语言特征，并且在训练过程中建立起语言特征到情绪类别的映射关系。目前经济领域研究中常用的模型有朴素贝叶斯、支持向量机以及随机森林等。此外，一些深度学习的模型，如卷积神经网络（CNN）、长短期记忆网络（LSTM）等也被应用到经济领域文本情绪分类任务当中。学者们将词典法和机器学习方法进行了对比和融合，取得了丰富的研究结果。Frankel et al.（2022）研究发现机器学习方法（例如随机森林回归树）相比于 Loughran and McDonald（2011）字典法，能更好地捕捉年报或电话会议文本的披露情绪。范小云等（2022）提出了一种混合式文本情绪测度方法，首先利用 N-gram 模型获取词语的上下文语义信息的能力构建新的中文金融情绪词典，再利用词典法获得文本的积极词和消极词数量，并用机器学习方法同时对这两个特征进行训练，发现混合式方法可以提高情绪测度的准确率。

随着自然语言处理技术的快速发展，大型语言模型（如 BERT 模型和 GPT 模型）在情绪分类上具有显著优势。Huang et al.（2023）基于深度学习语言模型 BERT 模型在金融领域相关的文本上进行微调训练得到 FinBERT 模型，并与 Loughran and McDonald（2011）字典法、朴素贝叶斯、SVM、CNN、LSTM 对比，发现 FinBERT 模型可以更好地总结利用金融文本的上下文信息作出情感分类判断，对财报电话会议的文本信息获取

也更有效，在训练样本量较小且包含一般文本中不常见的金融专业词汇的文本理解任务上表现更好。Lopez-Lira and Tang（2023）使用 ChatGPT 对新闻标题文本进行情感分析并计算得到情感分数，研究发现 ChatGPT 情感分数能够显著预测股票市场回报，且优于新闻数据公司 RavenPack 的传统情感分析方法。

15.1.4.3 语义关联性

语义关联性就是根据某一类词语去识别文本语义特征的过程。具体而言，首先依照某一类关键词构建词表，然后计算词表中词语在文档中的词频，进而识别出文本中与关键词语义相关的语义特征。例如，根据“corporate responsibility”“social responsibility”“socially responsible”等关键词识别公司对道德相关术语的使用情况（Loughran et al., 2009）；根据人工智能技术、区块链技术、云计算技术、大数据技术和数字技术运用相关特征词构建数字化的用语词典，从而衡量企业数字化水平（吴非等，2021）；通过搜索财经媒体报道中“经济类”“房地产类”“不确定性类”与“政策类”四类关键词，从而编制房地产政策不确定性指数（陈英楠等，2022）。

此外，学者还运用词嵌入技术，根据空间中词向量之间的距离（即语法和语义的相似性）来处理词语语义关联性问题。例如，Li et al.（2021）运用 Word2vec 技术扩展了不同类型企业文化的关键词。胡楠等（2021）基于年报管理层讨论与分析（MD&A）运用 Word2vec 技术扩展了“短期视域”词汇，构建了管理者短视主义指标。姚加权等（2023）运用 Word2vec 技术扩展了人工智能关键词，构建人工智能词典衡量企业人工智能水平。

15.1.4.4 文本相似性

文本相似性是一种用于衡量文本数据间包括内容、主题等相似性的度量，在经济领域发挥着广泛的作用，被用于检测抄袭、评估企业产品或服务的差异和文本聚类等方面。在进行文本的相似性分析时，首先要将文本进行向量化。向量化的方法主要分为两种，一种是基于词袋模型（Bag of Words，BoW）的方法，另一种是基于词嵌入（Word Embedding）的方法。基于词袋的方法在处理句子或者文档时，不考虑词语间的顺序和位置关系，将句子或者文档抽象成装满词语的袋子，忽略了词语顺序和语义关联信息。相对而言，词嵌入的方法会考虑词语之间的出现顺序，并且在一定程度上能够捕捉到文本中的语义特征。然后，通过计算文本向量之间的相似度得到文本相似度。目前较多学者运用余弦相似度指标来衡量相似性。假设文本 d_1 和 d_2 对应的文本向量分别为 $a=(w_{a1},\ w_{a2},\ \cdots,\ w_{an})$，$b=(w_{b1},\ w_{b2},\ \cdots w_{bn})$，则文本 d_1 和 d_2 的余弦相似度计算公式如下：

$$cosine\ similarity(d_1, d_2) = \frac{a \times b}{\|a\| \times \|b\|} = \frac{\sum_1^n w_{ai} \times w_{bi}}{\sqrt{\sum_1^n w_{ai}^2} \times \sqrt{\sum_1^n w_{bi}^2}}$$

其中，n 为特征个数，w_{ai}、w_{bi} 为特征 i 在两个文本中的权重。该公式取值在 0 和 1 之间，数值越大表明文档相似度越大。

在经济领域中，学者通过计算财务报告相似性探究企业披露行为模板化，以及企业之间的相似性等；还有通过计算投资者与管理层问答互动内容的相似性，探究其中的信息含量及对企业市场反应的影响。

15.2 NLP 新兴技术分析及应用

在自然语言处理领域仍有许多新的分析方法和工具，尚未在经济学术研究中得到普遍应用，例如文本分类和聚类、文本摘要、文本回归、主题模型扩展、命名实体识别、关系抽取、知识图谱等新兴技术。下面对这些 NLP 新兴技术及其应用进行简要介绍。

15.2.1 文本分类和文本聚类

文本分类（Text Classification）是一种监督学习任务，旨在将文本数据划分到预定义的类别中。给定一组已标注的训练样本，文本分类算法会学习从输入文本到对应类别的映射关系，并用这个模型来对新的未标记文本进行分类。文本分类可以使用各种机器学习算法，例如：基于机器学习的分类模型，包括朴素贝叶斯（Naive Bayes）、支持向量机（SVM）、最大熵分类器；基于神经网络的分类模型，包括多层感知机（MLP）、卷积神经网络（CNN）、循环神经网络（RNN）。

文本聚类（Text Clustering）是一种无监督学习任务，旨在不知道具体类别和类别数的情况下，将文本数据根据相似性分成不同的群组或簇，使得每个簇内的文本彼此相似，而不同簇之间的文本差异较大。常见的文本聚类方法包括：基于距离的聚类方法，指通过相似度函数计算语义关联度，然后根据语义关联度进行聚类，如 K-means 方法；基于概率模型的聚类方法，指假设每篇文章是所有主题上的概率分布，典型的主题模型包括 PLSA 和 LDA 等。

上述文本分类和文本聚类方法在经济学术研究中的应用场景包括垃圾邮件识别、新闻自动分类、情感分析、电子商务评价分类等。在对新闻文本进行研究时，可对新闻的领域或主题进行分类。在衡量年报和新闻的语气语调、判断投资者情感倾向时，可对年报、新闻、社交网络文本进行情感分析，针对句子中所包含的情感，将其分类为积极、消极和中性。

15.2.2 文本摘要

文本摘要（Summarization）是一种信息压缩技术，指利用计算机自动抽取、总结或是精炼文本或文本集合中的关键信息，最终转化成简短摘要。所生成的摘要需要在包含原文本主要内容的同时，还能够保持简明扼要，并且信息量足、冗余度低和可读性高。文本摘要可根据输入文本类型和实现技术方案的不同进行分类。一是根据输入文本类型不同，可以分为单文档摘要和多文档摘要。单文档摘要是指根据给定的单篇文档生成摘要；多文档摘要是指根据给定的相同主题文档集中生成摘要。二是根据实现技术方案的不同，可以分为抽取式摘要和生成式摘要。抽取式摘要先对原始文本中的结构单元（词语、句子、段落等）进行重要性评估并排序，再抽取其中关键句或关键词组成摘要。生成式摘要在对原始文本进行语法、语义分析的基础上，根据文本表达的重要内容，自行组织语言，生成新的词语、短语来组成摘要。

文本摘要技术广泛应用于生成新闻报道摘要、观点摘要、微博摘要等。例如，在市场调查领域，为更好地了解市场需求，可以使用文本摘要技术从大量用户反馈中快速提取其中关键信息，从而针对需求制定产品方案。在经济学学术研究中，Cardinaels et al.（2019）使用文本摘要技术根据盈余公告生成摘要，发现与管理层披露的摘要相比，使用文本摘要生成的摘要的积极程度更低，且会让投资者对公司股价作出更保守的估值判断。

15.2.3 文本回归

由于文本信息本身的特性，在将其转化为向量表示形式时文本数据通常会存在高维问题。例如，一个文本数据可能被表示为一个由单词组成的向量，其中每个维度对应一个单词。由于词汇量通常很大，每个文本向量的维数很高。当待估计的参数数量超过观测值的数量时，不仅常用的回归方法（如 OLS）不可行，而且还会导致过拟合。此时，可考虑使用文本回归（Textual Regression）解决文本数据的高维问题。对于线性文本回归，可采用正则化解决高维带来的过拟合问题。其中，最常用的两种方法是 Ridge 回归和 Lasso 回归。两种方法都是通过损失函数中添加惩罚项，以降低某些系数或权重的大小。Ridge 回归是有选择地缩小系数，但很少将其压缩为零，实质上是一种改良的最小二乘估计法。Lasso 回归在压缩系数时，能将一些回归系数压缩为零，从而得到较为精炼的模型。对于非线性文本回归，主要有两类方法，一类方法是分类和回归树。其中最受欢迎的是随机森林，树模型根据可用的最佳预测特征将数据进行递归的二分类。另一类方法是支持向量机（SVM）和支持向量回归（SVR）。SVM 是一种二类分类模型，将训练数据表示为高维空间中的数据点，寻找样本的最优分类超平面；当输出结果并不是具体某类标签而是连续的结果时则使用 SVR。相比于 OLS，SVR 能够有效解决高维特征的回归问题，例如使用 SVR 估计新闻报道单词频率和期权隐含波动率之间的关系（Chen et al.，2023）。

15.2.4 主题模型扩展

主题模型是用于文本主题分析的有效工具。在经济领域研究中，目前应用最广泛的是基于无监督学习的 LDA 模型。然而，传统的 LDA 模型基于词袋模型，不仅计算复杂度较高，且得到的主题缺乏辨识度，太过泛化，分类出来的主题也可能并不是学者想要的。同时，由于 LDA 模型无监督的特性，研究者们对于 LDA 模型的干预手段较少。

针对上述问题，现有研究趋势是对 LDA 模型进行有效干预，从而实现特定目的。例如，以词嵌入作为输入开发的嵌入式主题模型（Embedded Topic Model）（Dieng et al.，2020），能解决词袋输入带来的高维问题；将文档标签集作为观测值加入 LDA 模型，开发的 Supervised LDA 模型（Blei and McAuliffe，2007）和 Labeled LDA 模型（Ramage et al.，2009），可从文档中获取与标签集有关的特定主题的信息。

此外，还有一些前沿的主题建模算法：Top2Vec（Angelov，2020）和 BERTopic（Grootendorst，2022）。Top2Vec 的原理是用 Doc2vec 技术学习文本中的向量表示来捕捉语义信息，并使用聚类算法将文本划分为不同的主题和类别。BERTopic 则将 BERT 和 RoBERTa 等预训练模型应用于文本数据，从而得到每个文档的向量表示，再使用聚类算法对这些向量进行聚类，得到不同的主题。相较于传统的 LDA 模型，Top2Vec 和 BERTopic 不需要去除停用词，在处理大规模和复杂的文本数据，以及语义理解和聚类效果方面更具优势。

15.2.5 命名实体识别

命名实体识别（Named Entity Recognition）旨在从文本中识别和标注出命名实体，如人名、地名、组织名、日期、时间、货币等具有特定意义的实体。例如，“张三在海南旅游”，可识别出“人名—张三”“地名—海南”。

命名实体识别领域中存在一些难点：一是命名实体种类繁多，包括人名、地名、组织名、日期、时间、货币等，同时随着语言的动态发展以及不断涌现的新词，难以建立大而全的标注语料库；二是命名实体构成结构复杂，有些实体的表达方式非常不规则，例如同一人名可能有不同的缩写形式、拼写习惯等，没有严格的规律可以遵循；三是命名实体之间的界限不清晰，在不同文化、领域、场景下，命名实体的外延有差异，如“人名也经常出现在地名和组织名称中”。

在经济领域中，命名实体识别是一个底层的基础任务，可作为上游任务应用到其他自然语言处理任务中，例如事件抽取、知识图谱和文本分类等。由于经济领域中文本的实体更为复杂，时常有许多未知实体，例如金融平台名、企业名、企业名简称、项目名称、产品名称及专业术语等，因此命名实体识别还需根据经济文本特征探索新方法。在经济学术研究中，命名实体识别可帮助学者提取特定信息构造指标，例如在根据招聘广告文本构建企业劳动力指标时，需处理招聘广告文本数据，利用命名实体识别从招聘信息网页中识别出发布日期、职位名称、职位月薪、工作性质、工作经验、最低学历、招聘人数、职位类别、职位福利、职位描述等，再计算公司当年对不同职位、不同经验、不同技能等员工的招聘数量。

15.2.6 关系抽取

关系抽取旨在从文本中提取出实体之间的关系或关联。关系抽取通常涉及将文本数据做命名实体识别预处理，即首先识别出文本中的实体，然后在实体之间寻找关联性。关系抽取的输出通常是一个三元组（实体 1、关系类别、实体 2），表示实体 1 和实体 2 之间存在特定类别的语义关系。例如，“北京是中国的首都、政治中心和文化中心”，可以抽取出的实体三元组有：（中国，首都，北京）、（中国，政治中心，北京）、（中国，文化中心，北京）。

关系抽取的方法包括三类：一是基于模板的方法，例如基于触发词 / 字符串的方法、基于依存句法的方法；二是监督学习方法，例如监督机器学习、深度学习；三是半监督 / 无监督学习方法，例如 Bootstrapping、Distant supervision、Unsupervised learning from the web。

在经济领域的研报和公告中，存在着大量对事件之间作用关系的阐述。因此，从非结构化文本中抽取事件信息后，可以进一步通过关系抽取来判断事件之间所存在的相互作用关系。这些关系主要可分为共指关系、时间序列关系、因果关系、子事件关系四类关系。通过事件关系分类，将经济事件逻辑抽取出来，可用于构建事理图谱，指导事件溯因、问答、公司业务预测等下游任务。

15.2.7 知识图谱

知识图谱是一种基于图的数据结构，用于表示和组织大规模知识信息。它由节点（也称为实体）和边（也称为关系）组成。每个节点可以是现实世界中的事物，比如人物、地点、组织、事件等，而每条边则描述了实体与实体之间的“关系”，如“是”“属于”“发生在”等。知识图谱本质上是语义网络，把所有不同种类的信息有机地关联在一起形成一个关系网络，从而提供了从“关系”的角度去分析问题的能力。

知识图谱在金融领域中的应用包括量化投资、监管科技、信贷风控、金融数据共享与查询、精准营销和智能反欺诈等领域。在智能监管中，知识图谱可以用于账户关联性分析。通过构建和维护金融领域的知识图谱，可以将不同账户之间的关联关系进行高效计算和判定。这有助于监管机构发现账户关联交易、终端设备等多个维度的关联信息，从而更好地识别潜在的违规行为和金融欺诈。在信贷风控中，知识图谱可以用于快速获取个人或公司的基础信息画像。通过在图谱中直接搜索特定个人或公司的名称，可以获取与之关联的信息，如电话、地址、关联方等。这样可以帮助金融机构进行关联方探查，发现潜在的风险因素，如借贷纠纷、担保方过多等，从而更好地评估贷款申请的可信度和风险。在智能反欺诈中，通过构建知识图谱并分析其中的实体和关系，可以发现隐藏在复杂数据中的欺诈模式和异常行为。例如，通过分析借款人及其关联方的信息，可以发现利用虚假身份或循环转账等方式进行欺诈的行为。

15.3 NLP 技术在经济学中的应用展望及挑战

目前，文本大数据的挖掘与分析正处于蓬勃发展阶段。未来针对经济领域文本大数据挖掘与分析，还可以从深度学习、多模态、大语言模型、建立大数据仓库与联邦学习几个方面进一步深入探讨。

15.3.1 深度学习深入文本分析领域

相比于传统机器学习方法，深度学习在文本分析中更具优势，具有广阔的应用前景。例如，卷积神经网络（CNN）、循环神经网络（RNN）、长短期记忆网络（LSTM）等也开始被应用到文本情感分析任务当中。LSTM 可以捕捉单词之间的远距离联系，能够更好地理解语言依赖性和上下文信息，例如可用于检查企业披露文本中的不一致错误（Cao et al.，2018）。近年来，传统的 CNN 和 RNN 结构逐渐被淘汰，基于 Attention 机制的 Transformer 模型主导了 NLP 的发展。目前最先进的神经语言模型，是基于 Transformer 架构的 BERT 模型，它极大地提升了 NLP 各个子领域的模型性能。BERT 能够捕捉同一个词语在不同上下文中的不同语义，这使得通过 BERT 得到的词语编码具有更加丰富的语义特征。而受到 BERT 的启发，一些基于 Transformer 架构的预训练模型也开始出现，比如 RoBERTa、ALBERT、XLNet 和 DistilBERT 等。BERT 模型可广泛应用于情感分析等各种下游任务，例如最近有学者在金融领域相关的文本上基于 BERT 模型进行微调训练得到 FinBERT，发现 FinBERT 在情感分类上比词典法和其他机器学习方法表现更优（Huang et al.，2023）。此外，BERT 模型可应用于词嵌入模型，目前词嵌入技术中主要采用的是 Word2vec 和 GloVe，但这两种技术只能捕捉部分上下文信息，无法捕捉多义词，对于多义词都会用相同的词向量。而 ELMo 和 BERT 等深度学习语言模型在词嵌入方面的应用，可以解决 Word2vec 和 GloVe 技术的缺陷，捕获文本文档的语法和语义。但值得强调的是，目前的深度学习模型大多是“黑匣子”，可解释性较差，无法解释输出结果背后的原因，现在也有针对模型可解释的专门研究。因此，使用深度学习进行文本分析时需注意可解释性的问题，例如从文本数据中提取的指标要与经济学理论相匹配，从而更好地解释经济领域相关现象。

15.3.2 多模态

每一种承载信息的形式都可以称为一种模态，比如文字、语音、图像、视频等。现实世界中所接触的信息往往也并不是单一模态的，来自不同模态的信息可能具有不同的预测能力和噪声拓扑结构。多模态数据能够弥补在单个模态中可能丢失的信息，从而使机器学习和深度学习模型学习到更加丰富全面的信息，能够利用各模态信息之间的交流和转换，更好地处理现实世界中的问题。多模态是一个不断发展、应用前景非常广阔的领域，未来可从以下五个方面开展多模态研究：一是探究多模态信息与单模态信息在信息内涵传递上的差异以及对信息接收者的影响。二是多模态融合方面。在一些任务中，单模态的数据并未包含必要的全部有效信息，而来自两个或多模态的融合可以达到信息补充、拓宽信息覆盖范围的目的，并实现不同模态数据间的信息验证、信息互补和信息增强；采用多模态融合技术，通过低序矩阵补充、迁移学习、标签传播等方法，将不同模态信息整合成统一完整的信息集，能够更全面地解释和预测经济现象。三是多模态情感分析方面。情感表达方法非常丰富，一些情况下单模态的数据难以精准判断，如反讽等，因此多模态情感分析方法的应用是十分有必要的。在此类任务中可通过文本分析识别情感信息，再采用标签传播和图卷积网络等方法将文本情感信息传递到图像、视频、音频等其他模态中，得出情感分析的综合判断结果；还可利用多模态注意力机制来提高多模态情感分析的精度和可解释性。四是使用图神经网络（Graph Neural Network，GNN）处理多模态数据的多种特征和复杂关系。GNN 是一种处理图结构数据的深度学习算法，基于图论研究将非结构化数据表示为节点和边的图形式，并利用节点和边之间的关系进行计算。GNN 能够提取和发掘图结构数据中的特征和模式，已广泛应用于社交网络、分子结构和交通网络等领域中。未来可使用 GNN 通过在图上进行多模态节点的信息传递，来挖掘不同模态之间的相互作用，从而优化多模态模型的性能，以更好地应用于股票走势预测、贷款违约风险预测、电子商务推荐系统、欺诈检测和事件预测。五是多模态数据和多模态语言模型应用方面。可探究基于 AIGC（AI-Generated Content）技术的合成数据在训练模型和经济学实证研究中的应用；将 GPT-4、包含视觉特征 Multimodal-CoT 的大语言模型等多模态语言模型应用于经济学研究。

15.3.3 大语言模型

目前在经济领域的相关研究中，对于大语言模型的应用还相对较少。大规模预训练模型是目前 NLP 发展的主流范式，在许多文本生成任务中有出众的表现，例如 OpenAI ChatGPT。未来可从五个方面推动大语言模型的发展，更好地发挥大语言模型在文本大数据挖掘中的性能潜力。一是采用“预训练模型+下游任务微调”的范式针对不同领域文本的不同任务提取文本信息，将经济领域知识和知识图谱融入模型中，提高模型的效果和泛化能力。二是通用大模型与专用大模型并进，除了不断开发通用大模型，还可通过通用预训练+专有领域预训练构建专用大模型，提高在专用领域的性能，例如针对金融业的大型语言模型 BloombergGPT。三是大模型与小模型协进，将大模型进行模型蒸馏得到小模型，这样可以降低模型成本，保留大模型能力，而小模型可以帮助大模型快速学习和收敛。四是充分利用稀疏专家模型，只激活模型中那些有助于处理输入的参数，既减轻算力又增加可解释性。五是将大模型与搜索引擎结合，对大模型进行实时训练，同时让模型生成训练数据以提高自己。

15.3.4 建立大数据仓库与联邦学习

随着数据要素的重要性日益突出，高质量数据是未来数字经济发展的“胜负手”。建立大数据仓库与联邦学习生态系统成为发挥数字技术赋能作用的重要一步。由于数据量不断增长，对种类繁多、来源复杂的数据进行收集、清洗、存储的需求随之不断增多。未来需加快建立大数据仓库，满足实时查询和大规模数据处理的需求。在建立大数据仓库时，一是需要严格遵守相关的数据治理和隐私保护法规；二是需要具有开放性和互操作性，通过合作和共享广泛收集来自不同数据源的数据，从而丰富数据并交叉验证数据质量；三是需要具有灵活性，能够随着需求变化而提供个性化的数据处理服务。

受限于法律法规、商业机密和个人隐私等约束，数据往往以孤岛形式存在于不同的机构或个体中，多个数据来源方无法直接交换数据。联邦学习则可以解决数据孤岛和数据隐私问题。联邦学习是一种分布式机器学习解决方案，由多个客户端协作开展模型训练，而不需要将数据集集中在一个地方。这样可以在保护数据隐私的情况下处理分散的数据集，且其中的加密技术能够保护数据和模型的安全性，从而减轻许多由传统的集中机器学习产生的系统性隐私风险和成本，构建更精准的全局模型，以整体提升模型性能和效果。

15.4 案例：中文文本大数据 Python 程序处理全流程——以年报为例

15.4.1 案例背景

本小节以实际案例来讲解如何利用 Python 对中文文本数据进行处理。整个案例以中文的年报数据为基础，处理流程主要分为三个部分：数据预处理、文档表示和特征抽取。整个流程所使用的数据来自某财经网站的公司年报，爬取了部分上市公司从 2010 年到 2020 年的年报数据，共计 5 227 个年报文本。

15.4.2 数据预处理

数据预处理部分的主要工作是从中文年报的文本中提取出 MD&A 部分，并且对其进行一些文本的预处理工作，包括中文分词和去除停用词等。

先导入需要用到的库：

```
import re
import os
import pdb
import tqdm
from pathlib import Path
import re
import pickle
from itertools import chain
from functools import reduce
from multiprocessing import pool, cpu_count
import jieba
```

本案例采用正则表达式从中文年报中提取 MD&A 部分，这是因为中文年报的 MD&A 部分通常以“管理层讨论与分析”“经营情况讨论与分析”“董事会报告”“董事局报告”等词语作为标题，而 MD&A 部分的下一节的标题通常为“股份变动及股东情况”“重要事项”“监事会报告”等词语，这两节内容之间便是 MD&A 的内容，也即我们想要提取的内容。但是，在实际的提取过程中，MD&A 部分的标题词语在年报中可能出现多次，在目录中也会出现，如果直接使用正则提取内容，大概率会从把从目录到 MD&A 下一节的所有内容都提取出来。因此，在提取之前需要先将目录中的干扰项排除。

排除干扰的过程也使用正则表达式。本案例假设 MD&A 章节的标题会在年报中成对出现，第一次出现在目录中，而第二次出现在 MD&A 章节的标题处。因此，可以直接将两次标题之间的内容直接删除掉，这样剩下的标题就会是对应 MD&A 部分的开头，那么后续在提取时，可以极大地减少误提取的比例。

针对以上思路，便有以下代码，首先定义提取 MD&A 部分的标题和对应的正则：

```
1  head_of_MDA = ["管理层讨论与分析", "经营情况讨论与分析", "董事会报告", "董事局报告"]
2  pattern_of_MDA = [
3      "第.节\s*?管理层讨论与分析(?!\s*?\.)(?!\w)(?!")[\s\S]+?(?=第.*?股份变动及股东情况(?!\")(?!\s*?\.)\s+?)",
4      "第.节\s*?管理层讨论与分析(?!\s*?\.)(?!\w)(?!")[\s\S]+?(?=第.*?重要事项(?!\")(?!\s*?\.)\s+?)",
5      "第.节\s*?经营情况讨论与分析(?!\s*?\.)(?!\w)(?!")[\s\S]+?(?=第.*?重要事项(?!\")(?!\s*?\.)\s+?)",
6      "第.节\s*?董事会报告(?!\s*?\.)(?!\w)(?!")[\s\S]+?(?=第.*?重要事项(?!\")(?!\s*?\.)\s+?)",
7      "第.节\s*?董事局报告(?!\s*?\.)(?!\w)(?!")[\s\S]+?(?=第.*?重要事项(?!\")(?!\s*?\.)\s+?)",
8      "第.节\s*?董事会报告(?!\s*?\.)(?!\w)(?!")[\s\S]+?(?=第.*?监事会报告(?!\")(?!\s*?\.)\s+?)",
9      "第.节\s*?董事局报告(?!\s*?\.)(?!\w)(?!")[\s\S]+?(?=第.*?监事会报告(?!\")(?!\s*?\.)\s+?)",
10 ]
```

代码的第 2 行“pattern_of_MDA”是用来提取 MD&A 部分的规则，按照开始关键词和结束关键词进行两两配对，提取年报中的 MD&A 部分。

定义函数清除年报中的目录部分，从而提高提取的准确率：

```
def remove_catalogue(path, dealed_path, file_list):  # 清除年报的目录，以方便截取关键部分
    for filename in tqdm.tqdm(file_list, desc="清除年报目录"):
        try:
            with open(filename, "r", encoding="utf-8") as f1, open(dealed_path.joinpath(filename.name), "w", encoding="utf-8") as f2:
                text = f1.read()
                for i in range(len(head_of_MDA)):
                    target = head_of_MDA[i] + "[\s\S]+?" + head_of_MDA[i]
                    content = re.search(target, text)
                    if content != None:
                        content = content.group()[: -len(head_of_MDA[i])]
```

```
11                         text = text.replace(content, "")
12                         break
13                 f2.write(text + "\n")
14                 f2.flush()
15         except:
16             pass
```

代码的第 7 行便是利用上文提到的规律，将两次 MD&A 标题词语之间的内容进行剔除。

接下来定义提取 MD&A 部分的函数，利用上文中定义的正则表达式从处理后的文本中直接提取 MD&A 的内容：

```
def extract(dealed_path, caught_path, file_list):   # 根据规则抓取数据
    for filename in tqdm.tqdm(file_list, desc="提取 MD&A"):
        pattern_of_MDA_file = filename.name
        try:
            with open(dealed_path.joinpath(filename.name), "r", encoding="utf-8") as f1, open(caught_path.joinpath(pattern_of_MDA_file), "w", encoding="utf-8") as f2:
                text = f1.read()
                for i in range(len(pattern_of_MDA)):
                    target = pattern_of_MDA[i]
                    data = re.search(target, text)
                    if data != None:
                        f2.write(data.group())
                        f2.flush()
                        break
        except:
            pass
```

读取经过清除目录处理后的文档内容，然后使用正则匹配提取 MD&A 的内容，如果匹配到对应的模式，便将其写入结果文件。

理想情况下，按照上述的处理流程能够提取出大部分年报中的 MD&A 部分，但是有些年报在其他章节的内容中可能引用 MD&A 的内容，例如“请参考管理层讨论与分析的内容”，这便使得 MD&A 章节的内容在文本有可能不止出现两次，而是出现多次。因此，经过上面的处理后，还是会出现提取失败的情况。改进方法是：多次删除两个 MD&A 标题之间的内容，再进行提取，以提高成功率。有了这个思路，便可以写出如下代码。先从提取的结果中得到哪些年报提取的 MD&A 部分有误：

```
def get_todo_list(caught_path):
    caught_file = caught_path.glob("*.txt")
    error_list = []
    for file in caught_file:
        if file.stat().st_size < 5 * 1024:   # 如果文件大小不足 5KB，就判断为匹配失败
            error_list.append(file)
```

```
    return error_list
```

判断提取失败的思路是：如果提取出的 MD&A 结果文件过小，那么提取大概率是有问题的。这里以 5KB 为判断的标准，如果小于 5KB 则认为是提取失败，需要再次进行处理：

```
def removecatalogue_and_catch(dealed_path, caught_path, try_num):
    print("try 3 more times")
    todo_list = get_todo_list(caught_path)
    while len(todo_list) > 0 and try_num > 0:
        for file in tqdm.tqdm(todo_list, desc=" 再次处理 "):
            pattern_of_MDA_path = dealed_path.joinpath("_".join(file.name.split("_")[-2:]))
            with pattern_of_MDA_path.open(mode="r+", encoding="utf-8") as f:
                text = f.read()  # 读取文件的内容，再次清除目录
                f.truncate()  # 清除掉文件的内容
                for i in range(len(head_of_MDA)):
                    target = head_of_MDA[i] + "[\s\S]+?" + head_of_MDA[i]
                    content = re.search(target, text)
                    if content != None:
                        content = content.group()[: -len(head_of_MDA[i])]
                        text = text.replace(content, "")
                        break
                f.write(text + "\n")
        extract(dealed_path, caught_path, todo_list)
        todo_list = get_todo_list(caught_path)
        try_num -= 1
```

上述代码便是再次对提取失败的年报文件进行处理，多次尝试清除后再次提取，以提高最后提取的成功率。

定义完上述过程后，便可以将其串起来，形成完整的 MD&A 部分的提取流程：

```
path = Path("../data/annual_report")
dealed_path = Path("../data/catalogue_removed")
caught_path = Path("../data/md&a")

dealed_path.mkdir(exist_ok=True)  # 创建需要的文件夹
caught_path.mkdir(exist_ok=True)  # 创建需要的文件夹

file_list = list(path.glob("*.txt"))

remove_catalogue(path, dealed_path, file_list)
extract(dealed_path, caught_path, file_list)
removecatalogue_and_catch(dealed_path, caught_path, 3)
```

```
13 for i in get_todo_list(caught_path):
14     i.unlink()  # 删除掉提取失败的文本
```

代码的第 1—3 行定义了涉及的路径。其中，第 1 行为原始年报存放的路径；第 2 行为经过处理的年报存储的路径；第 3 行为提取出的 MD&A 部分存储的路径。第 8 行获取所有要提取年报的文件名。第 10 行对所有年报进行去除目录操作。第 11—14 行先尝试提取 MD&A 部分，接下来再次扫描，获得提取失败的文件列表，再次尝试清除然后提取 MD&A 内容；如果这一步还是失败，便将其从最后的结果文件夹中删除。

接下来，对提取出的 MD&A 部分进行中文文本的分词和去停用词等处理。先定义用来分词和去停用词处理的函数。这里我们将这部分逻辑放到另外的“process_func.py”中，便能够在 windows 环境下运行 multiprocessing 进行加速。“process_func.py”中的代码如下。

```
from itertools import chain
import jieba
import re
from pathlib import Path

sentences_sep = re.compile("。|！|\!|\.|？|\?")  # 根据正则表达式来切分句子
stop_words = set(Path("../input/other/stopwords.txt").read_text(encoding="utf-8").split("\n"))  # 读取停用词

def process_cut(file):
    content = file.read_text(encoding="utf-8") # 指定读入的文字编码为utf-8
    # 使用jieba进行分词，并将停用词以及特殊符号过滤掉
    sentences_res = [[word for word in jieba.lcut(sent)] for sent in re.split(sentences_sep, content)]
    doc_word_res = list(chain(*sentences_res))  # 将中间的列表压平
    return sentences_res, doc_word_res

def hasNumbers(inputString):  # 使用正则表达式来判断是否为数字
    return bool(re.search(r"\d", inputString))

def isSymbol(inputString):  # 使用正则表达式来判断是否为特殊符号
    return bool(re.match(r"[^\w]", inputString))

def isAlphaBeta(inputString): # 使用正则表达式来判断是否为英文字母
    return bool(re.match(r"^[a-zA-Z]+?$", inputString))

def clean_func(inputStr):  # 用来清洗掉数字以及特殊符号和停用词
    return inputStr not in stop_words and not hasNumbers(inputStr) and not isSymbol(inputStr) and inputStr != "\n" and not isAlphaBeta(inputStr)

```

```
def filter_word(sent_res, doc_word_res):
    # sr 内为句子经过清洗后的表达
    # dd 为文档内经过清洗后的表达
    sr = [[word for word in sent if clean_func(word)] for sent in sent_res]
    dd = [word for word in doc_word_res if clean_func(word)]
    return sr, dd
```

接下来，对 MD&A 部分进行分词处理：

```
all_mda_file = Path("../data/md&a")  # 声明放置匹配 MD&A 内容的文件夹
all_files = list(all_mda_file.glob("*.txt"))  # 获得所有 MD&A 文件的文件名
all_word = []  # 用来存储所有的分词后的单词
doc_word = []  # 用来存储每个文档对应的单词列表，每个文档为一个列表，每个列表对应一篇文档的分词结果
doc_sentences = []  # 用来存储每个文档对应的句子列表，每个文档为多个列表，每个列表对应一个句子的分词结果
```

这里定义了数据的读取目录并且获得了要读取的文件列表，然后定义了三个变量，用来接收处理后的结果。

接下来，对文本进行分词处理。因为要处理的年报文本数较多，本案例使用了多进程的方式进行分词处理，以提高效率：

```
from process_func import process_cut
process_pool = pool.Pool(processes=cpu_count())  # 使用多进程加速处理，使用进程池
res = process_pool.map_async(process_cut, tqdm.tqdm(all_files, desc="分词中")) # 使用进程池的异步 map 方法
process_pool.close()  # 关闭进程池，不再加入新的进程
process_pool.join()  # 等待子进程执行结束
res = res.get()  # 获得分词的结果
```

直接使用 Python 提供的 Multiprocessing 库，即多进程库来进行分词处理，可以充分地利用计算机上所有的 CPU 核心，极大提升数据处理的效率。

分词结束后，便对其停用词和标点符号等进行过滤，处理的过程同样使用了 Multiprocessing 库：

```
from process_func import filter_word
filter_pool = pool.Pool(processes=4)  # 使用多进程加速处理，
filter_res = filter_pool.starmap_async(filter_word, tqdm.tqdm(res, desc="去停用词"))
filter_pool.close()
filter_pool.join()
for sent_res, doc_word_res in tqdm.tqdm(filter_res.get(), desc="填充列表"):
    doc_sentences.append(sent_res)
    all_word.extend(doc_word_res)
    doc_word.append(doc_word_res)
```

```
10
11 # 将预处理之后的结果缓存起来，供后续数据分析使用
12 with open("../data/all_word.pth", "wb") as f1, open("../data/doc_word.
13 pth", "wb") as f2, open("../data/doc_sentences.pth", "wb") as f3:
14     pickle.dump(all_word, f1)
15     pickle.dump(doc_word, f2)
16     pickle.dump(doc_sentences, f3)
```

代码的第 1—9 行使用 Multiprocessing 库对词语进行过滤。第 12—16 行将经过处理的词语列表存储到磁盘上，以备后续的步骤使用。

至此，对于中文年报中 MD&A 文本的提取以及预处理过程全部完成。

15.4.3 文档表示

接下来是文档表示部分的内容，这一小节将处理后的 MD&A 文本作为基础语料，绘制词云图，训练词袋、TF-IDF 模型，以及 Word2vec 和 LDA 模型。

导入必要的包：

```
from pathlib import Path
from wordcloud import WordCloud
from collections import Counter
import os
import matplotlib.pylab as plt
from matplotlib import colors
from PIL import Image
import numpy as np
from gensim import corpora, models
from sklearn.feature_extraction.text import CountVectorizer, TfidfVectorizer
from sklearn.decomposition import LatentDirichletAllocation
import joblib
from tqdm import tqdm
from zhconv import convert
import pickle
from sklearn.metrics.pairwise import cosine_similarity
import jieba
from io import StringIO
```

创建要存放结果的文件夹，并且导入经过分词和过滤处理的 MD&A 数据：

```
model_path = Path("../data/model")
model_path.mkdir(exist_ok=True)
# 导入分词结果
with open("../data/all_word.pth", "rb") as f1, open("../data/doc_word.pth", "rb") as f2, open("../data/doc_sentences.pth", "rb") as f3:
```

```
    all_word = pickle.load(f1)
    doc_word = pickle.load(f2)
    doc_sentences = pickle.load(f3)
```

通过 WordCloud 库来绘制词云图：

```
1 color_list = ["#010504", "#4f4963", "#1c2346"]  # 自定义颜色列表
2 colormap = colors.ListedColormap(color_list)
3 mask = np.array(Image.open("../input/other/mask.png"))  # 自定义词云的形状
4 wc = WordCloud(mask=mask, colormap=colormap, background_color="#cac7b9", scale=5, prefer_horizontal=1.0, font_path=r"../input/other/simfang.ttf")  # 声明词云对象
```

上述代码主要是对词云图的一些样式进行调整，包括字体颜色以及词云图的形状。特别在第 4 行中，为了使词云图显示中文，还需要导入中文字体。

定义完样式之后，使用处理好的 MD&A 部分的词语来绘制词云图：

```
word_count = Counter(all_word)  # 根据分词的结果统计词频
wc.generate_from_frequencies(word_count)  # 按照词频生成词云
wc.to_file(f"../data/wordcloud.jpg")  # 将词云存储
wc.to_image()  # 展示
```

绘制的词云图如图 15-3 所示。

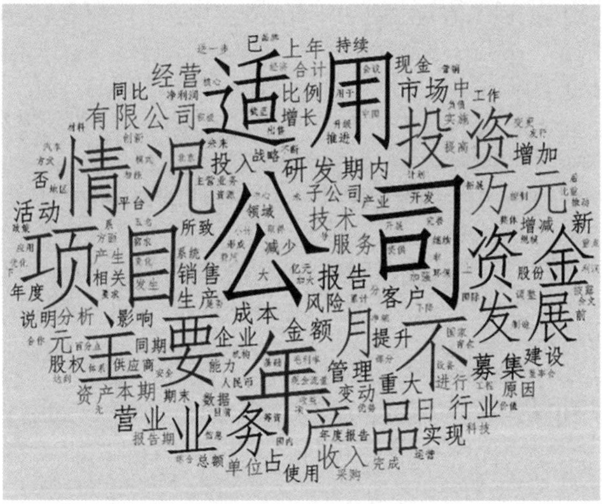

图 15-3 词云图

接下来，使用 MD&A 中的词语训练词袋模型。这里直接使用 Sklearn 中的 CountVectorizer 模型来训练词袋模型：

```
bow_model = CountVectorizer(analyzer="word", ngram_range=(1, 1), max_features=2000)  # 指定 max_features 为 2000，即最后每个文档的词袋向量为 2000 维
data = bow_model.fit_transform([" ".join(s) for s in doc_word])  # 将每个文档的词语按照空格 join 起来，作为训练数据，训练完成后，将文档转成词袋编码
```

```
print(f"每个文档的编码形状为：{data[10].toarray().shape}") # 每个文档被编码成2000维的向量
print(f"前20个下标对应的单词为{bow_model.get_feature_names()[:20]}")
```

通过上述代码可以将每个 MD&A 文本的内容用一个 2 000 维的向量进行表示。将文档向量化之后，便可以直接将向量输入算法中进行处理。

接下来，使用 Sklearn 中的 TfidfVectorizer 模型来训练得到文档的 TF-IDF 编码：

```
tfidf_model = TfidfVectorizer(analyzer="word", ngram_range=(1, 1), max_features=2000)  # 指定max_features为2000，即最后的TF-IDF编码共有2000维
tfidf_data = tfidf_model.fit_transform([" ".join(s) for s in doc_word]) # 将每个文档的词语按照空格join起来，作为训练数据，训练完成后，将文档转成TF-IDF向量
print(f"每个文档的编码形状为：{tfidf_data[0].toarray().shape}") # 每个文档被编码成2000维
print(f"前20个下标对应的单词为{tfidf_model.get_feature_names()[:20]}")
```

通过上述的代码，可将任何一个 MD&A 的文本变成一个 2 000 维的 TF-IDF 向量。

接下来演示如何训练 Word2vec 模型。此处直接通过 Gensim 库提供的模型，使用中文维基百科作为语料库来训练 Word2vec 模型。以维基百科作为训练数据，能够保证语料库词语的多样性和全面性，使模型能够更好地捕获词语之间的关系信息，因此训练出的模型效果更好。

```
data_path = Path("../input/zhwiki-20190720-pages-articles-multistream.xml.bz2") # 原始维基百科的语料位置
trans_path = StringIO() # 直接将处理后的数据放在内存中

wiki = corpora.WikiCorpus(data_path) # 使用gensim来读取维基百科的语料

l = []
for text in tqdm(wiki.get_texts()):
    for temp_sentence in text:
         temp_sentence = convert(temp_sentence, 'zh-cn') #繁体中文转为简体中文
        seg_list = jieba.lcut(temp_sentence) #分词
        for temp_term in seg_list:
            l.append(temp_term)
        trans_path.write(" ".join(l) + '\n')
        l = []

trans_path.seek(0)
model = models.Word2Vec(
    models.word2vec.LineSentence(trans_path),
    sg=0,
    vector_size=200,
    window=5,
    min_count=5,
```

```
    workers=6
)# 训练模型
with model_path.joinpath("zhiwiki_news.word2vec").open("wb") as f:
    model.save(f) # 将模型缓存
```

通过上述的代码即可完成 Word2vec 模型的训练，并且将训练好的模型存储到本地，方便后续调用以对词语进行向量化。

接下来，使用训练好的模型，来查询和“金融”最相似的词语列表：

```
model = models.Word2Vec.load(str(model_path.joinpath("zhiwiki_news.word2vec")))
model.wv.most_similar("金融")
```

运行结果如下。

```
[('银行业', 0.7069196701049805),
 ('金融市场', 0.6979325413703918),
 ('国际金融', 0.6806361079216003),
 ('房地产', 0.6779360771179199),
 ('保险业', 0.6728616952896118),
 ('金融业', 0.6698169708251953),
 ('电子商务', 0.6693592071533203),
 ('金融服务', 0.668196439743042),
 ('信贷', 0.6528778076171875),
 ('国际贸易', 0.6442742943763733)]
```

可以看到结果还是不错的，说明模型已经能够较好地捕捉到词语之间的关系。

接下来使用抽取出的 MD&A 文本作为语料来训练 LDA 模型（隐含狄利克雷分布）。使用 LDA 模型来对语料库的主题信息进行挖掘，同样使用 Sklearn 中的 LatentDirichletAllocation 模型进行训练：

```
# 根据语料训练模型，需要花费较多时间
lda = LatentDirichletAllocation(
    random_state=1234,
    n_components=10,# 指定文章包含十个主题
    learning_method="online", # 采用 online 的学习方式
    max_iter=500, # 迭代 100 次
    n_jobs=4, # 并行 4 个线程进行训练
    doc_topic_prior=50/10,
    topic_word_prior=0.01
)
lda.fit(data) # 开始训练模型，这里使用的 data 是上面的每个文档的词袋向量编码
joblib.dump(lda,model_path.joinpath("lda.model")) # 将模型缓存
```

通过使用 Sklearn 中的 LatentDirichletAllocation 模型，只需要填入对应的参数。这里假设 MD&A 中存在 10 个主题，然后使用上面得到的文档词袋向量进行训练，最后将训练好的模型进行缓存。

训练完成后，使用训练好的模型来打印各个主题的信息，以及输出最有可能属于各

个主题的前 10 个词语：

```
def print_top_words(model, feature_names, n_top_words):  # 打印每个主题下权重较高的词语
    for topic_idx, topic in enumerate(model.components_):
        print(f"Topic #%:{topic_idx}")
        print(" ".join([feature_names[i] for i in topic.argsort()[: -n_top_words - 1 : -1]]))
# 使用之前缓存的模型查看文章的主题分布以及每个主题对应的权重较高的词语
lda = joblib.load(model_path.joinpath("lda.model"))
print_top_words(lda, bow_model.get_feature_names(), 10)  # 输出十个主题下最有可能属于这个主题的前 10 个词语
```

运行结果如下。

```
Topic #%:0
长远 用于 网上 各地 技术转让 流动资金 预收 普通 场景 经营风险
Topic #%:1
消费 品牌形象 营业 渗透 缩短 消费者 探索 数量 手机 售出
Topic #%:2
产销 状态 广泛应用 生产线 销售总额 销售费用 权利 参与 产销量 努力
Topic #%:3
生物 借款 基于 软件 计划 积极开展 联动 集团 显示 视频
Topic #%:4
风险管理 可靠 国家级 现状 对此 创新能力 财务管理 主营业务 叠加 活动
Topic #%:5
规模 证监 美元 用户 前沿 监控 部分 总额 架构 治理
Topic #%:6
损益 尽快 概述 采取 机械 系统 疫情 可控 实体 增减
Topic #%:7
人数 开拓市场 承包 高端 发明专利 培养 利润 开发新 能力 满意度
Topic #%:8
现有 投资性 直接 增值 产量 资质 谨慎 壮大 第四季度 构建
Topic #%:9
序号 秉承 登记 经济效益 项目名称 移动 截止 期末 制品 差距
```

至此，文档表示部分的相关内容全部进行完毕。

15.4.4 特征抽取

特征抽取阶段主要对文本进行一些指标的计算，包括按照词典法计算文本的可读性分析、情绪指数 Tone、文本的语义关联以及文本相似性计算等。

导入需要的库，并且读取第一步数据预处理得到 MD&A 文本的分词结果：

```
import pickle
import pandas as pda
from pathlib import Path
```

```python
from itertools import chain
from sklearn.feature_extraction.text import CountVectorizer
from sklearn.metrics.pairwise import cosine_similarity
import numpy as np
from collections import Counter
# 导入分词结果
with open("../data/all_word.pth", "rb") as f1, open("../data/doc_word.pth", "rb") as f2, open("../data/doc_sentences.pth", "rb") as f3:
    all_word = pickle.load(f1)
    doc_word = pickle.load(f2)
    doc_sentences = pickle.load(f3)
```

第一个指标是文本可读性（Readability）。文本的可读性反映了读者理解文本信息的难易程度。在会计和金融领域中，文本可读性较低时，投资者会难以理解文本编辑者所传达的信息，进而会影响到企业信息传递效果以及投资者的投资行为。

计算句子的迷雾（Fog）指数：

$$Fog = 0.4 \times \left[\left(\frac{Words}{Sentences} \right) + 100 \times \left(\frac{ComplexWords}{Words} \right) \right]$$

其中，*Words* 为分词后的单词总数，*Sentences* 为句子总数，*ComplexWords* 为超过三个汉字的单词数。

对应的代码如下：

```python
def cal_fog(doc):  # 用于计算文档的可读性
    Words = len(list(chain(*doc)))  # 获得单词的总数量
    Sentences = len(doc)  # 获得句子的总数量
    ComplexWords = len([word for word in list(chain(*doc)) if len(word) > 3])
    return 0.4 * (Words / Sentences + 100 * ComplexWords / Words)
```

然后，抽取一些 MD&A 的文本计算可读性：

```python
print(f"文章的可读性为{cal_fog(doc_sentences[0])}")
print(f"文章的可读性为{cal_fog(doc_sentences[1])}")
print(f"文章的可读性为{cal_fog(doc_sentences[2])}")
```

运行结果如下。

```
文章的可读性为4.600358764351216
文章的可读性为4.994743020466494
文章的可读性为5.4203009602216765
```

接下来，计算 MD&A 的文本情绪指标。在针对文本情绪提取方面，主要有词典法（Dictionary-based Approach）和有监督机器学习方法（Supervised Learning）。

在这里我们使用词典法，所使用的词典来自姚加权等（2021），统计句子中出现的正面词语和负面词语的数量。按照如下公式来衡量句子的情绪，*Tone* 越大，代表越偏向正面：

$$Pos = \frac{\text{积极、正面词的个数}}{\text{文本总词数}}$$

$$Neg = \frac{\text{消极、负面词的个数}}{\text{文本总词数}}$$

$$Tone = \frac{Pos - Neg}{Pos + Neg}$$

在计算过程中，先读入正面词语和负面词语的词典：

```
dic_path = Path("../input/other/sentiment_dic.xlsx")  # 情感词典的放置位置
dic_data = pda.read_excel(dic_path, sheet_name=["年报正面", "年报负面"], header=None)  # 读取正面和负面的词语
pos_word_dic = dic_data["年报正面"]  # 正面词语词典
neg_word_dic = dic_data["年报负面"]  # 负面词语词典
```

然后，定义计算句子情绪的函数：

```
def cal_tone(sent):
    pos = 0
    neg = 0
    total_len = len(sent)
    for word in sent:
        if word in pos_word_dic.values:
            pos += 1
        if word in neg_word_dic.values:
            neg += 1
    Pos = pos / total_len
    Neg = neg / total_len
    return (Pos - Neg) / (Pos + Neg)
```

最后，抽取第一个 MD&A 的文本计算文本情绪：

```
print(f"该文章的tone值为{cal_tone(doc_word[0])}")
```

运行结果如下。

```
该文章的tone值为0.7615062761506276
```

下面来计算文本语义关联性（Relatedness）。语义关联性就是根据文本中某一类词语来识别文本语义特征的方法。统计合作的近似词在文中出现的词频，来判断企业的合作文化，这里采用潘健平等（2019）提出的词典，内容为：合作、团结、联合、配合、协作、协同、协力、合力、互助、分享、共享、同舟共济、沟通、交流、双赢。

计算语义关联性的代码如下：

```
relatedness_dic_word = [
    "合作",
    "团结",
    "联合",
```

```
    "配合",
    "协作",
    "协同",
    "协力",
    "合力",
    "互助",
    "分享",
    "共享",
    "同舟共济",
    "沟通",
    "交流",
    "双赢",
]
print(f"第一篇文章中和合作有关的词语出现的次数为：{[item for item in Counter(doc_word[0]).items() if item[0] in relatedness_dic_word]}")
```

运行结果如下。

```
第一篇文章中和合作有关的词语出现的次数为：[('协同', 2), ('合作', 3), ('联合', 1)]
```

最后一个指标计算文本的相似性，Brown and Tucker（2011）、Hoberg and Phillips（2016）以及 Lang and Stice-Lawrence（2015）均运用余弦相似性（Cosine Similarity）来衡量英文文本的相似程度。

任宏达和王琨（2019）运用该指标计算了不同公司年报中“董事会报告”内容的相似性。他们将所有 MD&A 中内容分词构建为词典，根据这个词典将每个公司的 MD&A 部分构建成一个向量，若 MD&A 中涉及了词典中的第 n 个词，则这个向量的第 n 位上即为 1，否则为 0。然后，计算这些向量之间的余弦距离，来衡量两个公司的 MD&A 部分的相似性。对应的代码如下：

```
similarity_word_dic = CountVectorizer(analyzer="word", max_features=2000, binary=True)  # 这里选择将每个 MD&A 部分构建成一个 2000 维的向量
vec_res = similarity_word_dic.fit_transform([" ".join(word_list) for word_list in doc_word])  # 构建词典
```

选取所有上市公司 2018 年的相关年报，将其转化 2 000 个词表示的向量，并计算他们的余弦相似度：

```
all_mda_file = Path("../data/md&a")  # 声明放置匹配 MD&A 内容的文件夹
all_files = list(all_mda_file.glob("*.txt"))  # 获得所有 MD&A 文件的文件名
MDA_18 = list(all_mda_file.glob("*2018*.txt"))  # 获得爬取的公司中 2018 年年报的 MD&A 部分的文件名
MDA_18_index = [all_files.index(fn) for fn in MDA_18]  # 获得 2018 年年报 MD&A 部分在 all_files 中的下标，用于后续从 vec_res 提取其分词结果
MDA_18_vec = vec_res.toarray()[MDA_18_index]  # 从 vec_res 提取年份为 2018 年的 MD&A 的向量
MDA_18_stkcode = [s.stem.split("_")[-2] for s in MDA_18]
# 计算两两 MD&A 之间的相似度
```

```
simi_matrix = cosine_similarity(MDA_18_vec)
```

对于每个公司，取前 20 个相似度最高的公司的相似度值，累加并除以 20，即为该公司的 *PMC* 值。该值衡量该公司面临的产品市场竞争的激烈程度，计算公式如下：

$$PMC=\frac{\sum(similarity\ of\ nearest\ N\ firms)}{N}$$

这里 N 取 20，对应的代码如下：

```
indexx = simi_matrix.argsort(axis=1)[:, -21:-1]  # 取每个公司与之最相似的 20 家公司的下标
top_20_simi = simi_matrix[np.arange(simi_matrix.shape[0]).reshape((-1, 1)), indexx]  # 按照下标取出其相似值
all_pmc = top_20_simi.sum(axis=1) / 20  # 计算每个公司的 PMC 值
pmc_file = pd.DataFrame({"code": MDA_18_stkcode, "pmc": all_pmc})  # 创建 DataFrame
pmc_file.to_csv("../data/pmc.csv", index=False)  # 将其写入文件中
```

根据公司代码即可得到对应公司的 *PMC* 值，如图 15-4 所示。

	code	pmc
0	SH600006	0.589189
1	SH600008	0.637623
2	SH600012	0.631508
3	SH600019	0.605320
4	SH600033	0.603736

图 15-4 PMC 计算结果

15.5 案例：数字化人才需求分析——来自招聘广告的证据

15.5.1 案例背景

此案例基于某招聘广告数据（数据时间区间为 2018 年 4—12 月，每个月随机抽取 2 万条数据），分析数字化人才的需求（包括通过招聘广告数据分析人才的地域分布情况，以及招聘广告中占比较高的行业），并且使用文本分析对招聘广告中的职位描述文本数据进行处理，通过词云图的方式进行可视化，最后基于数字化词典统计各种数字化技能在招聘广告中的出现频率。

15.5.2 数据读取

首先，导入需要的库：

```
import pandas as pda
from pathlib import Path
import csv
import jieba
import re
from collections import Counter
from wordcloud import WordCloud
from PIL import Image
import numpy as np
import matplotlib.pyplot as plt
```

我们在代码中会使用 Matplotlib 库来绘制图形对数据进行可视化，而 Matplotlib 的默认配置会使得中文显示出现乱码或者显示成方块，因此在开始绘制之前需要设置 Matplotlib 库的默认字体格式，使得可视化的过程中能够正确显示中文文本：

```
import matplotlib
# 设置默认字体，使得中文能够正常显示
matplotlib.rcParams['font.sans-serif'] = ['SimHei']
matplotlib.rcParams['font.family']='sans-serif'
```

接下来，定义数据存放的目录以及读取处理过程中需要的数据：

```
data_path = Path("./data") # 数据文件夹
province_data = data_path.joinpath("ok_data_level3.csv") # 中国行政区划分数据
jobads_data = data_path.joinpath("jobads.csv.gz")
digital_words_data = data_path.joinpath("数字化词典 v14.xlsx")
province_df = pda.read_csv(province_data) # 读取省份数据
digital_dic = pda.read_excel(digital_words_data,sheet_name="Sheet1",header=None,names=["words"]) # 读取数字化词典的内容
jobads_df = pda.read_csv(jobads_data) # 读取招聘广告数据
```

上述代码首先定义数据存放的目录在“data”文件夹下，接下来定义一些处理过程中用到的数据的文件名，最后读取数字化词典和招聘广告的数据。

本案例的第一个目标是统计招聘广告中省份的分布情况。而在爬取到的招聘广告原始招聘数据中只有城市一级的数据，缺少对应的省份的信息，因此需要额外的行政区划分的数据，来将城市映射到对应的省份上，这样才能够统计各个省份的招聘广告分布情况。为了实现这一目的，首先编写对应的映射函数。

本案例使用的行政区划分数据来源于“https://github.com/xiangyuecn/AreaCity-JsSpider-StatsGov”，其数据按照图 15-5 所示的方式进行存储。数据包括对应行政单位的名称（“name”列），各个行政单位对应的 id 和其父级行政单位的 id，以及其对应的级别（“deep”列）。其中，“deep”列值为 0 的行代表省行政区的对应数据。

	id	pid	deep	name	pinyin_prefix	pinyin	ext_id	ext_name
0	11	0	0	北京	b	bei jing	110000000000	北京市
1	1101	11	1	北京	b	bei jing	110100000000	北京市
2	110101	1101	2	东城	d	dong cheng	110101000000	东城区
3	110102	1101	2	西城	x	xi cheng	110102000000	西城区
4	110105	1101	2	朝阳	c	chao yang	110105000000	朝阳区

图 15-5 行政划分数据案例

15.5.3 省份分布情况可视化

如果需要查询对应城市的省份信息，需要先在表中找到对应城市的数据行，获取其父级行政单位的 id，然后根据 id 找到对应的数据行，直到“deep”列的值为 0，即找到对应城市的省级行政区信息。对照上述的逻辑，详细代码如下：

```
1  memory_map = dict() # 缓存城市对应的省份数据
2  def query_province(city):
3      """
4          查询城市对应的省份
5      """
6      if city == "空": # 处理 city 缺失的情况
7          return "空"
8  
9      if city[-1] in ["市","省"]:
10         city = city[:-1]
11 
12     # 先尝试从缓存中取
13     res = memory_map.get(city,False)
14     if res:
15         return res
16 
17     line = province_df[province_df['name'] == city]
18 
19     if len(line) == 0: # 处理找不到城市对应数据的情况
20         return "空"
21 
22     # 寻找城市对应的省份数据
23     pid = line.iloc[0].at["pid"]
24     deep = line.iloc[0].at["deep"]
25     while deep != 0:
26         line = province_df[province_df['id']==pid]
27         pid = line.iloc[0].at["pid"]
28         deep = line.iloc[0].at["deep"]
29     res = line.iloc[0].at["name"]
30     return res
```

代码的第 1 行定义了一个变量用作缓存，即如果一个城市已经查询过一次省级信息，会将其对应的信息缓存下来，下一次再次查询的时候优先从缓存中取其省级对应的数据，而不需要再次从表中进行寻找。第 22—29 行在表中查询城市对应省份的逻辑：首先在表中找到城市对应的行，然后根据其父级行政区的 id 找到对应的父级行政区，然后重复这个过程，直到找到的数据行“deep”列值为 0，代表找到了省级的数据行，最后将其“name”列返回即可。

将城市的数据映射到对应的省份上：

```
jobads_df['place'].fillna(" 空 ",inplace=True)
province_dis_data = jobads_df['place'].map(query_province) # 将城市映射到省份
province_percentage = province_dis_data.value_counts() / province_dis_data.shape[0] * 100 # 计算各个省份的占比
province_percentage = province_percentage.sort_values()[-10:] # 取排名前 10 的省份数据
```

首先将岗位数据的“place”列为“NaN”的数据填充为空，接着使用 Pandas 的“map”函数将“place”列（招聘广告发布的城市）通过上面定义的城市到省份的查找逻辑找到其对应的省份数据，最后统计各个省份的数据占比，即用各个省份的数据量除以数据的总数。为了方便展示，取分布比例排行前 10 的省份数据，以备后续进行可视化。

使用 Matplotlib 绘制条形图，对数据进行可视化：

```
plt.figure(figsize = (15,8)) # 调整画布大小
barh_plot_obj = plt.barh(province_percentage.index,province_percentage.values) # 绘制条形图
plt.tick_params(axis='y', labelsize=15)
plt.bar_label(barh_plot_obj,fmt="%.1f%%",fontsize=15) # 设置每个 bar 的标签为百分数的形式
plt.title(" 省份分布情况 ",fontsize=15)
plt.show()
```

调整画布的大小，然后直接使用 Matplotlib 的“barh”函数绘制条形图进行可视化，绘制的结果如图 15-6 所示。

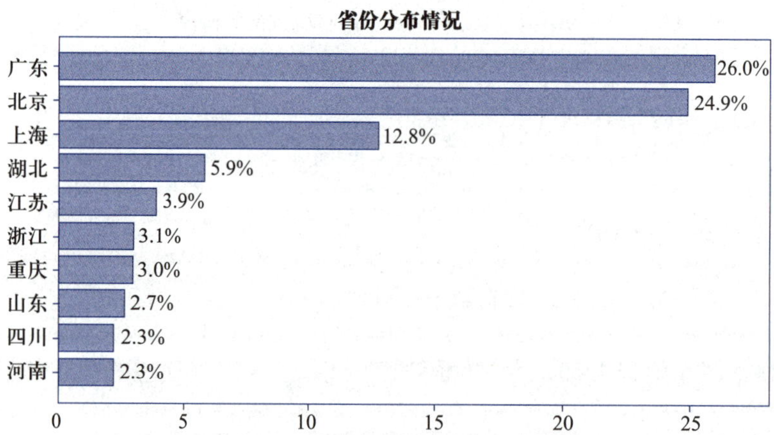

图 15-6 省份分布情况可视化结果

15.5.4 行业分布情况可视化

统计招聘广告在各个行业的分布情况：

```
1 industry_dis_data = jobads_df.copy()
2 industry_dis_data['company_industry'].fillna("其他",inplace=True) # 将NaN值填充为其他，防止统计出现问题
3 industry_dis_group = industry_dis_data.groupby("company_industry")['_id'].count() / industry_dis_data.shape[0] * 100 # 按照company_industry列进行分组计数
4 plot_data = industry_dis_group.sort_values().iloc[-10:] # 取占比排名前10的行业
```

代码的第 1—2 行对读入的招聘广告数据进行复制，并对“company_industry”列（招聘公司所在的行业）进行“NaN”值的填充，将其全部填为“其他”，以防止后续处理时出现问题。第 3 行使用 Pandas 的 Groupby 方法对数据进行分组计数，同时除以全部数据的数量，将其转变为比例。同样为了方便可视化，将占比前 10 的行业取出来，以备后续的可视化。

接下来，同样使用 Matplotlib 库对数据进行可视化：

```
1 plt.figure(figsize = (15,9)) # 调整画布大小
2 barh_plot_obj = plt.barh(plot_data.index,plot_data.values)
3 plt.tick_params(axis='y', labelsize=16)
4 plt.bar_label(barh_plot_obj,fmt="%.1f%%",fontsize=15)
5 plt.title("行业分布",fontsize=15)
6 plt.show()
```

代码的第 2 行使用“barh”函数进行可视化，将数据传入；第 3 行设置 y 轴上的字体大小；第 4 行对条形图右端的数据进行格式化，以浮点数的格式显示，并且带上百分号；第 5 行为图片加上 title，并且设置了 title 的字体大小。通过上述的代码绘制的图片如图 15-7 所示。

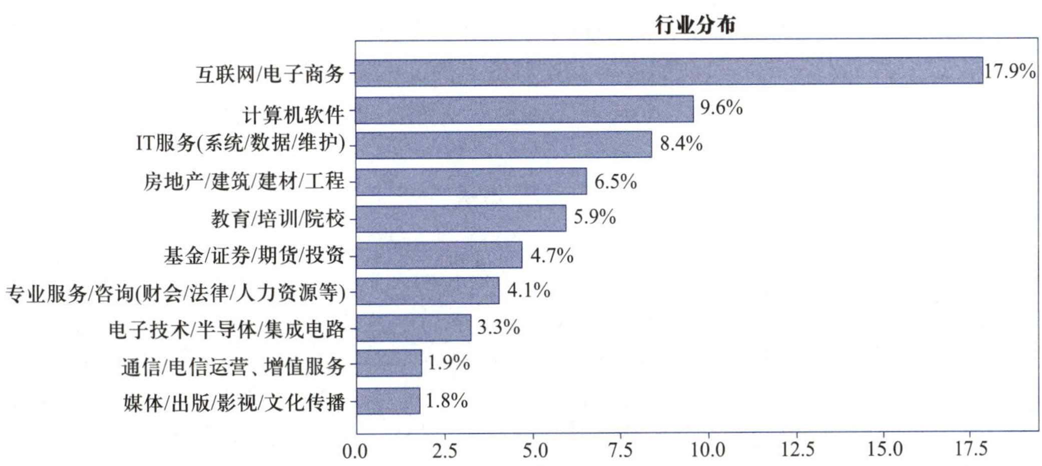

图 15-7 行业分布情况

15.5.5 职位描述文本可视化

接下来，处理招聘广告数据中的职位描述（“job_content”列）文本数据。“job_content”列为中文文本，对其处理需要进行分词和过滤停用词等操作，因此首先读取停用词，并且定义一些过滤的判断条件：

```
1  stop_words = set(Path("./data/stopwords.txt").read_text(encoding="utf-8").split("\n"))  # 读取停用词
2  filter_words = ["岗位职责","公司","工作","要求","相关"] # 过滤一些高频但无意义的词语
3  def isSymbol(inputString):  # 使用正则表达式来判断是否为特殊符号
4      return bool(re.match(r"[^\w]", inputString))
5
6  def hasNumbers(inputString):  # 使用正则表达式来判断是否为数字
7      return bool(re.search(r"\d", inputString))
8
9  def filter_func(word):
10     return word not in stop_words \
11         and len(word.strip()) != 0  \
12         and not isSymbol(word)  \
13         and not hasNumbers(word)  \
14         and word not in filter_words
15
16 # 处理职位描述文本，进行分词处理
17 def process_content(content):
18     # 使用 jieba 进行分词，并将停用词以及特殊符号过滤掉
19     words = jieba.lcut(content)
20     words = filter(filter_func,words)
21     return list(words)
```

代码的第 1 行对停用词进行读取；第 2 行定义了一些高频但无太大意义的词语，方便后面进行过滤；第 3—7 行分别定义了针对特殊符号和数字的过滤条件；第 9—14 行定义过滤函数，过滤掉停用词、空字符串、特殊符号和数字以及一些高频无意义的词语；第 17—21 行是分词和过滤的逻辑，先对传入的文本调用 Jieba 进行分词，然后使用“filter_func”进行过滤，经过“process_content”函数后即可得到对应文本分词及经过过滤的词语列表。

接下来，对数据中的“job_content”列文本进行处理：

```
1  jobads_df['job_content'].fillna("",inplace=True)  # 处理 job_content 中的 NaN 值，将其填充为空字符串
2  all_words = [] # 用来存储所有的词语
3  job_content_words = jobads_df['job_content'].map(process_content)
4  _ = job_content_words.map(lambda x:all_words.extend(x))
5  print(all_words[-10:]) # 输出前 10 个词语
```

代码的第 1 行对“job_content”中的“NaN”值进行填充，将其批量填充为空字符

串，防止后续处理过程中出现问题；第 2 行定义存储结果的变量；第 3 行对数据中的每一行进行分词和过滤；第 4 行将所有的词语加入结果列表当中，最后“all_words”就是存储所有“job_content”中词语的列表。第 5 行输出的结果如下。

```
['软件', '尤其', 'EXCLE', '仔细认真', '责任心', '强', '具备', '较强', '口头', '表达能力']
```

接下来，使用 WordCloud 库来绘制词云图：

```
1 word_count = Counter(all_words)  # 根据分词的结果统计词频
2 mask = np.array(Image.open("./data/mask.png"))  # 自定义词云的形状
3 wc = WordCloud(background_color="#cac7b9", scale=5, prefer_horizontal=1.0, font_path=r"./data/simfang.ttf",mask=mask,)  # 声明词云对象
4 wc.generate_from_frequencies(word_count)  # 按照词频生成词云
5 wc.to_file(f"wordcloud.jpg")  # 将词云存储
6 wc.to_image() # 展示
```

代码的第 1 行对词频进行统计；第 2—3 行定义词云图的样式；第 4—6 行使用词频和定义好的 WordCloud 对象直接绘制词云图。运行结果如图 15-8 所示。

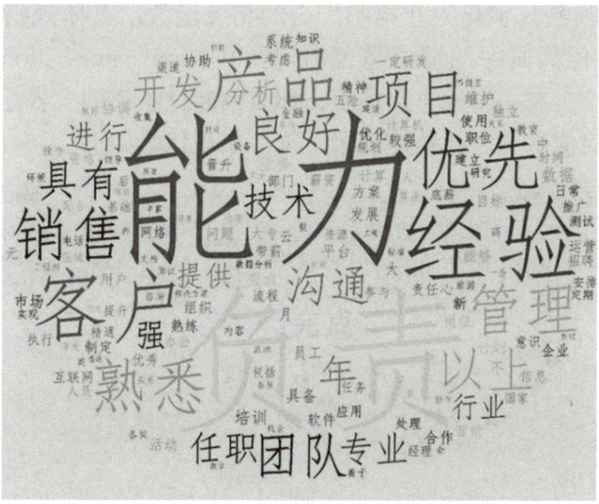

图 15-8 职位描述词云图

15.5.6 数字化技能频率统计

最后，统计各个数字化技能在招聘广告中的出现频率。这里使用数字化词典来筛选招聘广告，即如果数字化词典中的词语出现在招聘广告的工作名称（job_name）、工作类别（job_kind）或者职位描述（job_content）中，那么认为这条招聘广告和数字化人才的招聘相关。但在查找数字化人才招聘相关的招聘广告前，需要对数字化词典中的数据进行一些简单的预处理。

由于数字化词典中包含“支持向量机（SVM）”和“长短期记忆（LSTM）”等词

语，这些词语中有数字化技能的中文以及其对应的英文。以“支持向量机（SVM）”为例，在匹配时，如果有文本“熟悉支持向量机模型”，那么上述文本包含了支持向量机；如果有文本“有 SVM 模型的使用经验”，那么上述文本包含了“SVM”这个关键字。上述两种情况都表示该文本对应的招聘广告是和数字化人才招聘相关的，且广告对应的数字化技能应该都为“支持向量机（SVM）”。为了应对这种情况，需要对词典中有中英文的词语进行一些特殊的处理：

```
1  dic_words = dict()
2  for word in digital_dic['words'].tolist(): # 遍历词典中的词语
3      if "（" in word: # 判断是否有中文括号在词语中
4          b_index = word.index("（") # 获取括号的下标
5          dic_words[word[:b_index]] = word # 将括号前的中文作为一个词语
6          dic_words[word[b_index+1:-1]] = word # 将括号中的英文作为一个词语
7      else:
8          dic_words[word] = word
```

代码的第 1 行定义了一个字典，用来保存数字化技能中英文对应的原始词语；第 3—6 行处理“支持向量机（SVM）”类似的词语，先定位括号的位置，然后将括号前的中文和括号内的英文都加入字典中。

接下来，定义判断数字化人才招聘广告的相关函数。具体规则是：对于每一条招聘广告，判断数字化词典中的词语是否出现在其“job_name”“job_kind”或者“job_content”中；如果至少有一个地方出现了，那么判断这条招聘广告是和数字化人才招聘相关的，并且将其对应的数字化技能记录下来。实现代码如下：

```
1  def judge_func(line):
2      """
3          如果数字化词典中的词语出现在 job_name、job_kind 或者 job_content 中
4          就认为是数字化人才招聘相关的广告
5      """
6      job_name = line['job_name']
7      job_kind = line['job_kind']
8      job_content = line['job_content']
9      match_words = []
10     for word, value in dic_words.items():
11         if word in job_name \
12           or word in job_kind \
13           or word in job_content:
14             match_words.append(value)
15     line['words'] = match_words # 如果和数字化相关，将匹配命中的词语附加到数据中
16     return line
```

代码的第 6—8 行分别取出每个招聘广告对应的“job_name”“job_kind”和“job_content 字段”；第 9 行定义了一个空的列表“match_words”，用来存储“job_name”“job_kind”和“job_content”字段中出现的数字化技能；第 10—14 行遍历所有数字化

词典中的词语，判断是否出现在“job_name”“job_kind”和“job_content”字段的文本中，如果命中就将其存储到“match_words 中”；第 15 行将命中的数字化技能附加到对应的招聘广告数据的“words”字段中，以备后续的统计。

定义完过滤逻辑后，接下来直接使用 Pandas 的“apply”函数来进行过滤：

```
1 jobads_df['job_name'].fillna("空",inplace=True) # 一些岗位数据的job_name列为NaN，将其填充为空
2 jobads_df['job_kind'].fillna("空",inplace=True) # 一些岗位数据的job_kind列为NaN，将其填充为空
3 digital_data = jobads_df.apply(judge_func,axis=1)
```

代码的第 1—2 行对“job_name”列和“job_kind”列进行简单的缺失值处理；第 3 行使用“apply”函数直接应用上面定义的过滤逻辑，并且将得到的结果赋值给“digital_data”变量。

完成上述过滤后，已经得到各个招聘广告及其对应的数字化技能。接下来直接对所有招聘广告中的数字化技能词频进行统计：

```
1 digital_words_data = digital_data['words'].explode()
2 digital_words_data = digital_words_data.dropna()
3 digital_words_freq = digital_words_data.value_counts()
4 digital_words_freq.head(10)
```

经过之前的处理，每个招聘广告的“words”字段中都存储了该招聘广告对应的数字化技能列表。其中，代码的第 1 行使用 Pandas 提供的“explode”函数，将列表展开成多行；第 2 行对展开后的数据中存在“NaN”值的行进行了删除；第 3 行使用“value_counts”函数统计了各个数字化技能出现的频率。运行结果如下。

```
云计算            7010
人工智能           5895
物联网            5751
数据挖掘           4919
分布式计算（Hadoop）   4444
机器学习           3166
云平台            2750
数字化            2743
智能家居           2591
区块链            2577
```

接下来，同样使用 WordCloud 库对结果进行可视化：

```
mask = np.array(Image.open("./data/mask.png"))  # 自定义词云的形状
wc = WordCloud(background_color="#cac7b9", scale=5, prefer_horizontal=1.0, font_path=r"./data/simfang.ttf",mask=mask,)  # 声明词云对象
wc.generate_from_frequencies(digital_words_freq,max_font_size=110)  # 按照词频生成词云
wc.to_file("digital_wordcloud.jpg")  # 将词云存储
```

```
wc.to_image() # 展示
```

运行结果如图 15-9 所示。

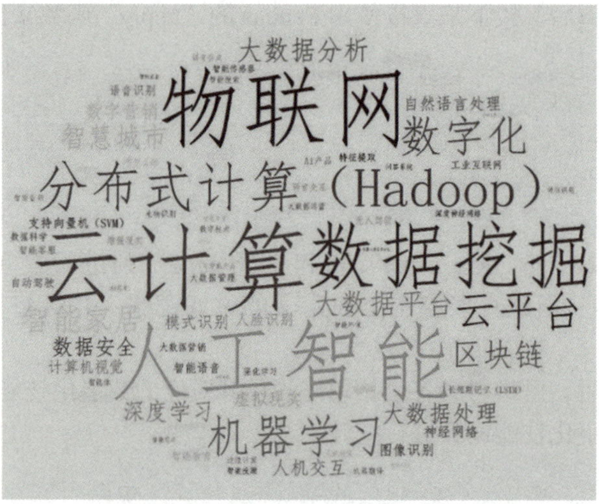

图 15-9 数字化技能词云图

可以看出，招聘广告中出现频率较高的数字化技能包括云计算、物联网、人工智能以及数据挖掘等。这表明企业在寻找数字化人才时，对于掌握以上技能的求职者需求较大。

思考题

1. 中文文本大数据分析全流程主要分为哪几步？各个步骤的主要内容是什么？

2. 关于自然语言处理领域的新兴技术有哪些？其中，知识图谱这项新兴技术主要指什么？

参考答案

参考文献

[1] 陈英楠、莫东翠、唐思华，等:《测量中国房地产政策不确定性研究》,《经济学（季刊）》2022 年第 2 期。

[2] 范小云、王业东、王道平，等:《不同来源金融文本信息含量的异质性分析——基于混合式文本情绪测度方法》,《管理世界》2022 年第 10 期。

[3] 胡楠、薛付婧、王昊楠:《管理者短视主义影响企业长期投资吗？——基于文本分析和机器学习》,《管理世界》2021 年第 5 期。

[4] 潘健平、潘越、马奕涵:《以“合”为贵？合作文化与企业创新》,《金融研究》2019 年第 1 期。

[5] 任宏达、王琨:《产品市场竞争与信息披露质量——基于上市公司年报文本分析的新证据》,《会计研究》2019 年第 3 期。

[6] 吴非、胡慧芷、林慧妍，等:《企业数字化转型与资本市场表现——来自股票流动性的经验证据》,《管理世界》2021 年第 7 期。

[7] 姚加权、冯绪、王赞钧，等:《语调、情绪及市场影响：基于金融情绪词典》,《管理科学学报》2021 年第 5 期。

[8] 姚加权、张锟澎、罗平:《金融学文本大数据挖掘方法与研究进展》,《经济学动态》，2020 年第 4 期。

[9] Angelov, D., 2020, “Top2Vec: Distributed Representations of Topics”, *Working Paper*.

[10] Blei, D. M. and McAuliffe, J. D., 2007, “Supervised Topic Models”, In *Proceedings of the 20th International Conference on Neural Information Processing Systems*, pp.121–128.

[11] Brown, S. V. and Tucker J. W., 2011, “Large-Sample Evidence on Firms’ Year-Over-Year MD&A Modifications”, *Journal of Accounting Research*, vol.49, pp.309–346.

[12] Cao, Y., Li, H., Luo, P. and Yao, J., 2018, “Towards Automatic Numerical Cross-Checking: Extracting Formulas from Text”, In *Proceedings of the 2018 World Wide Web Conference on World Wide Web*, pp.1795–1804.

[13] Cardinaels, E., Hollander, S. and White, B. J., 2019, “Automatic Summarization of Earnings Releases: Attributes and Effects on Investors’ Judgments”, *Review of Accounting Studies*, vol.24(3), pp.860–890.

[14] Chen, J., Yao, J., Zhang, Q. and Zhu, X., 2023, “Global Disaster Risk Matters”, *Management Science*, vol.69(1), pp.576–597.

[15] Dieng, A. B., Ruiz, F. J. R. and Blei, D. M., 2020, “Topic Modeling in Embedding

Spaces", *Transactions of the Association for Computational Linguistics*, vol.8, pp.439–453.

[16] Du, Z., Huang, A. G., Wermers, R. and Wu, W., 2022, "Language and Domain Specificity: A Chinese Financial Sentiment Dictionary", *Review of Finance*, vol.26, pp.673–719.

[17] Ektefaie, Y., Dasoulas, G., Noori, A., Farhat, M. and Zitnik, M., 2023, "Multimodal Learning with Graphs", *Nature Machine Intelligence*, vol.5(4), pp.340–350.

[18] Frankel, R., Jennings, J. and Lee, J., 2022, "Disclosure Sentiment: Machine Learning vs. Dictionary Methods", *Management Science*, vol.68, pp.5514–5532.

[19] Grootendorst, M., 2022, "BERTopic: Neural Topic Modeling with a Class-Based TF-IDF Procedure", *Working Paper*.

[20] Hoberg, G. and Phillips, G., 2016, "Text-Based Network Industries and Endogenous Product Differentiation", *Journal of Political Economy*, vol.124, pp.1423–1465.

[21] Huang, A. H., Wang, H. and Yang, Y., 2023, "FinBERT: A Large Language Model for Extracting Information from Financial Text", *Contemporary Accounting Research*, vol.40(2), pp.806–841.

[22] Jiang, J., Kelly, B. and Xiu, D., 2023, "(Re-)Imag(in)ing Price Trends", *Journal of Finance*, vol.78(6), pp.3193–3249.

[23] Lang, M. and Stice-Lawrence, L., 2015, "Textual Analysis and International Financial Reporting: Large Sample Evidence", *Journal of Accounting and Economics*, vol.60, pp.110–135.

[24] LeCun, Y., Bottou, L., Bengio, Y. and Haffner, P., 1998. "Gradient-Based Learning Applied to Document Recognition", *Proceedings of the IEEE*, vol.86(11), pp.2278–2324.

[25] Li, F., 2008, "Annual Report Readability, Current Earnings and Earnings Persistence", *Journal of Accounting and Economics*, vol.45, pp.221–247.

[26] Li, K., Mai, F., Shen, R., Yan, X. and Goldstein, I., 2021, "Measuring Corporate Culture Using Machine Learning", *The Review of Financial Studies*, vol.34, pp.3265–3315.

[27] Liu, H., Yin, Q. and Wang, W. Y., 2019, "Towards Explainable NLP: A Generative Explanation Framework for Text Classification", *Proceedings of the 57th Annual Meeting of the Association for Computational Linguistics*, pp.5570–5581.

[28] Lopez-Lira, A. and Tang, Y., 2023, "Can ChatGPT Forecast Stock Price Movements? Return Predictability and Large Language Models", *Working Paper*.

[29] Loughran, T., McDonald, B. and Yun, H., 2009, "A Wolf in Sheep's Clothing: The Use of Ethics-Related Terms in 10-K Reports", *Journal of Business Ethics*, vol.89, pp.39–49.

[30] Loughran, T. and McDonald, B., 2011, "When Is a Liability Not a Liability? Textual

Analysis, Dictionaries and 10-Ks", *The Journal of Finance*, vol.66, pp.35−65.

[31] Mathur, P., Neerkaje, A., Chhibber, M., Sawhney, R., Guo, F., Dernoncourt, F., Dutta, S. and Manocha, D., 2022, "Monopoly: Financial Prediction from Monetary Policy Conference Videos Using Multimodal Cues", *Proceedings of the 30th ACM International Conference on Multimedia*, pp.2276−2285.

[32] Ramage, D., Hall, D., Nallapati, R. and Manning, C. D., 2009, "Labeled LDA: A Supervised Topic Model for Credit Attribution in Multi-labeled Corpora", In *Proceedings of the 2009 Conference on Empirical Methods in Natural Language Processing*, vol.1, pp.248−256.

[33] Yang, J., Jin, H., Tang, R., Han, X., Feng, Q., Jiang, H., Yin, B. and Hu, X., 2023, "Harnessing the Power of LLMs in Practice: A Survey on ChatGPT and Beyond", *Working Paper*.

本书附带的资源包含各个章节和案例对应的代码和数据文件，以及对应的PPT和教学大纲。获取资源的方式有以下两种：

1. 个人主页：https://www.jiaquanyao.com/python

2. 通过百度网盘直接获取资源

（1）扫码关注公众号

用手机微信扫描下方二维码，关注经金数智实验室公众号。

（2）发送关键字获取下载地址

进入公众号，回复“Python经济大数据分析”，公众号会自动回复资源的下载地址（百度网盘）。